中等职业教育国家规划教材（电子电器应用与维修专业）

全国中等职业教育教材审定委员会审定

音响设备原理与维修

（第 3 版）

童建华　主编

电子工业出版社

Publishing House of Electronics Industry

北京·BEIJING

内 容 简 介

全书共分 10 章，主要讲述音响设备的基本知识，常用音响设备的结构组成与功能特点，工作过程与使用维修等。书中较为系统地论述了传声器与扬声器系统、功率放大器、调谐器、调音台、家庭影院 AV 系统、CD 机等常用音响设备的电路结构和工作原理，还对其中的数字调谐器、D 类数字功率放大器、数字式扬声器、数字环绕声系统、MP3 播放器等数字音响产品的技术与原理进行了较为详细的阐述；对专业音响产品中的频率均衡器、效果处理器、压限器、激励器、反馈抑制器、电子分频器等专业音频信号处理设备也进行了必要的介绍；各类音响设备都有典型的产品实例介绍和应用技术。

第 10 章为 8 个项目的实训指导，可根据工学结合的办学模式和理论与实践相结合的教学要求，配合各章节的学习来安排相应的实训内容，以提高应用与实践能力。各章附有小结与复习思考题，便于学生掌握主要内容和复习巩固各章节的相关知识。

本书可作为中等职业学校电子信息类的相关专业教材，也可供高职院校师生及音响设备的专业人员和社会相关工种等级考核的培训使用。

图书在版编目（CIP）数据

音响设备原理与维修/童建华主编. —3 版. —北京：电子工业出版社，2013.7
中等职业教育国家规划教材. 电子电器应用与维修专业
ISBN 978-7-121-20870-6

Ⅰ. ①音… Ⅱ. ①童… Ⅲ. ①音频设备－理论－中等专业学校－教材 ②音频设备－维修－中等专业学校－教材 Ⅳ. ①TN912.20

中国版本图书馆 CIP 数据核字（2013）第 147700 号

策划编辑：杨宏利
责任编辑：杨宏利
印　　刷：三河市鑫金马印装有限公司
装　　订：三河市鑫金马印装有限公司
出版发行：电子工业出版社
　　　　　北京市海淀区万寿路 173 信箱　邮编 100036
开　　本：787×1 092　1/16　印张：21　字数：537.6 千字
版　　次：2002 年 6 月第 1 版
　　　　　2013 年 7 月第 3 版
印　　次：2024 年 7 月第 23 次印刷
定　　价：35.90 元

凡所购买电子工业出版社图书有缺损问题，请向购买书店调换。若书店售缺，请与本社发行部联系，联系及邮购电话：（010）88254888，88258888。

质量投诉请发邮件至 zlts@phei.com.cn，盗版侵权举报请发邮件至 dbqq@phei.com.cn。

本书咨询联系方式：（010）88254592，bain@phei.com.cn。

前　言

　　本教材是教育部面向 21 世纪中等职业教育国家规划教材《音响设备原理与维修》的修订版。

　　为了能够更好地适应 21 世纪人才的培养要求，满足当前中等职业学校电子电器应用与维修专业的特点和需要，全面实施素质教育，加强学生能力培养，建立能力培养为主线的教学模式和教材体系，本教材在修订过程中，力图体现以下特点：

　　（1）突出教材内容的实用性。教材内容的组织以实用为依据，在教材的整体框架基本不变的情况下，以电子电器专业所需的实际能力为出发点来编排教材内容，将学生必须掌握的各个知识点和能力点有机地组合联系起来，摒弃一些过时的、实用意义不大的内容，增添了一些音响系统工程及常用的专业音响设备等内容，使学生能适应歌舞厅音响系统、单位的会场音响系统等岗位就业的需求。同时参照国家电子产品维修中级工等级鉴定与考核的内容要求与标准来精选教材内容，使学生在校的专业学习与社会考证相结合，为毕业后的劳动就业拓展道路。修订后的教材的内容体系更合理，实训项目更易操作，职教特色更明显。

　　（2）突出教材知识的新颖性。本教材的修订版，进一步突出了新知识、新技术、新技能、新产品的应用，使学生能更好地掌握现代 Hi‒Fi 音响的新技术和新产品。调谐器部分，对数字调谐器内容进行了更详细的论述；录音座部分，着重介绍了电子逻辑控制的立体声录音座；调音台部分，除了介绍调音台的操作使用外，还对调音台的典型电路进行了分析；家庭影院系统，对杜比 AC-3、DTS、DSP、SRS 等现代流行的环绕声处理器进行了必要的论述；在数字音响设备部分，除了介绍数字音响所采用的新技术和激光唱机的组成与原理外，还着重介绍了 CD 机的数字信号处理技术和伺服控制技术，同时对 MD 唱机和当前流行的 MP3 播放机的结构与原理进行了必要的论述。此次修订重点突出了调音台的组成与工作过程以及家庭影院系统、MP3 的组成与工作过程，增加了传声器、D 类功率放大器、音频信号处理设备方面的内容。

　　（3）突出电路分析的典型性。音响设备的种类很多，电路繁杂，缺少相应的产品标准。在本教材修订过程中，精选最典型的音响产品作为整机典型电路进行分析，同时将各部分的局部电路介绍与整机电路分析密切联系起来，以局部电路围绕着整机电路而展开，避免音响课程内容的分散、繁杂、混乱，提高学生对音响课程的学习兴趣和学习效果。在本修订版中，调谐器以东芝 DTS-12 数字调谐器为典型电路进行分析，调音台以英国声艺 SPIRIT 型 LIVE4.2 机为典型电路进行分析。

　　（4）突出实践训练的重要性。为了使学生的理论学习能与实践训练紧密联系，进一步提高学生的专业实践技能，本教材附有实验指导，设计了 8 个实验项目，供教学过程中选用。理论教学与实践教学可以分开，但内容上应尽可能衔接，使理论与实践有机地结合起来。对所需课时较多的收音机装配与调试实训项目，除教师上课指导外，其余可由学生在课余时间完成。

（5）突出结构体系的灵活性。本教材修订版在结构体系上，仍采用模块组合方法，分别构建基础模块、实践模块和选用模块，以供不同学校、专业和学生做弹性选择；同时针对现代音响设备所涵盖的新知识、新技术、新工艺、新技能、新产品发展比较快的特点，该教材留有一定的机动学时，供教师根据社会上用人单位的信息反馈和企业产品的不断更新，做出相应的知识补充和强化相应的技能训练，以满足社会对人才的需求。教师在教材的使用过程中，可以做到既有章可循，又便于灵活选择，以体现新教材的实用、灵活的特色。

（6）突出结构编排与文字表述的逻辑性。教材内容的组织与编排、实验内容的设计既符合知识逻辑的顺序，又着眼于符合专业岗位群的规范要求，更要求符合学生的思维发展规律。文字表述通俗易懂，语言精炼，深入浅出，使学生容易理解、接受和掌握。

（7）突出知识点和能力点的递进性。根据目前学生的学习规律和特点，以及对教学任务和教学对象等方面所做出的分析，在选取的教材内容与体系结构、教学进程与实训方式等方面，本着由浅入深，循序渐进的原则，将教学内容的知识点分为了解、理解、掌握、熟悉这几个层次，将技能和能力点分为学会、懂得、熟练这几个层次，并对每个层次提出要求。这既符合不同地区、不同岗位群、不同生源的中职学生的选择和使用，又符合学生的心理特征，实现教学目标因地制宜、因人而定的要求。

书中打﹡号的章节是供选用的内容，属于选用模块，其余内容是必修的基础模块。本教材修订版由无锡商业职业技术学院童建华负责全面修订。在本书的修订过程中，程军武和缪晓中等老师提出了许多宝贵意见，为提高本教材修订本的质量起到很好的作用，同时得到了张楚芳老师和伍小兵老师的帮助，在此表示衷心的感谢，同时还要感谢唐瑞海、袁锡明、徐祥珍等同志给予的关心与支持。由于编者水平有限，书中错误和缺点在所难免，恳请各位批评指正。

编者的电子邮箱地址：tongjianhua@jscpu.com

为了方便教师教学，本书还配有电子教案、教学指南及习题答案（电子版），请有此需要的教师登录华信教育资源网（www.hxedu.com.cn）注册后免费。

编　者

2013 年 6 月

目 录

第 1 章

音响设备概述

本章主要介绍音响设备的基本概念，Hi-Fi 音响系统的组成，音响设备的主要性能指标，声音的基本知识等内容。并着重介绍了人耳的听觉特性以及立体声和环绕立体声的有关知识。本章是音响设备的基础知识，学好本章可以为后续各章中掌握各类音响设备的结构与原理奠定良好的基础。

通过本章的学习，应达到以下要求：

（1）了解音响的基本概念，Hi-Fi 音响系统的属性和音响技术的现状；

（2）理解音响设备的基本性能指标，立体声的概念、特点和环绕立体声知识；

（3）掌握人耳的听觉特性，包括听觉等响特性、听觉阈值特性和听觉掩蔽特性；

（4）熟悉音响设备的基本组成和声音的三要素。

音响技术是专门研究声音信号的转换、传送、记录和重放的一门技术。自爱迪生 1877 年发明筒形留声机以来，音响技术得到了突飞猛进的发展。

例如：在无线电广播方面，从调幅广播，调频广播，再发展到调频（调幅）立体声广播和今天的数字音频广播；在磁性录/放音技术方面，从钢丝式磁性录音机、磁带录音机到立体声盒式磁带录音机，再到数字磁带录音机；在唱片录/放音技术方面，从单声道普通模拟电唱机、双声道立体声唱机，到数字激光（CD）唱机，再到 MP3、DVD-Audio 等现代数字音频播放设备；电路中的电子元器件，由真空管、晶体管、集成电路，到大规模集成电路；音频信号的记录和重放的方式，由单声道、双声道立体声，到多声道环绕立体声；信号的处理方式，由模拟信号处理，到数字信号处理，再到数字信号的编码压缩处理；控制音响设备工作的方法，由机械控制、电子控制，到电脑控制，再到红外线遥控；录放的信息，从单纯的音频信号，到声像并茂和多声道、多语言、多字幕选择等。

音响设备频频换代，其品种日益增加、功能越来越多、性能越来越好，真可谓繁花似锦、日新月异。如今，音响技术已经渗透到广播、电视、电影、文化及娱乐等各个领域；高保真音响设备已进入千家万户，与彩色电视机组成家庭 AV 音乐中心或者家庭影院，成为人们休闲娱乐的重要方式。随着音响技术的普及，渴望学习音响技术的人日益增多，有必要对音响的基本概念，声音的基本知识，高保真音响系统的基本组成，电声性能指标和现代音响技术等有一个基本的了解。

1.1 音响技术的基本概念

学习音响的基本概念是步入音响技术领域的开端。本节主要介绍在音响技术中经常遇到的几个基本概念，如音响、音响系统和高保真等。

1.1.1 音响的基本概念

音响（Sound）是一个通俗的名词。在物理学中，音响可理解为人耳能听到的声音。然而在音响技术中，音响是指通过放声系统重现出来的声音。如通过 CD 机等音响设备播放 CD 片中的音乐、歌曲及其他声音，又如演出现场通过扩音系统播放出来的歌声和音乐声等，都属于音响范畴。能够重现声音的放声系统，称为音响系统。

1.1.2 高保真（Hi-Fi）及高保真音响系统的属性

音响系统若能如实地重现原始声音，重现原始声场，并能对音频信号进行适当的修饰加工（调音），使重现的音质优美动听，则可称为高保真音响系统。高保真的英文原词为 High-Fidelity，简称 Hi-Fi。它反映了一个高质量的音响设备，如实地记录和重放、传输与重现原有声音信号的本来面貌、保持声音的原汁原味的基本能力。

高保真音响系统有 3 个重要的属性。

1. 如实地重现原始声音

声音的基本特性在物理学中可用声压的幅度、频率和频谱 3 个客观参量来描述，而在人耳听觉中则用声音的音量、音调和音色 3 个主观参量来描述，称为声音三要素。如实地重现原始声音，就是要保持原有音质，使人感觉不到所反映的原始声音质量的三要素有何畸变。这是高保真的基本属性。

2. 如实地重现原始声场

室内声场是由声源、直达声、反射声和混响声构成的。如在音乐厅欣赏音乐时，直达声可以帮助听众判断各种乐器的发声方位，反射声和混响声给人一种空间感和包围感，感受到现场的音响气氛。显然，原始声场反映的是一种立体声。如实地重现原始声场，就应该能够重现声源方位和现场音响气氛，使人感到如同身临其境。所以，高保真音响系统必须是立体声放声系统。立体声是高保真的重要属性之一。

3. 能够对音频信号进行加工修饰

音频信号在录制、传输和重放过程中，不可避免地会产生各种失真。因而，高保真音响系统应该采取适当的措施进行均衡补偿和加工处理，以恢复原有音质。另外，音响系统经常用来播放音乐。听音乐是一种艺术享受，但每个人的文化水平、艺术修养、欣赏习惯和追求爱好各不相同。如有人喜欢雄浑有力的中低音，有人追求明亮悦耳的中高音，有人爱好清脆纤细的最高音。所以，高保真音响系统还允许人们根据自己的爱好，对音频信号进行修饰美化，通过调音使声音更加优美动听。这也是高保真的重要属性。

1.1.3　音响技术的现状

今天的音响设备已成为人们生活、工作、学习的重要组成部分。从技术上讲，可以用高保真（Hi-Fi）化、立体声化、环绕声化、自动化、数字化来概括其特点。

1. 高保真化

高保真（Hi-Fi）地进行声音的记录和重放，一直是人们不断追求的目标。人们把那些陶醉于 Hi-Fi 的音响爱好者称为发烧友。随着音响技术的发展和各种电声器件质量的不断提高，目前的高保真程度已经达到相当高的水平。

2. 立体声化

双声道立体声音响设备早已十分普及。而真正的立体声——真实地再现三维空间声源方位的环绕立体声，在杜比实验室研制的杜比数字环绕立体声技术和雅马哈数字声场处理技术推动下，已经走进千家万户，在"家庭影院"中得到广泛应用。目前，杜比数字环绕立体声（Dolby AC-3），数字影院系统（DTS）等重放功能，已成为现代音响设备的重要标志。

3. 自动化

得益于自动控制技术和微型电子计算机技术的飞速发展，音响设备的操作控制正朝着自动化/遥控化方向迅速发展。采用微处理器担任系统控制的现代音响设备，可实现调谐器的自动搜索调谐和电台频率的存储记忆，可进行录音设备的连续放音和编程放音，可自动控制激光唱机、数字录音机的工作状态及功能转换，并可通过红外遥控器进行操作与控制。

4. 数字化

采用数字信号处理技术的数字音响设备，以其完美的音色和极高的电声性能指标赢得人们的青睐。CD 机、DVD 机等数字音视频设备，成为最主要的 Hi-Fi 节目音源；MP3、MP5 播放器以其轻小、抗震、灵活、美观、无机械部件、便于携带、使用方便等特点成为当今的时尚。

1.2　高保真音响系统的基本组成

高保真音响系统通常由高保真音源、音频放大器和扬声器系统这 3 大部分组成。其中，由音源部分送来的各种节目信号，经音频放大器进行加工处理并放大，取得足够的功率去推动扬声器工作，放出与原声源相同且响亮得多的声音。同时，由于声音还要经过所在场所的空间才能送给听众欣赏，所以其音响效果既与音响系统的配置有关，也与听音场所的室内声学特性有着密切联系。

Hi-Fi 双声道高保真音响系统的结构如图 1.1 所示。各组成部分的主要作用在下面分别予以介绍。

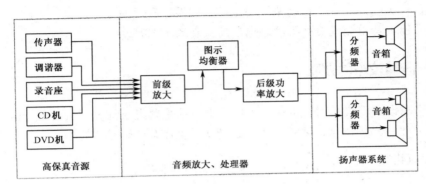

图 1.1　Hi-Fi 双声道高保真音响系统

1.2.1　高保真音源系统

高保真音源有调谐器、录音座、电唱机、CD 唱机、VCD 影碟机、DVD 影碟机和传声器等。它们为音响系统提供高保真的音频信号。

1. 传声器

传声器又称麦克风，俗称话筒。传声器是一种换能器，它将声能转换为电能。在剧场、歌舞厅、卡拉 OK 厅、音乐厅及家庭娱乐中，都要利用传声器拾取音频信号。传声器的种类很多，有动圈式、电容式、驻极体式、有线式和无线式等。传声器的频率特性、信噪比和灵敏度等性能直接影响着重现声音的音质。

2. 调谐器

调谐器是一台不包括功率放大器和扬声器的高性能收音机，其功能是接收中波段和短波段的调幅广播及调频波段的调频立体声广播，并还原成音频信号。新型调谐器采用数字调谐和数字频率显示技术，具有存储、预选及定时等功能。调谐器是一种不需自备音响载体而又节目丰富的经济音源。特别是接收调频立体声广播时，可以提供高保真的音频信号。

3. 录音座

录音座是一台不包括功率放大器和扬声器的高性能磁带录音机，它根据电磁转换原理，利用磁带记录或重现音频信号。由于采用了轻触式机心、逻辑控制电路、杜比降噪系统、自动选曲电路和微处理器控制系统等新技术，使录音座的性能指标达到较高水平。若将高频特性好的磁头与金属磁带配用，可以提供满足要求的高保真音频信号。但随着计算机磁盘与MP3播放器技术的发展，这种采用磁带进行记录、存储与播放的功能正被电脑的磁盘与MP3所取代。

4. CD 唱机

CD 唱机又称为激光唱机或镭射（Laser）唱机。它利用激光束，以非接触方式将 CD 唱片上记录的声音信息的数字编码信号检拾出来，经解码器把数字信号还原并变换为模拟音频信号。CD 唱机已达到很高的技术水平。由于采用数字录音和放音技术，其频率特性、动态范围、信噪比、失真度、抖晃率、分离度等性能指标几乎达到理想的程度，是各种高保真音源中最理想的音源。CD 唱机具有自动选曲、程控播放等功能，其自动控制的程度是其他音源所望尘莫及的。

5. DVD 机

DVD 机是既有声音又有图像的高级影音信号源。DVD 盘片大小与 CD 盘片相同，但信息记录密度要高得多，也是采用激光技术与数字录放技术。但它的声音和图像数据在经过压缩处理之后，不仅可以输出接近于 CD 机质量的音频信号，同时还输出高清晰度的视频信号，而且声音采用杜比数码 5.1 声道系统，达到更加逼真的 3D 环绕立体声效果。由 DVD 机、带环绕声解码器的 AV 功率放大器、高清晰度大屏幕彩电和 5.1 声道扬声器系统，可以构建高档的家庭影院，得到高质量的视听享受。

各种优质音响载体通过音源设备所提供的高保真音频信号，是取得高保真音响效果的源泉。

1.2.2 音频放大器

音频放大器是音响系统的主体，包括前置放大器和功率放大器两部分，必要时可以插入图示均衡器。音频放大器对音频信号进行处理和放大，用足够的功率去推动扬声器系统发声。

1. 前置放大器

前置放大器具有双重功能，即选择音源并进行音频电压放大和音质控制。它将各种不同音源送来的不同电平的音频信号放大为大致相同的额定电平；通过加工处理，实现音质控制，以恢复原始声音，输出高保真音频信号。因此在前置放大器中除必要的放大外，还设置有音量控制、响度控制、音调控制、平衡控制、低频和高频噪声抑制等音质控制电路。所以，前置放大器被誉为音响系统的音质控制中心。

2. 图示均衡器

图示均衡器是一种为修饰美化音色而设置的音频信号处理设备。它将整个音频的频带划分为 5 个、7 个或 10 个频段，最多达 31 个频段，分别进行提升或衰减。各频段互不影响，对音质可进行精细调整，以减小各种噪声，补偿房间声学缺陷，弥补左右音箱的频率特性差异，适应聆听者的不同爱好。图示均衡器还可以配置频谱显示器，通过发光管或荧光管动态显示各频率成分的幅度变化，光彩夺目，给人以声与色动态变化的美感。

3．功率放大器

功率放大器的作用是放大来自前置放大器的音频信号，产生足够的不失真功率，以推动扬声器发声。功率放大器处于大信号工作状态，动态范围很大，容易引起非线性失真，因此，它必须有良好的动态特性。功率放大器的性能优劣直接关系到音响系统的放音质量，其衡量指标主要有频率特性、谐波失真和输出功率等。

1.2.3　扬声器系统

扬声器系统由扬声器单元、分频器、箱体与吸声材料所组成，其作用是将功率放大器输出的音频信号，分频段不失真地还原成原始声音。扬声器系统对重放声音的音质有着举足轻重的影响。

1．扬声器

扬声器是一种电声换能器。音响系统中使用最多的是电动式扬声器，它利用磁场对载流导体的作用实现电声能量转换。依据振动辐射系统的不同，电动式扬声器可分为锥形扬声器、球顶形扬声器和号筒式扬声器等，各有不同的特性。

2．分频器

无论哪一种扬声器，要同时较好地重放整个音频频带（20Hz～20kHz）的声音几乎是不可能的。因此，在高保真音响系统中，通常采用分频的方法，利用不同口径与类型的扬声器的特长，分别承担低频段、中频段或高频段声音的重放任务。低频段宜用大口径锥形扬声器，中、高频段可用球顶形或号筒式扬声器。分频器的作用是为各频段扬声器选出相应频段的音频信号，并正确分配馈给各扬声器的信号功率。

3．箱体与吸声材料

扬声器振膜前后所辐射的声波是互为反相的，其中低频声波因绕射而造成的相位干涉会削弱其辐射功率。为了提高扬声器的低频效率，应把扬声器装在填有吸声材料的箱体里，用来屏蔽与吸收扬声器振膜后方辐射的声波。常见的音箱有封闭式和倒相式等。

综上所述，高保真音响系统能够不失真地传输和重现原始声音。然而，要取得理想的音响效果，还要有声学特性良好的听音场所。否则，即使有一套昂贵的高保真音响设备，也未必能取得预期的音响效果。

1.3　音响设备的基本性能指标

高保真音响系统要如实地重现原始声音和原始声场，其音响设备必须具有比语言和音乐更宽的频率响应范围，更大的音量动态范围；尽可能降低噪声，减小失真；使立体声各声道特性平衡，防止互相串音等。为此，国际电工委员会制定了相应的标准（IEC—581 标准），规定了高保真音响设备和系统特性的最低电声性能要求。我国也根据该标准制定了相应的国家标准（GB/T14277—93 国家标准），规定了音频组合设备通用技术条件，提出了各种音响设备的最低电声性能要求和试验方法。下面着重介绍其中 3 项主要的性能指标。其余的性能指标将分别在各章中结合各种音响设备进行介绍。

1. 频率范围

频率范围习惯上称为频率特性或频率响应，是指各种放声设备能重放声音信号的频率范围，以及在此范围内允许的振幅偏差程度（允差或容差）。显然，频率范围越宽，振幅容差越小，则频率特性越好。国家标准规定，频率范围应宽于 40Hz～12.5kHz，振幅容差应低于 5dB，各种音响设备不尽相同。规定有效频率范围，是为了保证语言和音乐信号通过该设备时不会产生可以觉察的频率失真和相位失真。常见乐器与男女声的中心频率范围如表 1.1 所示，各频段声音对听感的影响如图 1.2 所示。

表 1.1 常见乐器及人的声音的中心频率范围

乐器名称	中心频率范围	乐器名称	中心频率范围
电吉他	响度为 2.5kHz，饱满度为 240Hz	钢琴	频率范围为 16Hz～8kHz，低音为 80～120Hz，临场感为 2.5～8kHz，声音随频率的升高而变单薄
木吉他	低音弦为 80～120Hz，琴箱声为 250Hz，清晰度为 2.5kHz、3.75kHz、5kHz	小提琴	频率范围为 160Hz～17kHz，丰满度为 240～400Hz，拨弦声为 1～2kHz，明亮度为 7.5～10kHz
低音吉他	频率范围为 700Hz～1kHz，提高拨弦音为 60～80Hz	中提琴	频率范围为 120Hz～10kHz
低音鼓	频率范围为 60Hz～7kHz，低音为 60～80Hz，敲击声为 2.5kHz	大提琴	频率范围为 60Hz～8kHz，中心频率为 110Hz～1.6kHz，丰满度为 300～500Hz
小鼓	饱满度为 240Hz，响度为 2kHz	琵琶	中心频率为 110～1170Hz，丰满度为 600～800Hz
吊镲	金属声为 200Hz，尖锐声为 7.5～10kHz，镲边声为 12kHz	笛子	中心频率为 440～1318Hz
通通鼓	丰满度为 240Hz，硬度为 8kHz	二胡	中心频率为 293～1318Hz
地筒鼓	丰满度为 80～120Hz	男歌手	64～523Hz 为基准音区，男高音频率范围为 120～7kHz，男低音频率范围为 80～4kHz
电贝司	低音为 80～250Hz，拨弦力度为 700Hz～1kHz	女歌手	160Hz～1.2kHz 为基准音区，女高音频率范围为 220Hz～11kHz，女低音频率范围为 150Hz～5kHz
手风琴	饱满度为 240Hz	交响乐	8kHz 为明亮度
小号	频率范围为 180～10kHz，丰满度为 120～240Hz，临场感为 5～7.5kHz	低音萨克管	频率范围为 50Hz～6kHz
长号	频率范围为 80Hz～8kHz	高音萨克管	频率范围为 180Hz～10kHz

只有音响设备的频率范围足够宽，通频带内振幅响应平坦程度在容差范围之内，重放的音乐才会使人感到低音丰满深沉、中低音雄浑有力、中高音明亮悦耳、高音丰富多彩，整个音乐层次清楚。当然，为了补偿或突出某频段声音，也允许进行修饰美化。

2. 谐波失真

由于各音响设备中的放大器存在着一定的非线性，导致音频信号通过放大器时产生新的各次谐波成分，由此而造成的失真称为谐波失真。谐波失真使声音失去原有的音色，严重时使声音变得刺耳难听。该项指标可用新增谐波成分总和的有效值与原有信号的有效值的百分比来表示，因而又称为总谐波失真。电压谐波失真系数，可采用国标规定的测试方法分别测量基波和各谐波分量而得到。电压谐波失真系数的值越小，说明保真度越高。例如调谐器的谐波失真一般都小于 0.2%，而 CD 唱机的谐波失真可小于 0.01%。可见，CD 唱机的保真度远胜于调谐器。

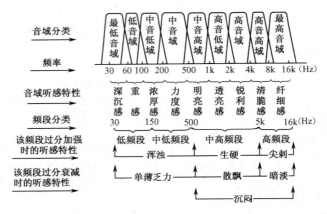

图 1.2　各频段声音对听感的影响

3. 信噪比 (*S/N*)

信噪比全称信号噪声比，记为 S/N，通常用分贝值表示：$S/N = 20\lg U_S/U_N$（dB）。该式中的 U_S 为有用信号电压，U_N 为噪声电压。信噪比越大，表明混在信号里的噪声越小，重放的声音越干净，音质越好。

国家标准规定，信噪比可用去调制法或滤基波法来测量。首先测得输出为额定功率时的信号 S（signal）、失真 D（distortion）和噪声 N（noise）电压之和（$S+D+N$），然后去掉或滤去信号电压 S，用带通滤波器取出失真和噪声电压（$D+N$），计算（$S+D+N$）与（$D+N$）的比值并取对数，即可获得信噪比的分贝值。另外，信噪比通常有不计权信噪比和计权信噪比两种表示方法。其区别在于后者在取出失真和噪声电压后还要通过 A 计权网络，在数值上后者大于前者。

上述 3 项性能指标是音响设备最基本的性能指标。各种音响设备还有表征各自特性的其他性能指标，如功率放大器的输出功率、增益、瞬态特性、动态范围、左右声道分离度等。

1.4　声音的基本知识

声音的基本知识包括声音的基本性质、听觉的基本特性、立体声基本原理等。掌握这些基本知识，是正确理解音响技术所涉及的性能指标、电路原理和维修的必要基础。

1.4.1 声音的基本性质

声音是声源振动引起的声波传播到听觉器官所产生的感受。因此，声音是由声源振动、声波传播和听觉感受 3 个环节所形成的。下面首先来看声波的传播特性。

1. 声波的传播特性

声波在传播中不仅会衰减，而且遇到障碍物还会产生反射与散射、吸收与透射、绕射与干涉等现象，并具有一定的传播规律。

（1）声波的反射与散射。声波从一种媒质进入另一种媒质的分界面时，会产生反射现象。例如声波在空气中传播时，若遇到坚硬的墙壁，一部分声波将反射，反射角等于入射角。当声波遇到凹面墙时，声源发出的声波经凹面墙反射后可以向某点集中，称为声波的聚焦；当声波遇到凸面墙时，将产生扩散反射，声波遇到凹凸不平的墙面则产生散射现象。

（2）声波的吸收。当声波遇到障碍物时，除了产生反射现象外，还有一部分声波将进入障碍物，进入障碍物（如吸声材料）的声波能量转变为热能而损失的现象称为吸收。障碍物吸收声波的能力与其材料的吸声特性有关。

声波的反射与吸收现象是听音环境设计中首先需要考虑的问题。在演播室、听音室、歌剧厅和电影院的四周总是建造成凹凸不平的墙面，就是为了使声波产生杂乱反射，产生均匀声场，并让墙壁吸收一部分能量，使这些空间具有适当的混响时间。

（3）绕射。当声波遇到墙面或其他障碍物时，会有一部分声波绕过障碍物的边缘而继续向前传播，这种现象称为绕射，又称衍射。绕射的程度取决于声波的波长与障碍物大小之间的关系。若声波波长远大于障碍物线度尺寸，则绕射现象非常显著；若声波的波长远小于障碍物线度尺寸，则绕射现象较弱，甚至不发生绕射。因此，对于同一个障碍物，频率较低的声波较易绕射，而频率较高的声波不易绕射。这种现象表现为低频的声音在传播时没有方向性，而高频的声音在传播时则有较强的方向性。

当声波通过障碍物的洞孔时，也会发生绕射现象。当声波波长远大于洞孔尺寸时，洞孔好像一个新的点声源，声波从洞孔向各个方向传播。当声波波长小于洞孔尺寸时，只能从洞孔向前方传播。

由于反射和绕射的共同作用，从没有关严的门缝里传播到房间中的声波几乎和门打开时的情况不相上下。

（3）干涉。干涉是指一些频率相同的声波在传播中互相叠加后所发生的一种现象。多个声源发出的声波，在传播过程中会产生叠加。如果两个声波的频率相同，相位也相同，即同一时刻处于相同的膨胀或压缩状态，则两个声波互相叠加而使声波增强；如果两个声波的频率相同，相位相反，则叠加会使声波互相抵销；如果两个声波频率相同，相位不同，则叠加会使声波在有的地方增强，有的地方削弱。若两个声波的频率、相位都不同，则叠加是复杂的。声波干涉的结果是使空间声场有一个固定的分布。在扩声系统中需要通过改变扬声器的摆放位置与角度来调节声场分布的均匀性。

除了上述几种主要特性外，声波在传播过程中还有折射与透射现象、谐振现象、衰减现象等特性，即使声波在空气中传播也会有一部分声能损失而衰减。

2. 声音的三要素

声音主要是通过音量、音调、音色这 3 个要素来表现其特性的。在日常生活中，习惯用音量的大小、音调的高低和不同的音色来区分各种声音。这不仅与声音的声压、频率和频谱有关，而且也包括听者的心理和生理因素。

（1）音量。音量又称响度，是指人耳对声音强弱的主观感受。音量的大小主要取决于声波的振幅大小，如图 1.3（a）所示。

（2）音调。音调又称音高，是指人耳对声音的调子高低的主观感受。音调主要取决于声波的基波频率，如图 1.3（b）所示。

（3）音色。音色是指人耳对声音特色的主观感受。音色主要取决于声音的频谱结构，如图 1.3（c）所示。不同的乐器，即使发音的响度和音调完全相同，人耳也能通过不同的音色将它们分辨出来。另外，音色也与声音的响度、音调、持续时间、建立过程及衰变过程等因素有关。

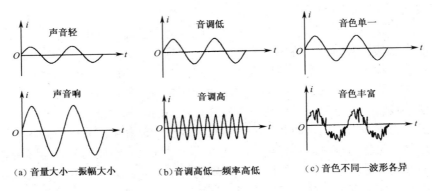

图 1.3　声音的性质和与之对应的波形

1.4.2　人耳听觉的基本特性

1. 人耳听觉范围

人耳能够听到声音的听觉范围有两个方面：一是声波的频率范围，二是声压的幅值范围。人耳能听到的声音的频率范围称为可闻声，而听阈和痛域则决定了人耳能够正常听音的声压幅值范围。

（1）可闻声。可闻声是指正常人可以听到的声音，其频率范围为 20Hz～20kHz，称为音频。20Hz 以下称为次声，20kHz 以上称为超声。在音频范围内，人耳对中频段 1～4kHz 的声音最为灵敏，对低频段和高频段的声音则比较迟钝。对于次声和超声，即使强度再大，人耳也是听不到的。

（2）听阈。可闻声必须达到一定的强度才能被听到，正常人能听到的强度范围为 0～140dB。使声音听得见的最低声压级称为听觉阈值，它和声音的频率有关。在良好的听音环境中，听力正常的青年人，在 800～5 000Hz 频率范围内的听阈十分接近于 0dB，0dB 定义为声波的强弱为 20μPa（帕）的声压值，1 个大气压=10^5Pa。当左右两耳听阈有差异时，双耳听阈主要决定于灵敏度较好的那只耳朵。当两耳灵敏度完全相同时，能听到的声音更微弱，双耳听阈比单耳听阈可低 3dB 左右。

（3）痛域。使耳朵感到疼痛的声压级称为痛域，它与声音的频率关系不大。通常声压级达到 120dB 时，人耳感到不舒适；声压级大于 140dB 时，人耳感到疼痛；声压级超过 150dB 时，人耳会发生急性损伤。

2. 听觉等响特性

听觉等响特性是反映人们对不同频率的纯音的响度感觉的基本特性，通常用等响曲线来表示。如图 1.4 所示是国际标准化组织（ISO）推荐的等响曲线，这是对大量具有正常听力的年轻人进行测量统计的结果，该曲线中声音的响度用"方"（phon）表示，以典型听音者刚能听到 1kHz 纯音的响度作为 0 "方"。等响特性曲线说明了人耳判断声音的响度，与声压级和频率都有关系。

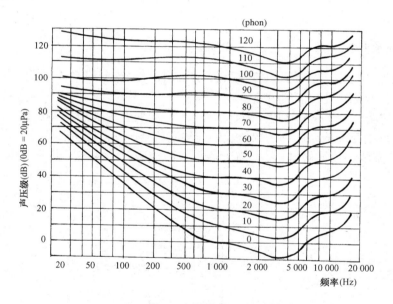

图 1.4 等响曲线

等响特性曲线反映的一个基本规律，是人耳对 3～4kHz 频率范围内的声音响度感觉最灵敏。这是因为图中纵坐标表示的是耳壳处的声压级，外耳道谐振腔提高了 3～4kHz 附近的声音强度。如果纵坐标表示的是鼓膜处的声压级，那么人耳对 1kHz 声音是最灵敏的。人耳对低频和高频声音的灵敏度都要降低。例如，对于人耳能听到响度为 40phon 的声音，若是 1kHz 的信号其声压级只要 40dB，而如果是 20Hz 的信号其声压级却需要 90dB 才能感到同样的响度，两者的声压级相差 50dB。

等响特性反映的另一个基本规律是声压级越高等响曲线越趋于平坦，声压级不同，等响曲线有较大差异，特别是在低频段。这个规律在音响技术中是有实际指导意义的。它说明若以低于或高于原始声音的声压级重放声源，则会改变原始声音各频率成分的相对响度关系，产生音色变化。例如，在重音乐时音量开得很小，即使音乐节目中低音成分比较丰富，但听起来低频却明显少，低时不够丰满，不如声音开得大些好听。所以，在放音时，特别是小音量放音时，为了不改变原始音色，就应借助于等响曲线所揭示的听觉特性在电路中进行补偿，以提升低音及高音，这就是所谓的等响控制电路。

3. 听觉阈值特性

听觉阈值特性就是指人耳对不同频率的声音具有不同的听觉灵敏度的特性。通常情况下，正常人能听到的声音强度范围为 0～140dB。人耳在 800Hz～5kHz 频率范围内的听阈十分接近于 0dB，而对 100Hz 以下的信号或 18kHz 以上的信号的听觉灵敏度却大大降低，可觉察的声级明显高于 800Hz～5kHz 的中音频段。

在现代数字音响设备中，如 DVD-Audio（DVD 音频播放器）、MP3 播放器等，就是充分利用了人耳的听觉阈值特性。如果我们把可闻频段的信号保留，而把不敏感频段的信号只反映其强信号，对人耳难以觉察的弱信号则可以忽略，这样就可以使信息量大大减少，如图 1.4 所示。从阈值曲线可以看出，如果舍去阈值界限以下的声音信息，其结果是对实际的听音效果毫无影响，但声音的信息量却可大大减少，从而达到了压缩声音信息量的目的。

4. 听觉掩蔽特性

听觉掩蔽特性是指一个较强的声音往往会掩盖住一个较弱的声音，使较弱的声音不能被听到，这种特性有频域掩蔽和时域掩蔽。

（1）频域掩蔽。频域掩蔽是指在稳定条件下，一个包含多种频率成分的声音同时发声时，幅值较大的频率信号会掩蔽相邻的幅值较小的频率信号，使之完全听不见，而且低于该频率的掩蔽较窄（掩蔽曲线比较陡峭），高于该频率的掩蔽范围较宽，可达该频率的数倍，如图 1.5 所示。

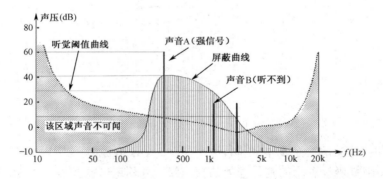

图 1.5　听觉阈值特性和频域掩蔽特应

频域掩蔽特性揭示了当某一频率段附近如果存在着若干频率的声音信号，而其中一个信号 A 的幅度远大于其他信号的幅度，则人耳的听觉阈值将提高，使大音量 A 频率附近的小音量信号变得不可闻，像是小音量信号被大音量信号所掩盖；而与大音量信号不在同一频率附近的小音量信号，其可闻阈值不受影响，一样听得见。例如有一复合音频信号，包含 400Hz、1200Hz、2800Hz 三个频率成分的声音，它们的声压级分别为 60dB、20dB、20dB。对 60dB 的 400Hz 大信号来说，它的掩蔽曲线已示于图 1.5 中，位于该掩蔽曲线下的声音都被它所掩蔽而不能听到，由该掩蔽曲线可见，它在400Hz附近的掩蔽量为40dB，在1200Hz处的掩蔽量为32dB，在2800Hz处的掩蔽量为8dB。所以，此时人耳只能听到400Hz的大信号和2800Hz的小信号（2800Hz在听觉阈值以上只有20dB-8dB=12dB），1200Hz的信号听不到，原来的复合音频的音色发生了变化。

在现代数字音频技术中，人耳听觉的这种掩蔽特性非常有用。根据这一特性，可以将大音量信号频率附近的小音量信号舍去，仍不会影响实际听音效果，但信息量会大大减少，从而达到压缩声音信息量的目的。

（2）时域掩蔽。人耳除了对同时发出的声音在相邻频率信号之间有掩蔽现象以外，在时间上相邻的声音之间也存在掩蔽现象，称为时域掩蔽。时域掩蔽分为前掩蔽和后掩蔽。如图1.6所示。一般说来，前掩蔽时间很短，大约只有5～10ms，而后掩蔽时间较长，可达50～200ms。产生时域掩蔽的主要原因是人的大脑处理信息需要花费一定的时间，导致紧随强信号后的弱信号听不到。

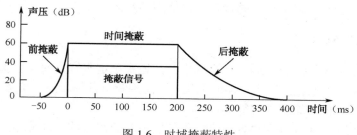

图1.6 时域掩蔽特性

根据时域掩蔽特性，在现代数字音频技术中，处理与传送音频信号的数据时，代表信号幅度的数据，可以从数毫秒传送1次延长到每几十毫秒传送1次，起到进一步压缩声音信息量的作用。

5. 哈斯效应

人耳对回声的感觉规律，首先是由哈斯提出的，故称为哈斯效应（Haas Effect）。其内容为：当两个频率相同、幅度相等的声源按不同的时间从不同方向传到人耳时，人耳对声源方位的听觉会出现下列3种情况：

（1）一个声音比另一个声音先到达5～30ms，则会感觉到一个延长了的声音，它来自先到达声音的方向，迟到的声音好象不存在；

（2）若两个声音先后到达的时间差为30～50ms，就会感到存在两个声音，声音的方向仍由先到达的声音决定；

（3）如果两个声音先后到达的时间在50ms以上，则可清楚地听到两个声音来自各自方向。

利用哈斯效应，可以在常规条件下，利用人工延时、混响等技术来调整、合成各声道的发声，以模拟出音乐厅、电影院等厅堂的音响效果。

6. 德·波埃效应

德·波埃效应是一种利用不同的声音到达人耳的声级差（即强度差）和时间差来确定声音方位的听觉效应。若将两只扬声器左右对称地放在听者正前方，则听者感觉到两扬声器的声像位置有下列 3 种情况：

（1）当反馈给两只扬声器的信号相等时，两只扬声器的发声无强度差与时间差，此时听者感觉声音来自两扬声器的中间方向；

（2）当反馈给两扬声器的信号无时间差，但增益不同而使发声的音量有强度差时，则声像位置向音量大的扬声器方向移动；

（3）当反馈给两扬声器的信号无强度差，但延时量不同而使两扬声器的发声有时间差时，则听者所感觉到的声像位置向先到达的扬声器方向移动。

上述时间差和强度差所产生的听觉效果类似，并且在声级差小于 15dB 和时间差小于 3ms 时，两者近似呈线性关系，即大约 5dB 的声级差与 1ms 的时间差所引起的声像移动量相同。

1.4.3　立体声基本知识

立体声基本知识是研究现代音响设备工作原理的基础。

1. 立体声基本概念

人耳对于声音的鉴别不仅有强弱、高低之分，还有确定声音方向、位置的能力。在音乐厅内欣赏交响乐时，不但能区别出乐器的类别，还能判断出各种乐器的位置。这种具有方位、层次等空间分布特性的声音就称为立体声。

用立体声音响技术来传播和再现声音，不仅能反映出声音的空间分布感，而且能够提高声音的层次感、清晰度和透明度，明显地改善重放声音的质量，大大地增强临场效果。

2. 立体声的成分

在音乐厅中，立体声的成分可以分为 3 类，如图 1.7 所示。

图 1.7　直达声、反射声、混响声

第 1 类为直达声。它们从舞台上直接传播到听众的左、右耳。同一声音到达双耳所形成的声级差和时间差对判断乐器的方位起着决定作用。直达声能帮助人们确定声源方位。

第 2 类为反射声。它们是从音乐厅内的表面上经过一次反射后，到达听众耳际的声音，约比直达声晚十几到几十毫秒到达耳际。它对听众判断音乐厅空间的大小起决定作用，同时对听众心理也有重要影响。该时差小于 20ms，会令人感到音质亲切；滞后 30～50ms 时，听众会感到连发两次，给人一种浮雕感；滞后 50ms 以上时，反射声尤如清晰的回声。一般音乐厅将初始反射声时差设计为小于 30ms，以 20ms 为最佳。总之，反射声给人空间感，可以感觉到音乐厅的空间大小。

第 3 类为混响声。它们是声音在厅堂内经过各个边界面和障碍物多次无规则的反射后，形成弥漫整个空间、无方向性的袅袅余音。混响时间的长短决定于厅堂的几何形状及各界面吸音特性。混响时间对音质和清晰度有着重要的影响。总之，混响给人包围感，可以感受到声音在三维空间环绕。

反射声和混响声共同作用，综合形成现场环境音响气氛，即产生所谓临场感。优良的立体声应能再现这些要素。

3．立体声的特点

与单声道重放声相比，立体声具有一些显著的特点。

（1）具有明显的方位感和分布感。用单声道放音时，即使声源是一个乐队的演奏，聆听者仍会明显地感到声音是从扬声器一个点发出的。而用多声道重放立体声时，聆听者会明显感到声源分布在一个宽广的范围，主观上能想像出乐队中每个乐器所在的位置，产生了对声源所在位置的一种幻像，简称为声像。幻觉中的声像，重现了实际声源的相对空间位置，具有明显的方位感和分布感。

（2）具有较高的清晰度。用单声道放音时，由于辨别不出各声音的方位，各个不同声源的声音混在一起，受掩蔽效应的影响，使听音清晰度较低。而用立体声系统放音，聆听者明显感到各个不同声源来自不同方位，各声源之间的掩蔽效应减弱很多，因而具有较高的清晰度。

（3）具有较小的背景噪声。用单声道放音时，由于背景噪声与有用声音都从一个点发出，所以背景噪声的影响较大。而用立体声系统放音时，重放的噪声声像被分散开了，背景噪声对有用声音的影响减小，使立体声的背景噪声显得比较小。

（4）具有较好的空间感、包围感和临场感。立体声系统放音对原声场音响环境的感觉是单声道放音所望尘莫及的。这是因为立体声系统能比单声道系统更好地传输近次反射声和混响声。音乐厅里的混响声是无方向性的，它包围在听众四周；而近次反射声虽然有方向性，但由于哈斯效应的缘故，听众也感觉不到反射声的方向，即对听感来说也是无方向性的。单声道系统中，重放的近次反射声、混响声都变成一个方向传来的声音；而立体声系统中，能够再现近次反射声和混响声，使聆听者感受到原声场的音响环境，具有较好的空间感、包围感和临场感。

4．立体声定位机理

立体声的定位机理主要是通过人的双耳效应和耳廓效应进行的，它是双声道立体声放音系统的基础。

（1）双耳效应。人的双耳位置处在头部的两侧，假如声源不在听音者的正前方而是偏向一边，即偏离听音者正前方的中轴线，则声音到达两耳的距离不等，时间和相位就有差异，如图1.8所示。同时人的头部对侧向入射的声波，由于其中一只耳朵有遮蔽效应，因而传入两耳所感受的声音强度也有差别，即为声级差。就因为存在这些差异，才使我们能辨别出声源的方向来。如果用手捂住一只耳朵，则方向感就会立即下降。

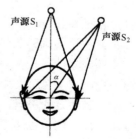

图 1.8　双耳效应与声音方位的关系

人的听觉中枢神经便是根据声音到达两耳的声级差ΔL_p、时间差Δt、相位差$\Delta\varphi$等因素进行综合判断，来确定声音方位，所以称为双耳效应，这是人能够确定声音方位的最主要因素。另外，人耳辨别声音方向的能力还与声音的频率有关。声学常识告诉我们，前进中的声波如果遇到几何尺寸等于或小于声波波长的障碍物，声波可以绕射过去。由于人的两耳之间的平均距离在 16.25～17.5cm 之间，正好对应 800～1 000Hz 频率声波波长的一半。当频率低于 1kHz 时，由于其波长大于 17.5cm，因此声波能绕过人的头部而达到被遮蔽的那只耳朵，使偏离中轴线的低频声波到达两耳的声级差和时间差极小；当频率高于 1kHz 时，由于其波长较短，声波不能绕过头部传送，所以到达被遮蔽的那只耳朵的声级也就比另一只耳朵的声级低得多。故在双耳效应中，低音主要依靠相位差来判别，高音主要依靠强度差来判断。

图 1.9　耳廓效应

（2）耳廓效应。也称单耳效应。人耳的轮廓结构较复杂，当声源的声波传到人耳时，不同频率的声波会由于耳廓形状特点而产生不同的反射。反射声进入耳道与直达声之间就产生了时间差和相位差，其时间差一般在几微秒到几十微秒之间，我们把这种效应称为耳廓效应，如图 1.9 所示。

耳廓效应对声音定位能起到一定的辅助作用，特别是频率较高的声音。当声波波长较短时，声波在两耳间形成的相位差对声音定位已无明确意义，但此时因耳廓效应，反射声与直达声在同一耳道中形成的相位差却是明显的，人耳的听觉神经中枢便根据这一相位差对声音进行辅助定位。正是由于耳廓效应，有时凭借一只耳朵也能对声音进行定位。

1.4.4　环绕立体声

当人们到音乐厅欣赏音乐时，除了直接听到从舞台上发出的乐器演奏声之外，还可以听到周围墙壁反射的混响声。然而，当我们利用双声道立体声系统播放音乐节目时，所能感受到的"声像"就仅为"点声源"，至多为"面声源"，这就失去了音乐厅里那种声音来自四面八方的立体感和空间感。为了弥补双声道立体声系统的这一缺陷，人们又研制、发展了环绕立体声系统。

1. 什么是环绕立体声

环绕立体声是近年来迅速发展起来的一种多声道立体声系统，它能够产生类似于立体空间形式的"声像"，使重放声场具有回旋的、缭绕的、空间的感觉，带有真正"立体效应"，聆听者犹如置身于真实的实际声场中，我们称这种立体声为"环绕立体声"，能产生环绕立体声的音响设备则称为环绕立体声系统。

环绕立体声是在双声道和多声道立体声的基础上发展起来的。不同之处在于它增加了后方的环绕声道，因而大大增强了声像的纵深感和临场感。而通常所指的环绕声，就是指声场中位于聆听者后方的声场，这个后方声场主要由混响声构成，其特点是无固定方向，均匀地向各个方向传播。因其包围着或者说环绕着聆听者，使听音者获得了空间感和包围感，故此得名。

2. 环绕立体声系统的类型

目前，环绕立体声系统主要有以下几种。

（1）杜比环绕声系统（Dolby Surround System），即 Dolby AC-1。杜比环绕声系统是一种能兼容双声道立体声的多声道环绕立体声系统。它是由杜比实验室研制的一种矩阵式 4 声道立体声，它通过矩阵运算对原信号进行处理，将 4 声道信号变换（编码）为两路信号，以便由双声道音频系统进行传输或记录；在还音时又将两路编码信号还原（解码）为 4 声道信号，再通过前左（L）、前右（R）、中央（C）、后环绕（S）等扬声器系统进行放音，从而营造出一个具有空间包围感的立体声场。

（2）杜比定向逻辑环绕声系统（Dolby Pro-Logic Surround System），即 Dolby AC-2。杜比定向逻辑环绕声系统是对杜比环绕声系统进行改进后的环绕声系统，仍属于矩阵式 4 声道系统。它通过方向增强技术，采用自适应矩阵代替原有的固定式矩阵，并增设了中置声道和中置声道模式控制电路，使各声道的信号分离度大大提高，方向感更强，声道之间的串音大为降低，所营造的三维环绕声场与杜比环绕声有了很大的改善。

（3）杜比数字环绕声系统（Dolby Surround Digital），即 Dolby AC-3。Dolby AC-3 是 5.1 声道的数字环绕声系统，即前左（L）、前右（R）、中置（C）、后左环绕（S_L）、后右环绕（S_R）5 个声道，另加一个重低音（SUB）。各声道完全独立、全频响（即 5 个声道的频响均为 20Hz～20kHz）。AC-3 是一种数字音频感觉编码系统，即利用人耳的听觉掩蔽特性来对各声道的数字音频信号进行高效的压缩编码处理，使 5 个声道的音频数据传输量大大减少。AC 是 Audio Perceptual Coding System，即音频感觉编码系统的缩写。由 AC-3 所营造的三维环绕声场具有极高的保真度和极好的环绕声效果，各项性能指标比上述的两种模拟音频技术的环绕声要高出很多。现在，Dolby AC-3 在电影、DVD、数字电视等方面得到普遍应用。

（4）数字影院系统。数字影院系统称为 DTS（Digital Theater System），这是继杜比 AC-3 之后出现的一种效果更好的环绕声系统。DTS 采用了一种新的数字环绕声格式来记录声音，其最大特点是它的声画分离方式。DTS 的声音处理需要有专门的 DTS 解码器。DTS 也为 5.1 声道（类似于杜比数字环绕声）。在 DTS 标准中，左、中、右 3 路的频响为 20Hz～20kHz，左环绕、右环绕声道的频响为 80Hz～20kHz，超低频为 20～80Hz。DTS 系统在实际听音中，可以得到更清晰的声场分布和身临其境的感觉。

（5）虚拟环绕声系统。虚拟环绕声系统是利用虚拟扬声器技术，通过双声道系统来再现三维（3D）环绕立体声效果的一种新颖的环绕声系统。这种环绕声系统只要用双声道的功率放大器和两个声道的音箱，即可虚拟出 3D 环绕声场，实现三维环绕声效果。不需像杜比环绕声那样，需要配置 4 声道或 5 声道的功率放大器和音箱，以及配置杜比环绕声解码器，可以大大节省音响设备的投资。目前使用的有 SRS（Sound Retrieval System，声音恢复系统）、Q-Sound、Spatializer（空间感环绕声）、VDS（Virtual Dolby Surround，虚拟杜比环绕声系统）等，其中 SRS 虚拟环绕声的应用最为普遍。

1.5 室内声学

人耳听音的实际音响效果与室内声学特性有着密切的联系。本节从应用角度对室内声学的基本知识与基本特性进行简要介绍。

1.5.1　室内声学特性

对音响效果有决定作用的室内声学特性主要包括 3 个方面，即室内声场分布、隔音效果和混响效果。

1. 声场分布

理想的室内声场分布应该是均匀的，即室内空间各点的声能密度均匀一致，各点的音量大小基本一致。如果室内声场不均匀，在发出猝发声后，会有嗡嗡声不绝于耳，如同洞穴里的拖尾音效果，将影响正常听音。

造成室内声场不均匀的因素很多，如四周墙壁形状对声波的反射、物件摆设对声波的影响等，其中首先应该考虑的是房间尺寸。每个房间都有 3 个与其高、宽、长有关的固有谐振频率，如果高、宽、长的尺寸比例不合适，使谐振频率分布不合理，就会产生声染色，使得话音的某些频率成分不自然地得到加强，因而讲话声变得生硬、刺耳。室内声染色也会影响音乐，只是不易觉察。

为了使室内声场分布均匀，避免声染色现象的发生，需要注意的一条原则是不要使房间的高、宽、长的比例为整数之比，如 1：2：3 是不合适的比例。房间尺寸比例合适是产生均匀声场的必要条件，但不是唯一的条件。

2. 隔音效果

隔音是为了防止外来噪声干扰音响效果。外界的噪声来源很多，如马路上的汽车喇叭声、行人的喧闹声、空调机的振动声、鼓风机的马达声等。它们一般通过两种途径传入室内，即空气传导和固体传导。

噪声经空气媒质，从房间的门、窗、墙透进室内。通常可采用双层门、窗、墙，在门廊墙面和天花板上用吸声效率高的材料覆盖。将听音室背向马路或远离市区等，能够有效地隔离外界噪声，达到较好的隔音效果。

但是，经固体构件传入室内的噪声是很难消除的。如马路上重型车辆开动引起的噪声经建筑物本身振动传入室内，在一般情况下几乎是毫无办法。只有采用浮地建筑，才能取得一些隔音效果。

3. 混响效果

混响效果决定于混响时间，与室内四周墙壁与地板及天花板等吸声能力的强弱有关，是影响音响效果的主要因素，下面将进行详细些的讨论。

1.5.2　混响时间

已经知道，室内声音包括直达声、反射声和混响声。其中混响声是指经过多次往复反射所形成的袅袅余音。混响声从最强值到衰落 60dB（即百万分之一）为止，所经历的时间称为混响时间。

1. 混响时间估算

混响时间与房间的容积、面积、墙面与地面及天花板材料的吸声系数有关，还与房间内物件摆设及人员多少等因素有关。通常，在声场均匀分布的封闭室内的混响时间，可用著名的赛宾公式进行工程估算：

$$T_{60} = 0.161 \cdot V / A，\quad A = S \cdot \overline{\alpha} \tag{1-1}$$

式中，T_{60} 为混响时间，单位为秒（s），下标表示衰减 60dB 所需的时间；

  V 为房间的容积，单位为 m^3；

  S 为室内总表面积，包括地面、四周墙面及天花板，单位为 m^2；

  A 为室内总吸声量；$\overline{\alpha}$ 为室内表面的平均吸声系数。

若室内各块内表面的材料不同，则总吸声量 A 及平均吸声系数 $\overline{\alpha}$ 分别为

$$A = \alpha_1 \cdot S_1 + \alpha_2 \cdot S_2 + \cdots + \alpha_n \cdot S_n = \sum \alpha_i \cdot S_i$$

$$\overline{\alpha} = \frac{\alpha_1 \cdot S_1 + \alpha_2 \cdot S_2 + \cdots + \alpha_n \cdot S_n}{S_1 + S_2 + \cdots + S_n} = \frac{\sum \alpha_i \cdot S_i}{\sum S_i} \tag{1-2}$$

式中，α_i 为室内表面各种不同材料的吸声系数；

  S_i 为各种不同材料的面积。

赛宾公式揭示了混响时间的客观规律，是一个高度简化的声学模型。根据房间内各种材料的面积与吸声能力，由该公式即可估算出混响时间的大小。在音响工程的室内声学设计时，一般都用它来估算闭室的混响时间。

2. 最佳混响时间

一个房间的混响时间不同，其音响效果亦不同。混响时间过短，只能听到直达声和近次反射声，使人感到声音干闷。混响时间过长，混响声会掩盖或干扰后面发出的声音，有隆隆声的感觉，从而降低了清晰度。因此，应该选择一个最佳混响时间。

最佳混响时间视房间的用途不同而有所差别。对于语言录音室，为保证清晰度，应使混响时间短些，如 0.30s 左右，对于以语言为主的大型会场，混响时间也不宜过长，可选取 0.8～1.0s 左右；对于剧院、音乐厅等以音乐为主的场所，其混响时间可稍长些，约 1～2s 左右。

通过室内的声学处理或者运用混响器，可以有效地控制混响时间。

1.5.3　吸声材料

吸声材料用于室内声学处理，以控制混响时间。由于粘滞性、热传导性和分子吸收效应，吸声材料可把声能转变为热能。

按照材料的物理性能和吸声方式，吸声材料可分成多孔材料，薄板共振吸声材料和空腔共振吸声材料。不同的吸声材料具有不同的吸声系数，如石膏板、胶合板、玻璃、水泥地面、木地板、窗帘等都有不同的吸声系数。

吸声材料一般装在房间的边界面上，但也可以作成单元悬挂在空间。吸声材料按照各自

的技术条件并根据房间的吸声要求进行选择。除了在宽的频率范围内要求具有高的吸声系数外，还应考虑其力学特性，如压缩性、耐冲击性、抗弯强度和稳定性，以及防潮、耐火、施工简便和价格适宜等因素。最后，吸声材料也是房间的装饰材料，还应该考虑其美观的装饰特性。

 本章小结

音响是指通过放声系统重现的声音，音响技术是研究声音信号的转换、传送、记录和重放的专门技术。高保真具有 3 个重要属性，即如实地重现原始声音、如实地重现原始声场、能够对音频信号进行加工处理。

音响技术的发展已有一百多年的历史。从爱迪生发明筒形留声机，到今天的各式各样的激光、数字音响设备、音乐中心和家庭影院等，可谓日新月异、层出不穷。现代音响技术正沿着高保真、环绕立体声、集成化、智能化、数字化的方向不断发展。

高保真音响系统由高保真音源、音频放大器和扬声器系统 3 部分组成。高保真音源有调谐器、录音座、激光唱机和 DVD-Audio 等，其作用是提供高保真音频信号。音频放大器有前置放大、处理器和功率放大器两部分，必要时可插入图示均衡器，其作用是进行音频放大与音质控制，以足够的功率去推动扬声器发声。扬声器系统包括扬声器、分频器和箱体，它将音频信号不失真地还原成原始声音。高保真音响效果不仅与音响系统有关，还与听音场所的声学特性有关。

高保真音响设备的电声性能主要是从频率范围、谐波失真、信噪比、动态范围及立体声效果等几个方面来衡量的。其中最基本的 3 项性能指标是有效频率范围、谐波失真和信噪比。

声音是声波传播到听觉器官所产生的感受。听觉能够感受到声音的范围，与声波的频率（20Hz～20kHz）及强度（0～140dB）有关。人耳能够判别声音的音量、音调、音色和方位。人耳的听觉特性有：听觉等响特性、听觉阈值特性、听觉掩蔽特性以及哈斯效应与德·波埃效应等。其中，听觉掩蔽又有频域掩蔽和时域掩蔽两种。这些特性是研究现代音响技术，特别是数字音响技术的基础。

立体声是指具有方位感、层次感、包围感等空间分布特性的声音。立体声放音系统能够重现原始声场的相对空间位置，而且立体声的声像清晰度高、背景噪声小。人耳在现实声场中听到的声音是声源的直达声、反射声和混响声共同作用的结果。

人耳的声像定位是依靠声音到达双耳的时间差、强度差（声级差）、相位差和音色差进行的，低音主要依靠相位差来判别，高音主要依靠强度差来判别。

环绕立体声系统是在双声道和多声道立体声的基础上增加了后方的环绕声道，使声像的纵深感、包围感和临场感得到增强。

室内听音的实际音响效果与室内声学特性有着密切联系，决定音响效果的室内声学特性主要包括 3 个方面，即声场分布、隔音效果、混响效果。混响效果决定于混响时间。通过适当的室内声学处理，可以获得最佳混响时间，也可以用混响器来调节混响时间。

思考题和习题 1

1.1 什么是音响、音响设备、音响系统？

1.2 高保真音响系统有哪些重要属性？

1.3 音响技术的现状有什么特点？

1.4 高保真音响系统由哪些部分组成？各部分的主要作用如何？

1.5 音响设备中的频率范围、谐波失真、信噪比的含义是什么？

1.6 人耳听觉的频率范围、听阈、痛域分别是多少？

1.7 什么是声音的三要素？它与声波的幅度、频率和频谱的对应关系如何？

1.8 分别说明听觉等响特性、听觉阈值特性、听觉掩蔽特性的含义。

1.9 什么是立体声？立体声的成分如何？立体声有哪些特点？

1.10 什么是环绕立体声？它与双声道立体声有什么区别？

1.11 室内哪些声学特性会影响音响效果？

第 2 章

电 声 器 件

内容提要与学习要求

　　本章主要介绍传声器、扬声器、分频器、音箱和监听耳机等电声器件的种类与特性、结构与原理、主要技术指标及在音响系统中的应用与维护等内容。这些电声器件都是音响系统中用来实现将声音转换为电信号或将电信号转换为声音的器件。了解这些器件的功能与性能，掌握这些器件的特性与应用，对于学好音响设备技术具有非常重要的意义。此外，本章最后对数字式扬声器的新知识与新技术也作了简要介绍。

　　通过本章的学习，应达到以下要求：

（1）了解传声器的主要类型与技术指标；

（2）学会常见传声器的使用与维护方法；

（3）掌握常见扬声器的类型与选用原则；

（4）懂得常用分频网络的电路结构形式；

（5）知道各类音箱的特点与适用场合。

　　实现声音与电信号或电信号与声音互相转换的器件称为电声器件。电声器件是一种换能器，换能器是将一种形式的能量转换为另一种形式能量的器件或装置。常用的电声器件包括传声器、扬声器、耳机等。而放置扬声器的音箱和分频器、衰减器是提高声音重放质量的重要保证，因此也是电声器件的组成部分。

2.1　传声器

　　传声器又叫话筒、拾音器或麦克风（MIC）。它是一种拾音工具，是接收声波并将其转变成对应电信号的声—电转换器件。不管什么类型的传声器，都有一个受声波压力而振动的振膜，将声能变换成机械振动能，然后再通过一定的方式把机械能变换成电能，其工作机理是：声能→机械能→电能。这种能量变换特性，可以用传声器的灵敏度、频率响应、指向性、信噪比及失真度等指标来衡量其性能的优劣。

2.1.1 传声器的分类与主要技术指标

传声器处在拾取声音信号的最前端，声音表现如何，在很大程度上取决于传声器。传声器是现代音响技术中重要的设备之一，种类繁多，其质量的好坏、使用是否得当，对整个音响系统的技术指标有直接影响。

1. 传声器的分类

传声器的种类繁多，可按声电换能原理、声作用方式、指向特性及输出阻抗等进行分类。

（1）按换能原理分类有：电动式传声器（动圈式、铝带式）、静电式传声器（电容式、驻极体式）、压电式传声器（陶瓷式、晶体式、高聚合物式）、半导体式传声器、电磁式传声器、炭粒式传声器。最常用的是动圈式传声器和电容式传声器。

（2）按声学工作原理方式分类有：压强式传声器、压差式传声器、组合式传声器、线列式传声器、抛物线式传声器。

（3）按接收声波的指向性分类有：全向式传声器、单向心形传声器、单向超指向传声器、双向式传声器、可变指向式传声器。

（4）按输出阻抗分类有：低阻抗传声器（200～600Ω）、高阻抗传声器（20～50kΩ）。

（5）按用途分类有：无线传声器、近讲传声器、佩带式传声器、颈挂式传声器、立体声传声器、会议传声器、演唱传声器、录音传声器、测量传声器等。

由此可见，传声器的种类相当多，但实际上平时所能接触到的却主要只有动圈式传声器、电容式传声器、驻极体传声器这几种，此外在一些特定场合所用的无线传声器、近讲传声器等特殊传声器也较常见。

2. 传声器的主要技术指标

传声器的主要技术指标有灵敏度、频率响应、指向性、输出阻抗、等效噪声级和动态范围等。

（1）灵敏度。灵敏度表示传声器的声—电转换效率。它规定为在自由声场中传声器在频率为 1kHz 的恒定声压下所测得的开路输出电压。习惯上取在 0.1Pa 的声压下测得的输出电压作为传声器灵敏度。0.1Pa 大致相当于人们按正常音量说话，并在 1m 远处测得的声压。所以，传声器灵敏度的单位为 mV/Pa。

动圈式传声器的灵敏度约为（2～3）mV/Pa。电容式传声器由于内装前置放大器，灵敏度约为 15～30mV/Pa，故其灵敏度要比动圈式高 10 倍左右。

传声器灵敏度也可用 dB（分贝）值表示，它是指传声器灵敏度 M 与参考灵敏度 M_r 之比的对数值，称为传声器灵敏度级 L_M，即

$$L_M = 20\lg(M/M_r) \tag{1-3}$$

参考灵敏度 M_r=1V/Pa，相当于 0dB。因此，若 M=2mV/Pa，则其灵敏度级为-54dB，这是 IEC 标准。若 M=10mV/Pa，则其灵敏度级为-40dB。注意分贝数是负值，数值越小，灵敏度越高。

通常，动圈式传声器灵敏度多为-70～-60dB，电容式传声器则可达-50～-40dB 左右。

（2）频率响应。频率响应是传声器输出与频率的关系，它是指传声器在一恒定声压下，不同频率时所测得的输出电压变化值。作为高保真传声器的频响最低性能要求为 50Hz～12.5kHz。通常卡拉 OK 演唱用的传声器频率范围在 80Hz～13kHz，扩声用时一般在 70Hz～15kHz 就不错了，此外有时传声器并不一定取平坦频响曲线，而是在高频段（主要在 3～8kHz）有所提升，这样可增加拾音的明亮度和清晰度，因此在选用传声器时不能单纯看频响曲线，而主观试听十分重要。

（3）指向性。传声器的指向性是指传声器的灵敏度随声波入射方向而变化的特性。它分为全向性、单向性和双向性三种。全向性传声器对来自四周的声波都有基本相同的灵敏度。单向性传声器的正面灵敏度比背面高。单向性传声器根据指向性特性曲线又分为心形、超心形和超指向三种。双向性传声的前、后两面灵敏度较高，左、右两侧的灵敏度偏低一些。

因此，如果要求抑制背面声音或噪声，则使用心形传声器的效果最好，所以会场讲演、卡拉 OK 演唱、舞台扩声和录音大都使用心形传声器或超心形传声器。表 2.1 列出了传声器各种指向性特点及其应用场合。

表 2.1 传声器的指向性与应用

指向性名称	心形	超心形	圆形（无指向性）	8 字形	强指向性
指向性图					
背面灵敏度与正面灵敏度之比	1/7	1/7	1	1	1/31
拾音角度	前半部 180°	前面 70°～80°	全指向性 360°	前、后面 60°	前面 30°～60°
用途	单指向性。剧场、大厅、体育馆等扩声用；音乐、舞台、座谈会等拾音用；应用最多		室内外一般扩声、拾音用	双指向性。对话、播音、立体声广播等拾音用	电视、舞台等拾音用

（4）输出阻抗。输出阻抗即为传声器的交流内阻，通常在频率为 1kHz、声压约 1Pa 时测得。一般在 1kΩ 以下为低阻抗，大于 1kΩ 的为高阻抗；常用的传声器输出阻抗大致有 200Ω（低阻抗）、20kΩ（高阻抗）和约 1.5kΩ（驻极体传声器）等。输出阻抗高，传声器的灵敏度相对有所提高，但高阻抗传声器的传输用连接电缆线不能很长，否则容易出现感应交流声等外来干扰，而且由于音频传输电缆线存在微小线间分布电容（每米电缆线约有 150pF 电容量），故电缆线长度越长，其高频衰减越厉害，因此，舞台演出等专业用高质量传声器基本上都采用 200Ω 低阻传声器，只有在语言扩声时才较多使用高阻传声器。传声器的负载是调音台、放大器、卡拉 OK 伴唱机或录音机等设备的输入端。为了保证其正常工作，要求负载阻抗（即上述设备的输入阻抗）应大于或等于传声器输出阻抗的 5 倍。

（5）等效噪声级。假定有一声波作用在传声器上，它所产生的输出电压的有效值和该传声器的输出端的固有噪声电压相等，则该声波的声压级就等于传声器的等效噪声级。通常在

A 计权网络下测量，以 dB 表示，即

$$等效噪声级=20\lg(V/MP_0) \tag{1-4}$$

式中，V 为传声器的固有噪声电压；M 为传声器灵敏度；P_0 为参考声压（为 2×10^{-5}Pa）。固有噪声电压就是在没有声波作用到传声器时，传声器本身输出的微小电压，它决定了传声器所能接收的最低声级。显然，等效噪声级越小越好；高保真传声器要求等效噪声级 ≤20dB。

（6）动态范围。传声器拾取的声音大小，其上限受到非线性失真的限制，而下限受其固有噪声的限制。因此，动态范围是指传声器在谐波失真为某一规定值（一般规定≤0.5%）时所承受的最大声压级，与传声器的等效噪声级之差值（dB）。动态范围小会引起传输声音失真，音质变坏，因此要求传声器有足够大的动态范围。高保真传声器的最大声压级在谐波失真≤0.5%时，要求≥120dB。因此，若等效噪声级为 22dB，则其动态范围为 98dB。当然，动态范围越大越好。

2.1.2 传声器的结构与工作原理

下面介绍几种常见传声器的结构与工作原理。

1. 动圈式传声器

（1）动圈式传声器结构。目前通用的电动式传声器绝大多数是动圈式传声器。这种传声器由于结构简单，稳定可靠，使用方便，固有噪声低，因此广泛应用于语言广播和扩声中。动圈式传声器的不足之处是灵敏度较低，容易产生磁感应噪声，频响较窄等。为了克服这些缺点，近年来动圈式传声器在某些方面做了重大改进，使得这种古老的传声器在性能上大有改观。动圈式传声器的结构如图 2.1 所示，主要由音圈、金属振膜、保护罩、永久磁铁、升压变压器等组成。

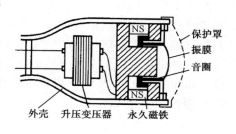

图 2.1 动圈式传声器的结构

（2）动圈式传声器的工作原理。当声波使金属振膜振动时，金属振膜将带动音圈使它在磁场中振动，音圈切割磁力线，从而在音圈两端产生感应电压，这个音频感应电压代表了声波的信息，从而实现了声电转换。如声音的音调高，金属振膜的振动频率就高，音圈中感应电压变化的频率也就越高；如声音响度大，则金属振膜的振动幅度就大，音圈中产生的感应电压的幅度也就越大。

2. 电容式传声器

电容式传声器是音响系统中常用的传声器，具有灵敏度高、动态范围大、频率响应宽而平坦、音质好、固有噪声电平低，失真小以及瞬态响应优良等优点，是一种性能比较优良的传声器。广泛应用于广播电台、电视台、电影制片厂等场合。

（1）电容式传声器结构。电容式传声器的结构如图 2.2 所示。主要由振膜、后极板、极化电源、前置放大器组成。电容传声器的极头，实际上是一只平板电容器，只不过两个电极中一个是固定电极板，一个是可动电极板。可动电极就是极薄的振膜（约 25～30μm），一般为金属化的塑料膜或金属膜。

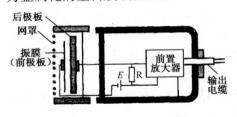

图 2.2　电容式传声器结构

（2）电容式传声器工作原理。直流电源 E（常为 +48V）使电容传声器极头的前振膜与后极板上充有一定的电荷量 Q，当声波作用于金属振膜时，膜片发生相应的振动，于是就改变了它与固定极板之间的距离，从而使电容量 C 发生变化。而电容量的变化可以转化成电路中电信号的变化（$\Delta U = Q/\Delta C$）。因此，通过这样一个物理过程就可以把声波的振动转变为电路中相应

的电信号，并由负载电阻 R 输出。由于电容式传声器的输出阻抗很高，不能直接输出，因此在传声器壳内装入一个前置放大器进行阻抗变换，将高阻变成低阻输出。因此，电容式传声器的工作过程为：声波→振膜振动→电容量 C 变化→充放电流 i_C 变化→回路中的 u_R 变化→经预放大及阻抗变换输出音频信号。

（3）电容式传声器的幻像供电。电容传声器是一种性能比较优良的传声器。但是它在使用中需要有一个直流供电电源，它一方面为传声器内的预放大器供电（约 1.5～3V），另一方面为极头振膜提供极化电压（约 48～52V）；所以，若电容传声器与调音台相接，则必须打开调音台上的幻像（PHANTOM）电源供电开关，以便向电容传声器供电。

幻像供电是指利用信号线兼作电源线的供电方式。具体地说，就是利用传声器输出电缆内的两根音频信号线作为直流供电的一根芯线，利用电缆的屏蔽线作为直流供电的另一根芯线来进行供电。现代调音台向电容传声器馈电时，都使用这种幻像供电方式，向电容式传声器提供前置放大器的电源和极化电源电压。

幻像供电电路的基本方式如图 2.3 所示。从馈电侧看有两种基本馈电方式，如图 2.3 的（c）和（d）所示；受电侧也有两种基本受电方式，如图 2.3 的（a）和（b）所示。因此它们可有四种组合方式。

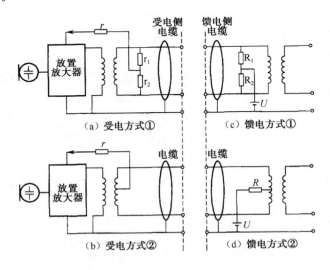

图 2.3　幻像供电电路的几种方式

在图 2.3（c）、（d）的两种基本馈电方式中，图 2.3（c）要求两只电阻 R_1 和 R_2 阻值相等，误差应小于 0.4%。这种电路的电阻值配对简单，电气中点设置方便，但由于它的并联值作为传声器信号输出的负载，故传声器的输出信号内阻应尽量小（小于 250Ω）。图 2.3（d）的电阻 R 对信号无影响，但对变压器的中点要求高，要求对电和磁都呈严格中点。通常幻像供电电压为 48V。此外，也有极少部分采用 12V、24V 的情况。

使用幻像供电可以共用信号输出线与电源线，使电容传声器的多芯电缆减少为二芯屏蔽线。而且，即使将它接到其他类型（如动圈式）传声器，由于幻像电源的接入与传声器的平衡输出无关，故在调音台使用动圈式传声器时，就不必注意幻像电源开关位置。不过为减小电源噪声，使用动圈传声器时不宜打开幻像电源。

（4）电容式传声器的内部预放大器。图 2.4 是包含预置放大器的电容传声器实用电路。电源（+48V）由幻像供电，经 R_3（5.6kΩ）和极化电阻 R_7（1500MΩ）加到传声器电容极扳上。当传声器受到声波作用时，其感应的电信号经过 C_1、R_8 加到场效应管栅极上。场效应管接成源极跟随器形式，起阻抗变换作用，即变换成低阻抗输出，然后再经变压器耦合输出。图 2.4 中 C_2 为正反馈电容，用以提高该放大器的输入阻抗。

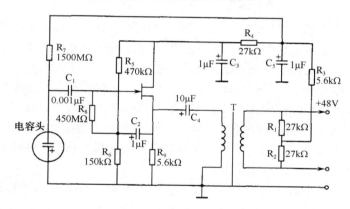

图 2.4 电容传声器预放大器电路

3. 驻极体式传声器

驻极体式传声器又叫自极化电容传声器或预极化电容传声器。这类传声器的构造与一般的电容式传声器很相似。有所不同的是它所使用的振动膜片和固定极板的材料中存储着永久性电荷，这样可省去一般的电容传声器所必需的极化电压，使传声器的体积和重量明显减少。

（1）驻极体传声器的结构。驻极体传声器的结构与工作电路如图 2.5 所示。这种传声器的换能部件是由一片一面蒸发有金属的驻极体薄膜（称为驻极体面）与一面开有若干小孔的金属电极（称为背极面）构成。驻极体薄膜与背极面相对，中间有一空气隙。这实际上是一个以空气隙和驻极体作为绝缘介质，以背极面的金属电极和驻极体薄膜上的金属层作为两个电极的电容器。该电容接在内部场效应管的控制栅极 G 与源极 S 之间。

目前的驻极体薄膜一般采用聚全氟乙烯（FEP）材料，这是一种高分子薄膜，它在高温、高电压条件下，采用电子轰击或针状电极放电等方法处理后，能在两表面上分别储存正负电荷，且存储的电荷具有较高的电荷密度，较好的稳定性，能耐高温。驻极体薄膜的驻极工艺有热驻极、电晕极化驻极和电子轰击驻极等方法。驻极体的寿命很长，但驻极体上的电荷会随着时间的增长而逐渐衰减，目前驻极体的寿命可达几十年。这种驻极体薄膜被广泛用于传声器和耳机等电声器件中。

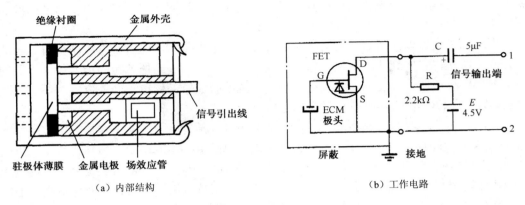

（a）内部结构   （b）工作电路

图 2.5　驻极体传声器结构与工作电路

（2）驻极体式传声器工作原理。由于驻极体薄膜的金属层与背极面的金属电极上在生产制造时已预先注入一定量的自由电荷 Q，因此当声波激励而使驻极体薄膜振动时，电容器的容量就会变化，电容器上的电压也就随之变化，在电容器的输出端就产生了与声波相对应的交变电压信号，从而实现了声能与电能的转换。但是这种信号无法直接输出，必须通过场效应管组成的预放大器进行阻抗变换后才能接负载。低噪声的场效应管具有极高的输入阻抗，控制栅极 G 与源极 S 之间为开路状态，漏极电流 I_D 的大小受栅源电压 U_{GS} 的控制，这样通过负载电阻 R 就可转变为输出信号。R 可接在场效应管的源极，也可以接在场效应管的漏极，对应的输出端为源极输出和漏极输出方式。

驻极体电容传声器不需要极化电压，和一般的电容传声器相比，简化了电路。但用作阻抗变换的场效应管放大器仍需外部供电。驻极体传声器频率特性较好，信噪比较高，价格低廉，体积小重量轻，大量用于盒式或微型录音机中。

4. 铝带式传声器

铝带式传声器是压差式传声器的主要品种。铝带式传声器的工作原理是：振动膜片为一条金属铝箔带，此铝箔带两端拉紧并置于永久磁铁的两极之间。当处于磁场中的铝箔带受到声波激励而振动时，则铝箔带作切割磁力线运动而产生感应电动势，此感应信号通过一个升压变压器输出。

铝带式传声器中所用的铝箔带厚度通常只有几个微米，宽度约 2～4mm，长度为数厘米。铝带式传声器因频率特性好、音色柔和，目前被广泛地应用于专业录音或音乐节目的制作中，但抗振性较差、价格较高。

5. 无线传声器

无线传声器又称无线话筒，它是利用无线电波在近距离内传递声音信号的传声器。

（1）无线传声器的组成。

无线传声器由无线话筒部分和接收机两部分组成。无线话筒部分相当于一台小型超高频（或特高频）发射机，将声音信号以无线电载波形式发射出去。接收机通常设置在调音台附近，它将信号接收下来然后进行解调，还原成声音信号，最后送入调音台进行录音或扩声。由于无线传声器不需用传送电缆，所以在舞台演出、大型课堂教学和其他娱乐场所被广泛采用。专业级的无线传声器有效范围约为 100～500m。

无线传声器的拾音头与发射电路既可做成分离式，也可做成一体式。无线传声器的拾音头有驻极体式、电容式和动圈式传声器，其中驻极体电容传声器因其尺寸小、重量轻、性能好，用得最多。图 2.6 所示为无线传声器及接收机。

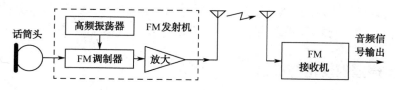

图 2.6　无线传声器及接收机

无线传声器的调制都采用调频方式。调频方法主要有两种：一种是由电容传声器直接调频，即把小型电容传声器的极头直接接入调频用振荡器的振荡回路中，充当一个回路电容。当振膜受到声波振动时，电容传声器膜片与后极板之间的电容量随之变化，致使 LC 振荡回路的总容量发生变化，从而使振荡频率改变，实现频率调制。另一种是改变并联在振荡器回路上的有源器件的内部参数——极间电容，使振荡频率发生变化，从而获得调频，而极间电容的变化则由传声器的音频电压信号控制。这种方式一般是将传声器输出信号经放大后去调制振荡电路。

为了提高频率稳定度，可使用高 Q 值的振荡回路器件，如晶体振子、陶瓷振子等；使用场效应管等高阻有源器件，并进行温度补偿以及在振荡器与倍频器之间增加隔离级以提高选择性回路的有载 Q 值。

（2）无线传声器的分类。

① 按振荡回路方式分为：调谐振荡回路式（其电路简单，频率稳定度较差，是普及型产品）；石英晶体控制电路式（频率准确稳定，但频道固定）；锁相环频率合成式（频率精确稳定，且为可变换频率的多频道型）。

② 按载波频率分为：FM 型（工作在调频波段 88～108MHz）；VHF 型（又分低频段 VHF 型，工作在 30～50MHz；高频段 VHF 型，工作在 150～250MHz）；UHF 型（又分低频段 UHF 型，工作在 300～600MHz；高频段 UHF 型，工作在 700～1000MHz）。

③ 按接收方式可分为：单接收机单频道接收型（是最基本无线传声器系统，属廉价普及型）；单接收机多频道接收型（由几个不同频率的接收机组合而成，亦为普及型）；双接收机单频道接收型（由两个同频率接收机构成自动选择接收的方式，以消除接收死角及不稳定现象，属专业级）；双接收机多频道接收型（由几台自动选择接收的接收机组合而成，属专业级）。

6. 近讲传声器

人们常常可以看到歌唱演员在舞台上演唱流行歌曲时，手持一只小话筒放在嘴边，边唱边舞。从扩声设备传出的歌声温柔、甜美，具有亲切、深切之感。这种话筒就是近些年来发展起来的唱歌专用传声器，叫做近讲传声器。

近讲传声器是一种利用近讲效应的新颖传声器。所谓近讲效应，是指压差式或复合式传声器离声源很近的距离拾音时，它的低频灵敏度有明显的增高。距离越近，低频提升得越多。普通传声器会因这种低频提升而使整个频率响应变坏，近讲传声器则利用近讲效应来增加声乐的温暖感和柔和感。近讲传声器以动圈式传声器最为常见，其指向性一般为心形，但其频响特征与众不同，有它特定的频响要求，产品结构具有所谓近讲效应、窄带效应和指向效应，以改善性能和抗环境干扰，满足使用者的不同要求。

2.1.3 传声器的使用与维护

在传声器的使用与维护过程中，不仅要选择合适的传声器，还要注意传声器的使用与维护方法，并对使用过程中出现的一些常见故障的排除方法有所了解。

1. 传声器的使用

选择传声器，应根据使用的场合和对声音质量的要求，结合各种传声器的特点，综合考虑选用。例如，高质量的录音、播音或音乐与戏剧，主要要求音质好，应选用电容式传声器、铝带传声器或高级动圈式传声器；作一般语言类扩音时，选用普通动圈式或驻极体电容式传声器即可；当讲话人位置不断移动或讲话时、与扩音机距离较远时，宜选用无线传声器；当环境噪声较大，如卡拉 OK 演唱，应选用单方向性、灵敏度较低的传声器，以减小杂音干扰等。在使用中应注意如下几点。

（1）注意传声器的特性与阻抗匹配。在使用传声器之前，应先了解传声器的基本特性和传声器的类型。往往静态技术指标稍低而瞬态特性好的传声器，要比静态指标较高而瞬态特性较差的传声器更好一些。另外，在使用传声器时要注意阻抗匹配。传声器的输出阻抗与放大器的输入阻抗两者相同是最佳的匹配，如果失配比在 3：1 以上，则会影响传输效果。

（2）注意连接缆线质量与长度。传声器必须使用优质屏蔽电缆传送信号，以防窜入杂音对微弱的音频信号产生干扰；同时传声器的连接线要尽量短，以减少分布电容产生的高音损耗。通常，在不平衡连接（单心屏蔽线）时，高阻抗式传声器连接线不宜超过 5～10m，低阻抗式传声器的连线可延长至 30～50m。在必须加长话筒线时，则应采用平衡接法（双芯屏蔽线），以减少外来干扰。

（3）注意传声器的使用距离。在演唱时，嘴与传声器之间应保持适当的距离：一般来说，近讲传声器与嘴的距离可保持 1～20cm；动圈传声器的使用距离为 0.1～1m，正常使用距离约 0.1～0.3m 为宜；电容传声器的灵敏度高，使用距离有时可达 3m 左右，音量仍能满足要求；如果距离太远，传声器输出信号电压小，噪声相对增加，歌声轻微，其细节难以表现；距离太近，低音容易失控，因近讲效应而提升低频造成声音模糊不清，音量大时又容易使话筒过载而使声音严重失真。

（4）注意传声器的使用角度。每个话筒都有它的有效角度，一般声源应对准话筒的中心线，两者的偏角越大，高音损失越大。一般心形传声器，嘴与中心轴线的夹角应保持在±45°范围内，对于强指向性传声器则应保持在±30°内。

（5）注意传声器的位置与高度。在扩音时，传声器不要靠近扬声器放置或对准扬声器，否则会引起啸叫。传声器放置的高度应与演讲者口部一致。传声器在室外使用时，应该使用防风罩，避免录进风的"噗噗"声，防风罩还能防止灰尘污染传声器音膜。

（6）注意相位干涉产生失真现象。在传声器使用中，相位干涉是经常遇到的一个问题。所谓相位干涉，就是由于声程差在传声器中引起的一种相位失真现象。由于反射声与直达声之间存在路程差，即声程差，结果在传声器处叠加后产生相位干涉，即传声器输出频响呈现梳状滤波器效应。作报告或演讲时，桌上传声器收到直达声与桌面反射声，因声程差使传声器输出频响呈现梳状滤波器形式的失真。为减小这种失真，一种措施是放低传声器的高度，尽量贴近桌面，从而使直达声与反射声的声程差接近零；另一种措施是在桌面铺放吸声桌布（厚绒布），以减小反射声。当使用两只以上的多个传声器时，也有相位干涉引起的梳状滤波器失真问题。如两个传声器相距声源为 1m 和 2m，则经调音台（或放大器）混合相加后，其输出如同单个传声器情况一样，也会产生梳状滤波器效应。

（7）注意传声器的防敲防震。传声器的结构比较精密娇脆，强烈的震动不仅会使传声器严重过载，而且还容易损坏其机械结构。例如，使磁铁退磁并降低灵敏度，使音圈与磁路相碰或将音圈振散等。尤其是电容传声器，若在带电工作时遇到强烈震动，有可能击穿振膜而损坏。所以电容传声器一般均有防震支架。若要移动传声器，电容传声器应关闭电源后再移动。此外，注意不要用吹气或用手敲打传声器的方法来试音。

（8）注意传声器的使用方法。手持传声器时，不要握住网罩，以免堵塞后面进气孔，造成失真，影响效果；传声器应尽量远离墙壁等反射面及电器设备和音箱等，以免引起干扰噪声或声反馈；使用无线传声器时，其载频应避开当地调频广播或无线电话通信的频率，以免串扰；无线传声器的天线应自然下垂；电池的极性不能接反，用完应将电池及时取出。

（9）传声器的保管应注意防潮，保持清洁卫生。

2. 传声器的常见故障与维护

传声器在使用中的一些常见的故障与检修，列于表 2.2，供使用和检修中参考。

表 2.2 传声器故障分析与检修表

故障现象	故障产生的可能原因	故障排除与检修办法
无声	1. 插头未接好或接触不良 2. 插头连线断线或短路 3. 振膜破损 4. 音圈根部断或损坏 5. 换能部分损坏	1. 重新插接，保证接触可靠 2. 排除短路，重新焊线 3. 退厂家更换 4. 放一圈后焊接好，或送厂家修理 5. 更换新换能器
嗡嗡声、哼声	1. 接地屏蔽线断 2. 内部各焊点焊接不良 3. 内部散线，线间电容干扰 4. 有声反馈	1. 重新接好接地屏蔽线 2. 查找焊点重新焊接好 3. 重新捆扎散线 4. 调整前级放大器于适当放大量

续表

故障现象	故障产生的可能原因	故障排除与检修办法
声音小	1. 传声器内部接线不良 2. 输入端与传声器阻抗不匹配 3. 传声器换能部分失效	1. 查找后重新焊接好 2. 换用对应匹配的传声器或输入级、或传声器内使用阻抗匹配器 3. 更换
声音失真、频率响应差	1. 输入端与传声器阻抗不匹配 2. 传声器内部或传声器周围有铁屑等脏物 3. 传声器传输线过长	1. 排除方法同上 2. 清除传声器周围铁屑、或送厂家退磁后剔除铁屑、脏物 3. 剪短传输线到适当长度
声音模糊	1. 声源距传声器太近,声级过荷 2. 输入级过荷	1. 调整声源与传声器至合理距离 2. 降低输入级至适中
爆破声或风动声	1. 防风球未安装 2. 防风球严重损坏 3. 传声器与拾声水平角不对	1. 安装上适用防风球 2. 更换新防风球 3. 调整声入射角,使之达到20°~30° 或30°~35°

2.2 扬声器

扬声器是整个音响系统的终端换能器。扬声器又叫喇叭,是一种将一定功率的音频信号转换成对应的机械运动再将其变成声音的电声换能器。

2.2.1 扬声器的分类

扬声器的分类方式很多,根据换能方式、辐射方式、振膜形状、结构形式、用途、重放频带等来分,可有多种分类方法。

1. 按换能方式分类

按照能量转换的工作原理的不同,扬声器主要分为电动式扬声器、电磁式扬声器、静电式扬声器、压电式扬声器和数字式扬声器等。

(1)电动式扬声器。电动式扬声器又称为"动圈式扬声器",它是利用通过音频信号电流的导体(音圈)在恒定磁场中受到力的作用而带动振膜(纸盆)振动,从而将电信号转换成声波向四周辐射。电动式扬声器是现在使用最广泛的一种扬声器。具有频率响应好、灵敏度高、音质好、坚固耐用、价格适中的特点。

(2)电磁式扬声器。也叫舌簧式扬声器,声源信号电流通过音圈后会把用软磁材料制成的舌簧磁化,磁化了的可振动舌簧与磁体相互吸引或排斥,产生驱动力,使振膜振动而发音。

(3)静电式扬声器。这种扬声器是利用电容原理,即将导电振膜与固定电极按相反极性配置,形成一个电容。声源电信号加于此电容的两极,极间因电场强度变化产生吸引力,从而驱动振膜振动发声。

(4)压电式扬声器。利用具有压电效应的压电材料受到电场作用而发生形变的原理,将音频信号加到压电元件上,则压电元件就会在音频信号的作用下而发生振动,驱动振膜发声。

2. 按振膜形状分类

按振膜形状分，扬声器主要有锥形、平板形、球顶形、带状形、薄片形等。

（1）锥形振膜扬声器。锥形振膜扬声器中应用最广的就是锥形纸盆扬声器，它的振膜成圆锥状，是电动式扬声器中最普通、应用最广的扬声器，尤其是作为低音扬声器应用得最多。

纸盆电动式扬声器的最佳工作频率和它所形成的音质与扬声器纸盆的口径大小关系密切，扬声器纸盆的口径越大则重放的低音效果越好；纸盆的口径较小则重放的高音效果较好。

（2）球顶形扬声器。球顶形扬声器是电动式扬声器的一种，其工作原理与纸盆扬声器相同。球顶形扬声器的振膜呈半球顶形，以增加振膜的强度。振膜的口径一般较小，通常用刚性好、质量轻的材料制成。球顶形扬声器的显著特点是瞬态响应好、失真小、指向性好，但效率低些，常作为扬声器系统的中、高音单元使用。

（3）号筒式扬声器。号筒式扬声器的工作原理与电动式纸盆扬声器相同。号筒扬声器的形状呈号筒式，其声音经振膜振动后，通过号筒间接地辐射到空间。号筒式扬声器最大的优点是效率高，距离远，电声转换效率高，中频与高频特性好，谐波失真较小，而且方向性强，但其频带较窄，低频响应差，不如锥形纸盆扬声器和球顶扬声器的音质柔和，所以多作为扬声器系统中的中、高音单元使用。

（4）平板式扬声器。平板扬声器也是一种电动式扬声器，其振膜是平面的，以整体振动直接向外辐射声波。它的平面振膜是一块圆形轻而刚性的蜂巢式平板，板中间是用铝箔制成的蜂巢芯，两面蒙上玻璃纤维。它的频率特性较为平坦，频带宽且失真小，但额定功率较小。

3. 按放声频率分类

按放声频率分，扬声器可分为低音扬声器、中音扬声器、高音扬声器、全频带扬声器等。一般，人们把最佳工作频率低于 60Hz 的扬声器称为低音扬声器；把最佳工作频率在 300Hz～5kHz 的扬声器称为中音扬声器；把最佳工作频率高于 5kHz 的扬声器称为高音扬声器。

（1）低音扬声器。主要播放低频信号的扬声器称为低音扬声器，其低音性能很好。低音扬声器为使低频放音下限尽量向下延伸，因而扬声器的口径做得都比较大，一般有 200mm、300～380mm 等不同口径规格的低音扬声器。为了提高纸盆振动幅度的容限值，常采用软而宽的支撑边，如橡皮边、布边、绝缘边等。一般情况下，低音扬声器的口径越大，重放时的低频音质越好，所承受的输入功率越大。

（2）中音扬声器。主要播放中频信号的扬声器称为中音扬声器。中音扬声器可以实现低音扬声器和高音扬声器重放音乐时的频率衔接。由于中频占整个音域的主导范围，且人耳对中频的感觉较其他频段灵敏，因而中音扬声器的音质要求较高。有纸盆形、球顶形和号筒形等类型。作为中音扬声器，主要性能要求是声压频率特性曲线平坦、失真小、指向性好等。

（3）高音扬声器。主要播放高频信号的扬声器称为高音扬声器。高音扬声器的工作频段一般都在 2kHz 以上，高音扬声器为使高频放音的上限频率达到人耳听觉上限频率 20kHz，因而口径较小，振动膜较韧。与低、中音扬声器相比，高音扬声器的性能要求除和中音单元相同外，还要求其重放频段上限要高、输入容量要大。常用的高音扬声器有纸盆形、平板形、球顶形、带状电容形等多种形式。

（4）全频带扬声器。全频带扬声器是指能够同时覆盖低音、中音和高音各频段的扬声器，可以播放整个音频范围内的电信号。其理论频率范围要求是从几十 Hz 至 20kHz，但在实际上采用一只扬声器是很困难的，因而大多数都做成双纸盆扬声器或同轴扬声器。双纸盆扬声器是在扬声器的大口径中央加上一个小口径的纸盆，大、小两个纸盆共用一个音圈。小纸盆用来重放高频声音信号，从而有利于频率响应上限值的提升；同轴式扬声器是采用两个不同口径的低音扬声器与高音扬声器安装在同一个轴心上，以避免分离的高、低音扬声器因声音分别从两个理论发音点发出而导致的声相位不一致问题。

4．按振膜材料分类

按扬声器振动膜（盆）的制作材料的不同分，扬声器可分为纸盆、碳纤维盆、PP 盆、玻璃纤维盆、防弹布盆、钛膜及丝绸膜扬声器。

（1）纸盆扬声器。它是采用纸材料制作振动膜的扬声器，灵敏度及工作效率较高，重放的音质较好，但承受功率小，纸盆容易受潮。目前在少数高档扬声器中仍然采用纸盆作为扬声器的振膜。

（2）碳纤维扬声器。是采用碳纤维制作扬声器振动盆，材质较硬，重放中、低频效果较好，瞬态响应也较好。

（3）PP 盆扬声器。是采用石墨强化聚丙烯材料制作，重放频带较宽。

（4）玻璃纤维扬声器。其性能与碳纤维扬声器基本相似。

（5）防弹布盆扬声器。是采用高强度防弹纤维制造，其主要特点是重放动态音频信号时非线性失真较小。

（6）钛膜扬声器。是采用金属钛作为扬声器的振动膜，一般用于高音扬声器，重放声音较为纤细，有一定的金属感。

（7）丝绸膜扬声器。是采用天然丝编织的振动膜，一般也应用于高音扬声器，重放声音细腻，比钛膜扬声器柔和。

扬声器振膜边缘使用的材料有纸边、布边、橡皮边及泡沫边。目前扬声器振动膜边缘比较常用的材料为高泡沫边，具有很好的柔性和弹性。橡皮边尽管有一定的柔软度，但其弹性与泡沫边相比较差，且使用时间较长后会产生老化现象。

5．按辐射方式分类

按声波辐射方式分类扬声器还可分为直接辐射式、间接辐射式、耳机式和海尔式（Hell）。

直接辐射式扬声器的声波由发声体直接向空间辐射，如前述的纸盆扬声器和球顶扬声器等；间接辐射式扬声器的声波由发声体经过号筒向空间辐射；耳机式的声波由发声体经密闭小室（耳道）进入耳膜；海尔式扬声器的空气是被特殊形状振膜的振动而辐射声波；

6．按磁路形式分类

按磁路形式分类扬声器可分为内磁式、外磁式、屏蔽式和双磁路式等。

外磁式的磁体露出磁路以外，内磁式的磁体在磁路以内，屏蔽式对磁路另加屏蔽，双磁路式由两块磁体组成双磁路以加强磁场。在使用中，外磁式的扬声器对外部有磁场，不易放在电视机上面做中置音箱，家庭影院中的中置音箱须是内磁式才能不干扰彩色电视机色调。

2.2.2　扬声器的主要技术指标

扬声器的主要技术指标有：标称功率、标称阻抗、频响范围、灵敏度、失真度的、指向性与标称尺寸等。

（1）标称功率。所谓标称功率是指扬声器在长期工作时所能承受的输入功率。在扬声器的说明书中所标注的额定功率即为标称功率。在有些扬声器的说明书中标有最大输入功率这一指标，最大输入功率是指扬声器在短时间内所能承受的最大输入功率，它一般是扬声器额定输入功率的2倍左右。

（2）标称阻抗。扬声器的阻抗呈非线性结构，它随信号频率的变化而变化。一般扬声器所标注的标称阻抗（也称额定阻抗）是用1kHz或400Hz的测试信号加到扬声器的音圈两端所测出的电压与电流的比值。常见的扬声器的阻抗有4Ω、8Ω、16Ω。扬声器音圈的直流电阻一般小于其标称阻抗，约为标称阻抗的0.7～0.9倍。如果不知扬声器的标称阻抗时，也可用万用表测出直流电阻后再乘以1.1～1.3倍来估算。

（3）频响范围。频响范围是扬声器较为重要的一个指标，扬声器的频响范围越宽，说明其重放频率的覆盖范围越大。扬声器的有效频率范围，是在输入电压不变时，由不同频率引起的声压（或声强）变化的不均度在10dB之内的频响宽度。不均匀度越小，频响特性越好，扬声器频率失真就越小。例如"40～18 000 Hz ±4dB"表示了在所给定的频率范围内，声功率的变化不超出±4dB。好的扬声器应避免在频率范围内出现声功率的峰或谷。在低音区出现"峰"会产生非音乐内容的"隆隆"声，而出现"谷"后，又会使声音缺少临场感。

受扬声器换能机理及扬声器结构的限制，其声压—频率特性的平坦部分并不能覆盖整个音频范围，低音扬声器只在低音部分具有平坦的声压—频率特性，中音和高音扬声器也只是相应地在中音和高音范围内具有平坦的频率响应特性曲线。一般扬声器的振动膜的直径越大，其重放的低频效果就越好。

（4）灵敏度。灵敏度是评价扬声器电—声转换效率的一个技术指标。在相同的输入信号下，灵敏度高的扬声器听起来声音较大。灵敏度一般是指扬声器在输入电功率为1W时，在扬声器正面0°主轴上1m处所测得的平均声压的大小。灵敏度越高，电—声转换的效率越高，且扬声器对音频信号中所有细节均能做出响应，实现高保真。作为Hi-Fi扬声器的灵敏度应大于86dB/W。若灵敏度过低，则会因推动功率过大而造成浪费。但是若灵敏度过高，也会导致扬声器的动态范围下降，扬声器的灵敏度值范围一般在70～115dB，家用音箱一般选用88～93dB的灵敏度值比较好。

（5）失真度。所谓失真是指扬声器在输出的声波中存在着整倍于原频率的谐波，它主要由扬声器本身在电—声转换过程中产生的非线性成分引起，如谐波失真、互调失真、瞬态失真及相位失真等。一般扬声器的失真度应小于1%～2%。若扬声器失真大于5%时，听众会有明显察觉，失真大于10%时，听众已无法接受。因此扬声器的失真度对音质具有很大的影响。

（6）指向性。扬声器的指向特性表示扬声器在空间向各个方向辐射声波的声压分布的情况。扬声器的指向性与频率有关：一般低频（如300Hz以下）声波的波长较长，辐射传播时没有明显的指向性；而当声波的频率增加（如2kHz以上）使波长变短而与扬声器的几何尺寸可比拟时，由于声波的绕射特性及干涉特性，扬声器辐射的声波将出现明显的指向性；频率越高时波长越短，指向特性就越窄长，当频率达 15kHz 以上时，其声波辐射呈窄束状。好的音箱应使其重放的高频声尽可能均匀地分布在一个较宽的区域内。如 50～16 000 Hz、120°、±6dB。这一指标说明，如果你在扬声器中心轴两边 60°范围内走动，听到的 50～16 000 Hz 频率范围内的声音响度应基本相同，误差不超过±6dB。

扬声器的指向性还与扬声器的口径大小有关，纸盆直径大的扬声器比纸盆小的扬声器指向特性窄。因此，对于椭圆形扬声器，长轴方向的指向性比短轴方向的指向要尖锐，所以安装这类扬声器时一般应将长轴沿垂直方向放置，这样可展宽水平方向上的指向性；另外，扬声器纸盆的深浅也会影响指向性，纸盆越深，高频的指向性也越尖锐。

（7）标称尺寸。标称尺寸系指扬声器盆架的最大口径，其中圆形扬声器的直径为 40～460mm，中间分十几档，椭圆形扬声器的短径×长径为（40mm×60mm）～（180mm×260mm）近 10 挡。我国用汉语拼音字母及数字表示扬声器型号，从其标记符号也可了解一些扬声器的技术参数。例如，扬声器型号命名中常见的有：Y 代表扬声器，D 代表电动式，H 代表号筒式，T 代表椭圆形，G 代表高音，Z 代表中音，型号中其他一些数字分别表示该扬声器的外径尺寸、额定功率及序号等。例如：YDl65-8，表示口径为 165mm 的电动式扬声器，序号为 8；扬声器 YH25-1 表示该扬声器为号筒式扬声器，额定功率为 25W，序号为 1；YDG3-3 表示电动式高音扬声器，额定功率为 3W，序号为 3。

一般地说，扬声器口径大小与性能有一定的关系：口径越大，一般所能承受的功率越大，输出声功率也越大；口径越大，它的低频特性越好，因此在要求重放频率低时，常常选用大口径扬声器。但反过来却不能说，口径越小，其高频特性越好。要有效地重放高音频还与扬声器的设计和工艺有关；即使是口径相同的扬声器，由于纸盆设计工艺不同，其电声性能也会有较大的区别，特别是扬声器的高频段，同一口径的扬声器可设计出不同的高频响应。

2.2.3　电动式扬声器的结构与原理

在各种扬声器中，使用最广泛的是电动式扬声器，电动扬声器又称为"动圈式扬声器"。电动式扬声器中使用最多的又有锥形纸盆扬声器、球顶形扬声器及号筒式扬声器等，它们的工作原理相同，只是在声波的辐射方式和发声体的振膜形状方面有所区别。

1. 锥形纸盆扬声器

锥形纸盆扬声器简称纸盆扬声器，是电动式扬声器中最常见的一种，具有频率响应好、灵敏度高、音质好、坚固耐用、价格适中的特点。这种扬声器用来发出声波的振膜是是纸质的，呈圆锥形或椭圆锥形。随纸盆面积的大小不同，其共振频率也不同，对应有低音、中音及高音扬声器。

（1）纸盆扬声器的结构。锥形纸盆扬声器的结构如图 2.7（a）所示。它主要由磁路系统、振动系统及支撑辅助系统 3 部分组成。

磁路系统由环形永久磁铁、上导磁板、下导磁板、导磁柱（场心柱）组成。在上导磁夹板与导磁柱的缝隙之间，形成了很强的永久磁场，磁场的强弱直接影响到扬声器的放音质量。

振动系统是扬声器的关键部分，它由音圈、锥形纸盆、定心支片等组成。音圈是扬声器的驱动元件，由铜导线绕制而成，通常有几十圈，位于导磁场心柱与导磁板之间的缝隙中。

纸盆又称振膜，在音圈的驱动下振动而辐射声波，纸盆采用特殊纸浆压成，通常要混入部分羊毛纤维，高质量的扬声器纸盆中还要混入宇航材料碳化纤维，以提高纸盆的刚性。音圈的前端与纸盆及定心支片（又称为弹簧片）连接，并由定心支片确定其位置。纸盆的折环边缘粘牢在盆架上并用压边压紧。有的纸盆扬声器的折环采用一种新型的复合材料（如橡胶、布基-橡胶、泡沫塑料、布基—阻尼等）而制作，可以使音质得到改善。

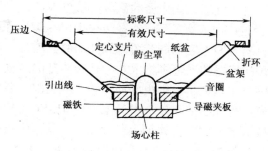

（a）纸盆扬声器的结构示意图

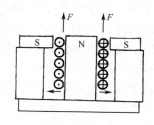

（b）音圈在磁场中的受力情况

图 2.7 锥形纸盆扬声器

支撑辅助系统由盆架、折环、接线板、压边、防尘罩、焊片、引出线等组成。当音圈通电而振动时，弹性的支撑系统随之振动；断电时，支撑系统使音圈恢复到静态位置。扬声器的放声性能与纸盆的面积、重量、刚性、形状密切相关。一般纸盆中央部分厚，边缘部分薄，而且边缘部分还压出几道折环，这样就可以得到较好的频率响应及较小的谐波失真。电动扬声器的标称尺寸，是指盆架前视横截面积的最大直径；而有效直径指的是纸盆运动部分前视横截面积的直径。标称尺寸一般用 cm 或 mm 表示。

（2）纸盆扬声器的工作原理。根据电磁感应定律，一个置于磁场中的通电导体，会受到磁场力的作用，受力的方向符合左手定则。磁场力的大小 $F=BLI$，其中：B 为缝隙磁通密度，L 为音圈线长度，I 为音圈中通过的电流。音圈在磁场中受力的情况如图 2.7（b）所示。图中间是圆柱形的 N 极，环形气隙内是音圈，若电流由右端流入，由左端流出，则音圈受力方向由左手定则判断，其受力方向 F 向上。若改变电流方向，则受力 F 的方向也将随之改变。如果流经音圈的电流强度和方向均随时间不断变化，则电磁力 F 的大小和方向也将随之而变化。显然，电动力的方向也就是音圈移动的方向，这样随着电流强度和方向的变化，音圈就会在空气隙中来回振动。其振动周期（频率）等于输入电流的变化周期，而振动幅度，则正比于各瞬间作用电流的强度。若将音圈固定在一个纸盆上并输入音频电流，则振膜（纸盆）在音圈的带动下产生振动从而向周围空间辐射声波，由此实现了电信号与声音之间的能量转换。

2. 球顶形扬声器

球顶形扬声器是电动式扬声器的一种，其工作原理与纸盆扬声器相同。球顶形扬声器的显著特点是瞬态响应好、失真小、指向性好，但效率低些，常作为扬声器系统的中、高音单元使用。图 2.8 所示为球顶形扬声器的结构示意。

球顶形扬声器的振膜一般都设计成半球顶形，以增加振膜的强度。振膜的口径一般较小，常为 35～70mm，通常用刚性好、质量轻的材料制成。为适应中频和高频信号的重放，球顶形中频扬声器具有一个较大的后腔，作为中频谐振频率的共鸣腔。一般在其振膜的后侧开有一个通孔，在其下夹板后侧装有一个密封的后腔罩，以便在后腔罩与下夹板之间形成一个较大容积的空腔，空腔内通常还充填一些吸音材料，但高频球顶形扬声器则没有后腔。

球顶形扬声器还可根据其振膜的软硬程度分为软球顶扬声器和硬球顶扬声器。硬球顶形振膜采用铝合金、钛合金及铍合金，软球顶形振膜则用浸渍酚醛树脂的棉布、绢、化纤及橡胶类材料。软球顶扬声器声音比较细腻柔和，富有表现力，适合重放古典音乐及表现弦乐和人声，表现打击乐时也不显得生硬。相比之下硬球顶扬声器的高频灵敏度较高，音质清脆，音色往往带有一种特殊的"金属味"，适合重放现代音乐。虽然这两种扬声器都具有较宽的频率范围和均匀的频率响应，但所用振膜材料不同，它们的音色则因此而略有差异。软球顶扬声器的音色通常显得细腻柔和，而硬球顶扬声器的音色则给人一种轮廓清楚的感觉。

在高频扬声器中，音圈扮演着重要的角色。为了获得更好的高频重放上限，要求高频扬声器的振动系统在保证刚性的前提下具有尽可能小的质量，市场上一些 Hi-Fi 用球顶形高频扬声器的音圈大多是用新颖的铜包铝线绕成的。铝具有比铜更小的比重，使用铜皮铝线音圈绕组可以减轻音圈的质量，这对改善高频扬声器的频响指标十分有利。根据电流的集肤效应，高频扬声器音圈中的大部分电流都在音圈绕组导线的表层流过，铜皮铝线音圈的损耗几乎与铜漆包线绕组音圈相同。此外，铜还具有良好的可焊性。

3. 号筒式扬声器

号筒式扬声器的工作原理与电动式纸盆扬声器相同，但声音的辐射方式不同。纸盆扬声器和球顶扬声器是由振膜直接鼓动周围的空气将声音辐射出去的，是直接辐射；而号筒式扬声器是把振膜产生的声音通过号筒辐射到空间的，是间接辐射。与直射式的纸盆扬声器相比，号筒式扬声器最大的优点是效率高，谐波失真较小，而且方向性强，但其频带较窄，低频响应差。号筒扬声器的结构如图 2.9 所示。

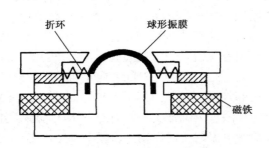

图 2.8　球顶形扬声器的结构示意图

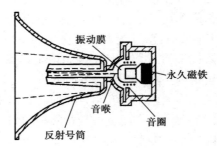

图 2.9　号筒式扬声器结构示意图

号筒扬声器的结构组成包括驱动单元（简称音头）和号筒两部分。驱动单元（音头）与球顶扬声器相似，其振膜一般为球顶形或反球顶形，振膜的振动通过号筒与空气耦合而辐射声能。号筒的形状有圆锥形、指数形和双曲线形等各种形状。

号筒式扬声器的效率可达 10%～40%，谐波失真也要小于纸盆扬声器，声波的辐射具有较窄的指向性。但当频率升高时，因振膜各部分辐射声波的相位不一致而会引起干涉，使得号筒扬声器频响曲线上出现峰谷起伏。号筒式扬声器的特性与实际发声效果，主要与所装置的号筒扩展曲线、口径、轴长等尺寸要素有密切关系。号筒的口径越大、轴长越长，号筒能够辐射的下限截止频率就越低。目前，号筒式扬声器广泛应用于有线广播、体育馆、影剧院等，在高保真放声系统中也常常作为扬声器系统中的中、高音单元使用。

2.2.4 扬声器的选用原则

扬声器实际上是一种把可听范围内的音频电功率信号通过换能器（扬声器单元），转变为具有足够声压级的可听声音。为能正确选择好扬声器，必须首先了解声音信号的属性，然后要求扬声器能"原汁原味"地把音频电信号还原成逼真自然的声音。所以在选用扬声器时，应从以下几个方面来考虑。

首先应着重考虑额定阻抗、额定功率、频响范围、谐振频率、灵敏度、失真度、总品质因数等指标。人声和各种乐声是一种随机信号，其波形十分复杂。一般语言的频谱范围约在150Hz～4kHz左右；而各种音乐的频谱范围可达40Hz～18kHz左右。其平均频谱的能量分布为：低音和中低音部分最大，中高音部分次之，高音部分最小（约为中、低音部分能量的1/10）；人声的能量主要集中在200Hz～3.5kHz频率范围。这些可听随机信号幅度的峰值比它的平均值均大10～15dB（甚至更高一点）。因此扬声器要能正确地重放出这些随机信号，保证重放的音质优美动听，必须具有宽广的频率响应特性，足够的声压级和大的信号动态范围。希望能用相对较小的信号功率输入获得足够大的声压级，要求扬声器具有高的灵敏度。

其次，扬声器的振膜材料决定重放音色的表现，纸盆（或羊毛盆、松压盆）低音扬声器与软球顶高音扬声器重放的声音柔和、温暖，而玻纤盆、PP盆低音扬声器和硬球顶高音扬声器重放的声音靓丽，动感较强。实际选择时，应根据具体要求来选择。

常用扬声器的额定阻抗值有 4Ω、8Ω、16Ω等。低音扬声器的阻抗值决定着音箱的额定阻抗，也关系到功率放大器的输出功率及阻抗匹配。扬声器的额定阻抗和额定功率，均应与功率放大器的输出阻抗与输出功率相匹配，否则会损坏扬声器或功率放大器。

此外，还要求扬声器系统在输入信号适量过载的情况下，不会受到损坏，即要有较高的可靠性。最后还要考虑产品的配套方式、外形结构和安装方法等条件。

2.3 分频器

音频信号的频率范围为20Hz～20kHz，而扬声器的频率响应范围却较窄，按其放声频率而分为低音、中音、高扬声器。因此需要通过分频器将音频信号分为对应的高、中、低频段来适应扬声器的放声要求。

2.3.1 分频器的作用与种类

1. 分频器的作用

分频器又称分频网络。分频器的作用就是在音频系统中把全频带声频信号分成不同的频段后送到对应的工作频率的扬声器，使它们得到合适频带的激励信号，再进行重放。例如，在二分频的音箱中，通过高通滤波器分离出较高的频率供给高音扬声器，通过低通滤波器分离出较低的频率供给低音扬声器。分频网络的具体作用有：

（1）展宽频带，改善频响。例如，低频扬声器在 1.5～3kHz 左右有大的峰谷，用分频网络可保证在 1.2kHz 以上能量送往中、高频扬声器单元而不送往低频单元，这样对扬声器本身的频响要求就不那么苛刻，而且可避开扬声器频响上的大峰谷点，使整个音箱保持宽而平坦的频率响应。

（2）提高效率。亦即不要把高频能量输至不产生高音的扬声器而浪费掉。

（3）保护中音和高音扬声器不致损坏。由于人耳对中、高频声灵敏，所以低频需要更多能量，即用更多的能量来推动低频扬声器。倘若向中、高频单元输入低频大幅度信号，会使这些单元的振膜产生过度振动，从而引起失真，甚至损坏音圈和膜片。所以，保护中、高频单元也是使用分频网络的重要原因。

2. 分频器的种类

分频器的种类可按电路的结构形式、分频的频段数、分频器的衰减率以及与扬声器的连接方式等方面进行分类。

（1）按电路结构分。分频器按电路结构可分为两类，一类是功率分频器，亦称被动分频器或无源分频器；另一类是电子分频器，亦称主动分频器或有源分频器。

① 功率分频器。功率分频器位于功率放大器之后，设置在音箱内，由电容和电感滤波网络构成。其特点是分频网络设置在功率放大器和扬声器之间，电路形式如图 2.10（a）所示。

功率分频器的优点是：第一，使用方便，结构简易，成本低，与音箱安装在一起，不需要调整；第二，在系统连接方面较为容易，只要给功放输入全频信号，将功放与音箱连接在一起就可以实现全频放音；第三，需要的功率放大器少，一般一台双声道功放可以带两只全频被动分频音箱，故系统成本较低。

功率分频器的缺点是：第一，分频网络要消耗功率，出现音频谷点，产生交叉失真，它的参数与扬声器阻抗有直接的关系，而扬声器的阻抗又是频率的函数，与标称值偏离较大，因此误差也较大，不利于调整，计算较难；第二，功率放大器输出的功率音频信号通过电容和电感滤波器后，必然会由于电容和电感的非线性而造成失真，声音失真在所难免；第三，从功放输出的音频功率信号，每经过一个电容和电感器件都会造成功率信号的损失，所以被动分频的功率信号损失较大；第四，分频衰减率不能做得太高，一般最大 12dB/倍频程，分频交叉区域的干扰偏大，这是因为被动分频器提高分频衰减率的途径是增加电容器或电感器的个数，也就是滤波阶数，但是增加电容器或电感器的个数，就意味着随之增加信号失真和功率损失，提高分频衰减率的结果是带来了其他更多的问题。

② 电子分频器。电子分频器的电路形式如图 2.10（b）所示。它是一种将音频弱信号进行分频的设备，一般由有源电子线路分频系统构成，其特点是分频系统位于功率放大器之前，将全频带的音频弱信号分频后，把两分频的低音与高音，或三分频的低、中、高音信号，分别送至各自功率放大器，然后由功放分别输出到低音、高音或低音、中音、高音扬声器，这种方法被称为主动分频。因工作在弱信号情况下，故可用小功率的电子有源滤波器实现分频。

电子分频器的优点是：第一，由于采用电子线路所构成的有源电子滤波器对弱信号进行分频处理，故声音信号损失小、失真小，再现音质好；第二，分频衰减率可以较被动分频做得更高，达到 24dB/倍频程很容易，分频交叉区域较被动分频小得多，分频交叉区域中的高、低音单元声音之间的干扰基本上被克服了；第三，可调性好，电声指标高。

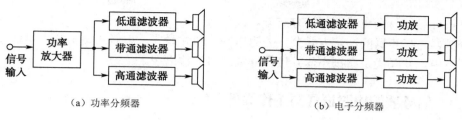

（a）功率分频器　　　　　　　　　　（b）电子分频器

图 2.10　功率分频与电子分频

电子分频器的缺点主要是电路结构复杂，由于主动分频方式高、中、低音每路分别要用独立的功率放大器，成本高，投资大，一般运用于要求较高的专业扩声系统。

（2）按分频的频段数分。分频器按分频的频段数分，常见的有二分频和三分频两个类型。二分频器实际上是高通、低通滤波器的组合，三分频器则在中间再加带通滤波器。它们都是利用电感元件 L 通低频阻高频、电容元件 C 通高频阻低频的性质，达到滤波或分频的目的。

分频点的选择，应根据所用扬声器的频率特性而定，选择原则是能够保证各扬声器工作在频率响应最平滑的部位。最简单的分频就是二分频，将声音分为高频和低频，分频点需要高于低音扬声器上限频率的1/2，低于高音扬声器下限频率的2倍，一般的分频点取在800Hz～3kHz 之间。三分频是将声音分为低音、中音和高音，有两个分频点，低音分频点一般取300～500Hz，也有取 200Hz 以下的，高音分频点一般为 2～5kHz，究竟取在什么频率点上，还取决于扬声器单元的频率特性和失真等情况。一般考虑分频点时总是尽可能将扬声器频响曲线上的平坦部分保留下来，而将明显的大峰谷及失真点取在分频点以外。对中、高频扬声器，分频点不要选在它的低频截止频率处，因为在共振频率以下失真很大。各扬声器的阻抗最好相同，否则就要设计不同输出特性阻抗的分频器与之匹配。如果阻抗相同，功率不同或中、高音太响，应在功率较小的扬声器分频网络后或高通网络后加接衰减器使之平衡。

此外也有少量的四分频或者多分频系统。显然更多分频数理论上是有利于声音的还原，但过多的分频点会造成整体成本上升，并且实际效果提升有限，因此常见的分频数仍然是二分频和三分频。二分频与三分频网络的特性曲线如图 2.11 所示。

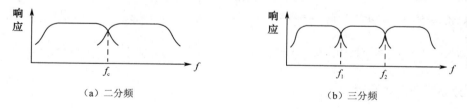

（a）二分频　　　　　　　　　　　　　（b）三分频

图 2.11　二分频与三分频网络的特性曲线

（3）按分频器的衰减率分。

分频器的衰减率是指分频点以外的曲线下降的斜率，斜率越大，衰减率越大。分频器按分频点以外曲线下降的斜率（衰减率）分有-6dB/Oct、-12dB/Oct、-18dB/Oct、-24dB/Oct 几种类型，其中常用的是前两种类型。对应的每路元件数为一个（或一组）、二个（或二组）LC 元件。-18dB/Oct 的分频器衰减率大，分频后不需要的频段被切除得较彻底，因而音质也较好，但因元件数增多，调整困难，且插入损耗也较大，故用得不多。-24dB/Oct 衰减率的分频器更为少见。

（4）按分频器与扬声器的连接方式分。

按分频器与扬声器的连接方式分，分为串联式和并联式。串联式是指扬声器串接在分频网络的回路中，并联式是指扬声器并接在分频网络的输出端。

2.3.3　分频器的电路形式与工作原理

1. 分频器的电路形式

功率分频器一般是由 R、L、C 无源网络组成的高通（HPF）、低通（LPF）、带通（BPF）滤波器构成。其中，HPF 只允许高于某一频率的信号通过，LPF 只允许低于某一频率的信号通过，BPF 只允许某两个频率之间的信号通过。常见的分频器电路形式有单元件型（一阶网络）和双元件型（二阶网络），连接方式可分为串联式与并联式，分频的频段数有二分频和三分频，其电路形式如图 2.12 和图 2.13 所示。

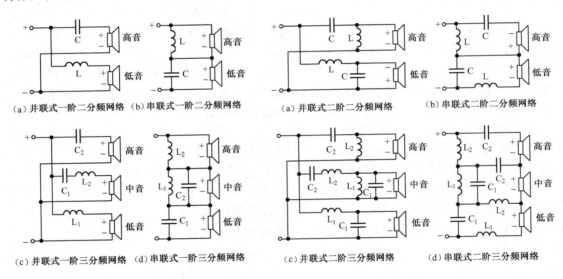

图 2.12　常见无源一阶分频网络的电路形式图　　　图 2.13　常见无源二阶分频网络的电路形式

2. 分频器的工作原理

我们知道，电感线圈的感抗与频率成正比，电容器的容抗与频率成反比，因此利用这一特性可以使电路的输出信号与频率之间获得-6dB/倍频程的关系（-6dB/Oct），亦即当频率增加 1 倍时其输出衰减 1 倍（即-6dB）的关系。把 L 和 C 组合起来构成各种分频网络时，一个 L 或 C 元件时，具有-6dB/Oct 的特性，称为一阶分频器；两个 L、C 元件组合时，具有-12dB/Oct 的特性，称为二阶分频器。在二阶分频器中，当频率增加 1 倍时，利用感抗增加一倍而容抗减小 1 倍的关系来使输出信号衰减 2 倍，从而获得-12dB/Oct 的频率特性。分频器中分频元件越多，输出衰减率越大，分频越彻底，同时成本也增加，其损耗和相移也随之增加，因此应该综合考虑。通常分频器的衰减率不宜超过-12dB/Oct，二阶分频器是应用最广泛的一种。

常见一阶分频网络与二阶分频网络的频率特性如图 2.14 所示。

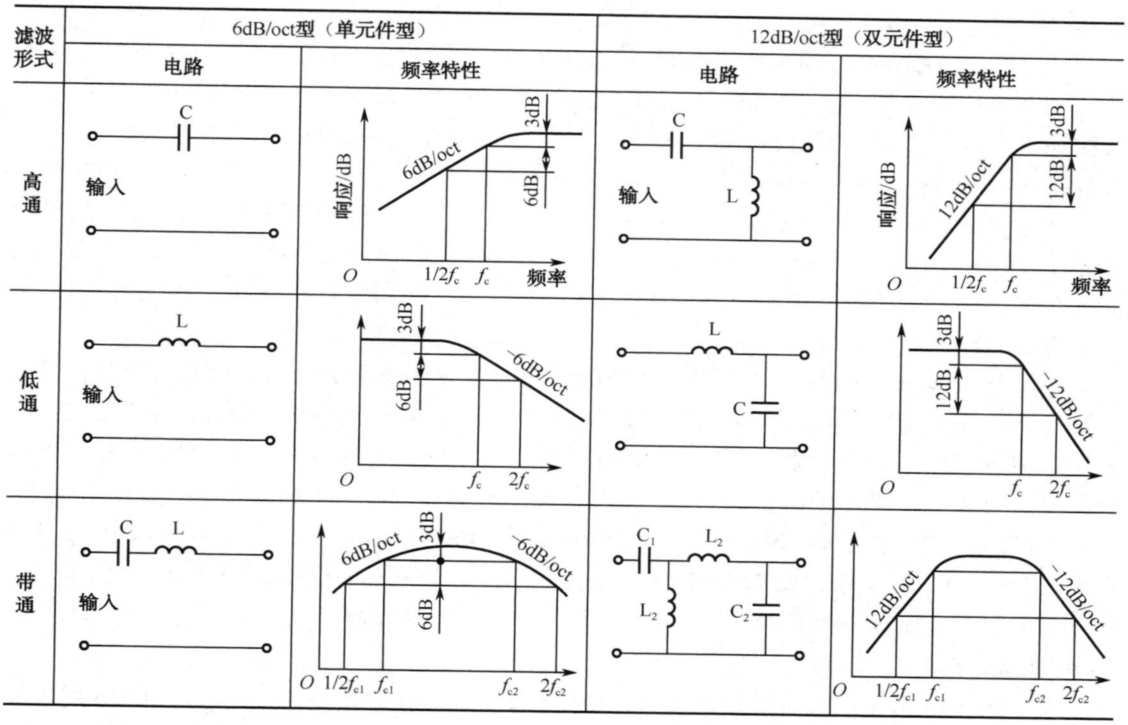

滤波形式	6dB/oct型（单元件型）		12dB/oct型（双元件型）	
	电路	频率特性	电路	频率特性
高通	(C 输入)	(响应/dB, 6dB/oct, 3dB, 6dB; O 1/2fₒ fₒ 频率)	(C, L 输入)	(响应/dB, 12dB/oct, 3dB, 12dB; O 1/2fₒ fₒ 频率)
低通	(L 输入)	(3dB, 6dB, -6dB/oct; O fₒ 2fₒ)	(L, C)	(3dB, 12dB, -12dB/oct; O fₒ 2fₒ)
带通	(C L 输入)	(6dB/oct, 3dB, 6dB, -6dB/oct; O 1/2f_{c1} f_{c1} f_{c2} 2f_{c2})	(C₁ L₂ L₁ C₂)	(12dB/oct, -12dB/oct; O 1/2f_{c1} f_{c1} f_{c2} 2f_{c2})

图 2.14 常见一阶分频网络与二阶分频网络的频率特性

（1）一阶分频器。一阶分频器具有图 2.14 中所示的-6dB/Oct 的频率特性。在一阶分频网络中，一阶二分频网络的电路结构最为简单，这种分频网络只使用 1 个电容和 1 个电感线圈。图 2.12（a）所示的并联式一阶二分频网络，电感与低音扬声器串联构成低通滤波器，使低音扬声器中只有低频信号；电容与高音扬声器串联构成高通滤波器，使高音扬声器中只有高频信号。合理选择 L、C 的大小可得到合适的分频点，分频点根据所用的扬声器的大小与频响来确定，可在几百至几千赫之间，在滤波器频率特性的-3dB 处的感抗与容抗相等，总的频响保持平坦。图 2.12（b）所示的串联式一阶二分频网络，由于 L 具有"通低频阻高频"的特性，C 具有"通高频阻低频"的特性，因此低频信号的通路是从 L→低音扬声器构成回路，高频信号的通路是从高音扬声器→C 构成回路。一阶三分频网络是在原来的低通滤波器和高通滤波器之间增加一个由 LC 串联或并联所组成的带通滤波器，其典型电路如图 2.12 的（c）和（d）所示。一阶分频网络的 LPF、BPF、HPF 的频响曲线在分频点处相互交叉，交叉时每个通道的信号均被衰减 3dB，然后在各自的阻带里以每倍频程-6dB 的速度衰减。由于在分频网络中使用了电感线圈和电容器，因此当输入分频网络的音频电信号经过这两种电抗器时，电流的相位会发生变化。一般说来，音频信号电流的相位在 LPF 的阻带内会出现滞后现象，最大值可达-90°，在 HPF 的阻带内又会出现超前现象，最大值可达+90°，这种相位的超前和滞后在很宽的音频范围内常常能相互补偿而使整个通带内的相位移刚好为 0°。

一阶分频网络的最大特点是结构简单。由于在相同分频频率的情况下滤波器中电感线圈的电感量小，从而使信号功率在电感线圈上的损耗最小。但有效频率范围以外的频率信号进入扬声器单元后会使扬声器明显失真，为此通常用在要求不是太高的场合，而在 Hi-Fi 音箱中较少采用。

（2）二阶分频器。二阶分频器具有-12dB/Oct 的频率特性。在图 2.13（a）和（b）所示的二阶二分频网络中，这种网络在实际使用中最多，网络中的 LPF 和 HPF 各使用 1 个电感线圈和 1 个电容器，每个滤波器均使用两个电抗元件，这就使得它们的频率特性发生了变化。其衰减均以每倍程-12dB 的速率下降，由于网络中增加了一个电抗元件，使 LPF 和 HPF 中的信号在分频点上产生了最大达 180° 的相位差。因此在二阶二分频网络中，为了抵消这种相位差，应将低频单元的负极和高频单元的正极与分频网络的公共端相接。图 2.13（c）和（d）所示是二阶三分频网络，它在二分频的基础上增加了 1 个 BPF。BPF 是由 1 个 HPF 和 1 个 LPF 组成的，其形式有几种，不管哪种形式都应保证良好的频响特性。

（3）分频器的简单设计。在分频器的设计计算中，通常采用定阻式，即假设负载都是接上数值等于扬声器标称阻抗的纯电阻负载，以此来选取 L 或 C 的数值。例如对于图 2.12（a）或（b）所示的一阶二分频器，高通部分用了一只电容，低通部分用了一只电感，若扬声器的标称阻抗为 Z_C，分频器的截止频率为 f_C（截止频率根据高、低音扬声器的频响参数来确定，二分频的 f_C 通常在 800～3kHz 之间）。则由 $Z_C = 2\pi f_C L = 1/(2\pi f_C C)$ 可得：$L = Z_C/(2\pi f_C)$，$C = 1/(2\pi f_C Z_C)$。对于图 2.12（c）或（d）所示的一阶三分频器，它有二个截止频率 f_{C1} 和 f_{C2}，同样可得一阶三分频器的 $L_1 = Z_C/(2\pi f_{C1})$，$C_1 = 1/(2\pi f_{C1} Z_C)$；$L_2 = Z_C/(2\pi f_{C2})$，$C_2 = 1/(2\pi f_{C2} Z_C)$。

对于图 2.13 所示的二阶分频器，它的衰减率比较大，使用效果也比较好，因而应用也最广泛。图 2.13（a）并联式二分频电路中，$L = \sqrt{2}Z_C/(2\pi f_C)$，$C = \sqrt{2}/(4\pi f_C Z_C)$；图 2.13（b）串联式二分频电路中，$L = \sqrt{2}Z_C/(4\pi f_C)$，$C = \sqrt{2}/(2\pi f_C Z_C)$。图 2.13（c）并联式三分频电路中，$L_1 = \sqrt{2}Z_C/(2\pi f_{C1})$，$C_1 = \sqrt{2}/(4\pi f_{C1} Z_C)$，$L_2 = \sqrt{2}Z_C/(2\pi f_{C2})$，$C_2 = \sqrt{2}/(4\pi f_{C2} Z_C)$；图 2.13（d）串联式三分频电路中，$L_1 = \sqrt{2}Z_C/(4\pi f_{C1})$，$C_1 = \sqrt{2}/(2\pi f_{C1} Z_C)$，$L_2 = \sqrt{2}Z_C/(4\pi f_{C2})$，$C_2 = \sqrt{2}/(2\pi f_{C2} Z_C)$。在三分频器中，它有二个分频点，$f_{C1}$ 一般为 300～500Hz，f_{C2} 一般为 3000～5000Hz。

在功率分频器中，分频电容应选用无感聚丙烯电容器或无极性金属化纸介电容器；分频电感应使用较粗的单芯漆包线绕制，电感器的直流电阻应小于扬声器标称阻抗的十分之一。

2.4　音箱

音箱即扬声器箱，又称为扬声器系统。它是由扬声器、分频网络、箱体和吸声材料等组成，是以改善扬声器低频辐射和提高音质为目的的扬声器系统。

2.4.1　音箱的作用

音箱是音响系统中的最后组成部分。音箱的性能主要取决于扬声器的质量，其中低音频的放音效果又在很大程度上取决于箱体的结构与尺寸。一个优质音箱不仅能够体现出低音扬声器原有的性能，还有拓宽其重放下限频率、降低放音失真、提高辐射效率的作用。实际上，音箱的最主要作用，就是用来分隔扬声器的前后声波，改善扬声器低音频的放音效果。

扬声器是利用振膜（纸盆）的振动去推动空气振动而产生声音的，在振膜向前推动的瞬间，振膜前面的空气被压缩而变得稠密，振膜后面的空气则变得稀疏；在振膜向后振动的瞬间，纸盆前后的空气疏密状况刚好相反，也就是说，纸盆前后所发出来的声波，相位正好相反。当声波的频率较低时，声波的传播有很强的绕射能力，几乎无方向性。因此扬声器的后方声波可以绕射到振膜（纸盆）前面，而在扬声器前方的某点听到的声音应是前声波与后声波的合成。若两声波在该点的相位相同，则该点的合成声压增大；若两声波相位相反，则该点的合成声压减小，甚至为零而听不到声音，这时的现象称之为声短路。在不同的频率（或在不同的点），两声波的相位差不同，合成的声压也不同，造成了在不同频率的声压的不均匀分布，这种现象称为相位干涉现象。上述的相位干涉和声短路现象，显然严重地损害了听音的音质。因此，音箱的一个重要作用，就是分隔扬声器的前后声波，以防止或减少声短路和相位干涉现象。由于高频声波的波长较短，方向性强，难以产生绕射现象，因此声短路主要发生在 300Hz 以下的低频范围内。

除此之外，音箱还有一个重要作用，就是通过箱体合理设计，对扬声器的声共振进行控制，以使放音优美动听。箱体对扬声器还要起组合、固定的作用。

音箱内的吸声材料用来吸收箱体内的声波辐射能量，一般选用多孔、松软、表面积大的材料，如棉絮、玻璃丝、毛毡等材料。

2.4.2　音箱的分类

音箱的分类方法很多。常见分类有以下几种。

（1）按使用场合分。按使用场合分有家用音箱和专业音箱两大类。

家用音箱主要用于家庭音响系统放音，一般用于面积小、听众少、环境安静的场合。在设计上追求音质的纤细、层次分明、解析力强；外形较为精致、美观；放音声压不太高、承受的功率较小，音箱的功率一般不大于 100W，灵敏度小于等于 90dB/（W·m）。家用音箱按用途可分为纯音乐音箱和家庭影院音箱，其中家庭影院音箱又可分为前置、中置、环绕、超低音等音箱。

专业音箱主要用于厅堂扩声等专业音响系统放音，一般用于面积大、听众多、环境嘈杂的公众场所，具有较大功率、较高灵敏度［一般大于或等于 100dB/（W·m）］、结构牢固结实、便于吊挂使用，以达到强劲乃至震撼的音响效果。与家用音箱相比，它的音质偏硬，外形也不甚精致。但在专业音箱中的监听音箱，其性能与家用音箱较为接近，外形也比较精致、小巧，所以这类监听音箱常常被家用音响系统采用。

（2）按用途来分。专业音箱按用途又可分主扩声音箱、监听音箱和返听音箱等。

主扩声音箱一般用作音响系统对公众扩声的主要音箱，它承担着音响系统的主要扩声任务。因此，主扩声音箱对整个音响系统的放音质量的影响重大，所以对它的选择应十分严格、慎重。它可以选用全频带音箱，也可以选用全频带音箱加超低音音箱进行组合扩声。

监听音箱是用于控制室、录音室等供调音师进行节目监听用的音箱。对监听音箱的性能要求很高（尤其是录音室、节目制作间），要求具有失真小、频响宽、特性曲线平直，对信号很少修饰，最能真实地重现节目的原貌。

返听音箱又称舞台监听音箱。一般用于舞台或歌舞厅等供演员或乐队成员监听自己的演唱、演奏的声音。由于演员或乐队成员一般位于舞台上的主扩声音箱的后面,不能听清楚自己的演唱声或乐队的演奏声,这样就不能很好地配合,或是找不准感觉,使演出效果受到严重影响。返听音箱就是将音响系统的信号放送出来,供舞台上的人进行监听的音箱。一般返听音箱的面板做成斜面形,放在舞台地上,扬声器轴线与地面呈45°角。返听音箱的高度也较低,这样既不影响舞台的总体造型,又可让舞台上的人听清楚,而且不致将声音反馈到传声器,造成啸叫声。

(3)按箱体结构来分。按箱体结构可分为封闭式音箱、倒相式音箱、迷宫式音箱、多腔谐振式音箱和声波管式音箱等多种。

图2.15列出一些常见音箱的结构形式。在各种音箱结构形式中,封闭式音箱和倒相式音箱用得最多,约占各种音箱数量的 2/3。封闭式音箱具有结构简单、体积较小、低频的瞬态特性好等优点,但效率较低。封闭式音箱主要用于家用音箱中,在专业音箱中较为少见,只有少数的监听音箱采用密封式结构。倒相式音箱可适合各种形式的扬声器,具有丰富的低音,使人有舒展感,它在家用音箱和专业音箱中都有应用。尤其在专业音箱中,由于其具有频响宽、效率高、声压大等特点,符合专业音响系统的主要要求,为此得到了广泛的应用。

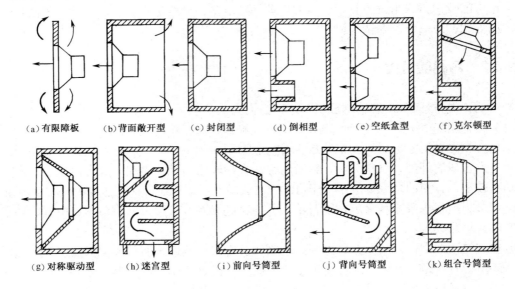

(a)有限障板　(b)背面敞开型　(c)封闭型　(d)倒相型　(e)空纸盒型　(f)克尔顿型

(g)对称驱动型　(h)迷宫型　(i)前向号筒型　(j)背向号筒型　(k)组合号筒型

图2.15　各种音箱的结构

① 封闭式音箱。封闭式音箱除了扬声器口外,其余全部密封。扬声器纸盆前、后分成两个互相隔绝的空间,一边是大的箱外空间,另一边是具有一定容积的箱内空间。尽管扬声器振膜前面和后面发出的声音刚好相反,但不会发生两种声波互相叠加或互相抵消的声短路问题,也可有效防止出现互相干涉的现象。由于箱体是密封的,振膜振动而引起的强有力的声机械波将使箱体内空气反复压缩和膨胀,因此要求箱体十分坚固,成为一种刚性箱,不能泄漏声波,音箱板(主要是后盖板)也不能跟随振动。封闭式音箱在扬声器背面和后盖之间设置吸音材料,将箱内声音吸收掉,可以有效地防止"声短路"。但是由于封闭式音箱向箱体后面辐射的声能无法利用,故效率较低。

封闭式音箱的容积有限，在纸盆背面形成一个空气"弹簧"，使扬声器系统的谐振频率升高，低频响应变坏。谐振频率不太低的扬声器不适于做成封闭式音箱。像皮边式扬声器的谐振频率比较低，较适合于做成封闭式音箱。封闭式音箱的箱体材料、尺寸、工艺等都有严格的要求，箱体的深、宽、高比例为 1：1.41：1.618，箱体的容积与诸多因素有关，如扬声器的有效半径、品质因数、共振频率以及扬声器振动系统总质量等。

② 倒相式音箱。倒相式音箱是在封闭的音箱前面板上加开一个出音孔，此孔称为倒相孔，并在倒相孔后面安装一段导声管（称为倒相管），就构成了倒相式音箱。倒相孔内的空气，可形成一个附加的声辐射器。若合理设置倒相孔的大小，可使箱内纸盆背后反射的声波与倒相孔内的空气发生共振，并将声波相位倒相 180º。这样处理后，纸盆背后的辐射声波可以通过倒相孔辐射到音箱体前面来。当音箱的共振频率等于或稍低于扬声器共振频率时，倒相孔辐射声波与原前面声波进行同相位叠加，可提高音箱的效率，明显改善低音效果，并降低扬声器在谐振频率附近的失真。

封闭式音箱把锥盆后辐射的声波完全吸收掉，约 1/2 的声能被浪费。设置倒相孔后，充分利用了扬声器的后辐射声波，大大提高了听音房屋内低音辐射强度，而且扩展了低频重放的下限频率（约降低$1/\sqrt{3}$）。

封闭式音箱在共振频率附近时，锥盆振幅呈现最大值，由定心支片等非线性位移所造成的失真也最大。设置倒相孔后，倒相孔空气受声阻的影响，使共振频率附近锥盆振幅最小，因而非线性失真也减到最小，改善了音质。这个优点在大音量输出时效果最明显。

倒相式音箱的容积可小于封闭式音箱。若要求重放下限频率相等时，倒相式音箱为封闭音箱的 60%～70%。另外，倒相式音箱的共振频率可以设计成等于甚至低于扬声器的共振频率，故倒相式音箱可使用较廉价的纸盆扬声器。

倒相式音箱具有音质好、低音丰富、灵敏度高等优点，是目前使用最广泛的一种音箱。但其也存在箱体和结构比较复杂、音箱谐振频率以下的低频带的辐射声压级衰减比较快，易产生低频"轰隆"声等等问题。

③ 空纸盆音箱。空纸盆音箱又称无源辐射音箱、牵动纸盆音箱。它是在倒相式音箱的基础上发展起来的放音音箱，由一个扬声器和一个空纸盆组成，空纸盆代替了倒相式音箱中倒相管的位置。空纸盆音箱的工作原理是利用了扬声器纸盆振动后，箱内空气的弹簧作用使空纸盆振动，并与扬声器形成共振。在扬声器工作时，空纸盆会顺应箱体内空气的变化而进行前后移动，箱体内的空气并不泄漏出去，因此空纸盆音箱的灵敏度较高，同时空纸盆音箱不像倒相式音箱那样，由于倒相管内空气大量进出，容易产生共振而出现驻波。在较低频段工作时空纸盆音箱接近于密闭式音箱的工作状态，可以有效地减小扬声器的振动幅度。

④ 组合式音箱。由于单只扬声器的工作频率范围有限，使用一只扬声器要完成 20Hz～20kHz 的声音辐射是不可能的，故实用音箱中都装有几只不同频率范围的扬声器，各扬声器扬长避短，最大限度地发挥各自的优势，减小非线性失真，改善频响，这种音箱称为组合音箱。组合音箱常见有二单元、三单元两种形式，基本由数个扬声器、箱体、吸声材料、分频器、衰减器等部件组成。在二分频组合音箱中，采用一只高音扬声器和一只低音扬声器，分别用以重放经分频器输出的高频信号和低频信号；在三分频组合音箱中，采用一只高音扬声器，一只中音扬声器和一只低音扬声器，分别用以重放经三分频器输出的高频、中频、低频信号。在箱体中装有吸音材料削弱声波的反射，防止产生驻波。

2.4.3　超低音音箱

人耳可听声的整个声频范围为 20Hz～20kHz，包含 10 个倍频程，其中最低的 2 个倍频程为 20～40Hz 和 40～80Hz，有人分别称为超低音和重低音，一般统称为超低音。超低音能否被良好地重放，将影响音乐的"力度感"和"临场感"。尤其是随着家庭影院 AV 的兴起，人们对音箱的表现力又提出了新的要求，既要有极佳的音乐表现力，又要有爆棚般的音响效果，这其中的关键在于超低音的重放。而普通小型音箱一般只能重放 70～80Hz 以上的低音频，中型音箱低端也大多只能重放到 50Hz 左右。

为了解决超低音的重放问题，一般的途径是采用大口径扬声器和大箱体，但由于受房间面积、环境及美观等方面的影响，音箱的体积又不宜过大，所以，如何既能使音箱体积小型化，又能使低音下限频率尽量向下延伸，并且具有足够的声功率输出，是当今超低音重放的主要问题。目前，为解决此问题，使超低音能有效重放的方法主要有三种：

（1）在扬声器单元上下功夫。为了扩展扬声器的低频重放范围，就要降低它的低频共振频率。要降低共振频率就要加大振动系统的等效质量和减小系统的劲度。通常，大口径扬声器的等效质量大，而从低音扬声器的输出功率和振幅关系来看，振幅与口径的平方成反比，因此可以用大口径扬声器作超低音扬声器。此外，还可利用优选扬声器的振盆材料，加长或加大音圈，增加振盆的冲程，增大扬声器的功率承受能力，提高低频响应的灵敏度等，来扩展扬声器的低频重放能力。现在，一般小口径扬声器的振盆单向最大冲程 X_{max} 为 3mm 左右，好的产品可达 4.5mm 左右。而低音单元单向最大冲程 X_{max} 已普遍提高到 7mm 以上，有的超大冲程低音扬声器的 X_{max} 可达 12mm 以上。

（2）在扬声器系统和电路配合上下功夫。如 YAMAHA 公司推出的主动伺服技术系统，把扬声器系统和功率放大器的设计结合起来，可以在 6 升容积的小箱体中具有 28Hz～20kHz 的频率响应。

该系统是以亥姆霍兹共振器和负阻抗驱动技术为基础的扬声器系统，音箱以空气低音来发出低频的声音，"空气低音"是指用一根声导管在箱体上取代传统的低音喇叭所发出的低音。依据亥姆霍兹共振理论，当这根管子与音箱组成某一种适当的配合时，它会将箱内小振幅的信号变成庞大的声波放射出来。而要达到这样的效果，音箱内的振幅必须强大且频率要准确，这个问题是靠一组专用的放大器来解决的。负阻抗驱动是利用放大器输出阻抗与扬声器音圈阻抗 R_0 相等但为负值的放大器来驱动扬声器，从而抵消音圈阻抗 R_0，使总阻抗变为零。这样就使扬声器音圈中获得极大的驱动电流，从而使振膜产生极大的驱动力来辐射声波。因此，依靠负阻抗驱动的功率放大器以及亥姆霍兹共振规律设计的共振箱，能够扩展与增强低频声波的辐射，发出极低频的声音，达到传统扬声器系统所无法比拟的效果。

（3）在音箱的结构上创新。近年来在这方面做了许多研究，并出现了许多新颖而有效的超低音音箱结构，几种实用超低音音箱的结构如图 2.16 所示。其中尤以带通滤波式超低音音箱获得了广泛的应用，这些音箱都采用了由封闭式音箱或倒相箱与一个或多个亥姆霍兹共振器的组合方式，从而获得优异的超低音重放。

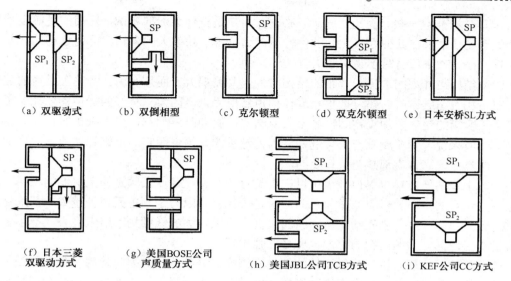

（a）双驱动式　　（b）双倒相型　　（c）克尔顿型　　（d）双克尔顿型　　（e）日本安桥SL方式

（f）日本三菱　　　（g）美国BOSE公司　　（h）美国JBL公司TCB方式　　（i）KEF公司CC方式
双驱动方式　　　　声质量方式

图 2.16　几种实用超低音音箱的结构

2.4.4　音箱的选择与检修

1．音箱的选择

在选购音箱之前，有两点必须明确：一是音箱与其他音响设备的选购一样，必须是价钱与性能二者折中考虑，或者是质量等级与成本之间的折中考虑，一对音箱的价格可以从几十元到几万元，国外高档的专业音箱售价往往高达几万元，这些高档的音箱其性能当然要比一般大众化的产品优越得多，不能拿两者简单作比较；二是形式与爱好的折中考虑，也就是说，按不同使用目的选购不同的音箱，要考虑到每个人的爱好差别，而且音响设备一个很大的特点是以聆听为最终鉴别的依据。

在选购音箱时，一般要注意如下几点：

（1）查阅有关技术参数。首先查阅音箱说明书中的有关技术参数，如有效频率范围、阻抗、灵敏度、额定功率、指向性、失真等。

在查阅说明书时应该注意，有效频率响应范围在国际 IEC 标准中有严格的规定方法，但有的厂商却只标出频率响应的范围，而不提供频率响应曲线的变化情况，也不说明此频率响应范围是按何种标准测得，因此这样提供的频率响应参数就变得毫无意义了。例如有一对音箱标明频率响应范围为 30Hz～20kHz，但实际上低频在 70Hz 以下就明显衰减了，在 30Hz 可能已衰减了 20dB，而高频也只能平滑伸展到 14kHz。相反，另一对音箱频率响应范围标明为（40Hz～16kHz）±3dB，尽管看上去后一对音箱的频响范围没有前一对宽，但事实上后一对音箱比前一对好，因为它的频响曲线标明只在±3dB 范围内变化，因而平坦得多。

另外在额定功率的指标上也要注意。各国乃至各厂在功率值的标定上往往很不一致，有的标明是短期最大噪声功率、峰值承受功率、音乐功率、瞬时承受功率，因此数值往往比额定功率大许多倍。而且各国的测量方法标准也往往宽严不一样，例如日本的 JIS 标准往往要比国际 IEC 标准宽一些。因此，选购时必须弄清楚是按什么标准测试，标明的是额定功率还是峰值承受功率，在其他因素相同的条件下，通常选择功率大的音箱，因为这样的产品有功率余量，在大功率放音时不易引起失真。

（2）结构与外观的选择。音箱的结构与外观要美观大方而又实用。音箱上过多的装饰并不可取，在考虑成本时，建议把重点放在扬声器单元上，因为只有好的扬声器才能做出好的音箱来。音箱的箱体要加工精细，看上去要结实，搬动时感觉重，用手敲击时也要有结实感才好。一般来说，音箱越重，质量越好。因为越重的音箱说明它的磁钢越大或木箱用的板越厚，这两点对提高音质都是至关重要的。

一般来说，低音扬声器口径大可以产生足够的低音，并使低频延伸至更低的频率范围。但这不是绝对的，必须考虑低频单元的质量是否优良。因为低频单元口径越大，其纸盆在振动时越容易变形产生分割振动，从而引起失真。所以，大的低频扬声器纸盆表面必须要硬，且质量要轻，此外它的磁钢的磁性也要足够强才好。

关于分频，一般来讲三分频音箱的性能应该比二分频的好，因为使用三分频增加了一个中频扬声器单元，因而可使中音更加厚实。同时有了三个扬声器，各自分担的功率减小了，因此整个音箱可以承担更大的功率，输出更大的音量。但以上考虑是在不计较价格的前提下，事实上三分频音箱增加了一个中音单元与一个分频器，势必使成本增加。因此如果在一对二分频音箱与另一对三分频音箱价格一样时，那么还是选二分频的好。因为出于对成本的考虑，三分频音箱势必会降低对单元质量的要求。事实上，不少专业监听音箱也是用二分频音箱，简单的分频更容易控制相位，减少失真。

（3）根据主观试听来评判音箱的优劣。试听时主要考虑声像定位感、音色以及低频重放能力等。声像的定位感是否准确和稳定这个问题往往被许多人所忽略。在交响乐中，每种乐器都有一定的位置，立体声重放时就要求在放音时不仅音乐优美逼真，而且要求每种乐器的声音来源方向（即声像）也与现场演奏时一样。例如，当左、右两音箱发出音量大小相同、内容也一样的声音时，试听者在与两音箱成正三角形的位置上，听起来的声音是来自两音箱的正中间，即声像在正中。如果音量左大右小，则声像偏左，反之偏右，而偏移的程度由左、右音箱声音大小的差别来决定。为了使立体声声像能准确地再现，要求左、右音箱的特性相互一致，即具有相同的频率响应特性、相同的灵敏度以及相同的指向特性。

其次考虑音色问题。就一只音箱而言，音调主要是由低音单元决定，音色则与中、高音单元的关系较密切。在比较音色时重点应落在中、高音单元上。就音乐而言，主要成分还是分布在中频带上，如人声、钢琴声、小提琴声的基音多半是由中音扬声器来扮演主角的，而它们的泛音则由高音扬声器承担，低音扬声器实际上只承担整个音乐中的一小部分频率，也就是说，音乐的个性主要是由中、高音单元决定。

由于人耳对声音的记忆力不强，因此试听时最好用比较法进行，节目内容最好选用熟悉的或常听的内容。试听时，对于不同乐器的节目信号，如能准确区分低音鼓、拨弦和低音号的声音，说明音箱里边没有太大的低音共振效应。

2. 扬声器的检测

（1）扬声器引脚极性的判别。扬声器引脚极性可用如下任一方法判别。

① 直接判别方法。看扬声器接线架上的两根引脚的正、负极，一般正极用红色表示。

但要主意，对于同一个厂家生产的扬声器，它的正、负引脚极性规定是一致的，对于不同厂家生产的扬声器，则不能保证是一致的，此时最好用其他方法加以识别。

② 试听判别方法。扬声器的引脚极性可以采用试听判别的方法判断，将两只扬声器两根引脚任意并联起来，再接在功率放大器的输出端，给两只扬声器馈入电信号，此时两只扬声器同时发出声音。然后，将两只扬声器口对口地接近，此时若声音愈来愈小了，说明两只扬声器是反极性并联的，即一只扬声器的正极与另一只扬声器的负极相并联了。上述识别方法的原理是：当两只扬声器反极性并联时，一只扬声器的纸盆向里运动，另一只扬声器的纸盆向外运动，这时两只扬声器口与口之间的声压减小，所以声音低了。当两只扬声器相互接近之后，两只扬声器口与口之间的声压更小，所以声音更小。

③ 万用表识别方法。利用万用表的直流电流挡也可以方便地识别出扬声器的引脚极性，具体方法是：取一只扬声器，万用表置于最小的直流电流挡（μA 挡），两支表笔任意接扬声器的两根引脚，用手指轻轻而快速将纸盆向里推动，此时表针有一个向左或向右的偏转。

当表针向右偏转时（若是向左偏转，将红、黑表笔相互反接一次），红表笔所接的扬声器引脚为正极，则黑表笔所接的引脚为负极。用同样的方法和极性规定去检测其他扬声器，各扬声器的极性就一致了。

这一方法能够识别扬声器引脚极性的原理是：在按下纸盆时，由于音圈有了移动，音圈切割永久磁铁的磁场，在音圈两端就会产生感生电动势，这一电动势虽然很小，但万用表处于电流挡状态，电动势产生的电流流过了万用表，使表针偏转。

只要表针偏转，便说明是有电动势的。由于表针的偏转方向与红、黑表笔是接音圈的头还是尾有关，这样便能确定扬声器引脚的极性。

在采用万用表识别高音扬声器的引脚极性时，由于高音扬声器的音圈匝数较少，表针偏转角度比较小，不容易看出来。此时可以使按下纸盆的速度快些以使表针偏转角度大些，有利于观察表针的偏转。在识别扬声器极性的过程中，按下纸盆时要小心，切不可损坏纸盆。

（2）扬声器好坏的检测方法。在业余条件下，对扬声器的检测主要是直观检查、试听检测和万用表检测。

① 直观检查方法。直观检查主要是看扬声器纸盆有无破损、发霉，磁钢有无破裂等。再用螺钉旋具接触磁钢，磁性强则好。对于内磁式扬声器，由于磁钢在内部，该检查无法进行。

② 试听检测方法。扬声器是用来发声的器件，所以采用试听检查法科学、放心。试听检测的具体方法是：将扬声器接在功率放大器的输出端，通过听声音来判断它的质量好坏。要注意扬声器的阻抗应与功率放大器的阻抗相匹配。

不过，现在的功率放大器电路一般都具有定压输出特性，这样，扬声器一般不存在阻抗不能匹配的问题。试听检测主要通过听声音来判断扬声器的质量，要声音响、音质好，不过这与功率放大器的性能有关，所以试听时要用高质量的功率放大器。

③ 万用表检测方法。采用万用表检测扬声器也只是粗略的，主要是用 $R \times 1\Omega$ 挡测量扬声器两引脚之间的直流电阻大小，正常时应比铭牌上扬声器的阻抗略小一些。

如一只 8Ω 的扬声器，测得的直流电阻约为 7Ω 左右是正常的。若测量阻值为无穷大，或远大于它的标称阻抗值，则说明该扬声器已经损坏。然后，在测量直流电阻时，将一根表笔断续接触引脚，此时应该能听到扬声器发出"喀啦、喀啦"的响声，此响声越大越好。若无此响声，说明该扬声器的音圈被卡死了。

（3）扬声器修理方法。扬声器的一些故障是可以通过简单的修理恢复正常的，尤其是扬声器的一些断线故障。下面主要说明这一故障的修理过程：通过直观检查或用万用表进行测量，准确地确定引线的断线部位，当引线断在外部时，可以进行修复，否则就放弃修理。找到断线部位后，用刀片将断线处刮干净，分别给两端断头搪上焊锡。为了防止断线处再次断线，可用一根细导线（可在多股导线中抽一根）接上。然后，将断口引线用胶水粘在纸盆上，并用薄薄的棉层贴在断口上；再用胶水将棉层贴牢，以加固引线。

做好上述处理之后，再用万用表测量一次音圈的直流电阻大小，检查引线是否已接通。但不要急于通电，要待胶水完全干了之后再通电。上述处理之后的扬声器是能够恢复正常工作的，但处理过程中不要损坏纸盆，断头上的焊锡量不要多，所加的棉层也不要太厚，以免影响音响效果。

扬声器纸盆上引线断的原因是：纸盆在振动过程中，若引线没有紧贴纸盆，引线也会振动，这容易振断引线。所以，在修理时要将引线紧贴纸盆，以防止再度断线。

3. 音箱的常见故障与检修

音箱或扬声器系统的常见故障分析与检修方法见表2.3。

表2.3　扬声器系统的故障分析与检修

故障现象	可能产生的原因	消除及修理办法
无声	1. 扬声器连线断开或接头松脱 2. 扬声器连线短路 3. 音圈引线根部折断 4. 音圈烧毁 5. 前级放大器未接入或已损坏 6. 分频器的电容器断开、短路、漏电或损坏	1. 焊牢连线或接好紧固接头 2. 修复连线排除短路现象 3. 将音圈退出一圈焊接使用或重换音圈 4. 更换新音圈 5. 检查后重新接入或换用前级放大器 6. 检查后修复之或更换新电容器
声音太小	1. 扬声器连线太长或太细 2. 接点腐蚀损坏，接触电阻太大 3. 定心支片破裂严重 4. 扬声器反相 5. 扬声器与放大器阻抗不匹配 6. 放大器功率不够	1. 更换短线或粗线 2. 清洁处理 3. 更换新定心支片 4. 纠正扬声器配接极性 5. 换用阻抗匹配的放大器 6. 换用适配的放大器
声音失真	1. 纸盆破裂 2. 纸盆扭曲，造成音圈与磁间隙相互摩擦 3. 磁间隙内有脏物 4. 前级放大器满功率工作 5. 前级放大器失真大 6. 饰网布摆动摩擦面板 7. 音箱后盖板松开 8. 音箱接缝处开裂 9. 扬声界安装不平不牢 10. 扬声器或扬声器周围有松散的金属物体或磁性材料	1. 轻则用小于0.1mm的软纸和黏合剂修复，重则更换新纸盆 2. 更换振动系统 3. 清除脏物 4. 减小功率输出，或更换大功率放大器 5. 换用优质放大器 6. 绷紧饰网布 7. 进一步固紧后盖板 8. 加装木条填补缝隙 9. 重新安装平整和紧固 10. 清除周围的金属物体及磁性材料

续表

故障现象	可能产生的原因	消除及修理办法
怪异声	1. 扬声器及音箱周围物体（如门、窗、木板等）的固有频率与扬声器（箱）的谐振频率产生共振所致 2. 饰网布安装太松或饰网布太密 3. 扬声器箱内安装松动	1. 移动放扬声器（箱）的位置或挪开周围的杂散物体，尤其板、片状物体 2. 重新绷紧饰网布，或更换疏松的饰网布，或干脆取下饰网布 3. 全部重新安装并紧固
频率响应很差	1. 振动系统或磁路系统损坏 2. 分频器的线圈短路 3. 分频器的电容器严重漏电或损坏 4. 饰网布不合适 5. 扬声器与放大器阻抗失配 6. 放大器频率响应极差	1. 查明原因，更换 2. 修复或更换 3. 更换新电容器 4. 更换合适网眼的饰布并绷紧安装 5. 改用与扬声器阻抗匹配的放大器 6. 更新前级放大器
立体声效果差或不明显	1. 节目源本身不是立体声 2. 扬声器安装错误，产生反相或左右声道接反 3. 放大器置于"单声道"工作位置 4. 扬声器（箱）安装位置不恰当 5. 收听位置不对 6. 收听房间共振严重	1. 更换立体声节目源 2. 检查后，重新安装，纠正极性及左右声道 3. 改变"立体声"工作位置 4. 挪动到正确位置 5. 收听者移入最佳收听辐射区 6. 收听房间增设吸声材料

2.5 监听耳机

耳机和扬声器具有相同功能，都是向外辐射声波，并且都是电—声转换器件。这里介绍的是在录音、音响调音中最常用的动圈式的头戴监听耳机（以下简称监听耳机）。

2.5.1 监听耳机的特点与技术指标

1. 监听耳机的特点

监听耳机与扬声器重放的条件和方式不同，因此具有与扬声器不同的特点。

（1）监听耳机产生的声音直接传输在人耳上，不受周围环境的影响，左右两声道也不互相干扰。而扬声器是向一个比较大的空间辐射声波，人耳听到的声音是经过房间的反射与混响状态的声音，而且左右两个扬声器发出的信号还会互相交叉、互相干扰。

（2）监听耳机和人耳之间的距离小，耳机所产生的声压级几乎直接作用于人耳，因此加在耳机上的电功率不必太大，就可以达到需要的声压级，所以耳机的振动系统工作于线性范围之内，耳机的失真比扬声器的失真小。

（3）监听耳机的振动系统比较轻，振动时惯性小，它的瞬态响应也就好，也就是振动系统有较好的跟随能力，用监听耳机听音乐节目时，几乎可获得音乐信息中全部细微的情节。因此，来自监听耳机的声音有纤细、层次分明的感觉。

2．监听耳机的技术指标

（1）灵敏度：当给耳机输入 1mW 电功率时，耳机输出的声压级，用分贝（dB）表示。

（2）阻抗：耳机输入端的交流阻抗值。

（3）频率响应：给耳机输入 1mW 电功率时，其输出声压级随频率变化的关系。

（4）非线性失真：包括谐波失真和互调失真，主要是在耳机输出端产生的输入信号以外的谐波成分造成的谐波失真。

（5）耳机对称性：左右耳机相位一致，灵敏度相差不大于 3dB。

2.5.2　监听耳机的结构与使用

1．监听耳机的结构

监听耳机由耳机（换能器）、耳罩、头环、连接导线和插塞几个部件组成。耳机（换能器）是主体，它包括振动系统、磁路系统和电路系统，其功能是将电能转换为声能。耳罩和耳机与入耳之间形成声耦合腔体。耳机的结构可以分为密封式、开放式、半开放式，如图 2.17 所示。

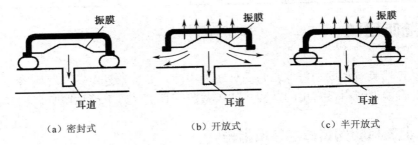

图 2.17　密封式、开放式、半开放式耳机

密封式耳机和入耳之间放置垫圈使耳道外空间形成一个密闭容积，耳机发出的声音不会泄漏到外面。由于密封空腔的影响，可以使振膜在不大的振幅下获得较好的低频特性。但是如果耳机没有戴好或者密封垫圈漏气，则频响会产生畸变。开放式耳机是耳机垫圈用微孔泡沫塑料支撑，因此是透声的，垫圈的阻尼可将低频段高端的共振峰阻尼掉，但整个低频段响应也将下降。为了提高低频响应，就要使膜片作更大的位移并增加顺性，因此会增加非线性失真。半开方式耳机使用不透声垫圈以克服上述两种耳机的缺点。

2．监听耳机的使用

监听耳机要求质量高，除了对频率特性、非线性失真和瞬态响应有严格要求外，还要求灵敏度高，动态范围大。对监听耳机的阻抗要求，一般不能太低，因为调音台等设备的耳机输出级的电路目前一般是集成电路，并且这些集成电路一般允许输出电流比较小，如果耳机阻抗过低，则要求提供的电流就大，有可能超出设备允许输出电流值，所以一般宜选用阻抗大些的耳机，有的设备使用说明书上对耳机阻抗提出要求不小于某阻抗值，所以使用耳机时应予以注意。

*2.6　数字式扬声器

在现代高保真音响系统和家庭影院设备中，为了实现音响器材的美妙音质和憾人效果，达到 Hi—Fi end 的境界，人们在扬声器系统方面的研究已经动足了脑筋，但真正能够帮助人们达到梦想的也许只有高品质的数字式扬声器。

2.6.1　数字式扬声器的特点

现在音响产品中大量使用的模拟式扬声器具有难以克服的缺陷，因为它在将电信号转换为声音信号的过程中是由模拟音频信号推动而发出声音的。而任何扬声器的纸盆和音圈都有一定的质量，当模拟信号推动时，纸盆的振动必然存在着惯性和瞬态延时，使还原出的声音的幅频特性和相频特性都不可能达到理想化，它只能通过高、中、低音扬声器的适当组合以及利用音箱的箱体设计来对各段频率信号进行补偿与抑制，以此来改善扬声器还原出来的声音的幅频特性和相频特性。所以，模拟式扬声器具有无法克服的缺陷。即使是最高品质的模拟式扬声器，所还原出的声音也很难实现真正意义上的 Hi-Fi end。

解决这一问题的主要途径是研究一种数字式扬声器。因为用数字音频信号来直接推动数字式扬声器，使之还原出声音，就可以改善纸盆、音圈的振动惯性所带来的瞬态延时失真，从而可以很好地保证所再现的声音的原汁原味，以达到 Hi-Fi end 的目的。此外，采用数字式扬声器，还可以由 CD、VCD、DVD、DVD-Audio、MP3 播放机等数字音源所输出的数字音频信号来直接推动，这样就可以革除现代音响产品中的 D/A 变换器、数字滤波器、模拟前置放大器，模拟功率放大器等等电路，达到更好地发挥数字音响电路的优点，实现完全彻底的全数字化声音。

2.6.2　数字式扬声器的工作原理

目前，数字式扬声器的工作方式有两种，一种是由数字音频直接驱动数字扬声器励磁线圈而使振膜发声，另一种是先将数字音频信号转换为一种高速的三值开关脉冲，然后再通过高速开关来驱动数字扬声器的双音圈而发声，这是一种依靠高速开关的间接驱动方式。其工作原理分别简述如下：

1.　数字音频直接驱动式

数字音频直接驱动式扬声器的原理示意图如图 2.18 所示。这是一个以 8bit 为例的数字式扬声器原理示意图，它是由数字音频信号直接驱动数字扬声器的励磁线圈而使振膜辐射声波。

数字音频的 PCM 串行码流，由数字音频接口电路输入，经过数字延时校正和 L/R 分离电路进行数码校正并分离为左声道数码信号和右声道数码信号；然后，再经过串行/并行变换电路，将串行数字音频信号变换为并行数字音频信号，这种并行数码就是原模拟音频信号的一个取样点量化以后的幅度值，8 位数码对应的就是 8bit 量化；并行数码再控制电流源开关阵列，8 位并行数码的每一位分别控制一个对应的电流源开关 SW-0～SW-7；因为每一位对应的音频信号强度的权重不同，如"1000 0001"，最末位的"1"只表示一个单位的模拟量，而第一位的"1"则表示为 $2^7=128$ 个单位的模拟量。而由 8 个电流源开关分别控制的数字式扬声器的 8 组励磁线圈的匝数又分别是与权重成正比，如 SW-0 控制的第一组线圈为 $2^0=1$ 匝，SW-7 控制的第 8 组线圈为 $2^7=128$ 匝。这样就使得总的安匝数正好是该取样点的数模转换以后的值，从而在数字式扬声器中直接将数字音频信号转换为纸盆位移的模拟声音信号。

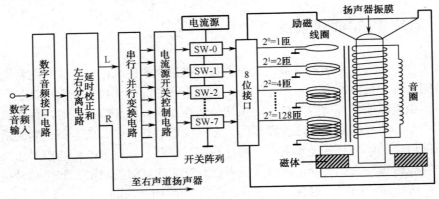

图 2.18　数字音频直接驱动式扬声器原理示意图

这种工作方式的数字式扬声器，其纸盆、磁体和外型结构可以与模拟式扬声器基本一样，区别在于驱动音圈的励磁线圈有多组，分别由对应的并行数码控制的电流源来推动。在该方式中已没有了模拟放大器、功率放大器、以及数模转换器、数字滤波器等。音质的好坏全在于数字式扬声器的品质。但是，这种方式的主要问题是，由于实际中的数字音频信号通常为 16bit，当音频信号的量化为 16bit 时，数字式扬声器的整个励磁线圈的匝数为 $2^{16}-1=65535$ 匝，这时电感量变大，线圈发热，磁体的线性问题、磁饱和问题等等，都会带来很大的影响，需要进一步研究和改善。

2. 高速开关间接驱动式

高速开关间接驱动式数字式扬声器的原理示意图如图 2.19 所示。这是一种先将数字音频信号转换为一种高速的三值开关脉冲，然后再通过高速开关驱动数字扬声器的双音圈而发声。

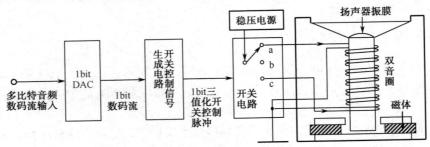

图 2.19　高速开关间接驱动式数字式扬声器原理示意图

音频数码首先经过 1bit DAC，将多比特的音频数码流再量化，变换为 1bit 的数码流，把信号在幅度上的分辨率转变为时间轴上的分辨率，使得音频信号的大小由脉冲的密度来表现（即为脉冲密度调制 PDM 方式的 1bit 数码流）。脉冲密度调制（PDM）方式的 1bit 码流的特点是，其脉冲的幅度大小和脉冲的宽度不变，而脉冲的密度（即频率）与数字音频的大小成正比。然后，该 1bit 码流再经过开关控制信号生成电路，将 1bit 数码流变换为三值化的开关控制脉冲信号：即音频信号为 0 电平时，脉冲的密度为 0（无脉冲）；音频信号为正电平时，脉冲为正，正电平越高，正脉冲的密度也就越大；音频信号为负电平时，脉冲为负，负电平越大，负脉冲的密度也越大。三值化的开关控制脉冲信号，直接控制扬声器音圈的电子开关电路，由固定的稳压电源来驱动扬声器的音圈发出声音，扬声器的音圈采用双线并绕，形成双音圈，双音圈的头和尾的接法如图中那样地接到开关电路上，当三值化的脉冲为正时，开关置于 a 位置，上面一个音圈就得到了从上向下流动的脉冲电流，电流的强度与脉冲的密度成正比；当三值化的脉冲为负时，开关置于 c 位置，脉冲电流的方向就由下面一个音圈自下而上流动；当三值化脉冲为 0 时，开关置为 b 位置，二个音圈都无电流。

这种数字式扬声器的纸盆、磁体等其余结构，可以与传统的模拟式扬声器相似。当与脉冲密度成正比的电流流过音圈时，数字式扬声器本身的纸盆的惯性，音圈的电感和电容等，正好相当于一个低通滤波器（LPF），将高于音频范围的脉冲电流的频率成分全部滤除，只留下音频范围中的信息。上面一个音圈中的正向脉冲电流，引起纸盆正方向的位移；下面一个音圈中的反向脉冲电流，引起纸盆反方向的位移；二个音圈无脉冲电流时，则纸盆停留在自由支撑状态。因此，纸盆振动而发出的声音就与 1bit 的三值化脉冲信号相对应，亦即与 1bit 的数码流相对应，而 1bit 数码流又是与多比特的音频数字信号相对应。这样，就将数字音频信号直接还原为声音信号。

从系统原理可知，这种方案的数字式扬声器是在数据处理上先做文章，从而使得对扬声器本身的"电—声"换能单元的要求降低，其优点显而易见。而且由 1bit 数码流生成的三值化开关控制脉冲信号，是工作在小电流状态，属于数字电路，没有失真可言，功耗极小，驱动纸盆的能量是通过开关，由固定稳压电源直接向声音换能器提供驱动电流，不再需要模拟式扬声器所要求的一大串模拟大功率放大等电路，模拟电路所引起的失真和噪声当然也没有。但是这种工作方式的数字式扬声器，由于 1bit 数码流的速度极快，所以对器件的频响要求很高，动作速度需大于 1bit 脉冲电流的频率才行。

2.6.3 数字式扬声器的应用

综上所述，采用数字式扬声器，可以将数字音频信号直接转变为声音信号，无需音频信号的数/模变换器、数字滤波器、模拟功率放大器等。数字式扬声器与模拟式扬声器相比，具有无可比拟的优越性。由于模拟式扬声器本身存在着无法克服的缺陷，因而成为制约现代音响技术发展的瓶颈。所以，采用数字式扬声器，将是克服现代 Hi-Fi end 音响中的瓶颈的一种有效方案，高品质的数字式扬声器，可以使还原出来的声音很容易地保证原汁原味，从而达到 Hi-Fi end 的目的。

CD 机的出现使音频设备从"模拟音频"时代，变为"数字音频"时代。而品质优良的数字式扬声器，将使整个音响系统从"数字音频"时代，跃变为"全数码音响"时代，帮助人们实现真正意义上的"全数码音响"的梦想，使"Hi-Fi"达到"end"的境界。

本章小结

传声器是用来接收声波并将其转变成对应电信号的声电转换器件。常用的有动圈式传声器、电容式传声器、驻极体传声器，以及一些特殊场合用的无线传声器和近讲传声器等。各类传声器都有一个受声波压力而振动的振膜，由振膜将声能变换成机械能，然后再通过一定的方式把机械能变换成电能。这种能量变换特性，可以用传声器的灵敏度、频率响应、指向性、信噪比及失真度等指标来衡量其性能的优劣。电容式传声器是一种性能优良的传声器，但需要通过幻像供电提供工作电源。

扬声器是整个音响系统的终端换能器，用来将一定功率的音频信号转换成对应的机械运动再将其变成声音的电声换能器件。这种能量变换特性，可以用扬声器的标称功率、额定阻抗、频率范围、指向性、灵敏度及失真度等指标来衡量其性能的优劣。电动式扬声器是使用最广泛的一种扬声器，由磁路系统、振动系统和辅助系统三个部分组成，具有频率响应好、灵敏度高、音质好、坚固耐用、价格适中的特点。且按照工作频率的不同有低音扬声器、中音扬声器和高音扬声器。常见的电动式扬声器有锥形纸盆扬声器、球顶形扬声器、号筒式扬声器等。选用扬声器时，应着重考虑额定阻抗、额定功率、频响范围、谐振频率、灵敏度、失真度、指向性等指标。

分频器是用来将全频带音频信号分成不同的频段，使低音、中音和高音扬声器均能得到合适频带的激励信号而重放出声音。常见的功率分频器由电容和电感滤波网络构成，位于功率放大器之后，设置在音箱内。有二分频器和三分频器，其衰减率有-6dB/oct、-12dB/oct和-18dB/oct等。

音箱的最主要作用是用来分隔扬声器的前后声波，改善扬声器低音频的放音效果。它是由扬声器、分频网络、箱体和吸声材料等组成，是以改善扬声器低频辐射和提高音质为目的的扬声器系统。常用的主要有封闭式音箱、倒相式音箱、空纸盆式音箱、组合式音箱以及能够重放超低音的超低音音箱。音箱的选用要着重考虑其有效频率范围、灵敏度、指向性与失真度以及与功率放大器之间配接时的阻抗匹配、功率匹配等因素。当然，所选音箱的优劣最终还是要根据主观试听来评判。

监听耳机具有与扬声器相同的功能，都是电—声转换器件。但是监听耳机是带在头上，它与扬声器重放的条件和方式不同，因此具有与扬声器不同的特点。监听耳机常用于录音或调音过程中对音响系统输出的声音进行监听。

数字式扬声器是直接由数字信号进行驱动而发出声音的器件。它可以克服模拟式扬声器的纸盆与音圈的振动惯性所带来的瞬态延时失真等无法解决的缺陷，从而可以很好地保证所再现的声音的原汁原味，以达到 Hi-Fi end 的目的。

思考题和习题 2

2.1　传声器按换能原理可分为哪些类型？

2.2　传声器的技术指标有哪些？

2.3　简述动圈式传声器的结构与工作原理。

2.4　电容式传声器有哪些优点？什么是电容式传声器的幻像供电？

2.5　简述无线传声器的使用要点。

2.6　传声器在使用过程中应注意哪些事项？

2.7　扬声器的主要技术指标有哪些？

2.8　简述电动式纸盆扬声器的结构与原理。

2.9　球顶形扬声器有什么特点？根据其振膜的软硬程度可分为哪两种？

2.10　号筒式扬声器有什么特点？

2.11　如何选用扬声器？

2.12　分频器有哪些作用？

2.13　简述功率分频器中的二阶二分频网络的分频原理。

2.14　常用的音箱有哪几种？封闭式音箱和倒相式音箱各有什么特点？

2.15　监听耳机与扬声器相比有哪些特点？

第 3 章

功率放大器

内容提要与学习要求

　　主功率放大器是音响设备中对音频信号进行放大处理的核心部分。功率放大器有前级放大处理电路和后级功率放大电路两部分组成。本章首先介绍前置放大器的电路组成，音源选择电路和音质控制电路的结构与原理；然后介绍后级功率放大电路的类型及典型电路的结构组成；最后对 D 类数字功率放大器进行了系统的介绍。

　　通过本章的学习，应达到以下要求：

　　（1）了解功率放大器的主要性能指标；

　　（2）掌握前级放大处理电路与后级功率放大电路的结构组成，懂得功放保护电路的类型与功能；

　　（3）掌握前置放大器中的音源选择、音量、等响、平衡等音质控制的方法及多级电平指示的方法；

　　（4）熟悉 OTL、OCL、BTL 功放电路的基本结构与特点；

　　（5）理解 D 类数字功放电路的结构组成与工作原理。

　　功率放大器，简称功放，是对音频信号功率进行放大的设备，是高保真音频信号放大处理的核心部分。随着电子应用技术的进步和各种相应元器件的变革，功放电路的结构形式得到不断的发展，目前常用的功放电路有 OTL、OCL、BTL 功放以及 D 类数字功放等。

3.1　功率放大器概述

　　在高保真音响设备中，功率放大器用来对各种音源输出的音频信号进行加工处理和不失真地放大，使之达到一定的功率去推动扬声器发声。其中，如何对音频信号进行功率放大，使之达到功率大、效率高、失真小，是功率放大器所要解决的最主要问题。

3.1.1 功率放大器的要求与组成

1. 对功率放大器的基本要求

（1）输出功率要大。为了得到足够大的输出功率，功放管的工作电压和电流接近极限参数。功放管集电极的最大允许耗散功率与功放管的散热条件有关，改善功放管的散热条件可以提高它的最大允许耗散功率。在实际使用中，功放管都要按规定安装散热片。

（2）效率要高。扬声器获得的功率与电源提供的功率之比称为功率放大器的效率。功率放大器的输出功率是由直流电源提供的，由于功放管具有一定的内阻，所以它会有一定的功率损耗。功率放大器的效率越高越好。

（3）非线性失真要小。由于功率放大器中信号的动态范围很大，功放管工作在接近截止和饱和状态，超出了特性曲线的线性范围，必须设法减小非线性失真。

2. 功率放大器的基本组成

在高保真音响电路中，功放电路通常由两个或两个以上的音频声道所组成。每个声道分为两个主要的部分，即前置放大器和功率放大器。两部分电路可分设在两个机箱内，也可组装在同一个机箱内，后者称为综合放大器。

由于左、右声道完全相同，所以在双声道电路中只介绍其中一路，电路组成框图如图 3.1 所示。图中左侧为前置放大器，右侧为功率放大器。

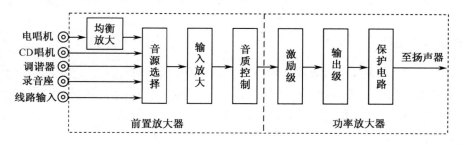

图 3.1　功率放大器电路组成框图

（1）前置放大器的组成。前置放大器具有双重功能：它要选择所需要的音源信号，并放大到额定电平；还要进行各种音质控制，以美化声音。这些功能由均衡放大、音源选择、输入放大和音质控制等电路来完成。

① 音源选择。音源选择电路的功能是选择所需的音源信号送入后级，同时关闭其他音源通道。各种音源的输出是各不相同的，通常分为高电平与低电平两类。调谐器、录音座、CD 唱机、VCD/DVD 影碟机等音源的输出信号电平达 50～500mV，称为高电平音源，可直接送入音源选择电路；而动圈式和动磁式电唱机的输出电平仅为 0.5～5mV，称为低电平音源，须经均衡放大后才能送入音源选择电路。线路输入端又称为辅助输入端，可增加前置放大器的用途和灵活性，供连接电视信号和其他高电平音源之用。

② 输入放大。输入放大器的作用是将音源信号放大到额定电平，通常是 1V 左右。输入放大器可设计为独立的放大器，也可在音质控制电路中完成所需要的放大。

③ 音质控制。音质控制的目的是使音响系统的频率特性可以控制，以达到高保真的音质；或者根据聆听者的爱好，修饰与美化声音。有时还可以插入独立的均衡器，以进一步美化声音。音质控制包括音量控制、响度控制、音调控制、左、右声道平衡控制、低频噪声和高频噪声抑制等。

（2）功率放大器的组成。虽然功率放大器的电路类型很多，但基本上都由激励级、输出级和保护电路所组成。

① 激励级。激励级又可分为输入激励级和推动激励级，前者主要提供足够的电压增益，后者还需提供足够的功率增益，以便能激励功放输出级。

② 输出级。输出级的作用是产生足够的不失真输出功率。为了获得满意的频率特性、谐波失真和信噪比等性能指标，可在输出级与激励级之间引入负反馈。

③ 保护电路。保护电路用来保护输出级功率管和扬声器，以防过载损坏。

此外，一个完备的高保真功率放大器，还必须设置直流稳压电源及电平显示电路等。

3.1.2 功率放大器的主要性能指标

功率放大器要进行不失真的放大，重现原有声源的特性，使聆听者在主观上无畸变的感觉，必须达到一定的性能指标。为此，国际电工委员会制订了一个 IEC581—6 标准，即《高保真家用音频放大器的最低电声技术指标》，根据此标准我国制订了相应的国标 GB—T14200—93，即《高保真声频放大器最低性能要求》，规定了与重放质量直接有关的 17 项性能指标的最低要求。最主要的有下面几项性能指标。

1. 过载音源电动势

国标规定，在音源频率为 1 000Hz 时，要求高电平输入端的过载音源电动势≥2V，低电平输入端的过载音源电动势≥35mV。通常厂家还给出输入灵敏度/阻抗指标，其典型值为高电平输入端 150mV/47kΩ，低电平输入端 2.5 mV/47kΩ。

2. 有效频率范围

有效频率范围又称为频率特性、频率响应，它是指功率放大器能够不失真放大的有效频率范围，以及在此范围内允许的振幅偏差程度。国标规定，在有效频率范围等于或宽于 40Hz～16kHz 时，对于无均衡的高电平输入音源，相对于 1kHz 的容差在±1.5dB 之内；对于有均衡的低电平输入音源，相对于 1kHz 的容差在±2.0dB 之内。

3. 总谐波失真（THD）

放大器的非线性会使音频信号产生许多新的谐波成分，引起谐波失真。国标规定，在有效频率范围等于或宽于 40Hz～16kHz 时，前置放大器产生失真限制的额定输出电压时的谐波失真应小于 0.5%；功率放大器产生失真限制的额定输出功率时的谐波失真应小于 0.5%；综合放大器的谐波失真应小于 0.7%。

4. 输出功率

功率放大器的输出功率有几种计量方法。国标规定的是额定输出功率，厂家给出的还有音乐输出功率和峰值音乐输出功率。

（1）额定输出功率（RMS）。额定输出功率（Root Mean Square，RMS）是指在一定的总谐波失真（THD）条件下，加大输入的 1kHz 正弦波连续信号，在等效负载上可得到的最大有效值功率。如果负载和谐波失真指标不同，额定输出功率也随之不同。通常规定的负载为 8Ω，总谐波失真为 1%或 10%。国标规定，在负载为 8Ω，总谐波失真≤1%时，每通道的额定输出功率应≥10W。

（2）音乐输出功率（MPO）。音乐输出功率（Music Power Output，MPO）是指在一定的总谐波失真（THD）条件下，用专用测试仪器产生规定的模拟音乐信号，输入到放大器，在输出端等效负载上测量到的瞬间最大输出功率。音乐输出功率是一种动态指标（瞬态指标），能较好地反映听音评价结果。

（3）峰值音乐输出功率（PMPO）。峰值音乐输出功率（Peak Music Power Output，PMPO）是指在不计失真的条件下，将功率放大器的音量和音调旋钮调至最大时，所能输出的最大音乐功率。峰值音乐输出功率不仅反映了功放的性能，而且能反映直流稳压电源的供电能力。

一般来说，上述几种输出功率的关系有：PMPO＞MPO＞RMS。

由于音乐输出功率和峰值音乐输出功率尚无统一的国家标准，而且各厂家的测量方法不尽相同，因而三者之间尚无确定的数量关系。通常认为峰值音乐输出功率是额定输出功率的5～8 倍，有的甚至更大。

3.2 前置放大器

前置放大器是将各种音源送出的较微弱的电信号进行电压放大，并对重放声音的音量、音调和立体声状态等进行调控。

3.2.1 前置放大器的组成与要求

1. 前置放大器的电路组成

典型前置放大器的电路组成如图 3.2 所示。

图中，节目源选择开关的作用是选择所需的电声节目源，并将其送至输入放大器，即为工作种类选择开关；输入放大器，即前置放大器，主要起缓冲隔离和电压放大作用；音调控制是用来改变放大器的频率响应特性，以校正放声系统或听音环境频响缺陷，同时也供使用者根据自己的听音爱好对节目的音色进行修饰；音量控制是用来调节声音大小；响度控制，是为弥补人耳在音量大小变化时对声音的低频域及高频域的听觉灵敏度下降的缺陷，而自动改变输入放大器频响的一种电路，一般和音量控制电位器共用构成响度控制电路；声道平衡控制是用来调节左、右两通道的音量差别，以校正聆听者偏离扬声器中线时的声像偏移及校正输入放大器的通道增益差。

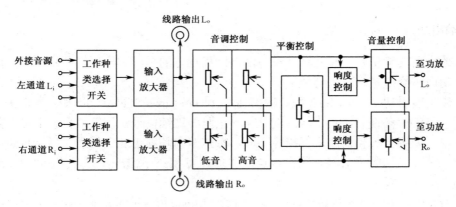

图 3.2 前置放大器的电路组成方框图

2. 对前置放大器的要求

对前置放大器的要求主要有：信噪比要高、谐波失真度要小、输入阻抗要高、输出阻抗要低、立体声通道的一致性要好、声道的隔离度要高。

3.2.2 音源选择电路

音源选择电路用于音源与前置放大器的选通。传统的选择电路是采用机械触点式开关及后来普遍采用能直接装在印刷板上的按键开关，现在音源选择电路已经普遍采用集成电路的电子开关，它可以安装在印刷电路板的任意位置上，和整机面板上的节目源选择开关控制键之间采用直流电压控制线相连，控制键也能方便地采用触摸开关或微动开关等轻触型开关。如图 3.3 所示为飞利浦公司生产的 TDA1029 音源电子开关。

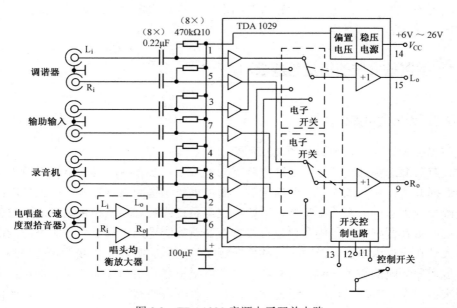

图 3.3 TDA1029 音源电子开关电路

该音源电子开关可以输入 4 组立体声信号，当它的"控制开关"扳到开路时，第 1 组信号通过；当 11 脚接地时，第 2 组信号通过；当 12 脚接地时，第 3 组信号通过；当 13 脚接地时，第 4 组信号通过。这种开关的插入损耗为 0，失真小于 0.01%，通道隔离度不劣于 79dB，信噪比大于 120dB，最大输入信号可达 6V。

3.2.3 前置放大电路

前置放大电路的常用电路有单管、双管和集成电路小信号音频电压放大电路 3 种。

1. 单管前置放大电路

单管前置放大电路通常采用交流负反馈型共射放大电路和射极跟随器电路。

交流负反馈型共射放大电路具有输入阻抗高、失真小、电压增益基本不受晶体管参数影响等特点，特别是在立体声通道中，其左、右声道所用的电路性能的一致性容易控制。而射极跟随器电路具有输入阻抗高、输出阻抗低、动态范围和谐波失真方面性能十分良好的特点，其电压增益要靠后级放大器来完成。

2. 双管前置放大电路

为了提高放大器的增益，经常采用如图 3.4 所示的双管前置放大电路。

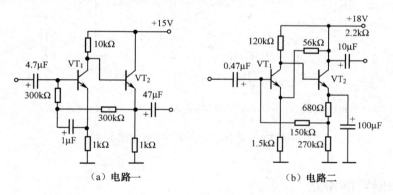

（a）电路一　　　　　　　　（b）电路二

图 3.4　双管前置放大电路

如图 3.4（a）所示为共射—共集直接耦合电流并联负反馈放大电路，其电压增益主要取决于第一级电路，输出阻抗取决于第二级共集电极电路的输出阻抗。第一级为交流负反馈共射放大器，电压增益基本是集电极负载电阻与射极电阻之比。输入阻抗则为第一级共射放大器输入阻抗和反馈电阻的并联值。因此，该电路具有输入阻抗较高，输出阻抗很低的特点。

如图 3.4（b）所示为两级共射直接耦合电流并联负反馈放大电路。两管采用直接耦合可提高电路的温度稳定性，并在两级间分别应用了电压串联式及电流并联式负反馈，使它的输入阻抗提高，且保持有较高的增益。输出阻抗比第二级放大器的集电极电阻略大，增大的程度与反馈深度成正比。

3. 集成电路小信号音频电压放大电路

电路一般采用低噪声高增益集成运算放大电路，如图 3.5 所示为一个实用的反馈式均衡放大电路，R_1、R_2、R_3、C_1 和 C_2 组成反馈均衡网络，R_4 是前级信号源所需的匹配电阻。

根据同相放大电路的工作原理可知，该电路的电压增益为

$$A(j\omega) = 1 + Z / R_3 \qquad (3\text{-}1)$$

式中，Z 是 $R_1 C_1$ 与 $R_2 C_2$ 支路的阻抗值，可根据不同的频段由图 3.6 求得。

在低频段，如 $f = 100\text{Hz}$ 时，$X_{C1} = 1/\omega C_1 = 234\text{k}\Omega$，$X_{C2} = 1/\omega C_2 = 1\text{M}\Omega$，此时 C_2 可视为开路，且 $R_2 \ll R_1$，可得到如图 3.6（a）所示的低频等效电路。在中频段，如 $f = 1\text{kHz}$ 时，$X_{C1} = 23.4\text{k}\Omega$，$X_{C2} = 100\text{k}\Omega$，因此有 $R_1 \gg 1/\omega C_1$，$R_2 \ll 1/\omega C_2$，可得

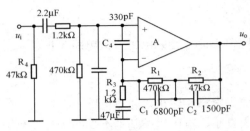

图 3.5　反馈式均衡放大电路

到如图 3.6（b）所示的中频等效电路。在高频段，如 $f = 10\text{kHz}$ 时，$X_{C1} = 2.34\text{k}\Omega$，$X_{C2} = 10\text{k}\Omega$，所以 C_1 可视为短路，得到如图 3.6（c）所示的高频等效电路。

在现代的中、高档音响中普遍采用集成电路作为输入放大器。这些集成电路的特点是增益高，噪声小，含有补偿电路，双通道一致性好，电路简单，安装、调试方便。

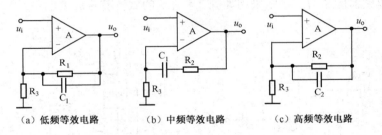

（a）低频等效电路　　　　　　　（b）中频等效电路　　　　　　　（c）高频等效电路

图 3.6　均衡放大电路的等效电路

3.2.4　音质控制电路

1. 音量控制电路

音量控制电路用来调节馈入功率放大器的信号电平，以控制扬声器的输出音量。常用的音量控制电路有两种，即电位器控制与电子控制。

（1）双声道电位器音量控制电路。双声道电位器音量控制电路如图 3.7 所示，采用双联同轴的指数型电位器构成分压电路，直接控制信号电平。该电路虽然简单，但缺点明显。当电位器日久磨损后会产生转动噪声，在扬声器中出现"喀啦"声；并且如果安装在面板上的电位器与前置放大器之间的连接导线屏蔽不好或接地点选择不佳，就会感应交流干扰声，从而严重恶化音质。

（2）电子音量控制电路。电子音量控制电路采用间接方式控制音量大小，可以克服电位

器音量控制电路的缺点。电子音量控制电路一般都设置在集成电路中，分流型电子音量控制电路如图 3.8 所示。电路中 VT$_1$ 和 VT$_2$ 构成差分电路，VT$_2$ 基极为固定分压式直流偏置电压，电位器 RP 用来调节 VT$_1$ 的基极的偏置电压。音频信号 u$_i$ 由 VT$_1$ 基极输入，经 VT$_1$ 共发放大后分为两路：其中一路送入 VT$_2$ 的 e 极后经共基放大后从 VT$_2$ 的 c 极输出；音频信号的另一路送入 VT$_1$ 发射极后从 VT$_1$ 的 C 极输出直接至电源，因此 VT$_1$ 管对输出的音频信号具有分流衰减作用。当电位器 RP 的滑动触点从下端向上移动时，VT$_1$ 基极偏置电压逐渐增大，使 VT$_1$ 对输出音频信号的分流作用逐渐增大，音量逐渐下降。当 RP 调至最上端时，VT$_2$ 截止，输出为 0；若将 RP 调至最下端，则 VT$_1$ 截止，音频信号的输出最大。以此达到控制音量之目的。

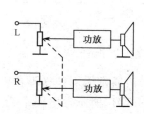

图 3.7　双声道电位器音量控制电路

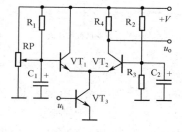

图 3.8　电子音量控制电路

由上可知，电子音量控制电路是通过调节直流偏置电压而间接实现音量控制的。安装在面板上的电位器与差分放大器之间的连接导线中只通过直流电流，因而不受导线屏蔽特性的影响，导线所感应的交流干扰和电位器所产生的转动噪声，可用接在集成电路引脚端的滤波器滤除，从而实现无噪声音量控制。电子音量控制电路还可实现红外遥控，应用日益广泛。

2. 等响控制电路

音响系统在小音量放送音乐时，听者会感觉到低音和高音的不足，而当将音量开大时，则能感觉到高、低音均很丰满，这是由等响曲线反映的人耳听觉特性所造成的。从第 1 章所介绍的人耳听觉等响度特性曲线可见，人耳在小信号时对高频端（6kHz 以上）和低频端（500Hz）的听觉敏感度明显下降，而对 1～4kHz 频率段的听觉敏感度最高。为此，在功放机中通常要设置响度控制电路，在小音量放送音乐时利用频率补偿网络适当提升低音和高音分量，以弥补人耳听觉缺陷，达到较好的听音效果。

（1）带抽头电位器响度控制电路。抽头电位器响度控制电路原理如图 3.9（a）所示。R$_1$、C$_1$、C$_2$ 和抽头电位器组成频率补偿网络，电位器滑动触点既能控制输出音量，又能实现响度控制。

低频时的等效电路：低频等效电路如图 3.9（b）所示，此时 C$_2$ 的容抗远大于电位器的阻值，可视为开路；C$_1$ 的容抗与电位器的阻值在同一数量级，其容抗随频率的下降而增大，从而使输出信号 u$_o$ 的低频得到提升。例如低频 $f=100\text{Hz}$ 时，$X_{C2}=1/2\pi fC_2=1.3\text{M}\Omega$，$X_{C1}=1/2\pi fC_1=23.4\text{k}\Omega$，约为电位器阻值的一半。

高频时的等效电路：高频等效电路如图 3.9（c）所示，此时 C$_1$ 的容抗极小，可视为短路；C$_2$ 的容抗与电位器的阻值在同一数量级，其容抗随频率的上升而减小，从而使输出信号 u$_o$ 的高频得到提升。例如高频 $f=10\text{kHz}$ 时，$X_{C2}=1/2\pi fC_2=13\text{k}\Omega$，$X_{C1}=1/2\pi fC_1=0.23\text{k}\Omega$。

当电位器抽头从 B 点向下移动时，输出音量减小，但低音和高音的相对提升量保持不变；当电位器抽头从 B 点向上移动时，输出音量增大，但低音和高音的相对提升量会减小；当电位器抽头从 B 点移至 A 点对，输出音量最大，而低音和高音的相对提升量为 0。

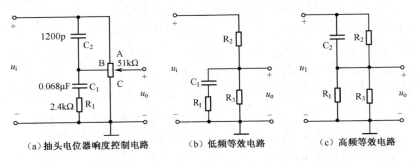

图 3.9　抽头电位器响度控制电路及其等效电路

（2）独立的响度控制电路。在音量遥控的音响系统中，通常采用独立于音量控制的响度

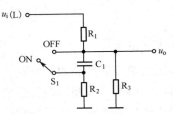

图 3.10　独立的响度控制电路

控制电路，其原理电路如图 3.10 所示，电路中的 S_1 是响度控制开关，当 S_1 置于 ON 位置时，响度控制电路具有低音补偿作用，在不同音量的情况下具有相同的低音提升量；当 S_1 置于 OFF 位置时，电容 C_1 被短路，因而电路无响度频率补偿作用。

3. 平衡控制电路

立体声组合音响要求左、右声道电路结构对称、性能一致，才能正确重现立体声声场。在电路设计时虽然做了左、右声道电路对称的设计，但不可避免地存在性能上的不对称，尤其是左、右声道增益的不一致性，为了能修正这种增益的不一致，设置了立体声平衡控制电路。这一电路的作用就是用来调整左、右声道增益，使两声道增益相等，即用来校正左、右声道的音量差别，使左、右扬声器声级平衡。

立体声平衡控制有两种方式：一是设有一只专门的立体声平衡控制电位器，二是不设专用的立体声平衡控制电位器，这与左、右声道音量电位器结构有关。当左、右声道音量电位器采用双联同轴电位器时，由于左、右声道音量是同步调节的，所以对左、右声道的增益平衡无法控制，此时则要设一只专门的立体声平衡控制电位器。当左、右声道音量电位器是分开的，各用一只音量电位器进行音量控制时可以不设专门的立体声平衡控制电路，通过调节左、右声道音量电位器调整量的不同来达到左、右声道的增益平衡。

4. 音质控制集成电路

近年来已经出现一些音响专用集成电路，如同电子音量控制电路一样，利用直流电压通过电位器间接实现响度、音调及平衡控制，避免了直接控制会产生转动噪声和容易感应交流干扰的缺点。

TA7630P 就是专用的音质控制集成电路，为 16 脚双列直插式集成电路，利用直流电压通过电位器间接实现音量、音调及平衡控制。该电路可用单或双电源供电，具有音量控制范围宽、谐波失真小、声道平衡性能好等特点，适用于遥控。

TA7630P 内部框图及其应用电路如图 3.11 所示，各引脚参考电压及作用如表 3.1 所示。

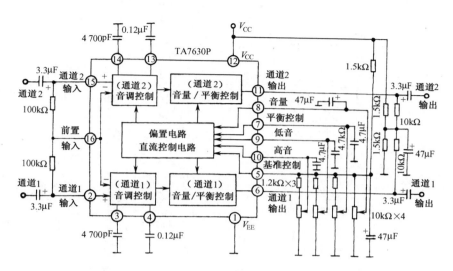

图 3.11 TA7630P 内部电路框图及其应用电路

表 3.1 TA7630P 各引脚参考电压及作用

引 脚	作用及参考电压	引 脚	作用及参考电压
1	接地	9	高音控制输入（直流、6V）
2	左输入（音频、3V）	10	低音控制输入（直流、6V）
3	左高频谐振	11	右输出（音频）
4	左低频谐振	12	电源（14V）
5	基准电压	13	右低频谐振
6	左输出（音频）	14	右高频谐振
7	立体声平衡控制输入（直流、3V）	15	右输入（音频、3V）
8	音量控制输入（直流、3V）	16	负反馈

5. 电平指示电路

用发光二极管（LED）作为显示器的指示元件，具有反应速度快、指示醒目、动作可靠等特点，可以用来反映音频信号的峰值电平，是目前使用最为普及的电平指示方式。

发光二极管电平指示电路可分为单级和多级两种，现在一般常用多级电平指示电路，由多只发光二极管并排阶梯显示，并由集成电路驱动。当信号电平越高时，发光的二极管数目越多，这样可以比单级电平指示更细致、更直观地反映音频信号电平的变化情况。如图 3.12 所示是由 TA7666P 组成的双声道电平指示电路。

TA7666P 是日本东芝公司研制成的双列 5 点电平指示驱动集成电路，国内同类产品型号为 D7666P，可直接代换。它具有两路输出，可同时驱动 5×2 只两列发光二极管，多被立体声音响设备用于双声道指示器。

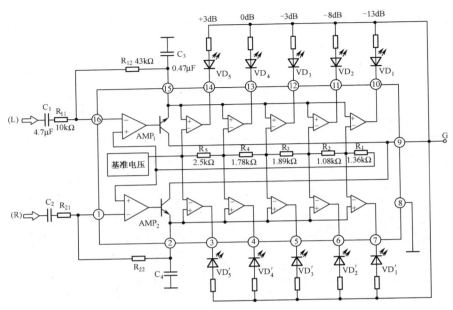

图 3.12　TA7666P 双声道电平指示电路

　　左/右声道的音频信号分别由集成电路的 16 脚和 1 脚输入，经前置放大器 AMP_1/AMP_2 放大后由射随器输出，通过 15 脚和 2 脚外接的 C_3、C_4 的滤波作用，在 15 脚和 2 脚上形成反映输入信号大小的直流电平信号，并分别馈送至左/右路各个电压比较器的同相输入端，与电压比较器反相输入端所接的参考电压进行比较。当输入的音频信号由小增大时，电压比较器相继点亮 VD_1～VD_5 和 VD_1'～VD_5' 等发光二极管，进行电平显示。习惯上把第 5 只发光二极管的开启电平规定为 0dB，因此，VD_1～VD_5 和 VD_1'～VD_5' 点亮时所表示的音量电平值分别为 $-13dB$、$-8dB$、$-3dB$、0dB、$+3dB$。

　　TA7666P 的 LED 驱动输出电路可通过外接限流电阻的选择而采用不同正向电流规格的发光二极管，这给整机产品的设计、使用和维修均带来方便。

3.3　功率放大器

　　功率放大器按输出级与扬声器的连接方式分类有：变压器耦合、OTL 电路、OCL 电路、BTL 电路等；按功放管的工作状态分类有：甲类、乙类、甲乙类、超甲类、新甲类等；按所用的有源器件分类有：晶体管功率放大器、场效应管功率放大器、集成电路功率放大器及电子管功率放大器；按信号的处理方式分类有：模拟功放和数字功放等。下面主要介绍常见的 OTL、OCL、BTL 功放电路和目前应用较广泛的 D 类数字功放电路。

3.3.1　OTL 功放电路

1. OTL 电路原理

　　OTL（Output Transformer Less）电路，称为无输出变压器功放电路。是一种输出级与扬声器之间采用电容耦合而无输出变压器的功放电路,它是高保真功率放大器的基本电路之一,但输出端的耦合电容对频响也有一定影响。

OTL 电路原理如图 3.13 所示。特性相同的 VT_1 和 VT_2 配对组成两个射极输出器,并要求一只管子为 NPN 型,另一只管子为 PNP 型。在共同的输出端与负载电阻 R_L 之间串联一只容量足够大的电容 C,VT_2 的集电极接地。在没有输入信号时,调整基极电路的参数,使电容 C 两端的电压 $V_C = V_{CC}/2$。在输入信号正半周时,VT_1 导通,电流自 V_{CC} 经 VT_1 为电容 C 充电,经过负载电阻 R_L 到地,在 R_L 上产生正半周的输出电压。在输入信号的负半周时,VT_2 导通,电容 C 通过 VT_2 和 R_L 放电,在 R_L 上产生负半周的输出电压。只要电容 C 的容量足够大,可将其视为一个恒压源,无论信号如何,电容 C 上的电压几乎保持不变。

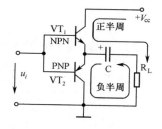

图 3.13 OTL 电路原理图

2. 典型 OTL 功放电路

典型 OTL 功放电路如图 3.14 所示。VT_1、VT_2 构成输入级差分电压放大器,VT_3 及其集电极负载支路构成推动级放大器,VD_4、VD_5 和 R_{10} 为输出管提供静态偏置电压,保证输出级工作在甲乙类状态,以避免交越失真。$VT_6 \sim VT_9$ 构成复合晶体管互补对称式 OTL 电路。由于复合管的性质决定于第一只晶体管,因此 VT_6 和 VT_7 等效为 NPN 管,VT_8 和 VT_9 等效为 PNP 管。在信号的正负半周,上下两组复合管轮流导通,推挽工作,其输出电流都流过扬声器 SP1,产生声音。R_8、R_9 和 C_6 构成自举电路,以提高正向输出电压幅度。R_7、C_4、R_6 和 C_3 构成交流负反馈网络,以改善谐波失真并展宽有效频率范围;R_7 还构成直流负反馈,不仅为 VT_2 提供基极偏置电压,还能稳定输出端直流电位。C_4 具有超前相位补偿作用,以防止高频自激。C_5 具有滞后相位补偿作用,称为消振电容。

OTL 电路的主要特点有:采用单电源供电方式,输出端直流电位为电源电压的一半;输出端与负载之间采用大容量电容耦合,扬声器一端接地;具有恒压输出特性,允许扬声器阻抗在 4Ω、8Ω、16Ω 之中选择,最大输出电压的振幅为电源电压的一半,即 $1/2V_{CC}$,额定输出功率约为 $V_{CC}^2/(8R_L)$。

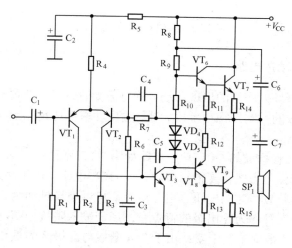

图 3.14 典型 OTL 功放电路

3.3.2 OCL 功放电路

1. OCL 电路原理

OCL（Output Condensert Less）电路，是在 OTL 电路的基础上发展起来的。它的工作原理与 OTL 电路几乎一样，只有两点区别，即采用双电源供电方式并省去了输出耦合电容。电路原理图如图 3.15 所示。

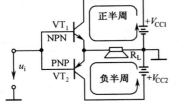

图 3.15 OCL 电路原理图

2. 典型 OCL 功放电路

基本 OCL 功放电路如图 3.16 所示。电路中 FU_1 为熔丝。OCL 电路的主要特点有：采用双电源供电方式，输出端直流电位为 0；由于没有输出电容，低频特性很好；扬声器一端接地，一端直接与放大器输出端连接，因此须设置保护电路；具有恒压输出特性；允许选择 4Ω、8Ω 或 16Ω 负载；最大输出电压振幅为正、负电源值，额定输出功率约为 $V_{CC}^2/(2R_L)$。需要指出，若正、负电源值取 OTL 电路单电源值的一半，则两种电路的额定输出功率相同，都是 $V_{CC}^2/(8R_L)$。

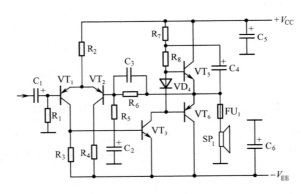

图 3.16 典型 OCL 功放电路

3. 场效应管 OCL 功放电路

随着 VMOS 大功率场效应管的出现，场效应管开始进入功率半导体器件的行列。目前，用 VMOS 场效应管制成的互补推挽功率放大器，输出功率可达到几十瓦以上，而且性能优于晶体管功率放大器。

采用 VMOS 场效应管构成的 OCL 功放电路如图 3.17 所示。

该电路采用双电源供电方式，无输出电容，属 OCL 电路。由于两只功率管从漏极输出，接成共源放大器，因而具有一定的电压、电流增益，可以不设推动级。

采用 VMOS 场效应管作为输出级的特点有：由于输入阻抗极高，所需的激励电流低于 100nA，而输出电流可达数安至数十安；由于金属栅极与漏极区的重叠面积小，栅漏之间的电容 C_{gd} 很小，故高频特性好，带宽可达数兆赫，开关速度比晶体管快 10 倍以上；由于转移特性的线性范围宽，放大时非线性失真小，动态范围大；由于漏极电流 I_d 的负温度特性，在大电流工作时不会出现像晶体管那样的热连锁反应，热稳定性好。

该电路还有一个特点：正、负电源中点不接地，这样连接，虽然对滤波电容的耐压要求提高了，但是可以确保扬声器安全，因为直流电流不能通过扬声器形成通路。

使用场效应管应注意以下两个问题：由于栅极输入阻抗极高，开路的栅极所感应的电荷不易及时释放，会导致击穿，使用中应予以防范；受栅极的高阻抗和连线分布电容、分布电感的影响，有时会引起高频自激，可在栅极支路串接一个电阻，以降低分布参数回路的 Q 值。

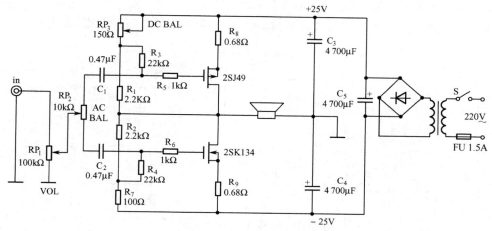

图 3.17 场效应管 OCL 功放电路

3.3.3 BTL 功放电路

1. BTL 电路原理

BTL（Balanced Transformer Less）电路，由两组对称的 OTL 或 OCL 电路组成，扬声器接在两组 OTL（或 OCL）电路输出端之间，即扬声器两端都不接地。由两组对称的 OCL 电路组成的 BTL 电路如图 3.18 所示。

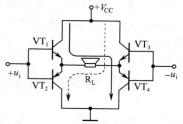

图 3.18 BTL 电路原理图

VT_1 和 VT_2 是一组 OCL 电路输出级，VT_3 和 VT_4 是另一组 OCL 电路输出级。当两个大小相等、方向相反的输入信号 $+u_i$ 为正半周而 $-u_i$ 为负半周时，VT_1、VT_4 导通，VT_2、VT_3 截止，此时输出信号电流通路如图 3.18 中实线所示。反之，VT_1、VT_4 截止，VT_2、VT_3 导通，此时输出信号的电流通路如图 3.18 中虚线所示。可见，BTL 电路的工作原理与 OTL、OCL 电路明显不同，每半周都有两只管子一推一挽的工作。

2. 典型 BTL 功放电路

典型 BTL 功放电路如图 3.19 所示。该电路是由 TDA2030 构成的左声道 BTL 电路，右声道电路与之对称。TDA2030 是一种单声道集成功率放大器，采用单电源或双电源供电方式，可以接成 OTL 或 OCL 电路。图 3.19 所示是采用双电源供电方式，由两个 OCL 电路组成 BTL 电路，额定电源电压为 ±16V，输出功率为 4×18W，总谐波失真小于 0.08%。

TDA2030 内部电路由差分输入级、推动级和复合互补输出级所组成。$3VT_2$ 组成前置电压放大器；$3VT_4$ 集电极和发射极输出两个大小相等、方向相反的音频信号，分别经 $3C_5$ 和 $3C_6$ 耦合加入两个功放集成块 $3A_1$ 和 $3A_2$ 的 1 脚，经功率放大后从各自的 4 脚输出，一推一挽通过左扬声器；$3R_{14}$、$3R_{13}$ 和 $3C_8$ 构成功放电路的交流负反馈网络，二极管 $3VT_6$ 和 $3VT_7$ 用于防止过冲电压击穿集成电路；$3R_{15}$ 和 $3C_{10}$ 构成容性网络，与扬声器感性阻抗并联后，可使功放的负载接近纯阻性质，不仅可以改善音质、防止高频自激，还能保护功放输出管。

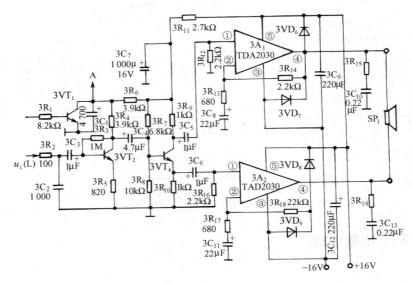

图 3.19 由 TDA2030 构成的 BTL 电路

BTL 电路的主要特点有：可采用单电源供电，两个输出端直流电位相等，无直流电流通过扬声器，与 OTL、OCL 电路相比，在相同的电源电压和负载情况下，BTL 电路输出电压可增大 1 倍，输出功率可增大 4 倍，这意味着在较低的电源电压时也可获得较大的输出功率，但是，扬声器没有接地端，给检修工作带来不便。

3.3.4 功率放大器保护电路

功率放大器工作在高电压、大电流、重负荷的条件下，当强信号输入或输出负载短路时，输出管会因流过很大的电流而被烧坏。另外，在强信号输入或开机、关机时，扬声器也会经不起大电流的冲击而损坏，因此必须对大功率音响设备的功率放大器设置保护电路。

1. 保护电路的类型

常用的电子保护电路有切断负载式、分流式、切断信号式和切断电源式等几种，其方框图如图 3.20 所示。

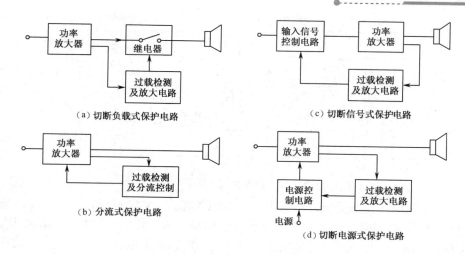

图 3.20 保护电路的 4 种形式

2. 保护电路的工作原理

常用的保护电路有以下 4 种，其工作原理介绍如下。

（1）切断负载式保护电路主要由过载检测及放大电路、继电器两部分所组成。当放大器输出过载或中点电位偏离零点较大时，过载检测电路输出过载信号，经放大后启动继电器动作，使扬声器回路断开。

（2）分流式保护电路的工作原理是在输出过载时，由过载检测电路输出过载信号，控制并联在两只功放管基极之间的分流电路，使其内阻减小，分流增加，减小了大功率管输出电流，保护了功放管和扬声器。

（3）切断信号式和切断电源式保护电路的工作原理与前两种方式基本相同，不同的只是用过载信号去控制输入信号控制电路或电源控制电路，切断输入信号或电源。切断信号式只能抑制强信号输入引起的过载，对其他原因导致的过载则不具备保护能力；切断电源式保护方式对电路的冲击较大，因此，这两种保护电路在实际中使用得较少。

3. 保护电路举例

如图 3.21 所示是一个桥式检测切断负载式保护电路。该电路针对 OCL 电路输出中点电压失调而设计，可同时保护两个声道，并且有开机延时保护功能。L 端接左声道输出，R 端接右声道输出，两路信号通过 R_1、R_2 在①点混合，R_1、R_2 和 C_1、C_2 组成低通滤波器，VD_1～VD_4 组成射极耦合稳态继电器驱动电路，K_R、K_L 是继电器的两组常闭触点。

假设左声道功率放大器的输出端过载或中点电位偏离零点较大时，左声道输出信号经 R_2 和 C_1、C_2 滤波平滑后，在①点产生一个直流电压 U_2，设 VD_1～VD_4 和 VT_1 的临界导通电压为 U_r（硅管时的 $U_r \approx 0.7V$），若①点电压 $U_2 > 3U_r$，则 U_2 通过 $VD_4 \rightarrow VT_1$ 发射结 $\rightarrow VD_1 \rightarrow$ 地，给 VT_1 提供基极电流，VT_1 导通；若 $U_2 < -3U_r$，则 U_2 通过地 $\rightarrow VD_3 \rightarrow VT_1$ 发射结 $\rightarrow VD_2$ 提供电流，同样使 VT_1 导通。由此可知，只要左声道输出中点电压偏离零电位一个额定值，即至少要大于 VD_1、VD_4 或 VD_2、VD_3 以及 VT_1 的导通电压之和，①点电压 U_2 便会使 VT_1 导通。右声道的情况与此相同。

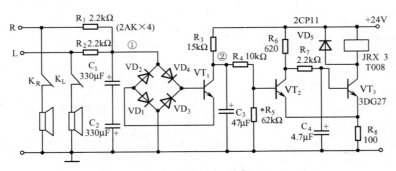

图 3.21　切断负载式保护电路

VT_1 导通后，②点电压降低，双稳态电路被触发翻转，VT_2 截止，VT_3 导通，继电器通电，常闭触点 K_R、K_L 均断开，保护了功率放大器和扬声器。当 L 点和 R 点电压恢复正常后，①点电压为 0，VT_2 截止，C_3 上两端电压不能突变，电源通过 R_3 给 C_3 充电，使②点电压逐渐升高，当②点电压升到一定值时，VT_2 导通，双稳态电路被翻转，VT_3 截止，继电器断电，常闭触点 K_R、K_L 均闭合，扬声器被接入，恢复正常工作。

利用 R_3 和 C_3 的延时作用，还可避免开机带来的冲击声。这是因为开机时 C_3 两端电压不能突变，VT_2 截止而 VT_3 导通，K_R、K_L 均断开，扬声器没有接入，电源通过 R_3 对 C_3 充电，待 C_3 两端电压充到一定值后，VT_2 导通而 VT_3 截止，K_R、K_L 均闭合，扬声器才接入。延迟时间由 R_3 和 C_3 的参数确定。C_1 和 C_2 反向串联，等效为一个无极性电容。VD_5 的作用是抑制 V_3 截止时在继电器线圈两端产生的反峰电压，保护 VT_3 不被击穿，C_4 用来防止窄脉冲干扰而引起 VT_3 误动作。

3.3　D 类数字功放

D 类功放也叫丁类功放，是指功放管处于开关工作状态的功率放大器。早先在音响领域里人们一直坚守着 A 类功放的阵地，认为 A 类功放声音最为清新透明，具有很高的保真度。但 A 类功放的低效率和高损耗却是它无法克服的先天顽疾。后来效率较高的 B 类功放得到广泛的应用，然而，虽然效率比 A 类功放提高很多，但实际效率仍只有 50%左右，这在小型便携式音响设备如汽车功放、笔记本电脑音频系统和专业超大功率功放场合，仍感效率偏低不能令人满意。所以，如今效率极高的 D 类功放，因其符合绿色革命的潮流正受着各方面的重视，并得到广泛的应用。

3.3.1　D 类功放的特点与电路组成

1．D 类功放的特点

（1）效率高。在理想情况下，D 类功放的效率为 100%（实际效率可达 90%左右）。B 类功放的效率为 78.5%（实际效率约 50%），A 类功放的效率才 50%或 25%（按负载方式而定）。这是因为 D 类功放的放大元件是处于开关工作状态的一种放大模式。无信号输入时放大器处于截止状态，不耗电。工作时，靠输入信号让晶体管进入饱和状态，晶体管相当于一个接通的开关，把电源与负载直接接通。理想晶体管因为没有饱和压降而不耗电，实际上晶体管总会有很小的饱和压降而消耗部分电能。

（2）功率大。在 D 类功放中，功率管的耗电只与管子的特性有关，而与信号输出的大小无关，所以特别有利于超大功率的场合，输出功率可达数百瓦。

（3）失真低。D 类功放因工作在开关状态，因而功放管的线性已没有太大意义。在 D 类功放中，没有 B 类功放的交越失真，也不存在功率管放大区的线性问题，更无需电路的负反馈来改善线性，也不需要电路工作点的调试。

（4）体积小、重量轻。D 类功放的管耗很小，小功率时的功放管无需加装体积庞大的散热片，大功率时所用的散热片也要比一般功放小得多。而且一般的 D 类功放现在都有多种专用的 IC 芯片，使得整个 D 类功放电路的结构很紧凑，外接元器件很少，成本也不高。

2．D 类功放的组成与原理

D 类功放的电路组成可以分为三个部分：PWM 调制器、脉冲控制的大电流开关放大器、低通滤波器。电路结构组成如图 3.22 所示。

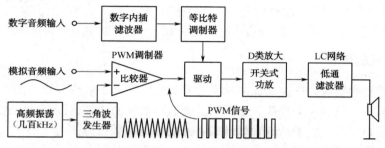

图 3.22　D 类功放的组成

其中第一部分为 PWM 调制器。最简单的只需用一只运放构成比较器即可完成。把原始音频信号加上一定直流偏置后放在运放的正输入端，另外通过自激振荡生成一个三角形波加到运放的负输入端。当正端上的电位高于负端三角波电位时，比较器输出为高电平，反之则输出低电平。若音频输入信号为零时，因其直流偏置为三角波峰值的 1/2，则比较器输出的高低电平持续的时间一样，输出就是一个占空比为 1∶1 的方波。当有音频信号输入时，正半周期间，比较器输出高电平的时间比低电平长，方波的占空比大于 1∶1；音频信号的负半周期间，由于还有直流偏置，所以比较器正输入端的电平还是大于零，但音频信号幅度高于三角波幅度的时间却大为减少，方波占空比小于 1∶1。这样，比较器输出的波形就是一个脉冲宽度被音频信号幅度调制后的波形，称为 PWM（Pulse Width Modulation 脉宽调制）或 PDM（Pulse Duration Modulation 脉冲持续时间调制）波形。音频信息被调制到脉冲波形中，脉冲波形的宽度与输入的音频信号的幅度成正比。

第二部分为脉冲控制的大电流开关放大器。它的作用是把比较器输出的 PWM 信号变成高电压、大电流的大功率 PWM 信号。能够输出的最大功率由负载、电源电压和晶体管允许流过的电流来决定。

第三部分为由 LC 网络构成的低通滤波器。其作用是将大功率 PWM 波形中的声音信息还原出来。利用一个低通滤波器，可以滤除 PWM 信号中的交流成份，取出 PWM 信号中的平均值，该平均值即为音频信号。但由于此时电流很大，RC 结构的低通滤波器电阻会耗能，不能采用，必须使用 LC 低通滤波器。当占空比大于 1∶1 的脉冲到来时，C 的充电时间大于放电时间，输出电平上升；窄脉冲到来时，放电时间长，输出电平下降，正好与原音频信号的幅度变化相一致，所以原音频信号被恢复出来。D类功放的工作原理如图3.23所示。

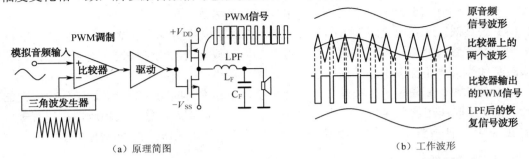

（a）原理简图　　　　　　　　　　　　　　（b）工作波形

图 3.23　D 类功放原理图

对于数字音频信号输入时，经数字内插滤波器和等比特调制器后，即可得到脉冲宽度与数字音频的采样点数据成正比的 PWM 信号。其中数字内插滤波器是在数字音频信号的数据之间再插入一些相关联的数据，以内插方式提高数字音频信号的采样点数（采样频率），等比特调制器是将数字信号的数据大小转换为脉冲的宽度，使输出信号的脉冲宽度与输入数据的大小成正比。

3．D 类功放的要求

（1）对功率管的要求。D 类功放的功率管要有较快的开关响应和较小的饱和压降。D 类功放设计考虑的角度与 AB 类功放完全不同。此时功放管的线性已没有太大意义，更重要的是开关响应和饱和压降。由于功放管处理的脉冲频率是音频信号的几十倍，且要求保持良好的脉冲前后沿，所以管子的开关响应要好。另外，整机的效率全在于管子饱和压降引起的管耗。所以，管子的饱和压降小不但效率高，且功放管的散热结构也能得到简化。若干年前，这种高频大功率管的价格昂贵，限制了 D 类功放的发展，现在小电流控制大电流的 MOSFET 已在 Hi-Fi 功放上得到广泛应用。

（2）对 PWM 调制电路的要求。PWM 调制电路也是 D 类功放的一个特殊环节，要把 20kHz 以下的音频调制成 PWM 信号，三角波的频率至少要达到 200kHz（三角波的频率应在音频信号频率的 10～20 倍以上）。当频率过低时要达到同样要求的 THD（总谐波失真）标准，则对无源 LC 低通滤波器的元件要求就高，结构复杂。如果三角波的频率高，输出波形的锯齿小，就能更加接近原波形，使 THD 小，而且可以用低数值、小体积和精度要求相对差一些的电感和电容来构成低通滤波器，造价相应降低。但是，晶体管的开关损耗会随频率的上升而上升，无源器件中的高频损耗、射频的聚肤效应都会使整机效率下降。更高的调制频率还会出现射频干扰，所以调制频率也不能高于 1MHz。而在实际的中小功率 D 类数字功放中，当三角波的频率达到 500kHz 以上时，也可以直接由扬声器的音圈所呈现的电感来还原音频信号，而不用另外的 LC 低通滤波器。

另外在 PWM 调制器中，还要注意到调制用的三角波的形状要好、频率的准确性要高、时钟信号的抖晃率要低，这些参数都会影响到后面输出端由 LPF 所复原的音频信号的波形是否与输入端的原音频信号的波形完全相同，否则会使两者有差异而产生失真。

（3）对低通滤波器的要求。位于驱动输出端与负载之间的无源 LC 低通滤波器也是对音质有重大影响的一个重要因数。该低通滤波器工作在大电流下，负载就是音箱。严格地讲，设计时应把音箱阻抗的变化一起考虑进去，但作为一个功放产品指定音箱是行不通的，所以D类功放与音箱的搭配中更有发烧友驰骋的天地。实际证明，当失真要求在0.5%以下时，用二阶Butterworth最平坦响应低通滤波器就能达到要求。如要求更高则需用四阶滤波器，这时成本和匹配等问题都必须加以考虑。近年来，一般应用的D类功放已有集成电路芯片，用户只需按要求设计低通滤波器即可。

（4）D类功放的电路保护。D类功率放大器在电路上必须要有过电流保护及过热保护。此二项保护电路为D类功率IC或功率放大器所必备，否则将造成安全问题，甚至伤及为其供电的电源器件或整个系统。过电流保护或负载短路保护的简单测试方法：可将任一输出端与电源端（Vcc）或地端（Ground）短路，在此状况下短路保护电路应被启动而将输出晶体管关掉，此时将没有信号驱动喇叭而没有声音输出。由于输出短路是属于一种严重的异常现象，在短路之后要回到正常的操作状态必需重置（Reset）放大器，有些IC则可在某一延迟（Delay）时间后自动恢复。至于过热保护，其保护温度通常设定在150°C～160°C，过热后IC自动关掉输出晶体管而不再送出信号，待温度下降20°C～30°C之后自动回复到正常操作状态。

（5）D类功放的电磁干扰。D类功率放大器必须要解决AB类功率放大器所没有的EMI（Electro Magnetic Interference，电磁干扰）问题。电磁干扰是由于D类功率放大器的功率晶体管以开关方式工作，在高速开关及大电流的状况下所产生的。所以D类功放对电源质量更为敏感。电源在提供快速变化的电流时不应产生振铃波形或使电压变化，最好用环牛变压器供电，或用开关电源供电。此外解决EMI的方案是使用LC电源滤波器或磁珠（bead）滤波器以过滤其高频谐波。中高功率的D类功率放大器因为EMI太强目前采用LC滤波器来解决，小功率则用Bead处理即可，但通常还要配合PCB版图设计及零件的摆设位置。比如，采用D类放大器后，D类放大器接扬声器的线路不能太长，因为在该线路中都携带着高频大电流，其作用犹如一个天线辐射着高频电磁信号。有些D类放大器的接线长度仅可支持2cm，做得好的D类放大器则可支持到10cm。

3.3.2 D类功放实例

下面以荷兰飞利浦公司生产的TDA8922功放芯片为例，对D类功放电路进行介绍。

TDA8922是双声道、低损耗的D类音频数字功率放大器，它的输出功率为2×25W。具有如下特点：效率高（可达90%），工作电压范围宽（电源供电±12.5V～±30V），静态电流小（最大静流不超过75mA），失真低，可用于双声道立体声系统的放大（SE接法，Single-Ended）或单声道系统的放大（BTL接法，Bridge-Tied Load），双声道SE接法的固定增益为30dB，单声道BTL接法的固定增益为36dB，输出功率高（典型应用时2×25W），滤波效果好，内部的开关振荡频率由外接元件确定（典型应用为350kHz），并具有开关通断的"咔嗒/噼噗"噪声抑制，负载短路的过流保护，静电放电保护，芯片过热保护等功能。广泛应用于平板电视、汽车音响、多媒体音响系统和家用高保真音响设备等。

1. 内部结构与引脚功能

TDA8922的内部结构如图3.24所示，包含两个独立的信号通道和这两个通道共用的振荡器与过热、过流保护及公共偏置电路。每个信号通道主要包括脉宽调制和功率开关放大两个部分。

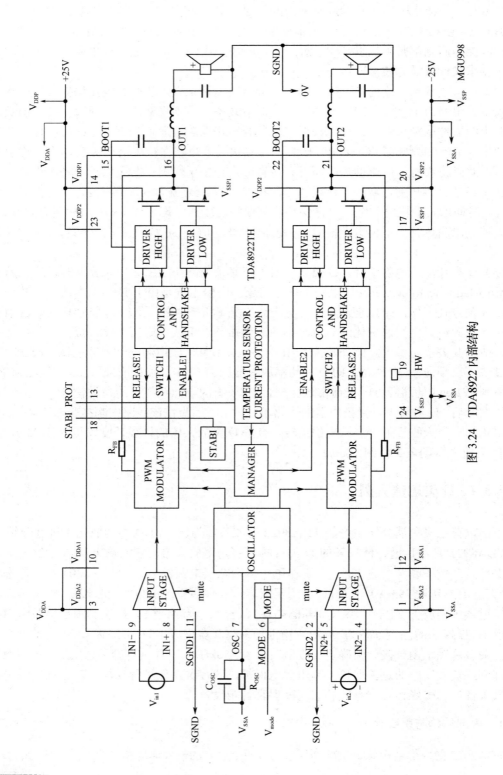

图3.24 TDA8922内部结构

（1）脉宽调制。输入的模拟音频信号经电压放大后，与固定频率的三角波相比较，全部音频信息被调制在 PWM 信号的宽度变化中。三角波的产生由压控振荡器实现，三角波的频率由 7 脚外接的 RC 定时元件确定。比较器是一个带锁相环的脉宽调制电路，调制后的电路与功率输出级的门控电路相连，地线被连接到公共地端。当音频信号幅度大于三角波信号幅度时，比较器输出高电平，反之，比较器输出低电平。PWM 信号是一个数字脉冲信号，其脉宽的变化反映音频信号的全部信息。脉冲信号的高、低电平控制两组功率管的通/断，高/低两值之间的转换速度决定两组功率管之间的通/断的转换时间。电路中采用触发器来调整比较器输出的波形，通过快速转换使输出波形得到明显的改善。

（2）功率开关放大。功率开关放大部分由门控电路、高电平与低电平驱动电路、MOSFET功率管所组成。门控电路用于输出级的功率开关管在开关工作时的死区校正，防止两个MOSFET 管在交替导通的瞬间的穿透电流所引起的无用功耗，因为在高频开关工作时，需要分别将两个 MOSFET 管的截止时间提前而将导通时间滞后，防止两个管子在交替导通的瞬间同时导通而产生贯通电流，这一贯通电流是从正电源到负电源直通而不流向负载的。PWM 信号控制着 MOSFET 功率管的通/断，驱动扬声器发声。开关功率管集成在数字功率 IC 内，有利于缩小整个功放的体积，降低成本，提高产品竞争力。在输出端与高电平驱动器之间接有自举电容，用于提高在上管导通期间的高电平驱动器送到上管栅极的驱动电平，保证上管能够充分导通。

（3）工作模式选择与过热过流保护电路。TDA8922 芯片中除了每个声道中的脉宽调制与功率开关放大电路外，还有工作模式选择与过热保护与过流保护。

6 脚为工作模式选择端，当 6 脚外接 5V 电源时为正常工作模式，此时 D 类功放各电路正常工作；当 6 脚接地（0V）时为待机状态，此时芯片内的主电源被切断，主要电路都不工作，整机静态电流极小；当 6 脚电平为电源电压的一半（约 2.5V）时为静音状态，此时各电路都处于工作状态，但输入级音频电压放大器的输出被静音，无信号输送到扬声器而无声。

过热保护与过流保护是通过芯片温度检测和输出电流检测来实现的。当温度传感器检测到芯片温度>150℃时，则过热保护电路动作，将 MOSFET 功放级立即关闭；当温度下降至约 130℃时，功放级将重新开始切换至工作状态。如果功放输出端的任一线路短路，则功放输出的过大电流会被过流检测电路所检出，当输出电流超过最大输出电流 4A 时，保护系统会在 1μs 内关闭功率级，输出的短路电流被开关切断，这种状态的功耗极低。其后，每隔 100ms 系统会试图重新启动一次，如果负载仍然短路，该系统会再次立即关闭输出电流的通路。

除过热过流保护外，芯片内还有电源电压检测电路，如果电源电压低于±12.5V，则欠压保护电路被激活而使系统关闭；如果电源电压超过±32V，则过压保护电路会启动而关闭功率级。当电源电压恢复正常范围（±12.5V～±32V）时，系统会重新启动。

（4）输出滤波器。输出滤波器的用途是滤除 PWM 信号中的高频开关信号和电磁干扰信号，降低总谐波失真。LPF 参数的选择与系统的频率响应和滤波器的类型有关。音频信号的频率在 20Hz～20 kHz，而开关脉冲信号和电磁干扰信号的频率都远大于音频信号频率，因此LPF 所用的 LC 元件参数，可选择在音频通带内具有平坦特性的低通滤波器。

　　TDA8922 包含两个独立的功率放大通道，这两个独立的通道可接成立体声模式，也可接成单声道模式。立体声模式采用 SE（Single-Ended）接法，如图 3.24 所示，L、R 输入的模拟音频信号分别送入各自声道的输入端，L、R 扬声器分别接在各自声道输出端的 LPF 上，从而构成立体声放音系统；单声道模式采用平衡桥式（BTL）接法，如图 3.25 所示，此时两个通道的输入信号的相位相反，扬声器直接跨接在两个通道的输出端，此时扬声器获得的功率可增加一倍（6dB）。

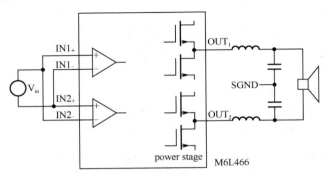

图 3.25　TDA8922 用于单声道的 BTL 接法

　　TDA8922TH 各引脚的功能如表 3.2 所示。

表 3.2　TDA8922 各引脚功能

引脚	符号	功能	引脚	符号	功能
1	V_{SSA2}	通道 2 模拟电路的负电源供电端	13	PROT	保护电路用的外接时间常数电容
2	S_{GND2}	通道 2 的信号接地端	14	V_{DDP1}	通道 1 功率输出级开关电路的正电源供电端
3	V_{DDA2}	通道 2 模拟电路的正电源供电端	15	BOOT1	通道 1 自举电容
4	IN2−	通道 2 音频输入负端	16	OUT1	通道 1 的 PWM 信号输出端
5	IN2+	通道 2 音频输入正端	17	V_{SSP1}	通道 1 功率输出级开关电路的负电源供电端
6	MODE	工作模式选择：待机、静音、正常工作	18	STABI	内部偏置稳压器的外接滤波电容端
7	OSC	振荡器频率调整或跟踪输入	19	HW	芯片连接到 V_{SSD} 引脚
8	IN1+	通道 2 音频输入正端	20	V_{SSP2}	通道 2 功率输出级开关电路的负电源供电端
9	IN1−	通道 2 音频输入负端	21	OUT2	通道 2 的 PWM 信号输出端
10	V_{DDA1}	通道 1 模拟电路的正电源供电端	22	BOOT2	通道 2 自举电容
11	S_{GND1}	通道 1 的信号接地端	23	V_{DDP2}	通道 2 功率输出级开关电路的正电源供电端
12	V_{SSA1}	通道 1 模拟电路的负电源供电端	24	V_{SSD}	数字电路的负电源供电端

2. 典型应用电路

　　TDA8922 的典型应用电路如图 3.26 所示。

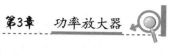

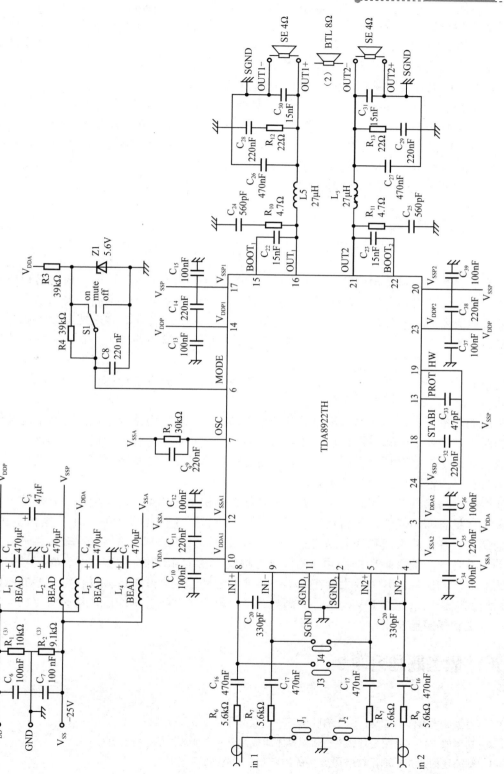

图 3.26 TDA8922 的典型应用电路

当将 TDA8922 用于双声道立体声的 D 类数字功放时，左、右声道的模拟音频信号分别加至输入端的 IN1 和 IN2。左、右声道的扬声器采用 SE 接法，分别接在各自声道功放输出端的 LPF 后与地之间，扬声器的阻抗选用 4Ω，此时输入端的 4 个开关的状态为：J_1 和 J_2 处于接通状态，J_3 和 J_4 处于断开状态。两个声道各自独立。

当将 TDA8922 用于单声道的 D 类数字功放时，电路采用平衡桥式接法（BTL）。单声道模拟音频信号加在 IN1（或者 IN2）端子上，此时输入端的 4 个开关设置状态为：J_1 和 J_2 处于断开状态，J_3 和 J_4 处于接通状态，两个声道输入端所加的模拟音频信号的相位正好相反。功放输出端的扬声器选用 8Ω，直接跨接在双声道功放输出端 LPF 的两端，构成 BTL 的接法。

正常工作时，6 脚的模式选择开关置于 "on" 位置，即 6 脚接在 5.6V 的稳压源上。

 ## 本章小结

功率放大器用来对音频信号进行加工处理和不失真地功率放大，由前置放大器和功率放大器两部分组成，对功率放大器的要求主要是输出信号的功率大、效率高、失真小。

前置放大器的功能是进行音源选择、音频电压放大和音质控制。音源选择电路从各路音源中选出一路信号送入后级。音量、音调、平衡、等响控制等电路用来对音质进行调节与加工处理。

功率放大器通常由激励级、输出级和保护电路组成。主要性能指标有过载音源电动势、输出功率、转换效率、频率响应和谐波失真等。

常用的功率放大器的基本电路形式有 OTL、OCL 和 BTL 电路等。这些电路都是利用功率管的对称结构使上管和下管分别在音频信号的正半周和负半周轮换导通，从而提高效率。功率放大器的保护电路是必不可少的，其作用是在强信号输入或负载短路及开、关机时，防止输出管和扬声器因过大的电流而被烧坏。

D 类数字功放具有效率高、功率大、失真低、体积小等特点，这是由于其功率放大管处于开关工作状态而不耗能，所以 D 类功放的理论效率可达 100%。D 类功放的电路结构由 PWM 脉冲调制器、开关放大器和低通滤波器三个部分组成。脉冲调制器是通过比较器将输入的模拟音频信号与一个数百 kHz 的高频三角波进行幅度比较，输出脉冲的宽度与音频信号的幅度成正比的 PWM 信号，开关放大器在 PWM 脉冲的驱动下进行开关放大以获得足够的输出功率，低通滤波器用来滤除 PWM 信号的高频分量，取出 PWM 的平均值，从而恢复放大了的音频信号送到扬声器发出声音。

 ## 思考题和习题 3

3-1 前置放大器的功能是什么？有哪些基本组成部分？各部分有何作用？

3-2 功率放大器的作用是什么？有哪些基本组成部分？主要的性能指标有哪些？

3-3 试简述如图 3.3 所示 TDA1029 构成的音源选择电路的工作原理。

3-4 电子音量控制电路有何优点？试以如图 3.8 所示为例，说明电子音量控制原理。

3-5 试简述如图 3.12 所示双声道电平指示电路的工作原理。

3-6 OTL、OCL、BTL 电路各有什么特点？怎样判断功率放大器属何种电路？

3-7 功率放大器保护电路有几种形式？试分析如图 3.21 所示切断负载式保护电路的工作原理。

3-8 D 类数字功放有哪些特点？为什么 D 类功放具有极高的效率？

3-9 D 类数字功放的电路组成如何？根据图 3.23 简述其工作原理。

3-10 TDA8922 具有哪些特点？如何将该芯片的输入信号与扬声器接为单声道的 BTL 工作模式？

第 4 章

调 谐 器

　　调谐器是最主要的音响设备之一。本章主要介绍调谐器的基本电路结构，AM 调谐器和 FM 调谐器各部分电路的组成和工作原理，导频制 FM 立体声广播系统和立体声解码电路，典型 AM/FM 调谐器电路分析。并且根据现代音响技术的发展，对数字调谐器（DTS）的特点、电路组成与工作原理、典型数字调谐器电路等进行了必要的分析。

　　通过本章的学习，应达到以下要求：

　　（1）了解调谐器的基本组成，主要性能指标，各部分电路的作用与要求；

　　（2）理解高频调制信号的变频方法与原理，调幅信号的检波方法与原理，调频信号的鉴频方法与原理，导频制立体声复合信号的编码和解码方法与原理；

　　（3）掌握超外差式调幅接收电路和调频接收电路的结构，各部分电路的信号处理方法与工作过程；

　　（4）熟悉典型 AM/FM 调谐器的整机电路组成和信号流程，信号处理过程中的关键元器件的作用；

　　（5）理解数字调谐器（DTS）的特点，了解 DTS 的工作原理，掌握 DTS 的电路组成和各部分电路的工作过程。

　　调谐器是音响设备的主要信号源之一，用来接收广播电台发送的调幅广播或调频广播信号，并对其进行加工处理，从而得到所需的音频信号。该音频信号再传送给功率放大电路或功率放大器进行功率放大后，由音箱还原成声音。

　　调谐器包括调幅（AM）接收电路、调频（FM）接收电路及辅助电路。AM 调谐器可接收频率范围为 535～1605kHz 的中波（MW）广播，以及频率范围为 2.2～22MHz 的短波（SW）广播。FM 调谐器可接收频率范围为 88～108MHz 的普通调频广播和调频立体声广播。其中调频立体声广播是高保真音源。

　　根据调谐方式的不同，可分为模拟调谐器和数字调谐器两类。模拟调谐器采用传统的机械跟踪调谐方式，各调谐回路中用可变电容器通过手工进行调谐选台；数字调谐器采用微处理器控制下的电子调谐方式，各调谐回路中用变容二极管代替可变电容器，由微处理器控制而自动进行调谐选台。目前在高档音响设备中，普遍采用数字调谐器。

4.1 调谐器概述

4.1.1 无线电广播的发送与接收

无线电广播由发射、传输和接收三个环节组成。广播电台负责广播信号的形成与发射，无线电波负责广播信号的传输，接收设备负责广播信号的接收与声音的还原。在音响设备中，用来接收无线电广播信号的设备称为调谐器。

1. 无线电波

（1）无线电波的概念。调谐器是通过无线电波来接收广播电台的广播节目的。无线电波是电磁波的一部分，由电磁振荡产生，用于携带有用的信号在空间进行远距离传输。

高频电流通入导体时在导体周围产生交变磁场，交变磁场在周围空间又能产生交变电场，而交变电场也能在周围产生交变磁场。这种电场和磁场的互相感应并不断地交替产生，会向四周空间传播，从而形成电磁波。

无线电波具有波的共性，它的波速（在空间的传播速度）与光速 c 相同。无线电波在一个变化周期内传播的距离称为波长，用 λ 表示。波长 λ、频率 f 与波速 c 三者之间的关系为：$\lambda = c/f$，频率越高，波长就越短。

（2）无线电波的传输方式。无线电波在传播过程中具有直射、反射、绕射、衍射和吸收等一些特性，并且随着波段的不同，传播的特性也不相同。

无线电波的传播方式主要有地波、天波和空间波 3 种形式。地波是指沿地球表面空间进行传播的无线电波；天波是指靠高空（高度约 100km 左右）中的电离层的反射来传播的无线电波；空间波是指在空间进行直射传播的无线电波。

通常，频率低于 3MHz 的无线电波（如中波 MW 广播）主要是依靠地波来传播；频率在 3～30MHz 的无线电波（如短波 SW 广播）主要是依靠天波来传播；频率在 30MHz 以上的无线电波（如调频 FM 广播和电视广播）主要是依靠空间波来传播。这是因为无线电波的频率越高，穿过高空电离层的穿透能力也越强，而地面对其能量的吸收作用也越大。因此对频率极高的高频无线电波来说，辐射到高空时则穿过电离层而进入太空，传到地面时则迅速被地面吸收，故只能在空间直射传播；低频无线电波的波长较长，可以沿地球表面绕射传播，且地面的吸收作用较小，传播过程中的衰减较慢，故频率较低的无线电波主要是靠地面波来传播的。

由于地球表面电性质比较稳定，所以地波的传播（中波广播）稳定可靠；而电离层是由太阳辐射形成的，其高度、电子密度随着昼夜、季节、太阳活动周期和地理位置的变化而变化，所以电特性不稳定，因此天波的传播（短波广播）受其影响很大，常出现接收端信号时强时弱的不稳定现象，但天波的传播距离却很远；空间波能传播米波至毫米波波段的无线电波，但此波段的无线电波遇到障碍物时会发生反射现象。因此在接收端接收到的无线电波包括由发射端直接到达接收端的直射波和经地面或建筑物等反射到接收端的反射波两部分。直射波十分稳定，但由于受到地球表面弯曲或地形和建筑物的影响，其传播距离受到限制，通常为视距传播，故调频广播的特性是信号稳定但距离较近。

2. 无线电广播的发送

无线电广播是利用无线电波来传递语言或音乐信号的。因音频信号的频率较低，其频率范围为 20Hz～20kHz，不能通过普通天线有效地直接发射到空间，而且也无法实现多个节目的同时播放、且传播距离不远。所以，在实际无线电广播中必须采用调制的方法。

（1）调制。调制是把音频信号装载到高频载波上，以解决低频信号直接发射存在的问题。一个正弦高频振荡信号表达式为 $u = U_m \sin(\omega t + \varphi)$，有振幅 U_m、角频率 ω 和初相位 φ 3 个要素。调制是使高频振荡信号的 3 个要素之一随音频信号的变化规律而变化的过程，其中高频振荡信号称为载波，音频信号称为调制信号，调制后的信号称为已调波。无线电广播中一般采用调幅制或调频制两种形式。

调幅是指高频载波的振荡幅度随调制信号（音频信号）的变化规律而变化，而高频载波的频率不变，其波形如图 4.1 所示。从图中可以看到高频调幅波的振幅随音频的瞬时值的大小成正比例变化，振幅变化的包络如图 4.1（c）虚线部分所示，该包络与音频信号的波形一致，包含了音频信号的所有信息。

调频是指高频载波的频率随调制信号（音频信号）的变化规律而变化，而高频载波的幅度不变，波形如图 4.2 所示。从图 4.2 中可以看到，调频波的幅度是不变的，而高频载波的频率发生了变化，音频信号的幅度越大，调频波瞬时频率越高；反之，音频信号的幅度越小，调频波瞬时频率越低。调频波瞬时频率的变化反映了音频信号的变化规律。

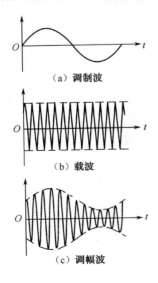

图 4.1　调幅波波形图

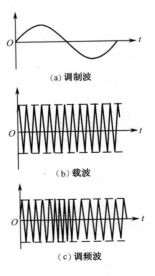

图 4.2　调频波波形图

（2）无线电广播的发送。如图 4.3 所示为无线电广播的发射机框图。声音经话筒转换为音频信号，经音频放大器放大后送入调制器，高频振荡器产生等幅高频振荡信号作为载波送入调制器，调制器用音频信号对载波进行幅度（或频率）调制形成调幅（或调频）波，再经高频功率放大器放大后送入发射天线向空间发射。

3．无线电广播的接收

最简单的无线电广播接收机如图 4.4 所示。在接收端，接收天线把无线电波接收下来。输入到调谐回路并根据 LC 谐振原理从中选择出所要接收的电台信号，经过高频放大后送入解调器。解调是从高频已调波信号中取出调制信号的过程。对不同的调制方式，解调分为检波和鉴频两种。检波是对调幅信号进行解调，对应电路为检波器。鉴频是对调频信号进行解调，实现鉴频的电路称为鉴频器。图 4.4 中所示的解调器是检波器和鉴频器的总称，其作用是解调出低频信号（音频信号）。解调出的音频信号经低频放大后，推动扬声器发出声音。

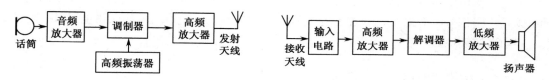

图 4.3　无线电广播的发射　　　　图 4.4　无线电广播的接收（直放式）

在如图 4.4 所示的框图中，输入调谐电路选出的高频已调波，经高频放大器直接放大后送到解调器。这种在解调前一直不改变高频已调波载波频率的接收机称为直放式接收机。直放接收机电路简单、易于安装、成本低，但有灵敏度低、选择性和稳定性差等缺点。因此，这种电路早已淘汰不用，而采用超外差式接收机。

4.1.2　调谐器的基本组成

现代无线电广播接收机都采用超外差式。超外差式接收机在输入调谐电路之后增加了变频电路，它把输入调谐回路选出的高频已调波的载频变换成频率固定且低于载波的中频，然后再对中频信号进行放大、解调、低频放大等处理。在超外差式接收机中，所有电台的高频信号都变成中频信号（调幅中频为 465kHz，调频中频为 10.7MHz），然后进行放大。由于频率 f 确定，电台信号便有了相同放大量。同时，由于中频频率固定且较低，所以中频放大电路可以设置为多级选频放大电路，从而使整机的灵敏度、选择性和稳定性大大提高。因此现代无线电广播接收机都采用超外差式，并且在现代高级音响设备中，将超外差式的调幅接收和调频接收的多波段收音部分称为调谐器。

调谐器的电路组成包括调幅 AM（中波 MW 和短波 SW）接收电路、调频 FM 接收电路及辅助电路。如图 4.5 所示为超 AM/FM 外差式调谐器电路结构方框图。

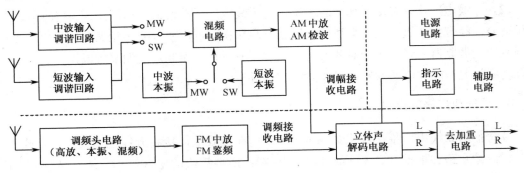

图 4.5　AM/FM 调谐器电路组成方框图

图 4.5 中的虚线将电路分成 3 部分：上部左边为调幅接收电路，由天线、中波输入调谐回路、短波输入调谐回路、变频电路、中放电路和检波电路等组成；下部为调频接收电路，由调频头电路、中放电路、鉴频电路、立体声解码电路和去加重电路等组成；上部的右边为辅助电路，由电源电路、指示电路等组成。调谐器的主要任务是接收广播电台发送的调幅广播和调频广播信号，并对其进行加工处理得到音频信号，传送给功率放大器电路进行功率放大，并由音箱还原成声音。

4.1.3　调谐器的主要性能指标

一台性能良好的调谐器应具有声音洪亮、音质好听、没有杂音，并且收到的电台多等几个方面，其电气性能指标主要有以下几个。

（1）接收频率范围。接收频率范围也称为波段，是调谐器所能收到信号的频率范围。我国规定：调幅（AM）广播的中波（MW）频率范围为 535～1605kHz；短波（SW）频率范围为 2.2～22MHz，可分为若干波段；调频（FM）广播的频率范围为 88～108MHz。显然，调谐器的波段越多，接收的频率范围越宽，接收到的电台也就越多。

（2）灵敏度。灵敏度是表示调谐器正常工作时能够接收微弱无线电波的能力。显然，灵敏度高的调谐器能够收到远地的电台信号或微弱信号，而灵敏度低的调谐器则收不到。对于磁性天线，灵敏度用磁性天线处的电磁波的电场强度来表示，单位为毫伏/米（mV/m），A 类机应达 1.0mV/m 以下；对于拉杆天线，则以天线所感应的信号大小来表示，单位是微伏（μV），A 类机应达 100μV 以下。

（3）选择性。选择性是指调谐器选择电台信号的能力，即调谐器分隔邻近电台信号的能力。选择性好的调谐器表现为，接收信号时只收到所选电台的信号，而无其他电台的信号干扰。选择性的大小以输入信号失谐±10kHz 时的灵敏度衰减程度来衡量。显然，衰减量越大，选择性越好（A 类机应达 30dB 以上）。

（4）不失真输出功率。不失真输出功率是指调谐器在一定失真度以内的输出功率，以毫瓦（mW）或瓦（W）为单位。在失真度相等的条件下，额定功率越大，声音也就越响亮。

4.2 调幅接收电路

4.2.1 AM 调谐器电路组成

AM 调谐器（超外差式）电路组成框图如图 4.6 所示，由输入电路、高放电路（中低档机无此电路）、变频电路（混频器和本振）、中频放大电路、检波电路、自动增益控制（AGC）电路等组成。由检波器输出音频信号到后面的功率放大器。

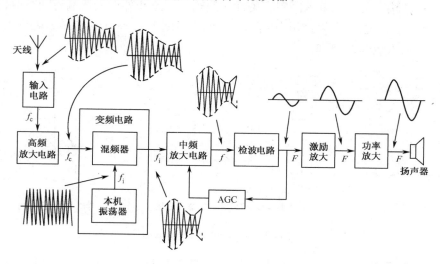

图 4.6　AM 调谐器电路框图

图 4.6 中所示的各点波形，反映了接收机对接收信号的处理过程，输入电路从众多的无线信号中选出所要接收的电台信号，经高频放大电路放大后送入变频电路的混频器。送入混频器的还有本机振荡器产生的等幅高频振荡信号，其频率总比接收来的电台信号频率高 465kHz。在混频器中，利用模拟乘法器的乘法特性对两路信号进行混频，产生一系列载频不同而包络与电台信号一致的调幅波，再利用选频网络选出载频为 465kHz 的中频（差频）信号，达到变换载频的目的。变频级输出的是 465kHz 的中频信号，利用中频放大器将幅度放大到检波电路所需要的幅度后，送入检波器。检波器对中频调幅波进行解调，得到音频信号，再经过音频电压放大电路和音频功率放大电路放大后，送入扬声器还原成声音。AGC 电路为自动增益控制电路，用于当输入强弱不同的电台信号时，通过自动调节中放电路增益，使检波器输出的音频信号幅度基本不变，以防强信号时电路出现饱和失真。

4.2.2 输入回路

1. 输入回路的作用和要求

输入回路（又称为输入电路）的主要作用是选频，即从天线接收下来的各种不同频率的信号中选出所要接收频率的电台信号，并抑制掉其他无用信号及各种噪声信号。

对输入回路的要求有 3 点：一是要有良好的选择性，即选择有用信号的能力要强，同时抑制各种干扰的能力要强；二是频率覆盖要正确，频率覆盖是指输入电路可接收到的信号频率范围，输入电路应能够选出波段内所有电台的信号；三是电压传输系数要大，电压传输系数是指输出电压与输入电压的比值。

2. 输入回路的结构与原理

输入回路的结构与原理简单介绍如下。

（1）电路结构。常见的输入回路有磁性天线输入回路和外接天线输入回路两种。其电路结构如图 4.8 所示。输入回路由调谐电容 C_{1a}、调谐线圈 L_1、补偿电容 C_2、磁性天线（磁棒）或外接天线及输入线圈 L_2 组成。

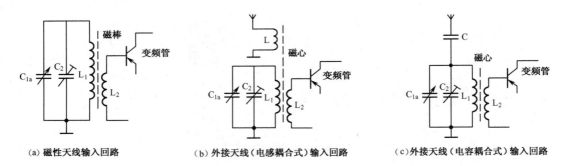

图 4.8　输入回路的电路结构

磁棒由高导磁率的材料制成，它把附近的电磁波汇集到磁棒上，使绕制在磁棒上的线圈 L_1 感应出感应电动势。外接天线则直接在空间的电磁场中产生感应电动势，通过电感 L 或电容 C 耦合到输入回路中。

通常，磁性天线输入回路用于中波广播的接收，外接天线用于短波和调频波广播的接收。这是由于频率过高时，磁性天线的高频损耗过大的缘故。

（2）工作原理。由磁性天线或外接天线所产生的感应电动势馈入到输入回路中，输入回路的 L_1 与 C_{1a} 组成 LC 并联谐振电路，其谐振频率为：$f = 1/(2\pi\sqrt{LC_{1a}})$，调节 C_{1a} 使回路谐振在某一电台的频率上，这时，该电台信号在 L_1 上的感应电动势最强，则该频率的电台信号就被选择出来，经 L_1、L_2 的耦合将信号送入后级变频电路。

（3）双联可变电容器。双联可变电容器用来实现输入电路频率与本振电路频率的同步跟踪，以保证本振信号频率总是比输入信号频率高 465kHz。

4.2.2　变频电路

1. 变频电路的作用与要求

变频电路的主要作用是变换电台信号的载波频率，即将输入电路选出的各个电台信号的载波都变为固定的中频（465kHz），同时保持中频信号的包络与原高频信号包络完全一致。

它是外差式接收机的重要组成部分。

对变频电路的要求有 3 点：一是在变频过程中，信号包络不能有任何畸变；二是要有良好的频率跟踪特性，即本振频率要始终比电台频率高 465kHz；三是工作稳定性要好，噪声系数要小，增益要适当。

2. 变频电路的结构与原理

以下简单介绍变频电路的结构与原理。

（1）电路结构。变频电路由本机振荡器、混频器和选频回路 3 部分组成，电路结构如图 4.9 所示。

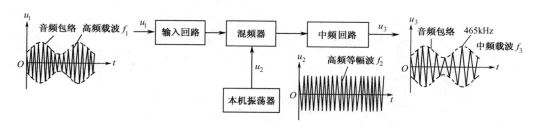

图 4.9　变频电路的结构

（2）工作原理。本机振荡器产生一个比电台信号 u_1 的频率 f_1 高 465kHz 的高频等幅振荡信号 u_2，其频率为 f_2，f_2 和 f_1 一起送入混频器，在混频器中利用模拟乘法器的乘法特性（或晶体管非线性的乘法功能），对两路信号进行混频（相乘）处理，结果使混频器输出频率分别为 (f_2+f_1) 和 (f_2-f_1) 的调幅波分量。在混频器的输出端，再利用谐振频率为 465kHz 的选频回路，选出 465kHz（即 f_2-f_1）中频信号，从而完成变频过程。

例如，假设电台调幅信号为 $u_1 = U_{1m}(1+m_A \sin\Omega t)\sin\omega_1 t = A\cdot\sin\omega_1 t$（其中的 $U_{Am}\cdot\sin\Omega t$ 为音频信号，$m_A=U_A/U_1$ 为调制度），本振信号为 $\sin\omega_2 t$。这两个信号经混频器相乘后其输出为

$$u'_O = A\cdot\sin\omega_1 t\cdot\sin\omega_2 t = [\cos(\omega_1+\omega_2)t - \cos(\omega_1-\omega_2)t]A/2$$

其中，$\cos(\omega_1+\omega_2)t$ 为两个信号的和频分量；$\cos(\omega_1-\omega_2)t$ 为两个信号的差频分量。经过 465kHz 的选频回路，滤除和频分量并选出差频（$f_2-f_1=f_中=465\text{kHz}$）分量后，即得到混频器的输出为：$u_o=A'\cdot\sin\omega_中 t = U'_{1m}(1+m_A\sin\Omega t)\sin\omega_中 t$。可以看出，代表音频信号的振幅包络 A 未畸变，但载波频率却变成了中频 465kHz，从而实现了载波频率的变换。

3. 电路实例

下面我们以流行的 TA7640AP 为例，对变频电路进行分析。电路如图 4.10 所示，由输入回路选出的调幅信号 f_1 从 TA7640AP 的 1 脚输入，加入其内部的 AM 混频电路。同时，本振信号 f_2 经 3 脚也送入混频器，与 f_1 信号进行混频，从而产生各次谐波分量，从 16 脚输出。经 16 脚外接的 C、T_1 组成的 465kHz 选频回路，选出 465kHz 的中频信号，再送入 13 脚的中放电路，从而实现变频作用。其中 C_{1a}、L_1 构成输入调谐回路，C_{1b}、C_7、L_3 构成本振调谐回路，C_{1b} 和 C_{1a} 为双联可变电容，保证本振信号始终比电台信号高 465 kHz。TA7640AP 的各引脚功能如表 4.1 所示。

音响设备原理与维修（第3版）

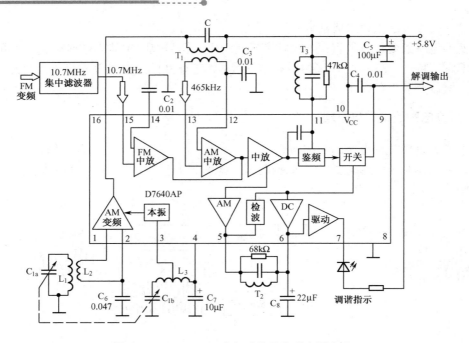

图 4.10   TA 7640AP 内部功能及典型应用电路

表 4.1   TA7640AP 引脚功能表

管　脚	功　能	管　脚	功　能
1	AM 混频器的电台信号输入端（外接 AM 输入调谐回路）	9	AM/FM 解调输出
2	AM 混频器输入端（接高频旁路电容）	10	电源电压 V_{CC}
3	外接 AM 本振调谐回路	11	鉴频移相网络
4	内部 2.4V 稳压电源的滤波端	12	AM 中放输入（接旁路电容）
5	AM 中放输出端（外接 465kHz 中频选频回路）	13	AM 中放输入
6	调谐信号指示输出端	14	FM 中放输入（接旁路电容）
7	调谐指示驱动（外接调谐指示发光管）	15	FM 中放输入
8	接地	16	AM 混频输出（接 465kHz 选频回路）

4. 变频电路的统调

电台的高频信号经变频后要变为 465 kHz 中频信号，因此本机振荡回路与输入回路必须同步调谐，使本振信号频率保持比电台信号载波频率高 465 kHz，即保持"跟踪"。实现跟踪的过程称为"统调"。实际的中波段的最高频率为 1 605 kHz，最低频率为 535 kHz，本振频率要想在整个波段范围内都做到同步跟踪（理想跟踪），光靠采用双联电容器是不够的，一般采用"三点跟踪"法，即在整个波段内的频率为 600 kHz、1 000 kHz、1 500 kHz 时准确跟踪，而在其余的频率上为近似跟踪，其特性如图 4.11（a）所示。

这种使本振频率与输入调谐回路的谐振频率相差 465kHz 的调整方法称为统调，也称做外差跟踪调整。统调的方法是在本机振荡电路中，串联一个容量较大的垫整电容 C_4，并联一个容量较小的补偿电容 C_3，如图 4.11（b）所示。垫整电容的作用是保证本机振荡的低端频率与信号频率之差为 465kHz，补偿电容的作用是保证高端频率的跟踪。这是由

94

于当振荡频率较低时，双联电容值增大（全部旋进），这时与其相串联的垫整电容作用加大，使低频振荡回路容量明显减小，振荡频率曲线在下降过程中逐渐向上弯曲；当振荡频率较高时，双联电容值减小（全部旋出），这时与其并联的补偿电容作用加大，使高频振荡回路容量增加，高端频率降低，振荡频率曲线在上升中逐渐向下弯曲。大容量的垫整电容串联在回路中，对高端振荡频率影响不大；小容量的补偿电容并联在回路中，对低端振荡频率影响不大。

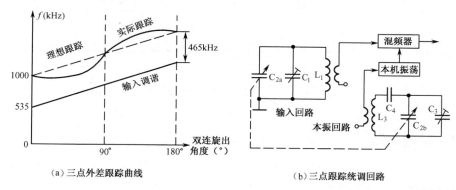

（a）三点外差跟踪曲线　　　　　　　　　　（b）三点跟踪统调回路

图 4.11　外差跟踪与三点统调

4.2.3　中放电路

1．中放电路的作用与要求

中放电路的作用是放大和选频，即将变频电路送来的 465kHz 中频信号进行放大，以提高整机的灵敏度；同时，还要通过选频回路对中频信号进一步筛选，以提高整机的选择性，然后将筛选出来的经放大的中频信号送到检波电路去检波。中放电路性能的优劣，对整机的灵敏度、选择性及保真度等技术指标有着决定性的作用。

对中放电路的要求主要有 3 点：一是增益要高，中放级增益越高，整机灵敏度越高，中放级应具有 60～70dB 的增益；二是选择性要好，选择性好可以有效地避免邻近电台信号对欲接收信号的干扰，通常要求中放电路的选择性在 20～40dB；三是通频带要合适，调幅中频信号中心频率为 465kHz，电台发射信号频带宽度为 9kHz，因此要求中放电路频带宽度应在 460.5～469.5kHz 之间。

2．中放电路的组成与工作原理

中频放大电路通常由 2～3 级放大电路组成，如图 4.12 所示。图中，第 1 级中放电路是自动增益控制电路的受控级，因此增益不宜过高，工作点较低。为保障中放电路的总增益，第 2 级和第 3 级中放电路要有较高的增益。中频变压器 T_1 和中频变压器 T_2 用来选择中频信号，要求有一定的通频带和选择性。经中频变压器 T_2 选择出来的中频信号再送往检波电路。

以 TA7640AP 为例，如图 4.10 所示。经第一级中频变压器 T_1 选频后的信号从 13 脚送入 TA7640AP 的 AM 中放电路，中放电路通常采用差分放大器，经三级中频放大后，从 5 脚输出到第二级中频变压器 T_2，再次对 465kHz 信号选频后，送入检波电路。

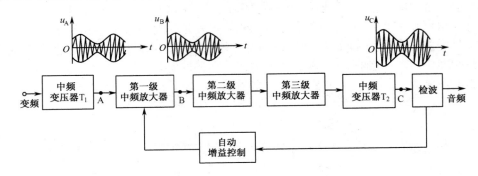

图 4.12　中频放大电路结构方框图

4.2.4　检波电路

1.　检波电路的作用与要求

检波电路的作用是将中放电路送来的中频调幅波中的调制信号（音频信号）解调出来。对检波电路的要求是：检波的效率高，失真小，滤波性能好。

2.　检波电路的组成与工作原理

检波电路的前级是中频放大电路，载频为中频。通过检波，载波被滤除，只剩下音频包络。检波电路包括检波器件和低通滤波电路两大部分，检波电路的组成框图及检波前后的波形如图 4.13 所示。

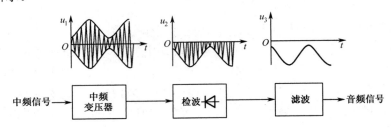

图 4.13　检波电路框图及波形

（1）二极管检波电路。分立元件多利用二极管为检波元件，利用二极管的单向导电特性完成检波任务。如图 4.14 所示为二极管检波电路，中频放大器输出的中频信号经中频变压器 T 的次级线圈耦合到检波管 VD，利用二极管的单向导电特性把中频信号的正半周截去，变成只有负半周的中频脉动信号。这个脉动信号包含了直流成分、中频及其谐波、音频包络等。C_2、C_3、R_1 构成 π 形滤波电路，用以滤除中频信号及谐波。检波后的低频分量降在音量电位器 RP 上，经 C_4 隔去直流分量后即可得到音频信号送往音频放大器电路。检波输出的直流成分作为 AGC 电压送到中放受控电路。

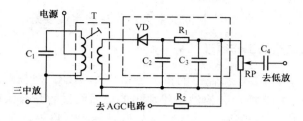

图 4.14　二极管检波电路

（2）同步检波电路。集成电路的检波电路通常采用同步检波器，其电路组成如图 4.15 所示。同步检波的主要电路是模拟乘法器，模拟乘法器有两个输入端，一个输出端。当一个输入端输入中频调幅信号，另一个输入端输入与调幅信号中的载波信号同频同相的等幅中频信号时，输出端可以将调幅信号中的调制信号解调出来。

在图 4.15 中，从中频放大电路输出的中频调幅信号一路直接送往模拟乘法器，另一路送到限幅放大电路，限幅放大电路外接一个中频选频网络，可以从中频调幅信号中取出中频等幅信号，送模拟乘法器。模拟乘法器将两个输入的信号进行乘法处理，在输出端得到这两个信号的和频成分（高频分量）和差频成分（低频分量），再经低通滤波器滤除高频分量后，就得到低频分量，这个低频分量就是音频信号。

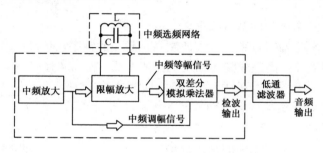

图 4.15　同步检波电路

例如，假设音频信号为 A，为便于分析，现假设调幅中频信号为 $A \cdot \sin \omega_i t$，而限幅器输出的等幅中频信号为 $\sin \omega_i t$，这两个信号经双差分模拟乘法器的乘法处理后，输出为

$$A \cdot \sin \omega_i t \cdot \sin \omega_i t = [\cos(\omega_i + \omega_i)t - \cos(\omega_i - \omega_i)t]A/2 = A/2(\cos 2\omega_i t + 1)$$

式中，$\cos(\omega_i + \omega_i)t = \cos 2\omega_i t$ 为两个信号的和频分量；$\cos(\omega_i - \omega_i)t = 1$ 为两个信号的差频分量。经过低通滤波器滤除和频分量 $\cos 2\omega_i t$ 后，即得到 $A/2$，这就是音频信号。

4.2.5　自动增益控制（AGC）电路

1．自动增益控制电路的作用与要求

自动增益控制电路也称做 AGC 电路，其作用是根据接收电台信号的强弱自动调节放大电路的增益。即在接收信号较弱时，使放大器具有较高的增益；而当信号较强时，又能使放大器的增益自动降低，从而保证放大电路输出的信号大小基本不变。

对 AGC 电路的要求是：AGC 控制范围要大，工作稳定性要好。

2. 自动增益控制电路的工作原理

自动增益控制是利用检波电路输出的直流分量作为 AGC 控制电压来控制中频放大电路的增益的。电路如图 4.12 所示。检波电路输出的信号经过容量较大的电容滤波后即可取出直流分量，接收的电台信号越强，则该直流分量就越大。将该直流分量作为 AGC 电压，通过 AGC 电路的负反馈作用加到中频放大器，使中放级的增益下降，从而保持检波输出的音频信号的稳定，即在接收强电台信号和接收弱电台信号时，检波器输出的音频信号的大小变化不大。

4.3　调频接收电路

4.3.1　调频广播的基本概念与特点

1. 调频广播的基本概念

调频广播有如下几个主要的基本概念。

（1）调频波。调频是指用音频信号去调制高频载波的频率，使高频载波的频率随音频信号的变化而有规律地变化，高频载波的幅度则保持不变，如图 4.16 所示。由频率调制所得的已调波称做调频波。当音频信号处于正半周时，调频波的频率就增高；当音频信号处于负半周时，调频波的频率就降低（当然也可以相反）；音频信号为 0，则调频波的频率就等于载波频率，从而形成一个等幅的疏密相间的高频波形。

（2）频偏Δf。频偏是指调频波的瞬时频率 f 与原高频载波频率 f_0 之差，即 $\Delta f = f - f_0$。当声音幅度较强时，频偏就加大，反之频偏就减小。国际上规定，调频广播允许的最大频偏为 $\Delta f_m = \pm 75\text{kHz}$。这样规定一方面是为了保证获得高保真传输所必需的带宽，另一方面是为了有效地利用有限的频道间隔。

（3）调制度 m。调制信号的强弱可以用调制度 m 来描述。调制度是调制信号振幅变化引起的频偏Δf 与最大的频偏Δf_m 的百分比，即：调制度 $m = \Delta f / \Delta f_m \times 100\%$。

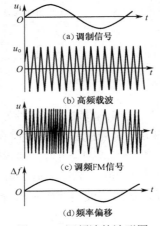

图 4.16　调频波的波形图

例如，某一调制信号的幅度变化所引起的频偏为±30kHz，则 30/75×100% = 40%，就称为 40%的调制度。

（4）频带宽度 B。用一个音频信号来调制高频载波的频率时，所产生的调频波的频谱，在载频两边对称地有无限多个边频。两边的边频的间隔等于音频信号的频率 F，两边边频的幅度则取决于频偏Δf的大小，且越远离中心频率（载波频率）的边频幅度也越小。频偏越大，两边的有效边频数也越多；音频信号的频率越高，边频之间的间隔也越大。当调频波的频偏取最大频偏Δf_m，且忽略振幅小于原高频载波振幅10%的边频分量时，调频波的有效带宽为

$$B = 2(\Delta f_m + F)。 \qquad (4-1)$$

在调频广播中，按规定的最大频偏为±75kHz，音频信号的最高频率取 15kHz 范围内，这时频带宽度为

$$B = 2(\Delta f_m + F) = 2(75\text{kHz} + 15\text{kHz}) = 180\text{kHz}$$

所以一般单声道调频广播的带宽为 180kHz，调频电台的频率间隔通常取 200kHz。

（5）频率范围和传输特性。我国使用的调频广播频率范围为 87～108MHz。由于调频广播采用超短波，所以只能在地球表面沿直线传播。调频广播传播距离较近，一般在 50km 左右。因此，同一载频在不同地区可以重复使用，彼此之间不会产生干扰。

2. 调频广播的特点

调频广播有以下几个特点。

（1）频带宽，音质好，动态范围大。调频广播电台间隔为 200kHz，音频频率范围可达30Hz～15kHz，能够很好地反映节目源的真实情况。

（2）信噪比高，抗干扰能力强。由于调频广播的调制方式和限幅器、预加重、去加重等措施，使调频广播比调幅广播具有较高的信噪比，从而增强了抗干扰能力。

（3）解决电台拥挤问题。调频广播在超短波频段，传播半径只有 50km 左右，因此本地电台与外地电台不会引起干扰，从而解决了广播电台频率拥挤的问题。

2. 超外差式调频接收电路

调频广播接收电路（简称 FM 调谐器）也是采用超外差工作方式，其电路结构与调幅接收电路相似，如图 4.17 所示为典型超外差式调频接收的电路框图。

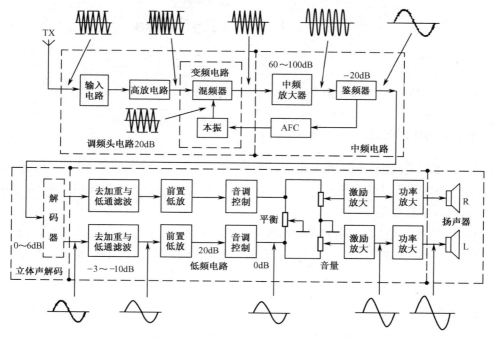

图 4.17　超外差式调频接收电路框图

调频接收电路由输入电路、高频放大电路、变频电路（混频器和本振）、中频放大器、限幅电路、鉴频器、自动频率控制（AFC）和立体声解码器等电路组成。

　　调频接收电路的基本工作过程为：输入回路选出所要接收的电台信号经高频放大后送入变频电路，变频电路将载频变换成固定的 10.7MHz 中频。中频信号经过限幅器去除调频波的幅度干扰后成为等幅调频波，然后再经过鉴频器解调出音频信号。对于双声道调频立体声广播来说，鉴频器输出的是立体声复合信号，该立体声复合信号经解码器，分离为左、右声道的音频信号，再经两路前置低放和功率放大后送入扬声器还原成声音。AFC 电路称为自动频率控制电路，用来控制本机振荡频率，使本振频率始终稳定在比外来信号高 10.7MHz 的数值上。

4.3.2　调频头电路

　　调频头电路由天线、输入回路、高频放大器、混频器和本机振荡器组成，其电路框图如图 4.18 所示。

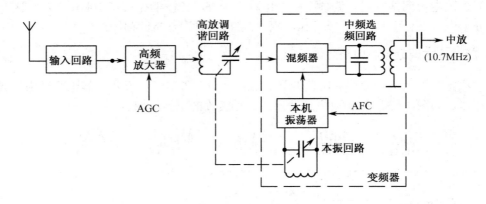

图 4.18　调频头电路组成方框图

1. 调频头的作用与要求

　　调频头的作用是接收并选出所要收听的电台信号，经信号放大后送入混频器，在混频器中，电台信号与本机振荡信号进行混频，把所要收听的调频电台的载频频率变为 10.7MHz 的中频，然后送入中放电路。

　　对调频头的性能要求有：调频头应具有良好的选择性和较高的传输系数，有正确的覆盖范围和较小的噪声系数，有一定的增益和较大的动态范围，并能防止本振信号向外辐射。

2. 输入回路

　　调频头的输入回路分为固定调谐式输入回路和可变调谐式输入回路。可变调谐式输入回路又有机械调谐式输入回路和电调谐式输入回路两种。

（1）固定调谐式输入回路。固定调谐式输入回路通常用于普通的调频接收机中，由 LC 电路或陶瓷滤波器构成，它实际上是一个带通滤波器（BPF），其频带宽度为 88～108MHz，中心频率为调频波段的中间（98MHz）附近的固定值。

（2）机械调谐式输入回路。为了抑制干扰信号，提高选择性和灵敏度，在一些高档调频接收机中常采用可变电容器来构成 LC 可变谐振回路，使其与所要接收的电台频率信号发生谐振，而其他频率的干扰信号却受到很大的衰减，大大提高了接收质量。

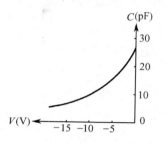

图 4.19　变容二极管的特性

（3）电调谐式输入回路。随着无线电技术的不断发展，出现了电调谐式调谐回路，它利用变容二极管的结电容随外加电压的大小而变化的特性来替代机械式的可变电容器，进行谐振回路的调谐。变容二极管的特性如图 4.19 所示，这种方式称为电调谐。电调谐式调谐器与机械式调谐器相比，具有体积小、质量小、可靠性好等优点，同时还为新技术的发展提供了条件，如接收机中的频率合成数字显示、自动搜索调谐、电台预选和遥控等功能都是在此基础上发展起来的。

3. 高频放大电路

由于调频广播发射功率小，为了提高调频接收机的灵敏度和选择性，在调频接收机中都设有高频放大电路。高频放大电路是一个高频调谐放大器，它可以对输入回路选出的信号进行放大和进一步选频，以提高整机的增益和信噪比。在调频接收机中，晶体管高频放大电路由于工作频率极高，所以通常采用共基极连接方式。另外，高放级一般加有 AGC 电路，其作用是抑制过大的输入信号。

4. 变频级电路及 AFC 电路

变频级电路由本机振荡与混频电路组成，其基本原理与调幅机相同。但由于调频本振频率较高，故本振电路一般采用电容三点式，变频后得到的中频信号频率为 10.7MHz。

为了保证本机振荡器的频率稳定，调频接收机中增加了自动频率控制（AFC）电路。AFC 电路利用鉴频输出信号的直流电压控制一只与本振调谐回路两端的变容二极管并联的结电容。当振荡频率偏移时，鉴频器输出的直流电压发生变化，使变容二极管的结电容发生变化，从而使本振频率得到微调，达到了自动控制的目的。

5. 典型调频头电路分析

TA7335P 集成电路是应用广泛的一种集成调频头电路，它采用单列直插九脚塑料封装结构，电源电压在 2～6V 之间，静态耗电为 2.5mA。如图 4.20 所示为其内部电路及实际应用电路，各引脚功能如表 4.2 所示。

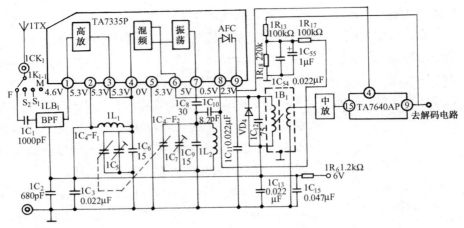

图 4.20　TA7335P 调频头电路

表 4.2　TA7335P 调频头电路引脚功能

引　脚	功　　能	外围元器件作用
1	调频信号输入	87～108MHz 带通滤波器和输入耦合电容
2	电源供给端	电源退耦电路
3	外接高放调谐回路	高放调谐回路，选择电台信号
4	混频器的电台信号输入	
5	接地端	
6	10.7MHz 中频信号输出	中频变压器、阻尼二极管，选出 10.7MHz 信号
7	外接本振调谐回路	本振调谐回路，其调谐频率始终比电台信号频率高 10.7MHz
8	AFC 控制（接变容二极管正极）	AFC 信号的分压和低通滤波器
9	AFC 控制（接变容二极管负极）	接 2.4V 稳压电路的旁路电容

　　天线接收到的调频信号，经波段开关送到带通滤波器 BPF，从中选出 87～108MHz 调频信号，送入 TA7335P 的 1 脚。在集成电路中经高频放大后，从 3 脚输出，经 $1C_4$-F_1、$1C_5$、$1C_6$、$1L_1$ 所组成的高放调谐回路选通滤波后，选出所要接收的电台信号，再经 IC 的 4 脚送入混频器。7 脚外接 $1C_4$-F_2、$1C_9$、$1C_7$、$1L_2$ 为本振调谐回路，该回路与 7 脚内电路构成本振电路，所产生的本振信号由内电路送给混频器。电台信号与本振信号经混频器进行混频后从 6 脚输出，由 6 脚外接的中频变压器 $1B_1$ 选出 10.7MHz 中频信号，送入后级中放电路。在 IC 内部的 8 脚与 9 脚之间集成了一个变容二极管，并联在本振调谐回路两端，9 脚接在中放电路 4 脚的 2.4V 稳压输出端上，使变容二极管为反偏状态。U_{AFC} 控制信号由 8 脚输入，通过变容二极管的特性来克服本振频率的漂移，实现 AFC 自动频率控制。2 脚提供的电源电压，经集成电路内部稳压后，为高放、振荡和混频电路提供偏置。

4.3.3　调频中放电路

1．调频中放电路的作用与要求

调频中放电路的作用是对中频信号进行选频及限幅放大。

对调频中放电路的要求是具有较高的增益和良好的选择性、稳定性，并具有较宽的频带和良好的限幅特性。

2. 集成中放电路

TA7640AP 为常用的集成中放电路，它采用 16 脚双列直插式塑封结构，工作电压为 3～8V，静态电流为 10mA。TA7640AP 集成电路具有调频中放、移相乘积鉴频、AFC 驱动和调谐指示电路等。调幅部分包括变频、中放、检波和 AGC 电路、调频中放共有 6 级，均采用差动放大器，并在第 4 级和第 3 级之间加入负反馈电路。电路的稳定性很高，增益可达 60～80dB。可参考如图 4.10 所示的 TA7640AP 集成电路的内部框图和典型应用电路。

3. 限幅电路

调频广播电台发出的调频信号是等幅的，但在传播过程中由于干扰信号的影响，使电波到达接收机时的幅度发生了变化。限幅器的作用是切除输入信号的幅度变化，提供一个恒幅的输出，即得到一个等幅调频波。这样，可以消除幅度干扰，大大地提高信号接收质量。

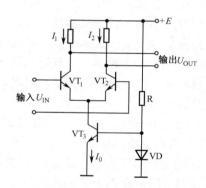

图 4.21 恒流源限幅电路

集成放大电路中通常采用恒流源限幅器电路，如图 4.21 所示为带恒流源的差分限幅电路。图中 VT_3 为恒流源，VD 与 R 构成 VT_3 的恒流偏置电路，流过 VT_3 的电流 I_0 为恒定电流。当信号正半周时，VT_1 电流 I_1 增大，由于 $I_0 = I_1 + I_2$，故 VT_2 电流 I_2 减小，当输入信号很大时，I_1 继续增大，但 I_1 最多增大到 I_0 的数值，I_2 最大减小到 0，这时，信号再增大，I_1 也不会再增加，输出被限制在一个固定电平上。在负半周时，情况也是如此。由此可见，该电路输入信号较大时，是一个限幅放大器，只要中放电路有足够的增益就能具有良好的限幅特性。

4.3.4 鉴频器

1. 鉴频器的作用与要求

鉴频器也称做频率检波器或调频检波器，鉴频是调频的逆过程。鉴频器的作用是从 10.7MHz 的中频调频波中取出音频信号（接收立体声广播时，解调出立体声复合信号）。

对鉴频器的要求主要有 4 点：一是鉴频器的非线性失真要小，要求具有线性鉴频特性，即鉴频器输出的低频调制信号（音频信号）的瞬时幅度大小与输入信号的频偏成正比；二是鉴频灵敏度要高，鉴频器在输入同样频偏的调频波的情况下，灵敏度越高，解调出的信号幅度值就越大；三是通频带要足够宽，鉴频器的通频带是指在线性鉴频特性时所对应的频带宽度，通常要求鉴频器有 300kHz 的带宽；四是对寄生调幅要有一定的抑制能力，这主要是通过限幅器来实现的。

2. 鉴频器的结构与原理

在集成电路中,鉴频器常用移相乘积型鉴频器、脉冲计数式鉴频器和锁相环鉴频器。下面首先介绍移相乘积型鉴频器。

(1)移相乘积型鉴频器。

① 移相乘积型鉴频器的电路结构。移相乘积型鉴频器又称为正交相位鉴频器,其电路的结构是由限幅器、移相器、乘法器和低通滤波器组成的,如图4.22所示。

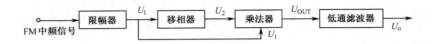

图4.22　移相乘积型鉴频器电路组成框图

限幅后的等幅调频信号 U_1,由于充分的限幅作用使其波形成为近似的方波。它分成两路,一路直接送到乘法器,另一路经过移相器后形成调频移相信号 U_2,而后也被送入乘法器。这样使 U_1、U_2 两路信号的相位产生差异。相位差 $\Delta\varphi$ 与信号的频偏 Δf 成比例($\Delta\varphi \propto \Delta f$),从而使输入信号的频偏变化成为 U_1 与 U_2 相位差的变化。在乘法器中,U_1、U_2 相乘后得到输出信号 U_{OUT},这时输出脉冲信号的占空比也随相位差异而变化,这种变化经低通滤波器平滑后的平均值反映出来,最终将频偏变化为信号的幅度变化,实现鉴频作用。

② 移相器工作原理。移相网络如图4.23所示。图中电容 C_0 的容量很小,只有4pF;L、C构成的并联谐振回路谐振在 $f_0 = 10.7\text{MHz}$ 频率上。C_0 与 LC 回路构成串联电路,由于 C_0 的容量很小,在 $f_0 = 10.7\text{MHz}$ 中频信号附近,它的容抗要比 LC 回路的阻抗大得多(注意:在图4.22中线圈 L 的等效电阻未画出,LC 回路在并联谐振时因线圈电阻的存在使其阻抗不为无穷大)。因此,C_0 与 LC 回路构成的串联电路近似呈纯容性,总电流 i 的相位超前总电压 U_1 将近 $\pi/2$。

移相网络在不同频率时的输出电压 u_2 与输入电压 u_1 的相位关系如图4.24所示。

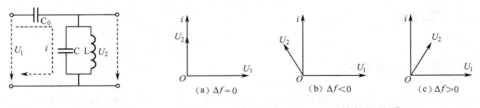

图4.23　移相网络　　　　　图4.24　u_1、u_2、i 的相位关系

当 $f = f_0$ 时,$\Delta f = 0$,LC 回路发生谐振呈纯电阻性,其两端电压 u_2 与电流 i 同相,因此 u_2 的相位超前 u_1 为 $\pi/2$,其相位关系如图4.24(a)所示。

当 $f < f_0$ 时,$\Delta f < 0$,LC 回路呈感性,LC 回路两端电压 u_2 的相位超前电流 i 一个小于 $\pi/2$ 的角度,因此 u_2 的相位超前 u_1 一个大于 $\pi/2$ 的角度,其相位关系如图4.24(b)所示。

当 $f > f_0$ 时,$\Delta f > 0$,LC 回路呈容性,LC 回路两端电压 u_2 的相位滞后电流 i 一个小于 $\pi/2$ 的角度,因此 u_2 的相位超前 u_1 一个小于 $\pi/2$ 的角度,其相位关系如图4.24(c)所示。

总之,当中频调频信号的频率在中频 $f_0 = 10.7\text{MHz}$ 上下变化时,移相网络输出信号的相移也将在$\pi/2$的上下变化，使输入信号频偏的变化转换为输出信号相位的变化，即u_2与u_1的相位差$\Delta\varphi$正比于Δf（即$\Delta\varphi\propto\Delta f$），$u_2$的相位$\varphi'=\Delta\varphi+\pi/2$。

③ 乘积型鉴频器工作原理。乘法器电路如图 4.25 所示，该电路为双差分放大电路，具有乘法功能，即输出信号与两个输入信号的乘积成正比（$u_{out}\propto u_1\cdot u_2$）。由于限幅电路的充分限幅作用，$u_1$和$u_2$均已变成等幅信号。$u_1$是等幅调频波，$u_2$是既调频又调相的等幅调频调相波。

由乘法器与低通滤波器可以实现对两个输入信号的相位差的检测，使输出信号的大小与两个输入信号的相位差成正比，即$u_o\propto\varphi$。下面对此进行说明。

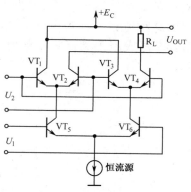

图 4.25 乘法器电路

例如，假设两个有相位差为φ的同频等幅信号$u_1=U_m\sin\omega_c t$和$u_2=U_m\sin(\omega_c t+\varphi)$，馈入到乘法器的两个输入端时，则乘法器的输出信号$u_{out}$为：

$$u_{out}=u_1\cdot u_2=U_m\sin\omega_c t\cdot U_m\sin(\omega_c t+\varphi)=\left[\cos(2\omega_c t+\varphi)-\cos\varphi\right]\cdot U_m/2$$

u_{out}经低通滤波器滤去 2 倍频分量后，滤波器的输出电压u_o为：

$$u_o=U_{om}\cos\varphi$$

上式中的 $U_{om}=-U_m/2$。由上式可见，当两个有相位差为φ的同频等幅正弦信号加到鉴相器时，其输出信号的大小与这两个输入信号的相位差的余弦成正比。而在余弦曲线上，当φ在$0\sim\pi$之间的中间区域变化时，对应的余弦曲线近似为一条直线。即在该中间区域，有$u_o\propto\varphi$。

此外，数字上也可以证明，当u_1和u_2不是正弦而是等幅开关脉冲时，在相位差为$0\sim\pi$的整个范围内，有鉴相器的输出：$u_o\propto\varphi$。

另外说明一下，为简便起见，在上述分析中未用实际调频信号的数学表达式。假设用音频信号$u_A=U_{\Omega m}\sin\Omega t$对高频载波$u_C=U_{Cm}\sin\omega_c t$进行调频处理，若调制度为$m_f$，则对应的调频信号的数学表达式应为$u_{FM}=U_m\sin(\omega_c t+m_f\sin\Omega t)$。该调频信号经移相网络变换为既调频又调相的信号为$u_{PM}=U_m\sin(\omega_c t+m_f\sin\Omega t+\varphi)$。这两个信号加到乘法器和低通滤波器的分析过程与分析结果与上述完全相同。

④ 鉴频特性曲线。因为在一定的相位差范围内，鉴频器的输出与两个输入信号的相位差成正比（$u_o\propto\varphi$），而移相网络输出信号的相位差又是与输入信号的频偏成正比（$\Delta\varphi\propto\Delta f$），所以在一定的频偏$\Delta f$范围内，鉴频器的输出信号的大小与输入信号的频偏成正比（$u_o\propto\Delta f$），从而将输入调频信号的频率变化转变为输出信号的幅度变化，实现了鉴频目的。

反映鉴频器的输出信号的大小与输入信号的频偏变化的关系曲线称为鉴频曲线，因在一定的频偏范围内曲线呈现 S 形，故通常称为 S 形鉴频特性曲线，如图 4.26 所示。S 形鉴频特性曲线中，横坐标表示输入信号的频率f，纵坐标表示鉴频器输出的音频信号幅度。观察两条斜率不同的 S 曲线及其所对应的输入、输出信号可以看出，在相同的

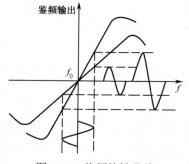

图 4.26 鉴频特性曲线

输入信号下，S 曲线斜率越大，输出信号幅度越高，鉴频器效率也越高。

（2）脉冲计数鉴频器。脉冲计数鉴频器是将调频波频率的变化转变为与之疏密变化对应的等幅、等宽的脉冲序列，然后经低通滤波器取出其直流平均分量，解调出调制信号。这种方式不使用调谐回路，避免了由于幅频特性曲线参数发生偏移所造成的鉴频失真，广泛应用于高保真鉴频器中。如图 4.27 所示为脉冲计数鉴频器电路的组成框图和工作波形。

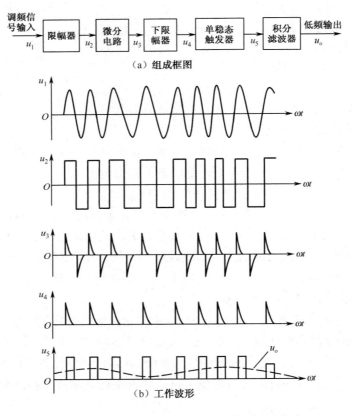

图 4.27 脉冲计数鉴频器电路的组成框图和工作波形

脉冲计数鉴频器主要由限幅器、微分电路、下限幅器、单稳态触发器及积分滤波器组成。限幅后的信号经微分电路得到 u_3 的正、负尖脉冲序列，该信号的疏密变化与调频中频信号的频率变化一致；u_3 经下限幅电路削去负脉冲，再经单稳态触发器变换成为等幅、等宽、疏密变化的脉冲序列，最后通过积分滤波电路，得到低频调制信号 u_o，完成鉴频工作。

脉冲计数鉴频器要求中放电路具有很高的增益，以便实现良好的限幅，获得边沿陡峭的脉冲。为了降低对电路带宽的要求，在脉冲计数鉴频器中往往采用二次变频措施，将 10.7MHz 的中频降低为 1.9MHz，提高了解调效率和信噪比。

（3）锁相环鉴频器。锁相环鉴频器简称为 PLL 鉴频器，它具有信噪比高、稳定性好等优点。锁相环鉴频器由相位比较器、低通滤波器和压控振荡器 3 部分组成，其电路组成框图如图 4.28 所示。

相位比较器将输入的等幅调频信号与压控振荡器产生的信号 f_{osc} 进行相位上的比较，输出对应于两个信号相位差的误差信号，再经过低通滤波器取出误差电压的平均分量作为控制电压，该控制电压的大小正比于调频信号与压控振荡器信号 f_{osc} 之间的相位差。压控振荡器（VCO）产生的信号 f_{osc} 受控制电压的控制，使其频率向输入信号的频率靠近，致使差拍频率越来越低，直至频率差的消除而锁定。

图 4.28　锁相环鉴频器电路组成框图

当输入的调频信号无频偏变化时，其频率为中心频率（$f = f_0 = 10.7\text{MHz}$），频偏 $\Delta f = f - f_0 = 0$，相位比较器输出的误差电压为 0，低通滤波器输出的平均电压亦为 0，此时 VCO 的输出频率必然为其中心频率（$f_{osc} = f_0$）。当输入的调频信号频率增加时，相位比较器输出的误差信号也增加，低通滤波器输出的平均电压也增加，并迫使压控振荡器（VCO）的中心频率朝着输入信号频率的方向变化。反之，当输入调频信号的频率减小时，相位比较器输出的误差信号也减小，低通滤波器输出的平均电压也减小。如果输入的调频信号的频偏不断变化，则误差电压也不断变化，低通滤波器输出的平均电压将随频偏的变化而变化，从而将输入信号的频偏变化转变为输出电压的变化，于是实现了鉴频作用。

3. 预加重和去加重

调频广播需要有预加重电路和去加重电路。

（1）预加重。在调频广播中，调频波频率越高，抗干扰能力越差。因此在调频广播的高频段，如果调频波频率较高，信噪比大幅度下降，高频段将出现很大的噪声。在接收机中，如果将这些高频噪声抑制，可以提高信噪比，但音频信号的高频成分同时也被抑制。为了解决这一问题，在调频发射机中，调频之前先将音频信号的高频成分提升，这就是预加重。

（2）去加重。在接收机中，将鉴频输出的音频信号的高频部分增益适当衰减，还原信号原来的频响特性，这就是去加重。去加重电路及频响曲线如图 4.29 所示。图中 C 对高频信号有分流作用；当频率升高时，分流作用增大，输出信号幅度下降，高频信号被衰减。总之，经过预加重和去加重，音频信号的各种频率的幅度比例没变，而高频端的噪声大大减小了。

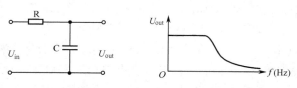

图 4.29　去加重电路及其频响曲线

应当指出，在立体声接收机中，去加重电路应设在立体解码电路之后。否则副信号将被衰减，无法解调出左、右声道信号。

4.4 立体声解码电路

4.4.1 导频制立体声广播系统

1. 导频制立体声广播的发送

我国调频立体声广播采用导频制，导频制发射系统的框图如图 4.30 所示。

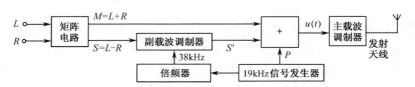

图 4.30 导频制发射系统的框图

左声道信号 L（Left）和右声道信号 R（Right），经矩阵电路的加法器和减法器后产生和信号（M=L+R）与差信号（S=L-R）。其中和信号 M 也称为主信号，它包括左、右声道信号的全部内容。由于差信号 S 的频率范围与和信号 M 的频率范围完全相同（50Hz～15kHz），如果把两者直接混合后送到主载波调制发射出去，接收机将无法分离出左、右声道信号，因此必须把和、差信号的频率分割开，其方法是将差信号 S 对 38kHz 的副载波进行平衡调幅处理，从而产生 23～53kHz 的副信号 S′，$S' = S \cdot \cos\omega\cos t$，$fosc = 38kHz$。为了节省发射功率，提高发射效率，在导频制广播发射系统中还将 38kHz 的副载波去掉，而只发送上、下两个边带（平衡调幅），有效地加深了有效边带的调制度，大大地提高了信噪比。但在接收端，为了能够解调出差信号 S，必须产生一个与发送端同频同相（同步）的 38kHz 的副载波。如果仅靠接收机是无法达到这个要求的，因此发射台还发送了一个称为导频信号 P 的 19kHz 的振荡信号与发射机同步，19kHz 导频信号 P 经倍频后可产生 38kHz 的副载波信号，而发射机用于调制差信号 S 的 38kHz 的副载波信号也是由这个 19kHz 的导频信号经倍频产生的，因此在发射端和接收端之间可以实现副载波信号的同频同相，从而解调出差信号 S。

2. 导频制立体声复合信号的组成

立体声复合信号由主信号 M、副信号 S′、导频信号 P 叠加而成，其表达式为

$$u(t) = M + S\cos\omega_{osc}t + P = M + S' + P$$

式中，M 为和信号，即 M = L + R；S′为差信号 S 被 38kHz 的副载波调制的平衡调幅波，即 $S' = (L-R)\cos\omega_{osc}t$；P 为 19kHz 导频信号，供接收机中产生 38kHz 副载波用。

立体声复合信号 u(t) 送到主载波调制器进行频率调制（FM），经放大后从天线发送出去。

4.4.2 导频制立体声复合信号的特点

1. 导频制立体声复合信号频谱的特点

由前边的分析可知，导频制立体声复合信号为

$$u(t) = M + S\cos\omega_{osc}t + P = M + S' + P$$

其频谱如图 4.31 所示。

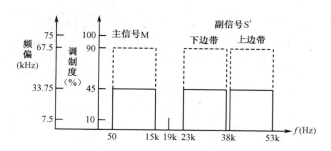

图 4.31 导频制立体声复合信号的频谱

（1）左、右声道的和信号 M（$M = L + R$），即主信号。其频率范围为 50Hz～15kHz，调制度为 45%。该信号与单声道调频广播的调制信号频率范围一致，单声道的调频接收机能够很好地恢复这一信号，从而实现立体声与单声道调频广播的兼容。

（2）将左、右声道的差信号 S（$S = L - R$）对 38kHz 副载波进行平衡调幅后产生调制信号 S'（又称为副信号），其频率范围为 23～53kHz，但不包含 38kHz 副载波信号，副信号的调制度也为 45%。接收机对该信号解调后，得到差信号 S，S 再与 M 相加、减，便可得到左、右声道信号，即：$M + S = (L + R) + (L - R) = 2L$，$M - S = (L + R) - (L - R) = 2R$。

（3）用于恢复 38kHz 副载波的导频信号 P，其频率为 19kHz，调制度为 10%。

2. 立体声复合信号的波形特点

导频制立体声复合信号，其波形特点可以表述为：对应于 38kHz 副载波的正峰值时的立体声复合信号的包络线，即为左信号；对应于 38kHz 副载波的负峰值时的立体声复合信号的包络线，即为右信号。

立体声复合信号的波形与副载波的对应关系如图 4.32 所示。

立体声复合信号可表示为

$$u(t) = M + S' + P = M + S\cos\omega_{osc}t + P$$

式中，$\cos\omega_{osc}t$ 为 38kHz 的副载波信号。

为了简便起见，可以暂且不考虑导频信号 P。

当 38kHz 的副载波 $\cos\omega_{osc}t$ 为正峰值时，亦即 $\cos\omega_{osc}t = 1$ 时，立体声复合信号为

$$u(t) = (L + R) + (L - R) \times 1 = 2L$$

即此时的立体声复合信号为左声道信号。

当 38kHz 的副载波 $\cos\omega_{osc}t$ 为负峰值时，亦即 $\cos\omega_{osc}t = -1$ 时，立体声复合信号为

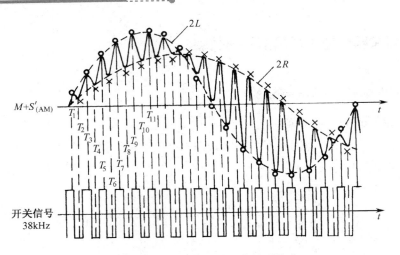

图 4.32　立体声复合信号的波形特点

$$u(t) = (L+R) + (L-R) \times (-1) = 2R$$

即此时的立体声复合信号为右声道信号。

　　根据立体声复合信号的波形特点，我们可以很方便地在立体声解码电路中将立体声复合信号分离成左声道信号和右声道信号。现在的立体声解码电路，都是依据这一波形特点进行的。

4.4.3　立体声解码电路

　　AM/FM 调谐器电路组成方框图如图 4.5 所示。在鉴频以前，其电路是由高频头电路、中频放大电路、鉴频电路及 AFC 电路等组成的；在鉴频以后，所得的立体声复合信号经立体声解码器后分离为左、右两路信号，相应的去加重电路、低频放大电路、功率放大电路也变成了左、右两路。

1.　立体声解码电路的作用与要求

　　立体声解码电路的作用是从鉴频输出的立体声复合信号中分离出左、右声道的音频信号，并从鉴频输出的立体声复合信号中取出导频信号，恢复 38kHz 的副载波。

　　对立体声解码电路的要求是左、右声道信号的分离度高，平衡度好，工作稳定，外围电路简单，调整方便。

2.　立体声解码电路结构与原理

　　立体声解码电路结构与原理介绍如下。

　　（1）立体声解码电路结构。现在集成电路的解码方式通常都采用开关式解码电路，早期的矩阵式和包络式解码电路已基本淘汰。开关式解码电路的结构如图 4.33 所示，这种解码方式不将主信号和副信号分开，而是直接用开关信号对立体声复合信号进行切换，解调出左、右声道信号。这种方式在对信号处理时采用同一个通道，所以左、右声道信号相位差和电平差较小，而且电路简单，因此被广泛采用。

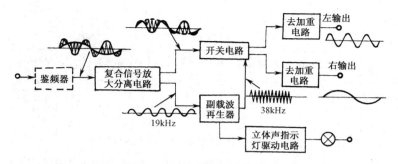

图 4.33　开关式解码电路框图

（2）开关解码原理。开关式解码原理如图 4.34 所示。在关于导频制立体声复合信号的波形特点讨论中已经指出，对应于 38kHz 副载波信号正、负峰值时的立体声复合信号的包络分别为左、右声道信号。在如图 4.35 所示的电路中，副载波发生器产生的 38kHz 开关信号被送入解码开关 VT₁、VT₂ 的基极，同时立体声复合信号 $u(t)$ 经 VT₃ 放大后被送入解码开关 VT₁、VT₂ 的发射极。

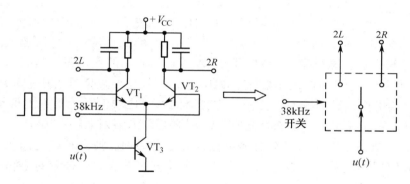

图 4.34　开关式解码原理图

当 38kHz 副载波开关信号为正时，解码开关的 VT₁ 导通、VT₂ 截止，立体声复合信号 $u(t)$ 经开关管 VT₁ 的 e 极后从 c 极输出；当 38kHz 副载波开关信号为负时，解码开关的 VT₂ 导通、VT₁ 截止，立体声复合信号 $u(t)$ 经开关管 VT₂ 的 e 极后从 c 极输出，因此解码开关管 VT₁ 只在 38kHz 开关正峰值时有输出，VT₂ 只在 38kHz 开关负峰值时有输出。再经 RC 元件滤波，取出其包络后即可分别得到左、右声道信号 L 和 R。

3. 38kHz 副载波再生电路

开关式解码器能准确地分离左、右声道音频信号的关键是开关信号必须与 38kHz 副载波严格地同频率、同相位。采用锁相技术的锁相环（PLL）式副载波再生器是解决这一问题的最好办法。因此现代的立体声接收机，一般都采用锁相环式开关解码器。

（1）锁相环式副载波再生器电路组成。锁相环式副载波恢复电路是在 19kHz 导频信号的"导引"下，通过锁相环路来锁定再生的 38kHz 副载波（开关控制信号）的频率和相位，以实现开关解码。锁相环式副载波恢复电路是由压控振荡器（VCO）、正交相位比较器（鉴相器）、低通滤波器、直流放大器、分频器等构成的闭合环路系统，其电路原理框图如图 4.35

所示。

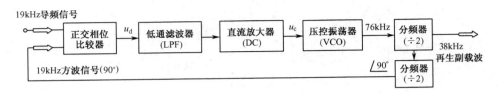

图 4.35　锁相环式副载波恢复电路框图

（2）锁相环路工作过程。在没有收到调频立体声广播，即没有 19kHz 导频信号送入锁相环路时，压控振荡器 VCO 工作于"自由振荡"的固有频率 f_0 上，电路设定 f_0 近似为 76kHz。压控振荡器产生的方波信号经两次分频后得到近似为 19kHz 并移相 90°的方波信号送至正交相位比较器。正交相位比较器因只有这一方波信号输入而不工作，也就无比较信号 u_d 输出，于是 VCO 仍处于"自由振荡"状态。

当接收到调频立体声广播时，由鉴频器输出的立体声复合信号，经解码器中的复合信号分离电路分离出 19kHz 导频信号，并送至正交相位比较器的另一输入端。正交相位比较器对输入的 19kHz 导频信号与近似为 19kHz 的方波信号进行相位比较，产生一个与两信号相位差/频率差相关的误差电压 u_d。误差电压 u_d 经低通滤波、直流放大后形成直流控制电压 u_c 并送至压控振荡器 VCO 的压控端。VCO 在 u_c 的作用下，其振荡频率朝趋近 76kHz 变化，使送入正交相位比较器的 19kHz 方波信号与导频信号的相位差/频率差明显减小。环路继续工作，直至输入正交相位比较器的两个比较信号能基本上保持同频/正交关系，环路进入锁定（维持）状态，此时 VCO 的振荡频率被锁定在 76kHz，经第一分频器分频后输出的 38kHz 方波信号与立体声复合信号中的副载波有较好的同频/同相关系，将它作为开关解码的开关控制信号，可显著减小因再生副载波相位差对立体声分离度的影响。

4.4.4　典型集成解码电路实例

目前，立体声解码电路已经全部集成化。在集成解码电路中使用最多的是锁相环立体声解码器，它的性能优越，且外围电路极为简单。这类集成电路型号较多，但功能大同小异。国内使用最多的是 TA7343AP。

1．TA7343AP 的内部结构与引脚功能

TA7343AP 采用单列直插 9 脚塑料封装形式，其内部结构框图及外围应用电路如图 4.36 所示，引脚功能如表 4.3 所示。

TA7343AP 内部由输出放大器、锁相环系统、立体声解调器、立体声开关电路和指示灯驱动电路等构成。立体声复合信号由 1 脚输入，经输入放大器放大后，分别送到鉴相器 1、鉴相器 2 和立体声解码开关。鉴相器 1、直流放大器、压控振荡器和两个 1/2 分频器构成了副载波锁相环系统，用来产生与发射机同频同相的 38kHz 的副载波信号。

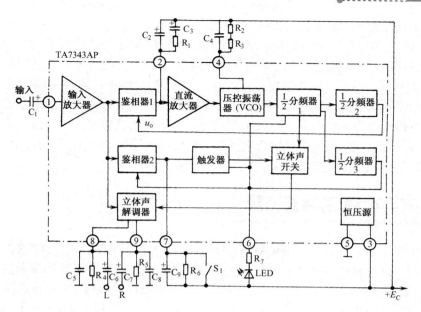

图 4.36 TA7343AP 构成的解码电路

表 4.3 立体声解码集成电路 TA7343AP 引脚功能

引　　脚	功　　能	引　　脚	功　　能
1	立体声复合信号输入	6	立体声指示
2	环路低通滤波	7	单声道/立体声控制
3	电源电压	8	解码输出(L)
4	VCO 频率调节	9	解码输出(R)
5	接地		

2. TA7343AP 的解码过程

压控振荡器产生 76kHz 的振荡信号经过两次 1/2 分频后，变为 19kHz 的信号 u_o 送到鉴相器 1；同时输入信号中的 19kHz 的导频信号也送入鉴相器 1。在鉴相器 1 中的 u_o 与导频信号进行相位比较，产生误差电压，经滤波放大后加到压控振荡器，控制振荡器的频率和相位。振荡器的输出信号再经过二次 1/2 分频后，又与导频信号进行比较。如此反复，误差信号减小至 0，使 76kHz 信号的相位被锁定在导频信号的相位上，这时压控振荡器经过一次 1/2 分频后得到的 38kHz 信号与导频信号保持同步，使副载波信号得以恢复。锁定后的振荡信号经 1/2 分频器与输入到鉴相器 2 的导频信号进行比较，当这两个信号相位、频率相同时，其输出电压最大，并送入触发器。当有立体声复合信号时，导频信号达到一定的电平，使触发器触发，调频立体声指示灯发光。同时，立体声开关电路接通，被锁定后的 38kHz 开关信号送入立体声解码开关，然后从立体声复合信号中解调出左、右声道信号，分别从 8 脚和 9 脚输出。

当输入为单声道信号时，触发器不动作，立体声开关电路断开，无 38kHz 开关信号送入解码开关，立体声解码器只起放大作用，将单声道信号从 8、9 脚输出，这时由于触发器不动作，立体声指示灯也不会发光。

　　TA7343AP 外围元件很少，调整也比较简单。其中 C_1 为输入耦合电容。R_1、C_2、C_3 为鉴相器 1 的低通滤波器，它能把鉴相器产生的误差电压转变为直流信号，去控制振荡器。R_2、R_3、C_4 用来调整指示灯明暗的灵敏度。开关 S_1 为单声道/立体声开关，当 S_1 闭合时，压控振荡器停振，电子开关断开，无立体声开关信号送入解码开关电路，电路被强迫进入单声道工作状态，这时指示灯也不会发光。这种工作状态对于接收效果较差的电台信号是有利的，可以减小噪声和外界干扰的影响。当接收立体声广播时 S_1 断开。C_5、R_4 和 C_7、R_5 构成去加重电路。C_6、C_7 为输出耦合电容。

4.5　典型调频/调幅调谐器

　　目前，采用 TA7335P，TA7640AP 和 TA7343AP 构成的全集成化调频/调幅调谐器在国内外极为流行。该调谐器包括调频高频头、调频中放、鉴频、立体声解码及调幅变频中放、检波等电路，具有集成度高、工作可靠、体积小、组装调试简单等特点，其电路结构如图 4.37 所示。各集成块的引脚功能分别参见本章前面的表 4.1、表 4.2 和表 4.3，各集成块的管脚静态工作电压如表 4.4 所示。

表 4.4　各集成块管脚静态工作电压（单位：V）

集成块	状态	1	2	3	4	5	6	7	8	9	10	11	12	13	14	15	16
TA7335P	FM	4.8	5.8	5.8	5.8	0	5.8	5.2	2.5	2.4							
TA7640AP	FM	0	0	2.4	2.4	0.8	0.8	7.4	0	1.6	5.8	5.8	1.4	4.1	1.4	1.4	5.8
	AM	1.5	1.5	2.4	2.4	0.8	0.8	7.4	0	1.3	6	6	1.4	1.4	1.4	1.4	6
TA7343AP	FM	3.3	6.2	8	7	0	5.3	6	4.2	4.2							
	AM	3.3	6.2	8	6.9	0	6.7	8	4.2	4.2							

注：该电压数据为参考值，当集成块的电源供电电压不同时，各引脚的电压也会相应发生变化。

4.5.1　调幅信号流程

　　由天线接收到的调幅信号，经输入回路选出所要接收的调幅（AM）电台信号，通过波段开关 S_{1-4} 送至 TA7640AP 的 1 脚，3 脚所接的 LC 网络是 AM 的本振调谐回路，在 TA7640AP 的内部，电台信号与本振信号混频后从 16 脚输出，然后再经 B_8、B_9 选出 465kHz 的 AM 中频信号后，又送回 TA7640AP 的 13 脚，在 TA7640AP 的内部进行 AM 中放、检波后从 9 脚输出，再经 9 脚外接的电容器的滤波后得到音频信号，经 VT_3 放大后送至 TA7343AP 进一步放大，从 8,9 脚输出音频信号至功放电路。其中，TA7640AP 的 5 脚外接 LC 回路是 AM 末级中放电路的 465kHz 选频负载，晶体管 VT_2 是 AM 检波后滤波电容的电子开关，FM 时截止，AM 时导通。而解码器 TA7343AP 的 7 脚直接与+8V 电源相接，使内部的开关解码电路停止工作，只对 AM 时的音频信号起放大作用，AM 时的信号流程框图如图 4.38 所示。

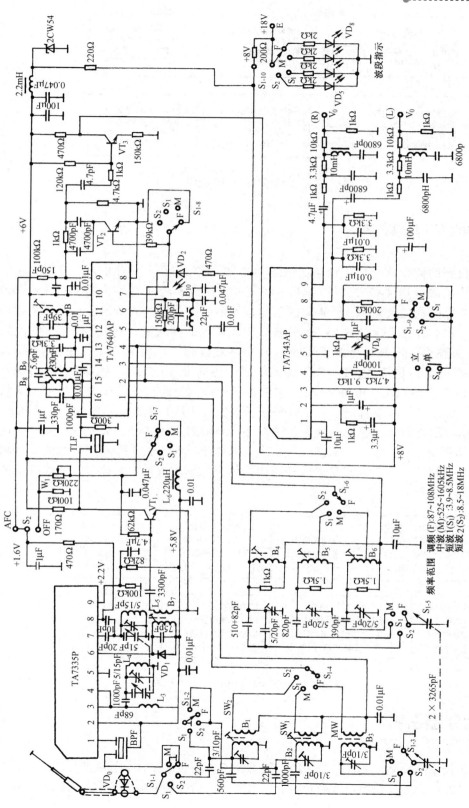

图 4.37 调频调幅调谐器

频率范围 调频 (F):87~108MHz
中波 (M):525~1605kHz
短波 1 (S₁):3.9~8.5MHz
短波 2 (S₂):8.5~18MHz

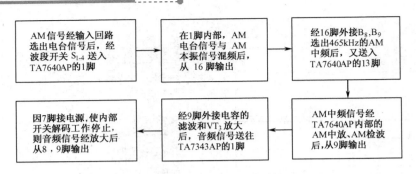

图 4.38　调幅（AM）信号流程框图

4.5.2　调频信号流程

由天线接收到的调频信号，经带通滤波器 BPF 滤波选出 87～108MHz 的调频波段信号，送入调频头集成电路 TA7335P 的 1 脚，经其内部高放和经 3 脚外接的 LC 选台调谐回路后，选出电台信号馈入 4 脚，经 4 脚内部与本振信号混频后从 6 脚输出。其中 7 脚外接的 LC 回路为 FM 本振调谐回路，8 脚是 AFC 控制信号的输入端，使 FM 调频头的本振频率稳定，而 6 脚输出的混频信号再经外接的 B_7 中频选频回路选出 10.7MHz 中频信号后，送入 VT_1 预中放放大，再通过 TLF 陶瓷滤波器进一步选出 10.7MHz 中频信号后，送入 TA7640AP 的 14 脚，在 TA7640AP 内部，10.7MHz 中频信号经过 FM 中放、限幅、鉴频后，得到立体声复合信号从 9 脚输出。11 脚外接的 LC 回路是 FM 鉴频器的 90°移相网络。9 脚输出的立体声复合信号，经 VT_3 放大，送入立体声解码电路 TA7343AP 的 1 脚，经内部的开关式立体声解码后，分离为两路信号从 8,9 脚输出，再经 8,9 脚外接的滤波和音频去加重电路，即得到左、右声道的音频信号送往立体声功率放大器。调频信号的流程框图如图 4.39 所示。

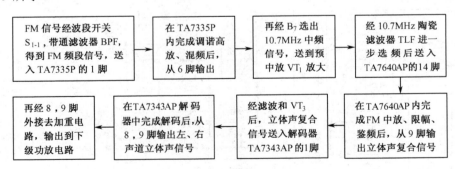

图 4.39　调频信号流程框图

4.6　数字调谐器

随着微电子技术的发展，尤其是数字电子技术和微电脑技术在音响领域的广泛应用。在现代收音机、录音机、中高档组合音响和带调谐器的 AV 功放等音响设备中，普遍设置有采用锁相环路技术与微机控制技术相结合的数字调谐系统（DTS, Digital Tuning System）。它是一种新颖的音响辅助电路，也是一种新颖的电子调谐装置。

4.6.1 数字调谐器的特点与电路组成

1. 数字调谐器的特点

数字调谐系统（DTS）采用锁相环频率合成技术和微电脑控制技术，用晶体振荡器作为本振频率的数字振荡源，用变容二极管代替各个调谐回路中的可变电容器。因此数字调谐器与采用可变电容器的机械式调谐器相比具有如下特点。

（1）具有自动搜索选台、记忆选台等智能特点。这是由于在数字调谐器中，采用了微电脑控制技术，使电子调谐实现了智能化，从而使 DTS 具有电台信号的自动搜索、频率预置、存储记忆等多种功能，同时也使调谐操作准确、快捷而方便。

（2）调谐准确，工作稳定。这是由于采用了锁相环路技术，使电子调谐的频率准确性和稳定性得到了明显的提高，无频率漂移等走台现象的出现。

（3）具有数字频率显示功能。由于采用了数字显示技术，可以直接用数字来显示所接收的电台频率，使调谐操作直观、简便，同时也便于遥控操作和轻触式操作的实现。

（4）可以实现多功能控制，且操作方便。由于采用了微电脑控制技术，因此可以很方便地实现定时开机、定时关机、睡眠、静噪调谐等多种控制功能，同时若将微电脑技术与红外遥控技术结合，还可以实现遥控操作。

（5）体积小、质量小、可靠性高、使用寿命长。由于采用了变容二极管来代替可变电容器，故无机械式调谐器中的可变电容器的机械磨损和接触不良，大大提高了调谐器的使用寿命和可靠性，同时也无须机械式调谐器所需的刻度盘、旋钮等传动机构，使整个调谐系统的体积大大缩小。

2. 数字调谐器的电路组成

数字调谐器是建立在性能较好的调幅/调频收音机电路基础上而实现的。数字调谐器一般由收音通道和数字调谐控制电路两部分组成，电路如图 4.40 所示。

收音通道与普通的 AM/FM 立体声调谐器（收音电路）基本相同，也是由 FM 接收通道和 AM 接收通道所组成的。FM 接收通道包括 FM 输入回路、FM 调谐高放、FM 振荡、FM 混频、FM 中放、FM 鉴频器、立体声解码器等电路；AM 接收通道包括 AM 输入回路、AM 振荡器、AM 混频器、AM 中放、AM 检波器等电路。不同之处在于 FM 和 AM 的振荡器都使用了压控振荡器（VCO），且在各个调谐回路均使用了变容二极管的电调谐方式，取代了传统的可变电容器调谐方式，用改变变容二极管反偏电压的方法来改变各个调谐回路的谐振频率。

数字调谐控制部分是数字调谐器的核心部分，主要由锁相环（PLL）数字频率合成器和微处理（CPU）调谐控制器两部分组成。PLL 用来完成本振信号的频率合成、调谐电压的输出、数字频率的显示；CPU 主要用来实现调谐电压的控制、电台信号的自动搜索、电台频率的预置存储等控制任务。

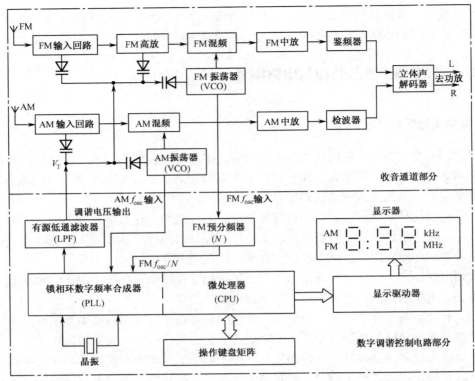

图 4.40　数字调谐器的电路组成

上述电路组成情况可归纳如下：

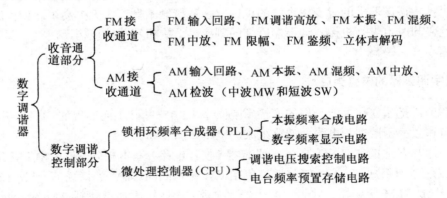

4.6.2　数字调谐器的工作原理

数字调谐系统（DTS），实际上是应用微处理器（CPU）实现锁相环（PLL）技术和频率合成技术相结合的一种自动控制系统。锁相是相位锁定的简称。频率合成是对高稳定度的频率进行加、减、乘、除基本运算，以产生一系列所需要的各种离散频率（收音通道部分的本机振荡频率）的技术。产生的离散频率与主晶振频率成严格的比例关系，使收音通道部分的工作频率极为稳定。因此，数字调谐器与传统的调谐器的根本区别在于应用了数字调谐（DTS）技术，数字调谐系统的关键是锁相环式频率合成器。

1. 锁相环

锁相环（PLL）电路的结构组成框图如图 4.41 所示，它是一个能够实现两个电信号相位严格同步的自动控制系统。包括 3 个基本部件：压控振荡器（VCO）、相位比较器（PD）和环路低通滤波器（LPF）。

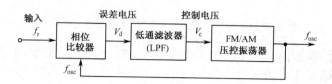

图 4.41　锁相环（PLL）电路的结构组成框图

相位比较器是把输出频率信号的 f_{osc} 和输入参考频率信号 f_r 的相位进行比较，产生对应于两个信号相位差的误差电压 V_d。

压控振荡器（VCO）的频率受控制电压 VT_c 的控制，使压控振荡器的频率 f_{osc} 向输入参考信号频率 f_r 靠近，致使差拍频率越来越低，直至频率差（$f_{osc} - f_r$）的消除而锁定。

环路低通滤波器（LPF）的作用是滤除误差电压 V_d 中的高频成分和噪声，得到控制电压 VT_c，以保证环路所必须的性能指标和整个环路的稳定性。

当压控振荡器中心频率 f_{osc} 等于参考信号频率 f_r 时，即两个信号的相位差为 0 时，相位比较器输出的误差电压 V_d 为 0，则环路低通滤波器输出的控制信号 VT_c 亦为 0，从而保证了压控振荡器（VCO）的输出频率必然为其中心频率 f_{osc}。

当输出信号频率 f_{osc} 不等于参考信号频率 f_r 时，则相位比较器输出的误差电压 V_d 不为 0，环路低通滤波器输出的控制信号 VT_c 也不为 0，进而迫使压控振荡器（VCO）的中心频率朝着相位差消失的方向变化，保证了输出信号在频率和相位上与输入信号完全准确同步，达到输出信号锁定在输入的基准频率信号相位上的目的。

2. 频率合成器

频率合成技术就是将一个基准频率变换为另一个或多个所需频率的技术，一般均利用锁相环路来进行频率合成。实际中，基准频率往往由高稳定度和高精度的晶振产生，通过 CPU 的加、减、乘、除运算处理，获得所需的各种不同的离散频率，而这些所需的各种离散频率也具有与基准信号源一样的高稳定度和高精度。用这种离散频率作为调谐器的本振频率时，可以满足在接收电台信号时所需要的各种不同的本振频率，达到极好的接收效果。

锁相环频率合成器电路如图 4.42 所示。分别由石英晶体振荡器、参考分频器（分频数 R 由 CPU 设定为一固定值）、可编程分频器（分频数 N 由 CPU 设置，且 N 可变）、锁相环部分的相位比较器（鉴相器）、环路低通滤波器（LPF）和压控振荡器（VCO）等部分组成。可编程分频器插入在锁相环路之中，锁相环所起的作用主要是使所合成的频率信号能与晶振同步。在如图 4.41 所示的锁相环式频率合成器中，由于可编程分频器的存在，利用 N 次分频的可变（可控），便可获得一系列离散的频率信号，从而满足音响系统数字调谐的需要。

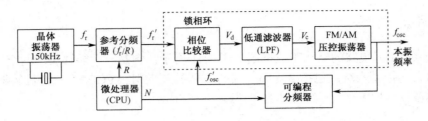

图 4.42　锁相环（PLL）式频率合成器的工作原理

设石英晶体振荡器的振荡频率为 f_r，经过参考分频器 R 次分频后所得参考信号的频率为 $f_r'(f_r' = f_r / R)$。若锁相环式频率合成器的输出信号频率为 f_{osc}，则经程序可变分频器 N 次分频所得信号频率为 $f_{osc}'(f_{osc}' = f_{osc} / N)$。两者（$f_r'$ 和 f_{osc}' 信号）同时送入相位比较器（鉴相器）进行相位比较，若两者存在相位差时，相位比较器输出一个幅值大小正比于该相位差的误差电压 V_d，误差信号 VT$_d$ 经环路滤波器的低通平滑滤波后，转换成为一个直流控制电压 VT$_c$。这一直流控制电压 VT$_c$ 送入压控振荡器，使压控振荡器的频率（f_{osc}）和相位做相应变化，使它朝着减小两个信号（f_{osc}' 和 f_r'）的频率误差和相位误差方向变化，当这种变化达到稳态时，锁相环路的相位被锁定，最终使得相位比较器的两个输入信号（f_{osc}' 与 f_r'）的频率相等、相位差为一确定的值，LPF 输出一个确定的直流电压。此时，压控振荡器的输出信号频率为：

$$f_{osc} = N \cdot f_{osc}' = N \cdot f_r'。$$

由此可知，只要 CPU 输出的 N 数改变（即可编程分频器的分频系数 N 改变），PLL 频率合成器输出的信号频率就会改变。如 $f_r' = 500$Hz，当 N 从 2000 变化到 4000 时，由 $f_{osc} = N \cdot f_r'$ 可得一系列离散的频率信号：1000kHz、1000.5kHz、1001kHz、…2000kHz。这些频率信号就可作为调谐器的收音部分中波变频电路的本振频率信号。同时，这种频率信号具有与石英晶体振荡器相仿的频率稳定度和精确度。

通常，我们把频率步跳的间隔 f_r' 称为数字调谐的步长，它决定了锁相环式频率合成器所产生信号的频率离散程度。调谐步长 f_r' 取得愈小，在调谐操作中，每次增加（或减小）的频率值就愈小，会使一个频点紧接着下一个频点，从而调谐就愈精确，愈不容易漏台。但调谐步长 f_r' 也不宜取得太小，否则环路同步的捕捉时间过长，调谐操作费时而不方便。对于调频广播（FM）频段的数字调谐，一般取调谐步长 f_r' 为 25kHz；对于调幅广播（AM）中波波段的数字调谐，一般取调谐步长 f_r' 为 500 Hz；对于调幅广播（AM）短波波段的数字调谐，一般取调谐步长 f_r' 为 5 kHz。

可见，可编程分频器的作用是：一方面使压控振荡器产生的信号频率经分频后降低至参考信号频率附近，以便于相位比较器进行两者的相位比较，利用相位比较器所产生的误差信号来纠正压控振荡器的频率；另一方面是有序地改变（调节）锁相环式频率合成器输出信号的工作频率。设锁相环式频率合成器原锁定于 $f_{osc1}(f_{osc1} = N_1 \cdot f_r')$，当可变程序分频器的分频比改变（调节）为 N_2 时，则 $f_{osc1} / N_2 = f_{osc1}' \neq f_r'$，暂时使环路进入失锁状态。经过锁相环路的自动调整后，又将使锁相环式频率合成器输出信号的工作频率在 $f_{osc2}(f_{osc2} = N_2 \cdot f_r')$ 上重新锁定，完成自动调谐本机振荡频率的调节。

由于调频波段频率范围为 87～108 MHz，调频中频频率为 10.7MHz，也就是说本机振荡器的最高本机振荡频率应为 $f_{max} = 108 + 10.7 = 118.7$ MHz。本机振荡器的最低本机振荡频率

应为 $f_{min} = 87 + 10.7 = 97.7$ MHz。若以调谐步长 $f_r' = 25$kHz 的锁相环式频率合成器来担任本机振荡器，则该频率合成器内的可编程分频器的分频数的最大值为 $N_{max} = f_{max} / f_r'$ $= 118.7$ MHz/25kHz $= 4748$，最小值为 $N_{min} = f_{min} / f_r' = 97.7$ MHz/25kHz $= 3908$。因此，分频比 N 必须在 $4\,748 \sim 3\,908$ 的范围内变化，才能满足调频广播接收的要求。同理，对于调幅广播：中波段接收频率范围为 $520 \sim 1\,610$kHz，中频频率为 450kHz，也就是说本机振荡器的最高振荡频率应为 $f_{max} = 1\,610 + 450 = 2\,060$kHz。本机振荡器的最低振荡频率应为 $f_{min} = 520 + 450 = 970$ kHz。若以调谐步长 $f_r' = 9$kHz 的锁相环式频率合成器来担任本机振荡器，则该频率合成器内的可编程分频器的分频数的最大值为 $N_{max} = f_{max} / f_r' = 2\,060$ kHz/9kHz $= 228$；最小值为 $N_{min} = f_{min} / f_r'$ 970 kHz/9kHz $= 107$。因此，分频比 N 必须在 $228 \sim 107$ 的范围内变化，才能满足调幅广播接收的要求。

可见，根据不同的频率接收范围的调谐步长的不同选择，通过 CPU 对可编程分频器分频比 N 的编程设计，可以方便地得到相应间隔的大量离散的本机振荡频率，以满足调谐选台的需要。而各个波段的调谐步长 f_r' 值，也由 CPU 根据所选择的波段通过分频数 R 的大小来设置，即 $f_r' = f_r / R$。例如，晶振频率为 150 kHz，则在 FM 波段时，调谐步长为 25kHz，CPU 输出的分频数 $R = f_r / f_r' = 150$ kHz/25kHz $= 6$；在 AM 的短波段时，调谐步长为 5kHz，CPU 输出的分频数 $R = f_r / f_r' = 150$ kHz/5kHz $= 30$。

4.6.3　数字调谐器电路实例*

随着数字调谐技术的发展，音响系统中数字调谐装置的新颖品牌不断涌现。其中，采用单片 DTS 集成电路 TC9307AF 所构成的数字调谐器是一种应用较为广泛而典型的电路。采用该芯片作为数字调谐器的产品有：日本的东芝 DTS-12 型调谐器、国产的伯龙 HS-490 型调谐器、东港 L220 型调谐器、咏梅 9111 型调谐器等。下面以东芝 DTS-12 型数字调谐器为例进行介绍。

DTS-12 型数字调谐器的接收频率范围及调谐频率步长如下：

FM 波段：$87.5 \sim 108$ MHz（频率步长为 50 kHz 或 25 kHz）；

MW 波段：$531 \sim 1\,602$ kHz（频率步长为 9 kHz 或 10 kHz）；

SW$_1$ 波段：$2.3 \sim 6.2$ MHz（分为 120 m, 90 m, 75 m, 60 m, 49 m 5 个国际标准米波段，频率步长为 5 kHz）；

SW$_2$ 波段：$7.1 \sim 21.85$MHz（分为 41m, 31m, 25m, 21m, 19m, 16m, 13m 7 个国际标准米波段，频率步长为 5kHz）。

它的整机功能有：手动上行/下行搜索调谐选台、自动扫描调谐选台（能自动检索捕捉电台频率）、快速调谐、自动存储调谐；能预置存储 20 个电台频率及各波段最后收听的电台频率；设有 12 小时制/24 小时制时钟显示、定时开机、定时关机及睡眠自动关机等功能。整机采用 LCD 液晶显示，可对时间、波段、频率、存储电台等功能字符给予清晰的显示。采用的晶振频率为 75kHz 或 150kHz。

1. 整机电路组成

DTS-12 型全波段数字调谐器的整机电路组成如图 4.43 所示。

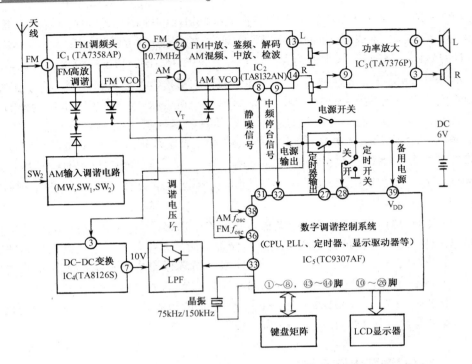

图 4.43　DTS-12 数字调谐器整机电路组成框图

　　该数字调谐器（DTS）的核心部分是全集成数字调谐单片集成电路 TC9307AF（IC$_5$），内含 4 位微处理器（CPU）、锁相环式频率合成器、定时器和显示驱动器。收音电路由 IC$_1$、IC$_2$ 和 IC$_3$ 所组成。其中集成块 IC$_1$（TA7358AP）是 FM 高频头集成电路，内含 FM 高放、本振、混频。集成块 IC$_2$（TA8132AN）是 AM/FM 中频放大器集成电路，其 AM 通道含 AM 本机振荡器（VCO 压控振荡器）、混频器、中频放大、AGC 和检波器；而 FM 通道含 FM 中频放大、鉴频及立体声解码器。集成块 IC$_3$（TA7376P）是双通道音频功率放大器集成电路，以保证左、右声道的音频信号有足够功率的立体声效果。集成块 IC$_4$ 是 DC-DC 直流变换电路，以实现整机低电源电压（+6V）向较高电源电压（+10V）的转换，用来满足变容二极管反偏调谐电压的要求。

2.　数字调谐控制集成电路

　　TC9307AF-008 集成电路内部主要由锁相环频率合成器（PLL）、微处理器（CPU）、LCD 液晶显示驱动器等部分组成。

　　（1）TC9307AF 引脚功能。东芝 DTS-12 数字调谐收音机中的 DTS 中央控制单元，采用 TC9307AF 集成电路。该电路是一块 4 位 CMOS 单片数字调谐（DTS）专用微处理器，共有 44 只引出脚。其中第 3～8 脚是键盘扫描信号输出接口端子（即键盘矩阵的行母线端子），第 1，2 脚和第 43，44 脚是键盘扫描信号输入接口端子（即键盘矩阵的列母线端子），以利于键矩阵操作的实现。第 9～26 脚是 LCD 液晶显示驱动器各相关驱动信号的输出端子，第 24～30 脚是 IC 内 I/O 接口连接端子，可见第 24～26 脚具有上述双重兼容功能。第 31 脚是静噪控制信号输出端，第 32 脚是中频自动停台信号注入端，第 33 脚和第 34 脚是 IC 内相位比较器的两个缓冲器的输出端子，第 35 脚是中断控制输入端，第 36 脚是 FM 本机振荡注入端子，第 37 脚是整个集成块的公共接地端子，第 38 脚是 AM 本机振荡注入端子，第 39 脚是整个集成块的电源电压（$+V_{DD}$）供给端子，第 40 脚和第 41 脚是晶振回路外接端子，第 42 脚是整个系统的复位置入端。上述各引出脚的功能如表 4.5 所示。

表 4.5　TC9307AF-008 引脚功能

引　脚	符　号	引 脚 功 能	电压与波形				
1	K_2	键输入接口端子	直流：0V				
2	K_3						
3	T_0	键输出接口端子	直流：3、4 脚为 0.6V，其余约 5.3V				
4	T_1						
5	T_2	键输出接口端子	直流：3、4 脚为 0.6V，其余约 5.3V				
6	T_3						
7	T_4						
8	T_5						
9	VLCD	IF 输出电子开关	直流：约 2.6V				
10	COM_1	液晶显示器（LCD）显示的公共输出端口					
11	COM_2						
12	COM_3						
13	COM_4						
14	S_1	LCD 显示的段输出端口	直流：约 4V　波形：1/4 占空比矩形波，频率为 125Hz，峰–峰值为 4V				
15	S_2						
16	S_3						
17	NC（空）						
18	S_4						
19	S_5						
20	S_6						
21	S_7						
22	S_8						
23	S_9						
24	S_{10}/P_{22}						
25	S_{11}/P_{21}						
26	S_{12}/P_{20}						
27	S_{13}/P_{13}	定时器输出口	直流：0V；定时起作用时约 5.3V				
28	P_{12}	定时器输入口					
29	P_{11}	外部接波段转换开关，进行电平转换，以控制内部的分频数据	波段脚号	FM	MW	SW_2	SW_1
30	P_{10}		29	L	H	H	H
			30	L	L	H	L
31	MUTE	静噪控制端	直流：0V；自动搜索时约 5.3V				

（第29、30行右侧：H=5.3V　L=0.6V）

续表

引　脚	符　号	引脚功能	电压与波形
32	IF-IN	中频计数器输入端	直流：约 2.6V 波形：自动搜索时有计数脉冲，频率在变化
33	DO_1	PLL 鉴频器输出口	直流：约 1V 波形：占空比变化的矩形波，峰–峰值约 5V
34	DO_2		
35	INH	方式设置输入口	直流：收音状态为 6V；时钟状态为 0V
36	FM-IN	FM 分频计数器输入口	直流：FM 波段时 2.6V；AM 波段时 0V 波形：FM 本振信号，峰–峰值约 4V
37	GND	接地端	直流：0V
38	AM-IN	AM 分频计数器输入口	直流：AM 波段时 2.6V；FM 波段时 0V 波形：AM 本振信号，峰–峰值约 4V
39	V_{DD}	电源供给	直流：约 5.3V
40	X_1	石英晶振	直流：40 脚为 2.6V，41 脚为 2V 波形：正弦波，频率 150kHz，峰–峰值约 4V
41	X_2		
42	INT	复位（初始化）输入端	直流：约 5.3V
43	K_0	键输入端	直流：0V
44	K_1		

（2）TC9307AF 的主要特点。

① 内存容量大。在 TC9307AF 内部，用于数据存储的随机存储器（RAM）的容量为 4 位×128 字节，用于指令程序存储的程序存储器（ROM）的容量为 16 位×2 048 字节，因此，它的内存容量大，其内部的指令系统非常丰富。

② 输入/输出（I/O）接口完善。该芯片的 I/O 接口设置十分完善，除专用的键盘矩阵 I/O 接口外，还有波段 I/O 接口，定时器 I/O 接口，LCD 显示的段信号输出接口。此外，该芯片内部还设置有 LCD 专用的 3V 稳压器，并能直接输出 LCD 各段所需的动态驱动信号。

③ 选台功能丰富多样。既可手动升/降调谐（锯齿波扫描方式），也可自动搜索调谐，另外还有半自动存储选台、存储器扫描选台等。

④ 定时功能。具有定时开机与定时关机功能，并可同时设定；睡眠定时的设定可以在 1～90min 之间以每隔 10min 的间隔进行预置。

⑤ 采用中频信号自动停台方式。该芯片内部专门设置了 16 位通用中频计数器输入接口，可以将收音通道的中频电路输出的 AM 或 FM 信号进行分频，并检出自动调谐停止信号，使调谐搜索自动停止（即锁台），且可有效地抑制干扰信号及本地特强电台侧边峰信号的出现。

⑥ 工作电压低、适用范围宽。TC9307AF 的工作电压为 3～5.5V，IC 内部设置有 3V 稳压电路。可用于便携式数字调谐收音机、收录机、组合音响、汽车收音机等。

3. 数字调谐控制电路分析

DTS-12 全波段数字调谐收音机整机通过 IC_5（TC9307AF-008）内部设置的 4 位微处理器（CPU）实现波段转换控制、调谐电压（VT_T）控制、静噪调谐控制、自动扫描调谐停台控制、定时开/关机控制（含睡眠关机控制）和 AM/FM 本振信号频率注入控制等多种控制功能。现将 DTS-12 整机线路中的上述控制电路单独予以描述，如图 4.44 所示。

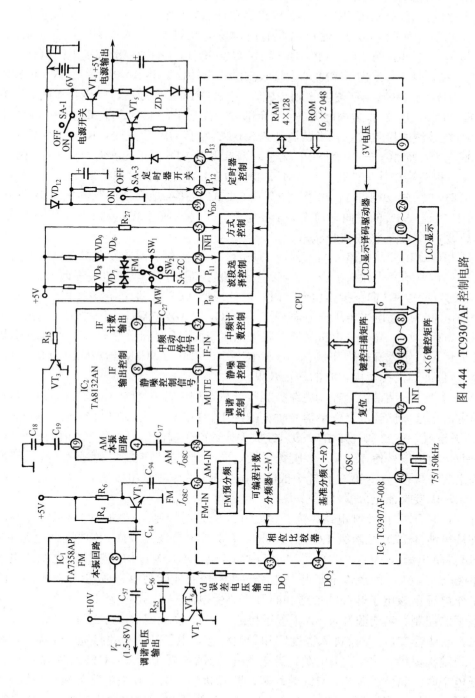

图 4.44 TC9307AF 控制电路

（1）波段切换控制电路。DTS-12 整机波段的切换控制是通过外接转换开关 SA-2C 的切换与 VD_6～VD_9 二极管的配合，使 IC_5 第 29 脚（P_{11} 端子）和第 30 脚（P_{10} 端子）分别置于不同高低电平的组合状态，经 IC_5 内相关接口而致使 IC_5 工作于相应的波段接收状态的。当转换开关 SA-2C 置于如图 4.44 所示的 FM 位置时，4 只二极管 VD_6～VD_9 均处于正向导通状态（经 SA-2C 接地）。使 IC_5 第 29 脚（P_{11} 端子）和第 30 脚（P_{10} 端子）全部置于低电平，于是通过 IC_5 内相关接口使 IC_5 工作于 FM 调频接收波段。当转换开关 SA-2C 置于 SW_2 位置时，二极管 VD_6、VD_7 负极相接端子悬空，则二极管 VD_8、VD_9 正向导通，二极管 VD_6、VD_7 断开。使 IC_5 第 29 脚（P_{11}）和第 30 脚（P_{10}）全部置于高电平，于是通过 IC_5 内相关接口使 IC_5 工作于 SW_2 短波波段接收状态。当转换开关 SA-2C 置于 MW 位置时，IC_5 第 30 脚（P_{10} 端子）接地为低电平，而 IC_5 第 29 脚（P_{11} 端子）因二极管 VD_9 的正向导通而处于高电平。于是，通过 IC_5 内相关接口使 IC_5 工作于 AM 中波（MW）波段接收状态。当转换开关 SA-2C 置于 SW_1 位置时，IC_5 第 29 脚（P_{11} 端子）经开关 SA-2C 直接接地而处于低电平，IC_5 第 30 脚（P_{10} 端子）因二极管 VD_8 的正向导通而处于高电平。于是，通过 IC_5 内相关接口又使 IC_5 工作于 AM 的短波 1（SW_1）波段接收状态。

（2）静噪调谐控制电路。为了保证 DTS-12 全波段数字调谐收音机在调谐搜索电台的过程中，使扬声器不产生任何杂音，IC_5 设置有静噪控制功能。当整机按下调谐键 UP（向上搜索电台）或 DOWN（向下搜索电台）时，微处理器（CPU）通过相关接口使 IC_5 第 31 脚输出 1 个高电平，该高电平电压一方面直接送至 IC_2（TA8132AN）第 8 脚使 IC_2 内中放输出关断，另一方面，这一高电平电压又通过限流电阻 R_{15} 加至外接静噪开关管 VT_3 的基极，迫使静噪开关管 VT_3 进入深度饱和状态，致使 IC_2 第 19 脚的 AM/FM 检波输出为 0（通过 VT_3 直接到地），保证调谐搜索电台时的静音效果。

（3）自动搜索调谐锁台控制电路。当收音机在调谐搜索电台（包括自动扫描搜索电台）的过程中，一旦捕捉到电台频率信号时。IC_2（TA8132AN）第 9 脚将检测所得到的中频信号（IF）馈送至 IC_5 第 32 脚（IF-IN 端），经放大计数产生控制信号迫使 IC_5 内的扫描搜索停止，并切断静噪输出信号使 IC_5 第 31 脚置于低电平，于是静噪控制自动解除（静噪开关管 VT_3 进入截止断开状态、IC_2 第 8 脚置于低电平，使 IC_2 的中频输出接通），实现自动扫描调谐的停台控制，以接收该电台信号。

（4）定时开/关机控制电路。为了满足 IC_5 的定时控制工作和时间显示的需要，整机直接由外接电池（6V）经两级 LC 组成的 π 形滤波器和二极管 VD_{12} 构成辅助电源单独为 IC_5 第 39 脚提供电源（+VT_{DD}）电压。同时由晶体管 VT_4、VT_5 构成整机主电源的电子开关电路，外接电池（6V）须经该电子开关电路的通断控制才能为收音通道（IC_1、IC_2、IC_3、IC_4）提供工作电源。该电子开关的接通和断开主要受电源开关 SA-1 及 IC_5 第 27 脚（P_{13} 端子）输出电平的控制。当电源开关 SA-1 置于接通（ON）位置或 IC_5 第 27 脚（P_{13} 端子）输出高电平时，晶体管 VT_4、VT_5 进入深度饱和导通状态，电子开关电路接通，经稳压二极管 ZD_1 稳压后为整机提供（+5V）主电源。当电源开关 SA-1 置于断开（OFF）位置或 IC_5 第 27 脚输出低电平时，晶体管 VT_4、VT_5 进入截止断开状态，电子开关电路关断，整机（+5V）主电源关断，整机收音通道（IC_1、IC_2、IC_3、IC_4）因无电源供电而不工作，同时 IC_5 中断控制端（第 35 脚）也因得不到电源供电而置于低电平，致使 IC_5（TC9307AF）内与收音通道有关的所有电路均处于关闭状态。只有 IC_5 内的定时器和 LCD 液晶显示器部分通过辅助电源获得（+VT$_{DD}$）电源供给（第 39 脚）而照常工作，用来显示时间及定时器有关字符，这时整机耗电电流在 30μA 以内。

整机定时器的开启与关闭是通过外接定时开关 SA-3 的切换来实现的。当定时开关 SA-3 置于如图 4.44 所示（OFF）位置时，使 IC$_5$ 第 28 脚（P$_{12}$ 端子）置于高电平，于是 IC$_5$ 内定时器无效（不工作），定时器输出端 P$_{13}$（IC$_5$ 第 27 脚）为低电平，主电源的电子开关电路维持原状态。当定时开关 SA-3 置于另一端（ON）位置时，使 IC$_5$ 第 28 脚（P$_{12}$ 端子）直接接地而置于低电平，于是 IC$_5$ 内定时器开启（有效工作）。若设定为定时开机工作状态，则一旦到预先设定的开机时间时，IC$_5$ 第 27 脚（P$_{13}$ 端子）即自行翻转，输出高电平，迫使主电源电子开关电路接通（开关管 VT$_4$、VT$_5$ 进入深度饱和导通状态），主电源供电，收音通道（IC$_1$、IC$_2$、IC$_3$、IC$_4$）进入工作状态。与此同时，IC$_5$ 中断控制端（第 35 脚）亦置于高电平而迫使 IC$_5$ 内与收音通道有关的所有电路全部解锁而进入收音工作状态，从而完成定时开机的任务。同理，若设定为定时关机工作状态，则一旦到预先设定的关机时间时，IC$_5$ 内 CPU 使第 27 脚（P$_{13}$ 端子）自行翻转为低电平，迫使主电源电子开关电路关断（开关管 VT$_4$、VT$_5$ 进入截止断开状态），主电源供电被切断，收音通道（IC$_1$、IC$_2$、IC$_3$、IC$_4$）全部不工作。同时，由于主电源的切断，IC$_5$ 中断控制端（第 35 脚）也因得不到电源供电而置于低电平，迫使 IC$_5$ 内与收音通道有关的所有电路均进入关闭状态，从而完成定时关机的任务。当然，在使用 DTS-12 机内定时装置实现上述定时开机和定时关机功能时，必须使手动电源开关 SA-1 置于 OFF 位置，而定时器控制开关 SA-3 必须置于 ON 位置，方能使键盘矩阵操作相应的按键所设置的定时开机和定时关机时间有效。

（5）本振信号注入电路。DTS-12 全波段数字调谐收音机的 AM 本机振荡信号由 IC$_2$（TA8132AN）产生，一般它的信号幅度较大，故从 IC$_2$（TA8132AN）第 4 脚输出的 AM 本机振荡信号频率经隔直耦合电容 C$_{17}$ 直接注入 IC$_5$ 第 38 脚至 IC$_5$ 内的程序可变分频器进行计数分频。而由 IC$_1$（TA7835AP）产生的 FM 本机振荡信号，因其幅度较小，在整机设计时，设置了单一晶体管 VT$_1$ 构成的共射放大级。于是，从 IC$_1$ 第 8 脚输出的 FM 本机振荡信号频率经 VT$_1$ 管放大后送至 IC$_5$ 第 36 脚，再送至 IC$_5$ 内预分频器，经预分频后再进行吞咽式计数分频。

（6）调谐电压 V$_T$ 控制电路。IC$_5$（TC9307AF-008）锁相环式频率合成器中鉴相器输出的误差信号电压经内设缓冲器缓冲放大后，从 IC$_5$ 第 33 脚（DO$_1$）或第 34 脚（DO$_2$）输出至外接晶体管 VT$_6$、VT$_7$ 构成的有源低通滤波器输入端（晶体管 VT$_6$ 基极）。RC 网络（R$_{25}$、C$_{56}$、C$_{57}$）是有源低通滤波器的比例积分网络，通过 RC 参数的选择可得合适的低通滤波特性。IC$_5$ 第 33 脚（DO$_1$）输出的代表压控振荡器（VCO）信号频率与基准信号频率之间的相位误差电压 V$_d$，经有源滤波器滤除交流分量后转换放大为相关大小的直流调谐电压 V$_T$。有源低通滤波器的电源电压（+10V），由+5V 主电源经 IC$_4$ 组成的直流变换电路（DC-DC 变换）的变换提升后获得，从而保证了有源低通滤波器输出的调谐电压 V$_T$ 有足够的变化范围（1.5～8V），以利于驱动各相关调谐回路变容二极管反偏电容的相应变化，实现理想的数字调谐效果。

（7）键控矩阵电路。DTS-12 全波段数字调谐收音机的键控矩阵位置排列如图 4.45 所示，T$_0$～T$_5$ 是 IC$_5$（TC9307AF）的键控信号输出端，K$_0$～K$_3$ 是键控信号的输入端。共设置瞬时按键 17 个，可完成自动扫描、向上手动调谐/向下手动调谐、快速搜索调谐、节目预置存储等多种功能。设置有二极管设定键 7 个，用来设定初期程序功能。整机设置有键盘锁定开关 SA-4（见书后附图 1），当其置于"1"位置时，4 条键输入线（$K_0 \sim K_3$）经二极管 $VD_{13} \sim VD_{16}$ 均直接接地而被全部箝位于低电平，使所有键操作无效而工作于锁定状态。

	T_0	T_1	T_2	T_3	T_4	T_5
K_3	E_2	时钟	手动上调	M_3	睡眠	M_2/转换
K_2	E_1	测试	快速调	M_2/定时器	M_6	波段
K_1	E_0	波段输出	手动下调	M_1/定时器	M_5	自动搜索存储
K_0	SAM disable	后退	自动	存储	M_4	方式

▢：有线框的为瞬时键，其他为二极管设定键；
$E_0 \sim E_2$：用于设定所接收的国家和地区；
SAM disable：用于选择是否采用"自动"功能键；
（注）：使用测试键时，需将二极管串接于该键。

图 4.45　键控矩阵排列图

4．收音通道电路分析

DTS-12 全波段数字调谐收音机的 AM/FM 收音通道主要由 IC_1、IC_2、IC_3 承担。

（1）FM 调频头电路。FM 调频头电路由 IC_1 集成电路 TA7358AP 构成，TA7358AP 的内部功能框图与典型应用电路如图 4.46 所示。

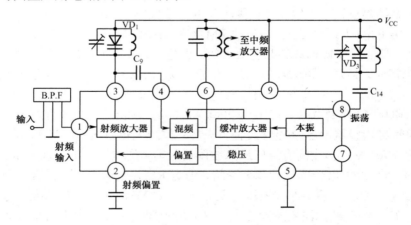

图 4.46　TA7358AP 内部功能框图与典型应用电路

当整机工作于 FM 接收状态时，由外接天线所得 FM 广播电台信号，经带通滤波器选择 FM 频段信号后注入 FM 高频头集成块 IC_1 第 1 脚进行高频（射频）放大，IC_1 第 3 脚外接带变容二极管 VD_1 的 LC 调谐回路，是该高频（射频）放大器的选频负载。经高频放大后的 FM 广播电台信号经隔直耦合电容 C_9 送至 IC_1 第 4 脚注入 FM 混频级。IC_1 第 8 脚外接带变容二极管 VD_3 的 LC 本振回路是 FM 本机振荡器的谐振回路。FM 本机振荡信号一方面经 IC 内部缓冲放大器送至混频器作混频用，另一方面本振信号从 IC$_1$ 第 8 脚输出经隔直耦合电容 C_{14} 耦合，并经一个放大器（VT$_1$）放大后送至送至 IC$_5$ 第 36 脚（FM-IN 端子）注入 IC$_5$ 内预置分频器。经 IC$_5$ 内吞咽式计数系统分频，与参考信号频率鉴相比较后得到的相位误差信号电压（V_d），由 IC$_5$ 第 33 脚送 VT$_6$、VT$_7$ 管有源低通滤波器滤波，滤波所得直流调谐电压 V_T 再加至 FM 高放、本振调谐回路（变容二极管 VD$_1$ 和 VD$_3$ 上），实现数字式锁相环频率合成的要求，完成 FM 数字调谐任务。VD$_1$ 和 VD$_3$ 均采用硅平面型变容二极管 ISV101，它具有较小的内阻（0.3Ω左右）和较大的容量变化范围，当反偏电压（机内调谐电压 V_T）在 3～9V 范围内变化时，电容量可在 30～13pF 范围内调节。上述的 VT$_1$、VT$_6$、VT$_7$ 等电路参见前述的图 4.44 的 TC9307AF 控制电路所示。

（2）FM 中频和立体声解码电路。FM 中频和立体声解码电路以及 AM 的高中频电路均由 TA8132AN（集成块 IC$_2$）构成，TA8132AN 的内部功能框图与典型应用电路如图 4.47 所示。

在 FM 高频头集成块 IC$_1$ 第 6 脚外接 FM 中频变压器 T$_1$ 上所获得的 10.7MHz 的 FM 中频广播电台节目信号，经外接晶体管 VT$_2$ 选频放大和隔离缓冲后送至 IC$_2$ 第 24 脚进行 FM 中频放大，陶瓷组件 Z$_1$（10.7MHz）是晶体管 VT$_2$ 选频放大器的选频负载。经 IC$_2$ 内 FM 中频放大、限幅、FM 鉴频（正交检波）所得调频立体声复合信号，通过 IC$_2$ 内 AM/FM 电子开关的自动切换，从第 19 脚经耦合电容 C$_{22}$ 送至第 18 脚进行调频立体声解码。解码所得左（L）、右（R）双声道立体声广播节目的音频信号，分别从 IC$_2$ 第 13 脚和 14 脚输出，其中陶瓷组件 Z$_3$（10.7MHz）是 FM 鉴频（正交检波）负载，Z$_4$ 是 FM 立体声解码电路的锁相环中压控振荡器（VCO）的选频负载（456kHz），经 IC$_2$ 内设置的 1/12 分频器分频，可获得 38kHz（456kHz/12 = 38kHz）的副载波。在完成上述双声道 FM 立体声广播解码的同时，IC$_2$ 第 9 脚提供中频计数输出信号以实现自动扫描调谐的停台控制。而 IC$_2$ 第 8 脚又可接受 IC$_5$（CPU）送来的静噪调谐控制信号，实施 IC$_2$ 中放输出的通/断控制。

（3）立体声音频功率放大电路。IC$_2$ 第 13 脚、第 14 脚输出的 FM 立体声左、右声道广播节目音频信号经 RC 去加重网络处理后送双通道音频功率放大器集成电路（IC$_3$）进行功率放大后，由扬声器或左、右声道的外接立体声耳机获得理想的调频立体声广播节目的收音效果。

（4）AM 通道电路。当整机工作于 AM 接收状态时，由 AM 三波段（MW、SW$_1$、SW$_2$）输入调谐回路所选择的 AM 广播电台信号，注入 IC$_2$ 第 1 脚内的 AM 混频器。AM 本机振荡 LC 回路外接于 IC$_2$ 第 3 脚，AM 混频所得 465kHz 调幅中频信号从 IC$_2$ 第 23 脚输出。AM 输入调谐回路和本振回路均连接有硅平面型变容二极管 ISV149 作调谐用，它们具有较宽的电容容量变化范围。当调谐电压 V_T（反偏电压）在 1～8V 范围内变化时，其等效电容容量可在 540～30pF 范围内变化。AM 本机振荡器在向 AM 混频器注入本振信号的同时，还通过缓冲器（整形）从 IC$_2$ 第 4 脚输出 0.5V 本振信号频率矩形波，经隔直耦合电容送至 IC$_5$ 第 38 脚直接注入 IC$_5$ 内程序可变分频器分频，而后送至锁相环鉴相器进行 AM 的相位比较。465kHz 的 AM 中频信号由混频器选频负载（陶瓷滤波器 Z$_2$）选频后注入 IC$_2$ 第 21 脚继续进行中频放大和检波，此时，通过外接转换开关 SA-2f 的切换使 IC$_2$ 第 16 脚置于高电平（+V_{CC}），从而迫使 IC$_2$ 内立体声开关解码电路关闭而仅起音频信号放大作用。于是，AM 广播节目的音频信号由 IC$_2$ 第 13 脚、第 14 脚输出，经后续功率放大器（IC$_3$）的放大输出，完成 AM 收音任务。

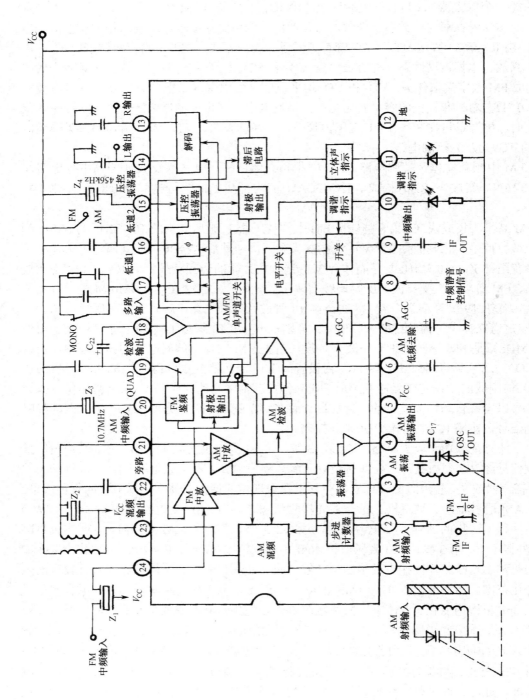

图 4.47 TA8132AN 内部功能框图与典型应用电路

（5）直流电压变换电路（DC-DC 变换）。为了满足 DTS-12 全波段数字调谐收音机便于携带的要求，本机用+6V 外接电池作为整机的电源供电。而机中数字调谐锁相环式频率合成器中变容二极管所需的反偏电压（调谐电压 V_T），在各波段的高端往往需要比+6V 高得多的电源电压。为此，机中锁相环中的有源低通滤波器（晶体管 VT_6、VT_7）采用+10V 的高电源电压供电，以获得 1.5～8V 的调谐电压，达到对变容二极管容量的调节控制作用。因此，在整机设计中采用了 DC-DC 直流变换集成电路 TA8126S（IC_4），由它来完成+5V 低压直流电源变换为+10V 高压直流电源的要求。

TA8126S 集成电路具有较宽的电源电压范围，供电电源电压 V_{CC} 在 1.8～10V 范围内均能正常工作。通过 IC_4 内 DC-DC 转换可获得+10V、+15V、+30V 3 挡直流电源电压（$+V'_{CC}$）的输出。如图 4.48 所示是集成电路 TA8126S 的内电路结构和典型应用电路。IC_4 内设置有电感三点式振荡器电路，将+5V 直流电源转换为交流电，并经振荡变压器次级绕组的升压，然后送到倍压整流电路整流，再经稳压电路稳压后获得+10V、+15V、+30V 3 组较高的直流电压电源（$+V'_{CC}$）。

IC_4 第 1 脚为空脚，第 2 脚是 IC_4 内振荡器的正反馈注入端，第 3 脚是电源电压（$+V_{CC}$）供给端子，第 4 脚是振荡器的振荡变压器外接端子，第 5 脚是 IC_4 接地端子，第 6 脚外接电容 C_{52}、整流二极管 VD_{11} 及第 7 脚外接电容 C_{53} 和 IC_4 内部的二极管 VD_1，一起构成倍压整流电路，倍压整流提升所得直流电压经 IC_4 内部稳压管 VD_4、VD_4+VD_3、VD_2 稳压后分别提供+10V、+15V、+30V 较高的直流电压电源（$+V'_{CC}$）。在东芝 DTS-12 数字调谐器中，经 IC_4 使+5V 直流电源电压转换为+10V 高直流电压电源。为了减少 IC_4 内振荡器通过电源对外的辐射干扰，在 IC_4 的电源供给（+5V）电路中专门设置了两级 LC 滤波器予以抑制。

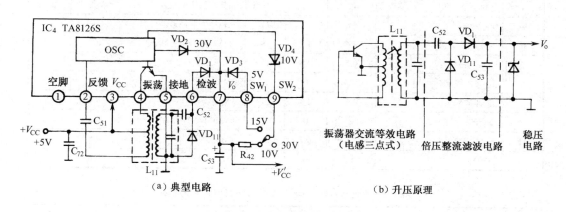

图 4.48　TA8126S 内部结构和应用电路

5. 各集成电路主要引脚的功能与工作电压

为了进一步全面了解东芝 DTS-12 全波段数字调谐器，现将该机各集成电路主要引脚的功能及工作电压列于表 4.6 至表 4.9，供大家学习和进行故障检修时参考。

表 4.6　IC$_5$（TC9307AF）直流工作电压

引脚	功　能	直流电压（V）		引脚	功　能	直流电压（V）	
		AM	FM			AM	FM
32	IF 中频停台信号输入	0.3	0.3	38	AM 本振信号输入	0.3	0
33	PLL 控制信号输出	1.2	1.2	39	V_{DD} 电源供给	5.0	5.0
34	PLL 控制信号输出	1.2	1.2	40	X$_1$ 石英晶振	0.6	0.6
35	INH 方式设置输入口	3.5	3.5	41	X$_2$ 石英晶振	0	0
36	FM 本振信号输入	0	0.3	42	INT 中断输入	5.0	5.0
37	GND 接地	0	0				

表 4.7　IC$_1$（TA7358AP）引脚功能及直流电压表

引脚	功　能	直流电压（V）	引脚	功　能	直流电压（V）
1	FM 高频信号输入	0.7	6	FM 混频输出	4.3
2	高频旁路	1.4	7	FM 本振检测	3.9
3	FM 高频信号输出	4.3	8	FM 本振回路	4.3
4	FM 混频输入	1.3	9	V_{CC} 电源	4.3
5	地	0			

表 4.8　IC$_2$（TA8132AN）引脚功能及直流电压表

引脚	功　能	直流电压（V）		引脚	功　能	直流电压（V）	
		AM	FM			AM	FM
1	AM 高频信号输入	4.6	4.0	13	立体声解码输出（L）	0.8	0.8
2	FM 分频调整	4.3	4.0	14	立体声解码输出（R）	0.8	0.8
3	AM 本振	4.6	3.8	15	副载波 VCO	3.8	3.6
4	AM 本振输出	4.2	4.3	16	立体声解码滤波器	5.0	2.8
5	V_{CC} 电源	4.6	4.3	17	立体声解码滤波器	5.0	2.8
6	AM 高通滤波	2.6	3.1	18	立体声复合信号输入	0.5	0.5
7	AGC 滤波	0.7	0.5	19	AM/FM 检波输出	1.1	0.8
8	IF 输出控制	0	0	20	FM 鉴频回路	3.8	3.5
9	IF 计数输出	4.5	4.3	21	AM-IF 输入	4.5	4.2
10	调谐指示	0	0	22	AM/FM 中频旁路	3.8	3.8
11	立体声指示	3.6	0.2	23	AM 混频输出	4.5	4.2
12	GND 地	0	0	24	FM-IF 输入	4.5	4.2

表 4.9　IC$_3$（TA7376P）引脚功能及直流电压表

引脚	功　能	直流电压（V）	引脚	功　能	直流电压（V）
1	音频信号输入（L）	0	6	音频信号输出（R）	2.4
2	负反馈（L）	0.7	7	滤波	1.3
3	音频信号输出（L）	2.4	8	负反馈（R）	0.7
4	V_{CC} 电源	5.2	9	音频信号输入（R）	0
5	GND 地	0			

本章小结

调谐器是音响设备的主要信号源之一，用来接收调幅广播或调频广播信号，并采用超外差接收方式对其进行变频处理，然后再进行中频放大和解调，取出所需的音频信号。

输入回路是用来选择所要接收频率的电台信号。变频电路的作用是将电台信号与本振信号进行混频处理，使所接收的电台信号的载波频率变为固定的中频。中放电路对中频信号进行多级放大和选频，以保证整机的灵敏度和选择性。

检波器是用来从中频调幅信号中解调出音频信号。自动增益控制（AGC）电路的作用是根据接收电台信号的强弱，自动调节接收机的增益，以保证接收机在接收强、弱电台信号时，都能得到大小基本稳定的音频信号。

调频广播具有频带宽、音质好、噪声小、抗干扰性能好等特点。调频接收机的电路组成与调幅接收机相类似，不同的是有专用的调频头电路、自动频率控制（AFC）电路、限幅器、鉴频器和立体声解码电路等。

调频头电路由输入回路、高频放大、本振与混频电路组成，用来接收和放大调频电台信号，并将载波变换成 10.7MHz 的中频信号。

在调频中放电路后加入限幅器，可以有效地切除调频波中的寄生调幅干扰信号。鉴频是调频调制的逆过程，它的作用是从 10.7MHz 的中频调频波中解调出音频信号。如果接收的是立体声广播，则解调出的是立体声复合信号。

在导频制立体声调频广播中，立体声复合信号由主信号、副信号、导频信号 3 部分组成，且各信号的频率范围不同，同时对应于副载波正、负值的包络线分别为左信号和右信号。

立体声解码电路的作用是从鉴频器输出的立体声复合信号中分离出左、右声道的音频信号。通常采用开关式解码方式，其电路结构主要由开关式解码电路、锁相环副载波恢复电路等组成。

数字调谐器（DTS）是采用变容二极管来代替传统调谐器中的可变电容器，并且运用了锁相环频率合成技术和微处理器控制技术，使 DTS 具有自动调谐、存储记忆、数字频率显示等智能功能，同时具有调谐准确、工作稳定、可靠性高等特点。

数字调谐器的电路由收音部分和数字调谐控制部分组成。收音部分的电路组成与传统的调谐器基本相同，数字调谐控制部分是 DTS 的核心，由锁相环频率合成器和微处理控制器两部分构成，完成本振频率合成、数字频率显示、自动搜索调谐控制、波段切换、定时开/关机、静噪调谐、电台频率预置存储等功能。

思考题和习题 4

4.1 调谐器的主要性能指标有哪些？什么叫灵敏度？什么叫选择性？

4.2 输入电路的作用是什么？简述选台的工作原理。

4.3 变频电路的作用是什么？输入信号、本振信号、中频信号的频率之间有什么关系？

4.4 在超外差式收音机中，为什么要选择差频信号作为中频信号？

4.5 画出调幅超外差式收音机电路方框图，简述信号接收处理过程。

4.6 中频放大电路的主要作用是什么？中放电路对整机灵敏度和选择性的影响如何？

4.7 同步检波器的电路结构如何？简述同步检波器的工作原理。

4.8 什么叫调频？调频广播有哪些特点？

4.9 画出立体声调频接收机电路方框图，简述信号接收处理过程。

4.10 调频头电路、中放和限幅电路及鉴频器的作用各是什么？

4.11 移相乘积型鉴频器的电路结构如何？简述其工作原理。

4.12 导频制立体声复合信号由哪些部分组成？它的频谱特点和波形特点如何？

4.13 调频接收机中为什么设置去加重电路？在立体声调频接收机中为什么将去加重电路设在解码电路的后面？

4.14 数字调谐器有哪些特点？

4.15 数字调谐器的电路组成情况如何？

4.16 集成电路 TC9307AF 有哪些特点？

4.17 集成电路 TC9307AF 具有哪些控制电路？

4.18 简述 TC9307AF 是如何实现自动搜索调谐的锁台控制的？

第 5 章

调 音 台

内容提要与学习要求

　　调音台是音响系统的主控音频设备，用来对音频信号进行加工润色和实现各种调节与控制功能。本章首先简要介绍调音台的功能与种类、组成与原理，然后重点介绍调音台的操作使用方法，最后通过对典型调音台电路的分析，使我们更好地理解与掌握调音台对各路音频信号的调控过程。

　　通过本章的学习，应达到以下要求：

　　（1）了解调音台的基本功能与种类，知道调音台技术指标的含义；

　　（2）理解调音台的电路组成与基本原理，懂得调音台电路中的信号流程与处理过程；

　　（3）掌握调音台各输入与输出接口的功能，各控制开关与旋钮的作用；

　　（4）熟悉调音台的基本操作方法。

5.1　调音台的功能与种类

　　调音台实际上是一个音频信号混合处理控制台（Audio Mixing Controler），也称作调音控制台。它是专业音响系统的控制中心，是一种多路输入，多路输出的调音控制设备。它将多路输入信号进行放大、混合、处理、分配，进行音质修饰和音响效果加工，是现代电台广播、舞台舞厅扩声、音响节目制作等系统中进行播放与录音的重要设备。

　　调音台可以接受多路不同阻抗、不同电平的输入音源信号，并对这些信号进行放大及处理，然后按不同的音量对信号进行混合、重新分配或编组，产生一路或多路输出。通过调音台还可以对各路输入信号进行监听。

5.1.1 调音台的主要功能

调音台的功能很多，但最基本、最主要的功能与作用是：

1. 信号放大

调音台的输入信号源有传声器（话筒）、录音机、CD 唱机、调谐器、电子乐器等，它们的电平大小不同。从话筒来的信号很微弱，约为几 mV～200mV，而从 CD 唱机来的信号可能高达 1000mV，这就要求调音台能对各种大小不同的信号进行不同程度的放大，使各种信号的幅度最终相差不多，以便在调音台内对它们进行处理。同时，调音台为适应输入信号的不同电平大小，通常在调音台输入端设有高电平（线路输入）和低电平（传声器输入）两个插口，前者主要接收录音机、CD 唱机、调谐器所输出的大信号，也可接收来自混响器等效果装置返回的较强信号，后者接收来自话筒的微弱信号，并进行足够的放大，同时放大器的增益可以进行调节控制。

2. 信号处理

调音台最基本的信号处理是频率均衡处理。调音台的每一个输入通道均设有频率均衡器（EQ），调音师按照节目内容的要求，对声音中的低、中、高等不同频率成份进行提升或衰减，以美化声源的音色。通过频率调整可以弥补声音的"缺陷"，提高音频信号的质量，以达到频率平衡这一基本要求。在现代音响设备中，还专门配备有多段频率均衡器设备。

此外，调音台还有对各输入通道信号进行音量控制，以达音量平衡；有的调音台在输入通道中还设有滤波器（例如低切滤波器），用来消除节目信号中的某些噪声；有的含有音频信号的延迟混响处理，使音频信号产生一定的混响效果；有的调音台设置了"压缩/限幅器"（Compressor/Limiter），用来对音频信号的动态范围进行压缩或限制，把信号的最大电平与最小电平之间的相对变化范围加以减小，达到减小失真和降低噪声等目的。现代音响设备中也有专门的效果处理器、听觉激励器、压缩／限幅器、扩展器等设备供选择。

3. 信号混合

调音台具有多个输入通道或输入端口，例如连接有线话筒的话筒（MIC）输入、连接有源声源设备的线路（LINE）输入、连接信号处理设备的断点插入（1NSERT）和信号返回（RETERN）等。而最后通过调音台输出的主信号可能只有一路或两路，这就需要调音台将这些端口的输入信号进行技术上的加工和艺术上的处理后，按一定比例混合成一路或两路信号输出。因此，信号混合是调音台最基本的功能，从这个意义上讲，调音台又是一个"混音台"。

4. 信号分配

调音台不仅有多路输入，而且具有多个输出通道或输出端口。除了单声道（MONO）输出、立体声（STEREO）主输出外，还有监听（MONITOR）输出、辅助（AUX）输出、编组（GROUP）输出等。因此，调音台要将混合后的输入信号按照不同的需求分配给各输出通道。例如，需要对某一路的人声施加混响效果，则除了将该路人声送往主输出外，还需要从该路取出（分配）一部分信号，馈入接有混响器的辅助输出通道，混响器对人声进行处理后，再返送到调音台，并混合至调音台的主输出上，即可听到混响效果了。

立体声调音台的"声像定位"是信号分配的又一典型应用示例。它是利用调音台输入通道上的声像电位器（PAN），来调节在立体声输出左、右两路声道中的信号分配比例，获得不同的信号强度，实现声像定位控制。

由此可见，调音台实质上是一种矩阵，即具有任何一路输入可送往任何一路输出，而任何一路输出可以是任何若干路输入的混合。

除了上述四大主要功能之外，调音台还有监听、显示、编组、遥控、对讲等辅助功能。调音台可以单独监听各路输入信号或输出信号，也可以有选择地监听混合信号，为系统调音提供依据；调音台上均设有音量表或数字化发光二极管指示光柱，用来指示各种信号电平的强弱，以便调音师在监听的同时，可以通过视觉对信号电平进行监测，以判断调音台内各部件工作是否正常；调音台上还专门设有一个通信话筒接口，可接入一个动圈式话筒，供音响操作人员与演出人员对讲使用，当开启调音台上的对讲开关时，除接通通信话筒外，同时将其他话筒从节目传送系统转接到通信对讲系统。

5.1.2 调音台的种类

调音台的种类很多，并且有多种不同的分类方法。

（1）按输入路数分：有 4 路、6 路、8 路、12 路、16 路、24 路、32 路、40 路、48 路、56 路等。常用的有 8~24 路。

（2）按主输出路数分：有单声道、双声道（立体声）、三声道、四声道、多声道等。最常用的是双声道调音台。此外，输出路数有时还需考虑编组输出和辅助输出的路数。

（3）按结构形式分：有一体化调音台和非一体化调音台两大类。一体化调音台通常也称为便携式调音台，它是将调音台、功率放大器、均衡器和混响器等功能集于一身，装在一个机箱中。一般这种调音台的输出功率较小，不超过 2×250W，操作简便，特别适合流动性演出、卡拉 OK 厅与夜总会等娱乐场所。非一体化调音台往往也称为固定式调音台，它的最显著特征是不带功率放大器，这种调音台与功率放大器及其他设备可视具体情况进行单独匹配，以满足不同场合的需要。

（4）按信号处理方式分：有模拟式调音台和数字式调音台。数字式调音台含有模数转换（A/D）、数模转换（D/A）和数字信号处理（DSP）等功能单元，功能较多、价位较高。

（5）按功能与使用场所分：有录音调音台（Recording Console）、音乐调音台（Music Console）、剧场调音台（Theatre Console）、扩声调音台（P.A. Console）、数字选通调音台（Digital Routing Console）、 带功放的调音台（Power Console）、有线广播调音台（Wired Broadcast Console）、无线广播调音台（On Air Console）、便携式调音台（Compact Mixer）、立体声现场制作调音台（Stereo Field Production Console）等。

在会堂、歌舞厅中常用扩声调音台。就扩声调音台而言，按其功能和结构不同又可分为普通调音台、编组输出调音台、带混响和功放的调音台。普通调音台的结构比较简单，通常只有立体声主输出、单声道输出和辅助输出等，均衡器段数也较少；编组输出调音台的结构相对较复杂，除具有上述输出外，还带有四个以上的编组输出或矩阵输出等，均衡器段数也较多且具有扫频功能；带混响和（或）功放的调音台一般是在普通调音台的基础上增加了混响器和（或）音频功率放大器，是一种混响和（或）功放一体化调音台。

此外，还有卡拉 OK 厅专用的 AV 混音控制台及家用卡拉 OK 放大器、卡拉 OK 伴唱机等。严格说来，这类设备在专业上不能称其为调音台，但它们都具有与调音台类似的混音功能。

5.1.3 调音台的技术指标

不同的调音台，其产品说明书中可能会罗列多项指标，其主要技术指标主要是以下几方面的内容。

1. 增益（Gain）

增益一般是指调音台的最大增益，即通道增益控制器置于灵敏度最高位置。其数值应为 80～90dB。该增益足以满足灵敏度最低的传声器对放大器的要求及调音台约有 20dB 电平储备值的要求。

2. 频率响应（Frequency Response）

这项指标是在通道中所有均衡器或音调控制器和滤波器都在"平线"（即任何频段不提升也不衰减，滤波器断开不用）位置时进行测量所得的值。一般调音台要求带宽 30Hz～15kHz，频率不均匀度小于±1dB；高档调音台要求带宽 20Hz～20kHz，频率不均匀度小于±0.5dB。

3. 等效噪声和信噪比（Equivalent Input Noise and S/N Ratio）

调音台输入通道一般都设有传声器输入和线路输入。传声器输入用折算到输入端等效噪声电平来表示；线路输入则用 0dB 增益时的信噪比来表示。

输入端等效噪声电平等于输出端噪声电平与调音台增益之差。

由于调音台噪声主要来自前置放大器，当它的增益一定时，噪声是恒定的。而调音台的音量衰减器是可调整的，这样测得的信噪比也就不一致。但是，输入端等效噪声电平却是不变的，这一指标能比较准确地表明"输入"前置放大器部件的噪声性能，故被采用。

线路输入以信噪比表示其噪声指标，它是单独一路的输入／输出单元的质量指标，一般大于 80dB。

4. 非线性失真（Distortion）

非线性失真是指在整个传输频带内的"总谐波失真"，一般调音台都小于 0.1%，较高档的调音台小于 0.05%。

5. 分离度（Impedance）或串音（Crosstalk）

分离度或串音指相邻通道之间的隔音度。高频隔音度往往比低频隔音度差，一般要求 60～70dB 以上。有些产品还标明总线之间的分离度，它应比通道之间更严格，一般在 70～80dB 以上。

5.2　调音台的组成与工作原理

调音台的种类繁多，面板上的各种控制旋钮与插口非常繁杂，初学者刚接触调音台时往往觉得很复杂，面对繁多的控制钮与接口感到茫然不知所措。其实，只要抓住它的基本规律，掌握调音台并不难。要掌握并灵活运用调音台，关键在于：

（1）弄懂并掌握调音台的系统方框图，这是掌握调音台的首要关键。在弄懂调音台的系统图中，着重搞清信号流程、输入和输出单元的构成规律和特点。

（2）结合系统方框图，掌握调音台面板上旋钮和控制键的排列规律与功能。通常，调音台输入单元在面板上的排列顺序由上而下为：增益控制（GAIN）、均衡器（EQ）的音调调节（高、中、低音）、辅助音量控制（AUX，可有多个）、声像电位器（PAN）及推子（FADER）等，也有少数例外。

（3）结合系统图搞清调音台上各输入输出接口（插口）的作用与接法，从而明确系统的接线。此外，还要弄清系统各级电平图。

（4）掌握调音的一般规律与技巧。

下面分析一下调音台系统构成的一般规律。

5.2.1　调音台的组成

从系统构成来说，调音台基本上可分为三大部分：输入部分、总线部分、输出部分。在系统图上，输入、输出两部分是以总线（BUS）为分界的，总线又称母线，是连接输入与输出的纽带。调音台主干通道的系统组成如图 5.1 所示。

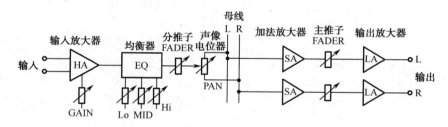

图 5.1　调音台主干通道的系统组成

1. 输入部分（INPUT）

调音台输入部分是由一排竖向并列的许多路相同的输入单元组成，每一个单元可以接受一路输入信号，例如对于 12 路的调音台，就有 12 个相同的输入单元。现在调音台的品牌型号尽管众多，但输入单元的构成基本相同，即总包含有如图 5.1 左半部分所示的四个基本部分：输入放大器（HA）、均衡器（EQ）、音量控制（FADER，俗称推子）、声像电位器（PAN）。不同型号的调音台，只是在这四个基本部分的中间或前后，增设一些功能键、插口或部件。

输入放大器（HA）是用来调节输入信号放大量（增益）大小的。它是输入信号的第一级放大器，其增益的调节由图中增益（GAIN）电位器实现。

均衡器（EQ）用作频率均衡或补偿，以美化音色。通常分为高音（HIGH）、中音（MID）、低音（LOW）三挡电位器可调。有的简单调音台只有高音、低音两挡调节，复杂的也有四挡（高音、中高音、中低音、低音）调节。一般是中心频率不变，通过电位器旋钮的提升或衰减来调节音色。近来，在中音（MID）挡也常用半参量式调节，即分为中心频率（MID FREQ）和均衡量调节。

音量控制（FADER）推子是一个直推式电位器，用以调节该输入通道音量的大小。在多路信号输入经混合输出的情况下，它实际上是调节该路信号在总输出信号中所占的比例大小。增益（GAIN）旋钮和 FADER 推子都可调节输入通道的音量大小，一般前者作为音量的粗调，而后者推子作为音量细调。

声像电位器（PAN）又称全景电位器，它实际上是一个同轴转动的双连电位器，随着旋轴转动，一路输出增大，另一路输出则减小。当 PAN 旋钮转至 L，则 L（左）路输出最大、R（右）路输出最小，合成的声像将出现在左路扬声器一侧。同理，当 PAN 旋钮转到 R，则 R（右）路输出最大，声像在右路扬声器一侧。当旋钮转到中间位置 C，则 L、R 两路电位器输出相等，故声像定位于中央。

以上说明了调音台输入单元的主干通道。为了扩展功能，例如监听和效果功能，输入单元至少还增设监听和效果两条支路，带有扩展功能的调音台系统如图 5.2 所示。

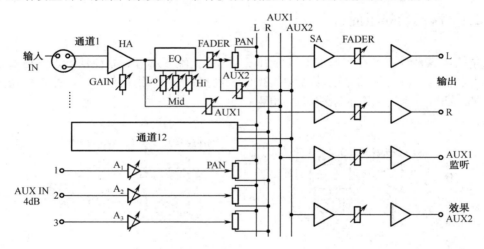

图 5.2　调音台含辅助功能的系统组成

这两条辅助支路（AUX1、AUX2）从输入单元主干通道上取出信号的分支点位置通常有两个：一个是在输入通道的音量 FADER 推子之前（PRE），一个是在直推电位器之后（POST）。效果用支路一般在推子后面取出，这样可使效果声在输入通道进行响度调整时，能与之同步变化；监听用支路则通常在推子前面取出位置，这样能使监听信号的音量调整不受输入通道推子的影响。另外，有些调音台为了在使用上更具通用性，还配置信号取出位置选择开关，用来选择取出点位于推子之前或之后。调音台的监听和效果所用的英文缩写，各个厂家不尽相同，例如监听（MON），有的用 CUE（选听）、FB（返听）等，通常取自推子之前信号的监听使用 PFL 按键，取自推子之后的监听使用 AFL 按键。

以上叙述了调音台输入单元的基本形式。各种型号调音台为了适应不同使用要求，往往还增设一些其他功能开关或插口。例如，在输入单元的输入端，通常设有传声器输入（MIC IN）和线路输入（LINE IN）两种插口。传声器输入插口为低电平输入，比如-60dB（参考电平 0dB 相当于 0.775V），一般为低阻（LOW-Z），接插件多为平衡式的卡侬（Canon）插头，并配以幻像供电（PHANTOM）开关，供电容传声器使用；而线路输入为高电平，一般为高阻（HIGH-Z），使用不平衡式插头。随后，在输入放大器之前，有时接有衰减量为-20dB 的固定衰减器（PAD）按键，按下该键使该输入通道的输入信号衰减 20dB，从而扩展了输入通道的动态范围。

此外，还常在输入放大器与 EQ 均衡器之间设置插入（IN-SERT）插口，以便在此处将待外接的压限器、噪声门或频率均衡器等插入输入通道。由于经过输入放大器放大，故处理的是高电平信号。另外，有时在输入通道中，还设置倒相开关（Φ 或 PHASE INV）、滤波器（低切或高切）、编组开关（GROUP）、静音控制（MUTE）等。

2. 总线部分（BUS）

总线又称母线（BUS），是各路输入通道信号的汇流处（或汇合点），它可以看作调音台输入部分与输出部分的分界线。各路输入信号在这里汇合并送往输出部分进行叠加。母线的多少与调音台的功能有关，通常母线越多，调音台的功能越强。一般调音台最基本有四条母线：左（L）输出母线、右（R）输出母线、监听母线和效果母线。后面两条母线都是辅助（AUX）母线，故有时称为辅助 AUX1、AUX2 母线。复杂的调音台母线可达十几条。

3. 输出部分（OUTPUT）

如图 5.1 和图 5.2 所示，调音台的输出单元从母线开始，通常以"加法放大器（记作 SA 或 Σ）→音量控制（FADER 或音量电位器）→输出放大器（LA 或 PA）"形式构成。相加放大器 SA 的功能是将各个输入单元来的信号在此进行叠加、放大。实际上，这种功能利用具有加法器功能的运算放大器是很容易实现的。音量控制可以采用直推式电位器（FADER，称为输出推子），也可采用旋转式电位器（旋钮）输出。输出放大器 LA 完成放大和阻抗变换的功能。通常，一条信号母线就有一路输出单元送出。因此，母线越多，输出端口也越多。

在立体声调音台中还常配置总输出（MASTER）或和输出（SUM OUT），它是左（L）、右（R）主输出信号之和（L+R）。它可用于厅堂扩声的中央声道，也可用于输出监听信号和声控信号的拾取等。

在带功放的调音台中，输出部分还含有图示均衡器、功率放大器和效果器等。

4. LED 显示和 VU 表、PPM 表指示

在调音台的输入部分和输出部分中还有显示单元，用以指示信号音量的大小。调音台的显示部件有 LED（发光二极管）、VU 表和 PPM 表三种，其中 LED 灯一般用于指示输入单元的信号大小，VU 表和 PPM 表一般用于输出部分。例如，接在输入单元的均衡器 EQ 之后的峰值（PEAK）LED 或过载削波（CLIP）LED 指示灯，用来指示该输入通道信号的峰值。当它闪亮太频繁或总是亮着时，表明输入信号过强，这时需调小调音台输入放大器增益，或调节节目源的输出电平使输入信号减小，否则就会产生过载削波失真。反之，如果该 LED 灯长灭不亮，表明激励不足，应将输入信号幅度调大，否则会导致信噪比下降。

VU 表（音量单位表）和 PPM 表（峰值音量表）通常接在输出通道上，用来指示输出信号的电平大小。VU 表采用平均值检波，PPM 表使用峰值检波器。由于 VU 表只能指示输入信号的准平均值，而不能指示输入信号的峰值，因而当电路过载引起节目失真时，VU 表往往指示不出来。而 PPM 表就不存在这个问题，因为它能指示了峰值的大小，测出信号的摆幅情况，能精确地指示出节目的峰值，所以，PPM 表作监测声频节目电平时比 VU 表优越。但峰值的大小并不能直接体现出响度的高低，因此人的耳朵对声音的响度，更多地接近于 VU 表，而不是接近于 PPM 表。总之，从节目播放与扩声来说，用 VU 表比用 PPM 表好，在节目录制时，用 PP 表更不合适。尤其是立体声节目的出现，PPM 表的使用更为广泛。

5.2.2 调音台的基本原理

调音台具有多个输入通道和输出通道，而且它的基本功能之一就是要将多路输入信号混合后重新分配到各输出通道。因此，调音台的信号流程是多向的，其基本原理框图及电平图如图 5.3 所示。

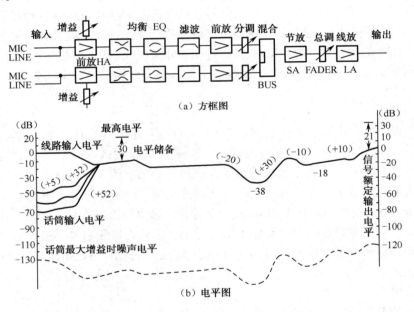

图 5.3　调音台基本原理框图和电平图

1. 信号输入

调音台每路输入通道都设有低阻抗（Lo-Z）话筒（MIC）输入端和高阻抗（Hi-Z）线路（LINE）输入端，分别用来连接传声器和有源设备。

在话筒输入端，装有一个+48V 直流幻像电源，它是为专业电容话筒提供工作电压的，通过幻像电源开关可控制其通断。有些调音台的幻像电源开关设置在各输入通道上，它们单独控制着各通道，相互间互不影响；还有很多调音台只设置一个总的幻像电源开关，它控制所有通道的话筒输入端所加的幻像电源，当某些话筒输入端（不一定是全部）需要接电容话筒时，就要接通此开关，这时每一路话筒输入端都加有+48V 直流电压，以供电容话筒使用，此时并不影响动圈话筒的正常使用。需要注意的是，当幻像电源接通时，话筒输入端不可误接其他有源设备，以免使其损坏。当然，当系统中不使用电容话筒时，最好将幻像电源切断。

调音台为电容话筒提供+48V 直流电源的幻像电源原理电路如图 5.4 所示。所谓"幻像（PHANTOM）电路"是指没有专用的导线而能传输电流的一种电路。电容话筒与调音台之间原有的双芯屏蔽电缆传输音频电流，同时该电缆内的两条导线按同一电位接直流电的一极，隔离网状外皮则作为直流电另一极的接线，音频与直流互不干扰，节省了两条导线。

现代调音台大多将话筒输入和线路输入结合起来，使用同一路前置放大器。该放大器实际为差动（平衡）输入运算放大器，其原理示意图如图 5.5 所示。由于传声器信号很微弱而有源设备信号电平较高，因此，要求放大器应有较高的增益调节范围，通常在 60～70dB 以上。输入信号经电平提升后，再送到电平调整器（实际上是一个衰减器）控制信号强度。这种先将信号电平提升再进行电平衰减调整的方式，是为了降低通路中固有噪声对声音信号的干扰，以保证信号在通路中能有足够高的信噪比。如果直接对传声器等输入的弱信号进行电平调整，则电平调整电位器引入的感应噪声、电位器调节噪声以及放大器本身的热噪声的影响势必增加。

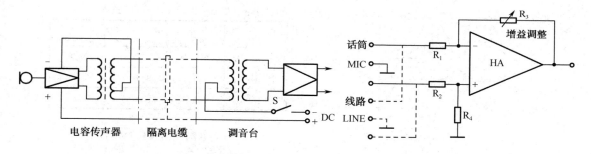

图 5.4　幻像电路原理图　　　　　　　　图 5.5　前置放大器原理示意图

必须指出，由于话筒输入与线路输入共用一个通道。因此调音台输入通道的话筒输入端和线路输入端不能同时使用。也就是说，当某通道话筒输入端接有话筒时，该通道的线路输入端就不得接入其他设备。有些调音台还专门设置有话筒／线路输入切换开关，以便用户使用，但此时要注意通道增益（输入灵敏度）的调节。

通常，调音台的输入端口都是平衡式的，而后面的电路是不平衡的，因此输入信号要经过平衡／不平衡转换才能送入后面的电路。调音台之所以采用平衡式输入（多数为浮地式平衡），是为了减少各信号源向调音台输送信号时感应噪声和它们的信号互串。

现代调音台各输入端口与信号源之间采用跨接方式连接，即调音台输入端口的输入阻抗远大于（至少 5 倍）对应信号源的输出阻抗，这是为了保证各种信号源能有较高技术指标而采取的措施。例如，某调音台话筒（MIC）输入端阻抗 1.8kΩ（通常也称低阻输入端），线路（LINE）输入端阻抗 10kΩ（也称为高阻输入端）等。

2. 频响控制

调音台各输入通道还设置有进行频率特性调整的频响控制电路，以便对某些有频率特性欠缺的信号进行频响校正。或借助频响控制电路有意识地改变信号的音色，达到某种特殊的效果。

普通调音台的频响控制电路一般只对信号的高频分量、中频分量和低频分量进行提升或衰减，通常称为音调控制，也可将其看成一个三段均衡器。其典型电路及频响控制曲线如图5.6所示，调整电位器 RP_L、RP_M、RP_H，即可分别提升或衰减低频、中频、高频所对应的中心频率点及其带宽内信号的电平，从而达到改变音色或音调的目的。

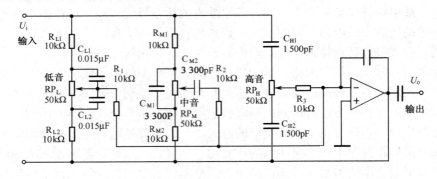

（a）音调控制电路

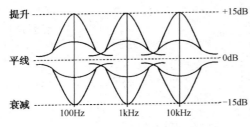

（b）频响控制特性曲线

（c）各电容在不同频率时的容抗大小

不同电容量在低音、中音、高音时的容抗值

音调	频率 f/(Hz)	X_{CL} (C_L=0.015μF)	X_{CM} (C_M=3300pF)	X_{CH} (C_H=1500pF)
低音	100Hz	106kΩ	482kΩ	1.06MΩ
中音	1kHz	10.6kΩ	48.2kΩ	106kΩ
高音	10kHz	1.06kΩ	4.82kΩ	10.6kΩ

图5.6　音调控制电路和频响控制特性曲线

在如图5.6（a）所示电路中，由于各电容 C_L、C_M、C_H 在低音、中音和高音时的容抗大小不同，因此调节 RP_L、RP_M 和 RP_H 时，从电位器上输出的音频信号的高低音的效果就会不同。RP_L 是低音控制电位器，调节 RP_L 对中音和高音的影响不大，而对低频信号的影响较显著；RP_M 是中音控制电位器，调节 RP_M 对低音和高音的影响不大，而对中频信号的影响较显著；RP_H 是高音控制电位器，调节 RP_H 对中音和低音的影响不大，而对高频信号的影响较显著。U_i 是输入音频信号，U_o 是经过高音和低音控制的音频输出信号。

（1）高音控制电路的工作原理

高音控制电路由 RP_H、C_{H1}、C_{H2} 和 R_3 构成。信号从输入端传递至输出端有2条路径：一条是信号输入端的 U_i 信号从该支路送至运放输入端所经过的路径；另一条是运算放大器的负反馈路径，该路径是从运放的输出端经该负反馈支路返回到运放的反相输入端。这2条路径的阻抗分别为：①信号的通路阻抗 $Z_{H通路}=-jX_{CH1}+RP_{H上}+R_3$，该阻抗越小，信号的衰减就越小，信号的输出则越大；②信号的反馈阻抗 $Z_{H反馈}=-jX_{CH2}+RP_{H下}+R_3$，该阻抗越大，运放的增益就越大，信号的输出则越大。

由于该支路中 C_H 的容量很小（1500pF），对高频（f=10kHz）所呈现的容抗（X_{CH}=10.6kΩ）

远小于调节电位器（RP_H=50kΩ）；而对中频（f=1kHz）和低频（f=100Hz）所呈现的容抗（X_{CH}分别为 106kΩ 和 1.06MΩ）都远大于调节电位器的阻值。所以调节该电位器 RP_H 时（阻值从 0~50kΩ 变化），对高频信号的影响很显著，而对中频信号和低频信号的影响都不是很明显，可以忽略不计。

当 RP_H 的动片滑到最上端时，$RP_{H上}$为 0，$RP_{H下}$为最大，因此信号的通路阻抗 $Z_{H通路}$最小（$Z_{H通路}$=$-jX_{CH1}+RP_{H上}+R_3$=$-j10.6kΩ+0Ω+10kΩ$），运放的负反馈阻抗最大（$Z_{H反馈}$=$-jX_{CH2}+RP_{H下}+R_3$=$-j10.6kΩ+50kΩ+10kΩ$），其高频信号的输出得到最大的提升；反之，当 RP_H 的动片滑到最下端时，$RP_{H上}$为最大，$RP_{H下}$为 0，其高频信号的输出得到最大的衰减。当 RP_H 动片滑到中间位置时，电路的设计对高频段信号既不提升也不衰减。

（2）低音控制电路的工作原理

低音控制电路由 RP_L、R_{L1}、R_{L2}、C_{L1}、C_{L2} 和 R_1 构成。该支路的信号通路阻抗为 $Z_{L通路}$=R_{L1}+（$RP_{L上}$//$-jX_{CL1}$）+R_1；信号的反馈阻抗 $Z_{L反馈}$=R_{L2}+（$RP_{L下}$//$-jX_{CL2}$）+R_1。

由于该支路中 C_L 是并联在调节电位器的滑动片上，且容量较大（0.015μF），对低频（f=100Hz）所呈现的容抗（X_{CL}=106kΩ）与调节电位器（RP_L=50kΩ）阻值相差不是很大；而对中频（f=1kHz）和高频（f=10kHz）所呈现的容抗（X_{CL} 分别为 10.6kΩ 和 1.06kΩ）都远小于调节电位器的阻值。所以调节该电位器 RP_L 时（阻值从 0~50kΩ 变化），对低频信号的影响很显著，而对中频信号和高频信号的影响都不是很明显，可以忽略不计。

RP_L 动片向上调节时，信号的通路阻抗减少，信号的反馈阻抗增大，使低音得到提升；反之，RP_L 动片向下调节时，低时得到衰减。

（3）中音控制电路的工作原理

中音控制电路由 RP_M、R_{M1}、R_{M2}、C_{M1}、C_{M2} 和 R_2 构成。由于该支路中 C_{M1} 是并联在调节电位器 RP_M 的两端，C_{M2} 是串联在电位器的滑动片上。对中频（f=1kHz）信号而言，C_M 所呈现的容抗（X_{CM}=48.2kΩ）与调节电位器（RP_M=50kΩ）阻值基本相等，所以调节 RP_M 时（阻值从 0~50kΩ 变化）对中频信号的传递影响很大；对低频（f=100Hz）信号来说，由于串联的 C_{M2} 的容抗（X_{CM}=482kΩ）远远大于 RP_M，所以调节 RP_M 时对低频信号的影响很小，可以忽略；对高频（f=10kHz）信号，由于并联在 RP_M 两端的 C_{M1} 的容抗（X_{CM}=4.82kΩ）远远小于 RP_M，所以调节 RP_M 时对高频信号的影响可以忽略不计。

高档调音台的频率控制电路通常采用四频段以上的多频段均衡器，这种电路将音频全频带或其主要频带分成多个频率点进行提升和衰减，而且有些频段的中心频率点还可以调整，各频率点间互不影响，从而可以对音色进行更细致地调整。有关多频段均衡器的原理将在后续章节详细讨论。

此外，有些调音台的输入通道还设有高、低频频带限制电路，也就是高、低通滤波器，以供某些特殊音色的需要，或用来消除高、低频噪声及干扰。

3. 电平调整

调音台各输入通道和输出通道均设有电平调整器（FADER），也就是音量控制器。输入通道的电平调整器通常称为分电平调整（简称分调），它只能控制对应输入通道送至信号混合电路的电平，输出通道的电平调整器设在节目放大器之后，称为总电平调整器（简称总调），用来调整混合以后的信号送到输出端口的总电平。

调音台大多采用无源式电平控制器，它是利用电位器分压原理来实现的，如图 5.7（a）所示。电位器可采用旋转式或推拉式结构。由于调整方便且直观，现代调音台多数采用直线推拉式电位器作电平控制器，对信号实施衰减调整，从而控制信号电平以改变音量。因此习惯上将电平控制器称为电平（或音量）衰减器。调音台对这种电位器的质量要求很高，必须调整平滑（即电位器线性要好）、噪声小、寿命长。

　　新式调音台的电平控制还采用了先进的有源电子衰减器，它实际上是一个放大电路，用外部控制直流电压来调整通道信号电平，称为压控放大器（Voltage Controlled Amplifier，简称 VCA），如图 5.7（b）所示。当改变电平调整电位器抽头位置时，即改变了场效应管的栅极偏压，从而使漏－源两极等效电阻随之改变，运算放大器的负反馈量也发生变化，达到电平调整的目的。由于电子衰减器不是用电位器去直接控制信号，因此能消除调节时的滑动噪声，同时信号不经过电位器，避免了电位器引线的感应噪声，而且这种电平调整的方式也便于实现先进的遥控和自动调整功能。

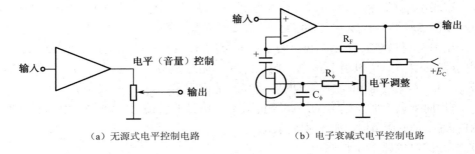

（a）无源式电平控制电路　　　　　　　　（b）电子衰减式电平控制电路

图 5.7　电平（音量）控制电路

4. 声像方位控制

　　调音台各输入通道都专门设有一个方位控制器（Panorama Potentiometer，简称 PANPOT），它是由一只同轴电位器构成的，如图 5.8（a）所示。其作用是将对应输入通道的单声道输入信号按一定比例分配到立体声输出的左声道和右声道上，获得听觉上不同声像位置的效果，从而使听众能够感觉到不同声源的位置。这实际上就是把各单声道输入信号混合成为具有立体声效果的节目输出。

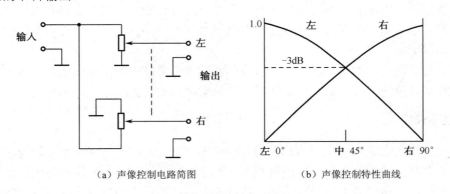

（a）声像控制电路简图　　　　　　　　（b）声像控制特性曲线

图 5.8　声像控制电路与控制特性

图 5.8（a）中，当电位器调至中点位置时，送至左右两声道的信号大小相等，声像方位在正中央；当改变电位器动臂位置时，就会使输入通道送至左、右声道的信号比例不同，从而使声像方位向左或向右移动，使听者感觉到该通道的声源偏左或偏右，这就是所谓的立体声声像方位。声像控制特性曲线如图 5.8（b）所示。

对于家用立体声扩音机、卡拉 OK 机等立体声设备，左右两个声道相对音量输出的调整，是通过平衡控制（Balance Control）电位器进行的，如图 5.9 所示。

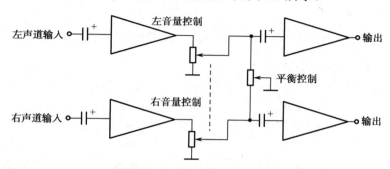

图 5.9　双声道立体声平衡控制

5. 信号混合

调音台输入信号经各自的分电平调整器控制电平和电平比例，然后混合在一起，按要求送到各路输出。信号混合是通过混合电路来完成的。调音台的混合电路就是将输入信号合成为节目所需的声道信号（单声节目为一个声道，立体声节目为两个或四个声道等）的电路。

按照混合方式，混合电路可分为电压混合（高阻混合）电路、电流混合（低阻混合）电路和功率混合（匹配混合）电路 3 种。

（1）电压混合电路。

电压混合电路是在节目放大器为高输入阻抗时的混合电路。为了使混合电路既起到混合信号又不致影响前面电路的正常工作（包括使前面电路的工作负载符合要求，并且隔离各路输出端），信号混合时应在每一个输入通路的输出端，接入一个高阻值的混合电阻 r（混合电阻），如图 5.10（a）所示。

由于电压混合电路的混合总阻抗较高，其本身的热噪声大，而且抗干扰能力差，一般调音台是不采用的，它多用在简单的民用电声设备上。

（2）功率混合电路。

功率混合电路是调音台使用的一种混合电路，其原理框图如图 5.10（b）所示。为了既混合信号又隔离各路输出，需要在该电路每一个输入通路的输出端设置混合电阻 r，其阻值应使每一输入通路的输出端，与后面节目放大器的输入端达到阻抗匹配。

由于功率混合电路有匹配的要求，其混合电阻的阻值必须满足下列匹配关系式

$$r + (R + r) / n = R$$

式中：R 为阻抗匹配点的匹配电阻值，即前面输入通路的输出阻抗和后面节目放大器的输入阻抗值；r 为混合电阻的阻抗；n 为混合路数。

音响设备原理与维修（第3版）

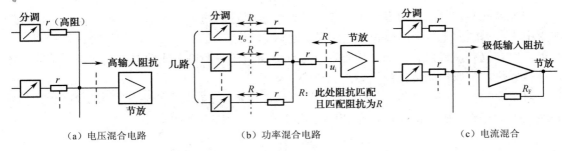

（a）电压混合电路　　　　（b）功率混合电路　　　　（c）电流混合

图 5.10　信号混合电路

因此，混合电阻值 $r = R(n-1)/(n+1)$ 。

这种混合电路会引起每一路信号电压的衰减。对于每一路信号，经混合后其电压传输系数为：

$$K = \frac{U_i}{U_o} = \frac{R}{R+(1+n)r} = \frac{1}{n}$$

可见，混合路数越多，每一路输入信号的混合衰减量越大，这就意味着降低了后面节目放大器的输入信号电平，对节目放大器输入处的信噪比指标不利。因此，这种功率混合方式不宜在混合路数较多的电路中使用，通常限制混合路数不超过 10 路（即 $n \leqslant 10$）。

（3）电流混合电路。

现代调音台广泛使用电流混合电路。电流混合电路是使用低输入阻抗节目放大器时的混合电路，它实际上是一个加法运算放大器电路，如图 5.10（c）所示。这里的运算放大器也就是后面的节目放大器。

由于这时的混合电路包括放大器，因此又称为有源混合电路。

根据负反馈原理，这种电流混合电路的每一路信号的传输系数（连同放大器）K 应取决于混合电阻 r 和负反馈电阻 R_F 的比值：$K = R_F / r$ 。

混合衰减量（连同放大器）N 为：

$$N = 20\lg\frac{r}{R_F}$$

通常，反馈电阻 R_F 已在放大器内预置。因此控制混合电阻 r 的数值即可达到所需的衰减量。

当前面输入通路的输出端需要阻抗匹配时，混合电阻 r 可取值为所需的匹配阻抗值。当然，这时的混合衰减也就随之固定下来。若需更改混合衰减量，就必须变更放大器反馈电阻 R_F 的数值。

由于电流混合电路的混合点阻抗很低（放大器采用输入端并联负反馈，一般只有几欧姆），因此不但可以降低各输入路信号通过混合的互串，而且也有利于改善节目放大器的等效输入噪声指标（当然这个噪声的大小与混合电阻的阻值以及混合路数也有关）。由于这些优点，目前调音台大多都采用电流混合电路。

6. 节目放大

调音台各输入通道的输入信号混合以后即成为节目信号，因此混合电路以后紧跟着的放大器（在电流混合时，该放大器已与混合电路组成一体）就是节目放大器，又称混合放大器或中间放大器，简称"节放"、"混放"或"中放"等，如图 5.10（c）所示。现代调音台的节目放大器多采用集成运算放大电路。

节目放大器是将混合后已经变弱的信号再次放大，以便送入总电平调整放大器。在电流混合电路中，节目放大器又起着加法运算放大器的作用。

7. 线路放大

调音台最终输出的放大器就是线路放大器（LA），也称作输出放大器，简称"线放"。它位于混合（或称输出）总线（BUS）之后，担负着将节目电平提升到所需值和将输出阻抗变换到所需值的任务，以供信号的传输或录音、监听之用。与"节放"相同，其电路也采用集成运算放大器电路。

当调音台用于录音或短距离传输信号（扩声系统即为此情况）时，线路放大器额定输出电压大致有以下一些规格：准平均值为 0.775V（以 600Ω、1mW 为参数时，相当于 0dB）、准平均值为 1.228V（标准 VU 表的 0VU）、准平均值为 1.55V（以 600Ω、1mW 为参数时，相当于+6dB）、准平均值为 1V（以 1V 为参数时，相当于为 0dB）、准峰值为 1.55V（标准 PPM 的 0dB）。

按照规定，要求调音台线路放大器输出与其负载之间呈跨接方式连接，即把"线放"的输出阻抗设计得远小于（起码 5 倍）额定负载阻抗，使"线放"基本上处于空载状态。这不但可以使"线放"能达到较高的电声指标，而且负载配接也比较方便。

现代调音台线路放大器的输出阻抗大多在 200Ω 以下。对于 1kΩ 的额定负载，可以满足起码 5 倍比值的跨接要求。

以上着重讨论了调音台的基本工作原理，对于监听、电平指示等将在后续和调音台实例中加以介绍。

5.3 调音台典型电路分析

不同型号的调音台的基本原理是相同的。英国声艺（Soundcraft）Spirit LIVE 4.2 型（译作"实况 4.2"）调音台，是扩声系统中常用的档次较高、性价比较好的大中型调音台。下面以其为例说明其工作过程。LIVE 4.2 型调音台电路组成方框图如图 5.11 所示。各单元均安装在相应的母线（BUS）上，实施信号的混合和分配。

声艺 LIVE 4.2 型调音台依据输入通道路数分为 12 路、16 路、24 路、32 路和 40 路 5 种规格（立体声输入不计在内）。它还有以下几个特点：

4 编组输出，1 组立体声（2 路：L/R）主输出；

4 段均衡，中间两段可选频；

18dB/倍频程高通滤波器；

均衡器（EQ）旁路开关；

6 组辅助输出，其中 4 组可选择衰减器推子前或推子后；

4 组哑音编组作分场用途；

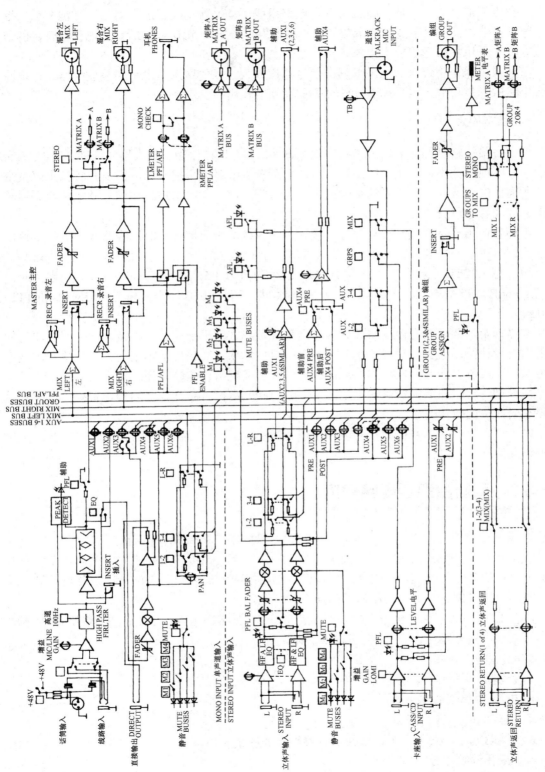

图 5.11 LIVE4.2 型调音台原理方框图

6×2 矩阵输出，提供额外 2 组独立混音输出；

除话筒及线路输入外，另有 4 组额外立体声输入（12 路的只有 2 组）；

4 组立体声效果返回；

每组单声道输入设有独立倒相开关；

8 通道扩展组件（选购件）。

下面通过对该调音台具体电路的介绍，希望能起到举一反三的作用。

5.3.1 输入通道电路

调音台设置了多路话筒及线路的单声道输入通道，这些通道具有相同的功能与特点；还设置了一组或几组专门的立体声输入作为额个的输入通道，但不计入调音台的路数。

1. 话筒与线路输入电路

声艺 LIVE 4.2 型调音台的话筒输入与线路输入电路如图 5.11 左边上部分电路所示。

（1）输入信号处理。调音台各输入通道上都设有一个话筒输入端口和一个线路输入端口，接受各种平衡或不平衡输出的音源。话筒输入端接+48V 直流幻像电源，它为专业电容话筒提供工作电压。

输入信号首选经放大器进行放大，其增益旋钮（GAIN）用来调节该放大器的增益大小，以适应话筒或线路输入信号的电平。控制增益大小的电位器，采用低噪声电位器，该调音台所有"旋钮"的控制电位器都采用低噪声电位器（以后不再特别说明）。LIVE 4.2 型调音台各输入通道都设有下限截止频率为 100Hz, 18dB/倍频程的高通滤波器（High-Pass Filter），专门用来过滤 100Hz 以下的舞台脚踏噪声和话筒的喷气噪声，该滤波器在调音台面板上设有一个通/断控制开关，按下此键滤波器接入电路，输入信号即通过滤波器，反之滤波器被断开，输入信号不经滤波器而直接送至后级。有些高档次调音台还设有低通滤波器，用以消除高频干扰噪声。

各输入通道都有一个"断点插入"端口，使用 1/4 英寸平衡直插件，插件的"顶"部是调音台的输出端，用于外接其他音频信号处理设备（如压缩器，扩展器），以便对所在通道的话筒输入信号或线路输入信号进行加工处理，加工处理后的信号再经插件的"环"部送入该通道的后部电路。此端口不接入设备时，不影响信号传输。

LIVE 4.2 型调音台的每个输入通道都有独立的 4 段均衡器，由均衡器旁通开关"EQ"来选择均衡器的接入或旁路。对本通道信号进行频响控制，用以下 6 个旋钮分别进行调节控制。

高音音调控制（HF），用一个旋钮来控制进入该通道音源信号的高频成分的电平，它对应一个固定中心频率12kHz、低 Q 值、宽频带带通滤波器，最大提升量和最大衰减量为±15dB。

高中音音调控制（HMID），用两个旋钮控制，其中一个用来选择高中频带通滤波器的中心频率，另一个用来控制高中频成分的电平，它对应一个高 Q 值，窄频带,中心频率在 550Hz～13kHz 连续可调的带通滤波器，实现对高中频成分电平的提升和衰减。

低中音音调控制（LMID），用两个旋钮控制，作用与高中音音调控制相同，这里对应的频带范围在 80Hz～1.9kHz。

低音音调控制（LF），用一个旋钮控制输入信号低频成分电平的提升和衰减，它对应一个中心频率为 80Hz、低 Q 值、宽频带的带通滤波器。

（2）输入信号流向控制。经过前面放大器、滤波器以及均衡器处理后的信号，要经过通道衰减器推子（FADER）衰减后再放大，以控制本通道信号送入立体声主输出左、右声道总线（MIX LEFT BUS、MIX RIGHT BUS）和编组输出总线（GROUT BUS）上的电平大小，达到调整各路话筒或音源之间的平衡。因为一场演出要使用很多话筒对不同声源拾音，有时还要使用电子乐器等其他线路输入的音源设备，这样就要通过这个衰减器来调节它们之间的电平比例，使之平衡。

LIVE4.2 型在衰减放大后，进行声像控制（PAN），另一方面设置了直接输出（DIRECT OUTPUT）端口。

利用声像控制来控制立体声声像的位置，或者说是对本通道输入信号进行立体声平衡处理。当旋钮置于"0"位，输入信号将以同样大小送入立体声主输出（扩声系统中的主扩声）的左声道总线和右声道总线及各编组总线。当反时针调节旋钮时，送入左声道及编组"1"和编组"3"的信号较大（编组"1"和编组"3"可作为扩声系统中辅助扩声的左声道）；反之，送入右声道及编组"2"和编组"4"的信号较大（编组"2"和编组"4"可作为扩声系统中辅助扩声的右声道）。

利用声像控制可以进行声源的声像定位。例如某乐器（声源）在舞台左侧位置，通过话筒拾音进入调音台，此时将声像电位器旋钮置于左方向（逆时针调节），这样扩音系统中的左路扬声器系统放出的声音较强，听众就会感到该乐器的声音来自自己的左方，与乐器所在位置一致。如果对整个乐队及歌唱演员的拾音进行类似立体声方位处理（即不同的声像定位），可使整个节目有明显的立体声方位感，还可以制作立体声声场效果。例如，把涛声声源在 8 小节之中进行声像处理，使该旋钮从左逐渐旋至右时（即从左到右顺时针调节），其音响效果是涛声从左逐渐向右拍向海岸，给听众以亲临大海、近闻不同方向海涛声浪的效果。

有些高档调音台各输入通道专门设置直接输出端口，用平衡式 1/4 英寸直插件直接输出该通道输入的音源信号。它通常设在通道衰减器（推子 FADER）和均衡后输出，主要用于外接效果处理器或多声轨录音机。它实际可视做是调音台的输出通道，只是它输出的是未经混合的信号，是对应输入通道的独立信号。

一般，调音台都设有几路辅助输出通道。LIVE4.2 型调音台有 6 路辅助输出，而且在调音台各输入通道均设有与辅助输出通道对应的辅助输出电平调节旋钮 AUX 1～6，用来控制相应输入通道分别送到各辅助总线（参见图 5.11 中 AUX 1～6 BUSES）上的信号电平，该信号与其他通道送到辅助总线的信号混合后，送至辅助输出通道放大后输出，作为下级设备的信号源，顺时针调节旋钮，送入辅助总线的信号电平增加；置"0"位时关闭，即该通道信号不送入辅助总线，辅助输出的节目信号中就不含这个输入通道的信号。

调音台的辅助输出信号可用于扩声系统的辅助扩声、舞台返送监听，也可用于调音室、演员休息室等其他场合监听或录音等。辅助输出还可用来连接效果器等信号处理设备，此时辅助输出信号送入信号处理设备，经加工处理后，再从信号处理设备输出端送回到调音台主控部分的立体声返回（STEREO RETURN）端口，将信号送到立体声主输出总线，如图 5.11 所示中的 MIX LEFT BUS 及 MIX RIGHT BUS 和编组总线，与其他输入通道信号混合后输出。

调音台输入通道信号送入辅助总线的常用模式用两种：一种是信号不经输入通道的衰减器推子和均衡器处理直接送入总线，称为推子前/均衡前（PRE）模式；另一种是信号经输入通道的衰减器推子和均衡器处理后送入总线，称为推子后/均衡后（POST）模式。各调节旋钮和输出端口分别与之相对应，实际中使用哪种模式要视具体要求而定。一般情况下，在外接信号处理设备时选择推子后/均衡后模式，录音时也可选择此模式；用于辅助扩声或监听时，通常要外接专门的多频段均衡器，所以多数选择推子前/均衡前模式，有时也可选择推子后/均衡后模式，但此时辅助扩声或监听的声音会受到输入通道衰减器推子调节和均衡器调节的影响。

调音台的辅助输出还有另外一种模式，即推子前/均衡后模式。其意义与上述模式相似，其区别在于信号只通过均衡器而不进入推子。

LIVE 4.2 型调音台的辅助"1"、"2"和"3"均为推子前/均衡前模式，但通过内部跳线可更改为均衡后。辅助"3"还可通过内部跳线改为推子后；辅助"5"和"6"只设置为推子后/均衡后模式；辅助"4"比较特殊，它通常设置在推子后/均衡后模式，但通过设在主控部分的控制键（AUX4 PRE）可转换为推子前/均衡前模式。

LIVE 4.2 型调音台将进行声像控制后的信号送到输出通道选择电路，由一组控制开关MIX、1-2、3-4 控制输入信号送至混合 L/R（MIX LEFT、MIX RIGHT）或 4 编组输出。

MIX：混合。按下此键，输入信号将送入立体声主输出的左（L）、右（R）两个声道；抬起此键，将切断送入立体声主输出的信号。左、右声道输出信号中不含该输入通道的信号。

1-2 和 3-4：与 MIX 键相同，分别对应编组"1"、编组"2"和编组"3"、编组"4"输出。这组按键是相互独立的，按下或抬起某键，不影响其余按键的操作。若将输入信号送入上述所有输出通道，可将这组键全部按下。

顺便指出，编组输出多的调音台，这组键的个数也多；无编组输出的调音台，不需设置通道选择开关。

大中型调音台的每个输入通道都备有静音（MUTE）控制，按下静音时该通道信号被切断，不送入各输出通道，但不影响其他各输入通道。为了防止操作时出现"喀呖"等噪声，故不能简单地用机械开关把电路切断，而是采用场效应管组成的电子开关来控制电路的电平。MUTE 键按下时，该通道信号大幅度衰减，从而获得"静音"的效果（事实上，调音台及其他专业音响设备的选择键几乎都采用这种控制形式），具体电路从略。

LIVE4.2 型调音台还设置了静音编组开关（M₁、M₂、M₃、M₄），该开关与主控部分的静音编组键配合，可以将静音编为 4 组，独立控制静音，此功能适宜用在演出中的分场，控制不同组合的话筒。

这组按键对应有一个指示灯（红色发光二极管），指示其工作状态。

另外，每个输入通道设置了独听开关 PFL（Pre-Fader Listening）来选择本通道信号衰减前独立监听。按下 PFL 键，本通道信号在未进入衰减器之前就进入监听总线（PFL/AFL BUS，参见图 5.11），通过调音台面板上耳机插孔接入的监听耳机，使调音师可以单独监听本通道信号的状态，同时可以通过调音台面板主控部分的 L/R 电平表单独对该通道的信号电平进行监视，从而在演出中为调音师调音监听提供方便。耳机音量可以通过调音台上的耳机音量电位器控制（设在主控部分），且调整耳机音量时不影响总输出。在监听状态时，指示灯（PK）亮。指示灯是一个红色发光二极管，由于调音台各输入通道是独立的，因此可以同时监听一路或几路甚至于全部输入通道的信号，只要将对应通道的 PFL 键按下即可，这时各通道信号互不影响。

指示灯（PK）还可用于本通道信号的峰值指示（Peak Detect）。调音台正常使用时，PFL键抬起，指示灯不亮。当本通道输入信号电平过强时，指示灯闪亮。当本通道信号的电平在将要产生削波失真前 3dB 时，指示灯就会闪烁，提醒调音师要减小输入增益，即把输入灵敏度调低。

特别需要注意的是，当输入信号电平过高时，仅向下拉衰减器推子是不起作用的，这样只是减小了本通道信号在调音台输出的音量。而进入调音台的音源信号电平仍然很高，会使输入信号产生削波失真。因为峰值信号的取出点是在衰减器之前，即信号在进入衰减器之前已经失真。所以拉低衰减器推子是不会改善失真的，只有减小输入灵敏度，才能消除输入电平过高时而引起的失真现象。

2. 立体声输入（STEREO INTPUT）和卡座输入（CASS/CD INTPUT）电路

有许多调音台除设置多路话筒及线路单声输入通道外，还设置一组或几组专门的立体声输入，LIVE4.2 型调音台还设卡座/CD 机输入，作为额外的输入通道，不计入调音台的路数（有的调音台将其按每组 2 路计入路数）。一组立体声包括左、右两个声道，用同一组控制键控制。这部分的电路如图 5.11 左边的中部电路所示。

专业立体声设备（如电子乐器等）的立体声左（L）、右（R）声道信号用一对平衡 1/4 英寸直插件从立体声输入端口（STEREO INTPUT L/R）输入。当音源为单声道设备时，则将其接入左声道，此时相当于单声道线路输入。

与单声道输入通道比较，区别之一，是这里有高、低频两段均衡器，高频（HF）中心频率可选 6kHz 或 12kHz，低频中心频率可选 60Hz 或 120Hz，根据音源情况通过按键选择高、低频中心频率；其二，立体声通道的辅助"1"、"2"和"3"是推子前/均衡后模式；使用立体声平衡调节（BAL）来控制左、右声道送入混合总线（MIX L/R BUS）及编组总线（GROUP BUS）信号的比例。其余电路及信号控制与单声道输入通道相同。

卡座或 CD 立体声信号从卡座输入（CASS/CD INTPUT）端口输入后，此通道与前者不同的是设置了高（Hi）、低（Lo）增益选择，以与市面上半专业设备的标准电平（-10dB）和民用设备的标准电平（-20dB）匹配，没有均衡器（EQ）。左、右声道送入相应混合总线的电平由 LEVEL（混音电平调节）电位器同时调节。卡座/CD 通道的信号不送入编组总线。卡座/CD 通道的信号只有两路辅助输出，且信号进入衰减器推子，所以信号经两组推子前辅助输出电平调节（PREAUX1～AUX2）送入辅助总线。

3. 立体声返回（STEREO RETURN）通道电路

LIVE4.2 型调音台有 4 路立体声返回（STEREO RETURN）通道，每路分左、右两声道输入，对应有 8 个输入端口，采用平衡 1/4 英寸直插件。这部分电路（一个通道）如图 5.11 左边的下方电路所示。

调音台立体声返回通道主要用来连接信号处理设备的输出端口，使加工处理后的立体声信号再送回到调音台的混合总线（左声道和右声道）或编组总线上，4 个电平调节旋钮和 4 个选择键，分别对应 4 路立体声返回通道。电平调节旋钮用来控制立体声返回通道送回调音台的信号电平。送回调音台的信号是送入混合总线还是编组总线，由对应的选择键选择。这样调音台输出的信号即为加工处理过的信号。该通道还可用于额外的立体声输入。

立体声返回通道也可作为单声道输入使用，此时只需接入左（L）声道。

5.3.2 输出通道电路

1. 立体声主输出通道（MIX L/R）

立体声主输出通道电路如图 5.11 右边上方的电路所示。由混合总线（MIX LEFT BUS、MIX RIGHT BUS）送来的信号经左、右混合放大器放大后，一路作为立体声主输出，经总电平调整（混合输出衰减器推子 MIX FADER L/R）后，采用平衡卡侬（XLR）插件，用来连接扩声系统中的主扩声扬声器系统。立体声主输出左、右声道的信号电平，由一组峰值光柱式电平表（L METER、R METER）显示其大小，它由两列红、黄、绿 3 种颜色的发光二极管组成。正常使用时，调节混合输出衰减器推子，使其处在电平表绿线常亮的位置。在演出过程中，如果电平上升，表明输出电平较高，但此时不一定产生失真；如果所有红灯都亮了，而且确切地听到失真状态的声音，这时就要将推子逐渐往下拉，以消除由于调音台输出信号电平过高而产生的失真现象。这组电平表还有一个功能，即当任何通道选择独立监听时（PFL键按下），该电平表显示的是监听电平，便于调音师在调校时监测。有些调音台单独设置监听电平表。左、右混合放大器放大的信号，也可经过混合断点插入端口（MIX INSERT L/R）连接外部信号处理设备。

另一路送到录音输出端口的录音左/右（REC L/REC R），此处-10dBu 电平可匹配卡座或数字磁带录音机（DAT）录音。

2. 编组输出通道与辅助输出通道等电路

编组输出通道与辅助输出通道主要有以下电路。

（1）编组输出通道（GROUP OUT）。编组输出通道电路如图 5.11 右边下方的电路所示。输入通道、立体声输入通道、立体声返回通道信号通过编组总线（GROUP BUS）送入各自所选择的编组通道放大后，或由断点插入（INSRT）送到外部信号处理设备处理加工后再送入或直接继续放大，经编组输出衰减器推子（FADER）衰减后输出，并由电平表（METER）显示输出电平大小。LIVE4.2 型调音台有 4 路单声道编组输出，采用平衡卡侬插件，可用来连接扩声系统中的辅助扩声扬声器系统或录音机。也可通过输入通道的 PAN 按钮控制，将编组"1"、"3"和编组"2"、"4"分别编为左声道和右声道立体声输出。还可以由编组输出方式选择"STEREO MONO"和"GROUPS TO MIX"这两个按键，将对应编组"1-2"或编组"3-4"通道的信号送至混合总线（按下 GROUPS TO MIX 键），使编组通道信号从编组通道输出的同时也从立体声主输出通道输出。输出方式可选择立体声（STEREO），或独立单声道（MONO）两种方式，即按下或抬起 STEREO MONO 键。所谓立体声方式即将编组"1-2"或编组"3-4"通道的信号同时送入立体声主输出的左、右两个声道（MIX L、MIX R）；而单声道方式是将编组"1"或编组"3"通道的信号送入立体声主输出的左声道，同时将编组"2"或编组"4"通道的信号送入立体声主输出的右声道。对输出方式选择操作时，不影响编组通道本身的输出信号。

（2）矩阵输出电路（MATRIX A/B OUT）。LIVE 4.2 型调音台有两组特殊的输出（有许多调音台不设置这样的输出），其信号取自 4 个编组通道和立体声主输出的左/右声道，然后重新混合成两路（A/B）独立的输出信号，因此将这两组输出称为 6×2 矩阵输出，其输出端口设置在主输出板块。这两路独立的矩阵 A 和 B 的输出，可用来连接其他音响设备。编组通道送入矩阵 A 和矩阵 B 的信号电平，由 4 个编组通道共 8 个（4×2）矩阵电平调节旋钮（MATRIX A/B）进行调节。而立体声主输出送入矩阵 A 和矩阵 B 的信号电平则由两个矩阵主控（MATRIX MASTER A/B）电平调节旋钮来控制。立体声选择（STEREO）可将两路主控矩阵输出变换成为立体声信号，按下此键为立体声输出，矩阵 A 为左声道，矩阵 B 为右声道。

（3）辅助输出通道。辅助输出通道电路如图 5.11 右边中部电路所示。输入通道、立体声输入通道、卡座/CD 信号由辅助总线（AUX 1～6 BUSES）送入辅助输出通道，LIVE4.2 型调音台有 6 个辅助输出通道，其输出信号总电平调节分别由 AUX1～AUX6 电平调节旋钮控制。信号从辅助输出端口（AUX1～AUX6）输出，采用 1/4 英寸直插件，用于连接信号处理设备等。

（4）静音控制。LIVE4.2 型调音台可对静音进行编组，用 4 个按键与输入通道的静音编组键配合来控制 4 组静音编组，指示灯指示工作状态。

5.3.3　其他电路

其他电路有以下几部分。

（1）通信。通信话筒输入端口（TALKRACK MIC INPUT），专门用于连接调音师讲话用话筒，以便调音师与演出者对话。

通信话筒控制（TB LEVEL、AUX 1～2、AUX 3～4、MIX、GRPS）。这组控制有一个电平调节旋钮和 4 个通道选择键。调音师可通过通信话筒电平调节钮（TB LEVEL）控制通话话筒（TB MIC）的音量，并可通过选择键分别选择辅助"1"和"2"（AUX 1～2）辅助"3"和"4"（AUX 3～4）、立体声主输出（MIX）、编组（GRPS）通道作为通话通道，其选择方式是独立的，且不影响各通道原有的输出信号。

（2）监听。调音台都设有立体声耳机输出通道，以方便调音师调音时对各路信号进行监听。耳机插孔均使用平衡 1/4 英寸直插件，它送出的是立体声信号，插件的"顶"部为左声道，"环"部为右声道。耳机输出通道有一个电平调节旋钮，用来控制耳机的音量。

LIVE4.2 型调音台可以分别对各话筒输入与线路输入通道，立体声输入与卡座输入通道，编组输出通道的信号进行推子前独立监听 PFL（PRE-FADER LISTENING）；对立体声主输出和各辅助输出进行推子后监听 AFL（AFTER-FADER LISTENING），其中，辅助 4 有一个模式选择键"AUX4 PRE"，可将辅助 4 由原来的推子后（AFL）模式改为推子前（PFL）模式。按下此键，即改变模式，指示灯亮。

当调音台上的任何一个 PFL 或 AFL 被按下时，对应的指示灯亮。

耳机输出通道还可以进行单声道检查控制（MONO CHECK），当遇到相位问题时，让左/右声道输出信号相加，做系统检测（有的调音台无此功能）。

（3）电源（图 5.11 中未画出）。LIVE 4.2 型调音台工作电压是直流 17V。LIVE 4.2 型调音台专门配有外接直流电源，通过面板上的 5 芯插座输入。有些调音台的直流电源设在调音台内，而调音台面板上设有交流输入插座。必须注意，进口设备的交流电源端口通常设有

110V/220V 电压转换开关，使用时一定要将转换开关设置在正确的位置，我国市电电压为220V。

另一个是直流+48V 幻像电源。有两个指示灯分别作为供电电源接通和幻像电源接通的指示。

5.4　调音台的操作使用

不同型号的调音台不仅基本原理相同，而且基本组成与操作功能也是大同小异。下面以韩国产 Bard1 调音台为例，介绍调音台的操作使用方法。韩国产 Bard1 调音台的面板图如图 5.12 所示，各部分的操作使用方法如下：

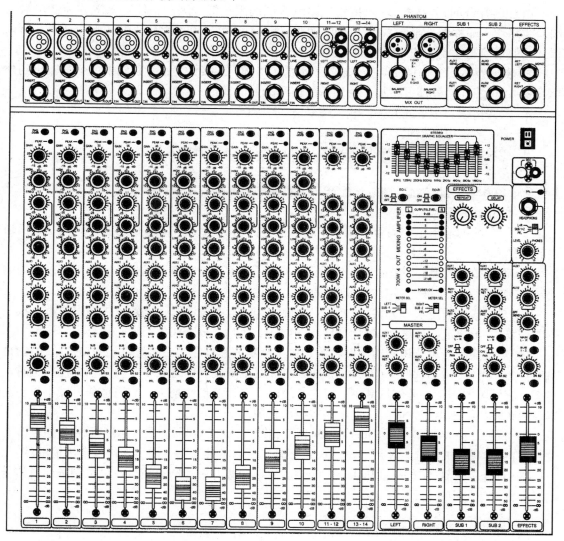

图 5.12　Bard1 调音台面板图

5.4.1 话筒输入与线路输入通道部分的操作

所有带和不带功率放大器的调音台的每个输入通道都是相同的，Bard1 调音台单个输入通道部分的控制面板如图 5.13 的①～⑱所示，各部分的控制功能与操作如下：

① 话筒输入。平衡的 XLR（卡侬）插座，连接各种平衡或不平衡的话筒信号，并且提供+48V 幻像电源，由幻像电源开关控制。1 脚=屏蔽地，2 脚=信号+，3 脚=信号-。

② 线路输入。平衡的 1/4 英寸插座，连接平衡或不平衡的高阻输入信号，例如不平衡话筒信号（非专业话筒信号）、键盘、卡座或其他电子乐器。

顶=信号+，环=信号-，筒=屏蔽地。

由于调音台的话筒输入端阻抗较线路输入端的阻抗低，因此话筒输入端称为低阻输入端，线路输入端称做高阻输入端。必须注意，因为话筒输入和线路输入共用一个通道，所以调音台的话筒输入端和线路输入端不能同时使用。

③ 断点插入。平衡的 1/4 英寸插座，插头的"环"连接话筒或线路输入的信号输出到外部设备，"顶"连接外部设备加工处理后的信号输入调音台。

④ 衰减按钮。按下此开关，输入信号衰减 20dB。

⑤ 信号峰值电平指示。在超过削波电平时，该指示灯亮。

⑥ 增益调节。配合衰减按钮的按入与否，可实现本通道增益调节。

⑦ 高音音调控制。

⑧、⑨中音音调控制。两旋钮配合，可实现对被选择的某中音频率信号提升或衰减。

⑩ 低音音调控制。

⑪、⑫ 辅助输出电平调节。调节本通道信号经辅助总线（AUX BUS）送到辅助输出通道的电平大小。

⑬ 混响效果控制。调节本通道信号经效果器总线（EFF BUS）送到外接效果或内部混响延时器的电平大小，可得到不同的延时效果。

⑭、⑮ 输出通道选择开关。按下"MAIN L-R"，本通道信号送到主控输出通道；按下"SUB 1-2"，本通道信号送到编组输出（SUB 1、2 OUT，以下同）通道。

⑯ 声像控制。调节该旋钮，可将信号以不同量分配到左、右声道总线（LEFT、RIGHT BUS）上，当旋钮处于中点位置时，分配到左、右主干线的信号大小一样，当旋往右边时，右声道信号增大，左声道信号减小；旋往左边时，左声道信号增大，右声道信号减小；当往右旋到底时，则左声道关闭；反之，则右声道关闭。

⑰ 独听开关（PFL，Pre-Fader Listening 衰减器前独立监听）。配合总监听/独听控制开关（参考监听选择开关部分）使用。本开关按下时，可以单独监听本通道的信号输出情况。

⑱ 通道衰减器（Channel Fader）。配合本通道衰减开关、增益调节，以控制本通道信号在混合输出信号中的比例。

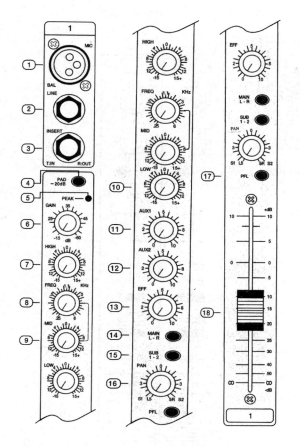

图 5.13　话筒与线路输入通道部分控制面板图

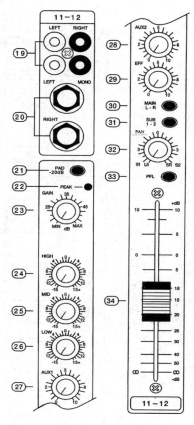

图 5.14　立体声输入部分控制面板图

5.4.2　立体声输入部分的操作

Bard1 调音台立体声输入部分的控制面板如图 5.14 中的⑲～㉞所示，各部分的控制功能与操作如下：

⑲　左、右声道输入信号插座。接收外部音源设备（如录音机等）的立体声信号输入到调音台。

⑳　左（单声道）/右声道信号断点插入。用 1/4 英寸插座平衡连接立体声左、右声道信号到外接设备。

㉑～㉞　分别与输入通道中的④～⑱类似。

5.4.3　主控输出部分的操作

Bard1 调音台主控输出部分的控制面板如图 5.15 中的㉟～㊷所示，各部分的控制功能如下：

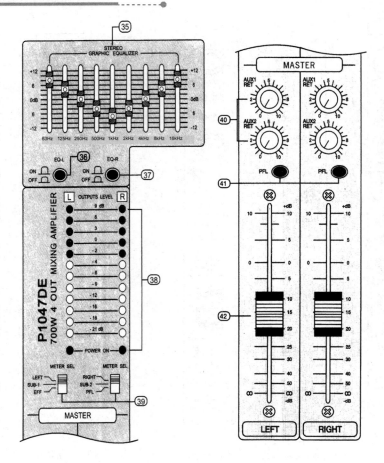

图 5.15　主控输出部分的控制面板图

㉟　立体声图示均衡器。

㊱、㊲　均衡器连接选择开关。分别选择主控左、右声道是否连接均衡器输出。

㊳　输出电平指示。

㊴　输出电平指示选择开关。

㊵　辅助通道返回电平调节。调节辅助返回电平（AUX　RETURN）经左、右总线（LEFT RIGHT BUS）到主控输出通道的电平大小。

㊶　独听开关。本开关按下，独立监听及指示辅助返回信号电平的大小。

㊷　主控输出衰减器（推子、MASTER FADER）。控制混合后的左、右声道总输出电平大小。

5.4.4　混响效果控制部分及其他的操作

Bard1 调音台混响效果控制部分及其他部分的控制面板如图 5.16 中的㊸～㊌所示，各部分的控制功能如下：

㊸　回声电平调节。控制回声电平的大小。

㊹　延时时间控制。

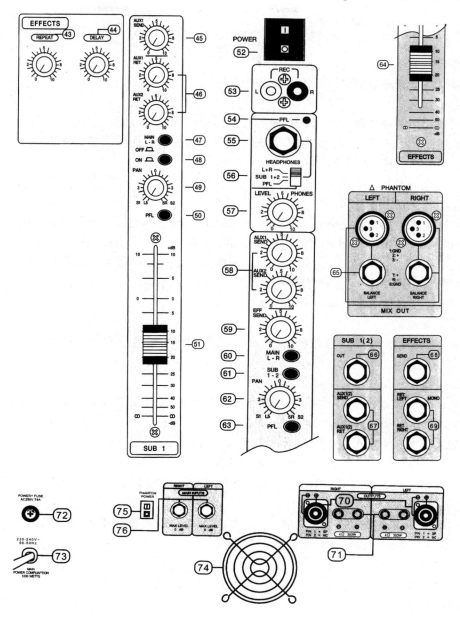

图 5.16　混响控制和其他部分的控制面板图

㊺ 辅助输出电平调节（AUX 1、SEND）。调节辅助输出通道送往外接信号处理设备的电平大小。

㊻ 辅助返回电平调节（AUX 1、2 RETURN）。调节辅助返回电平通过编组输出总线（SUB BUS）送到编组输出（SUB 1、2）电路的电平大小。

㊼ 主控输出选择。按下该键，本编组通道信号经编组通道衰减器（SUB FADER）后由编组总线（SUB BUS）送入主控输出（MASTER）通道。

㊽ 编组输出（SUB 1、2）选择。通过本开关 ON 或 OFF 来选择本编组通道信号从编组

输出端口（SUB OUT）输出与否。

㊾ 声像控制。

㊿ 独听开关。

(51) 编组输出通道衰减器（SUB FADER）。

(52) 电源开关。

(53) 录音输出插座。混合信号需要录音时，通过此插座连接到录音机输入端。

(54) 独听指示。按下任何一个独听开关，该指示灯亮，说明处于独听状态。

(55) 监听耳机插座。

(56) 监听选择开关。

(57) 监听音量调节。

(58) 辅助电平调节。效果器或其他外接信号加工处理设备的返回信号（RETURN L、R），它经过辅助总线（AUX BUS）送到辅助输出通道的电平大小，由该旋钮来调节。

(59) 混响效果返回电平调节。效果器或混响器或其他外接信号处理设备的返回信号，经过左、右声道总线送到主控输出通道的电平大小，由该旋钮调节。

(60)～(63) 分别与输入通道⑭～⑰相类似。

(64) 效果器通道衰减器。

(65) 主控输出插座。通过卡侬（XLR）或1/4英寸插座平衡或不平衡输出，左、右声道信号连接到功率放大器。

(66) 编组输出（SUB 1②OUT）。

(67) 辅助通道输入、输出插座。辅助输出“AUX SEND”接外部信号处理设备的输入端；“AUX RETURN”接外部设备的输出端。

(68) 效果输出。各输入通道经效果总线送来的信号，通过此插座连接到内部混响器或送到外部效果器。接外部效果器时，内部混响器的输入信号自动断开。

(69) 左（单声道）、右声道电平返回。连接外部效果器或其他信号处理设备的立体声或单声道信号返回输入端口。

(70)、(71) 连接扬声器插座和接线端（注：机内带功率放大器时才备70、71、74、76）。使用机内功率放大器时，信号由此插座输出到扬声器。

(72) 保险盒。

(73) 交流电源输入。

(74) 排热风扇。

(75) 幻像电源开关。

(76) 机内功率放大器输入信号插座。

本章小结

本章着重讨论了调音台的功能、种类、技术指标及电路组成与基本原理，并通过具体调音台实例介绍了调音台电路的信号处理过程与操作使用方法。

调音台是音响系统的调音与控制的核心，对其技术要求很高。调音台的功能很多，但最基本、最主要的功能是对输入的信号进行放大、处理、混合和分配等，其中最基本的信号处理功能是频响控制和电平调整。调音台的种类也很多，但它们的基本原理和功能大同小异。调音台的技术指标主要包括增益、频带响应、等效噪声和信噪比、总谐波失真、分离度等。

从系统构成来看，调音台由三大部分组成：输入部分、总线部分、输出部分。在系统图上，输入、输出两部分是以总线（BUS）为分界的，总线又称母线，是连接输入与输出的纽带。调音台具有多个输入通道和输出通道，其信号具有多个流向的特点，电路结构比较繁琐，现代调音台基本上都采用电流混合的方式进行信号的混合，其母线（BUS）即为对各路节目进行混合的混合放大器的输入。

在调音台的实际应用中，英国声艺 LIVE 4.2 型调音台，是扩声系统中常用的档次较高、性价比较好的大中型调音台。本章以此为例，介绍了该调音台电路的信号处理过程，分析了它的信号流向及控制调节功能。

不同类型的调音台虽然有些差异，但其操作方法基本相似，主要是应掌握调音台各接线端口与各键钮的功能及调控方法。要熟练掌握调音台的调控技术，读者还需多了解不同类型的调音台并要进行大量的实践。

思考题和习题 5

5.1　调音台的主要功能有哪些？

5.2　按功能与使用场所分有哪些种类？

5.3　调音台有哪些主要技术指标？

5.4　调音的系统组成如何？画出主干通道的系统组成电路。

5.5　现代调音台采用哪种混合电路，试画出其原理电路图，并说明它有什么优点？

5.6　调音台对输入信号进行放大后为什么还要进行电平衰减？

5.7　调音台有哪几种辅助输出方式？

5.8　试举一调音台实例，简述各控制键钮功能及操作方法。

第6章

音频信号处理设备

内容提要与学习要求

本章主要介绍常见音频信号处理设备的基本功能与结构组成、工作原理及应用实例。主要内容包括频率均衡器、效果处理器、压限器、激励器、反馈抑制器、电子分频器等，这些设备成为现代音响中的重要组成部分。正确使用这些设备，可对音频信号进行适当的修饰和加工处理，使听音效果得到改善、音色得到美化，声音更为优美动听。

通过本章的学习，应达到以下要求：

（1）熟悉常见音频信号处理设备的种类与主要功能；

（2）了解常见音频信号处理设备的电路组成与工作原理；

（3）理解并掌握常见音频信号处理设备的操作要领与使用要求。

音频信号处理设备（Audio Signal Processor）是指在音响系统中对音频信号进行修饰和加工处理的部件、装置或设备。信号处理设备是现代音响系统中必不可少的重要组成部分，它充分体现出音响工作具有"艺术"与"技术"相结合的综合性专业特点，给广大的调音师、录音师等音响大师们提供了进行艺术创作的强有力的技术手段，使他们能够在扩声、音乐制作等领域，把主观能动性与客观的技术设备充分结合起来，导演出更多更优美的音响作品，同时也给广大音响艺术和音乐爱好者们提供了更加优美动听的欣赏条件。

在专业音响设备中，音频信号处理设备可以作为调音台、扩音机等设备内部的一个部件，例如前述调音台及扩音机内置的频率均衡电路或混响电路；也可以做成一台完整的独立设备，作为扩声等音响系统的组成部分，例如各种专业的图示频率均衡器、延时器混响器、激励器等等。在剧院、歌舞厅等场所的扩声系统中，大量使用着各式各样的信号处理设备，其中不少还进入民用音响领域，它们对声音信号的音质起着至关重要的作用。

由于在专业音响系统中，音频信号处理设备通常是围绕调音台连接的，因此也将独立的信号处理设备称为调音台的周边设备，简称周边设备（习惯上，在专业音响中，将除调音台、功率放大器、音箱以外的其他设备都可以看成周边设备）。

音频信号处理设备种类很多，最通常的划分方法是按照信号处理设备的用途来划分。扩声系统中常用的有以下几类：

　　（1）滤波器和频率均衡器。通过对不同频率或频段的信号分别进行提升、衰减或切除，以达到加工美化音色和改进传输信道质量的目的，并可以对扩声环境的频率特性加以修正。

　　（2）延时器和混响器。通过电子电路的方法来模拟闭室内声音信号的延时和混响特性，使音乐更加丰富和亲切，并可制造一些特殊的音响效果。利用延时器和混响器并结合计算机技术，构成具有多种特殊效果的多效果处理器。

　　（3）压缩／限幅器和扩展器。这是一种其增益随着信号大小而变化的放大器。其作用是对音频信号进行动态范围的压缩或扩展，从而达到美化声音、防止失真或降低噪声等多种不同的目的。

　　（4）听觉激励器。在原来的音乐信号的中频区域加入适当的谐波成分，以模拟现场演出时的环境反射，使信号更具有自然鲜明的现场感和细腻感，并使声音更具穿透力。

　　（5）声反馈抑制器。这是一种利用计算机技术产生出能够快速扫描、自动寻找出声音反馈啸叫的信号频率，并自动生成一组与该啸叫频率相同的窄带滤波器，来切除啸叫的频率信号，从而达到抑制声音信号的反馈啸叫、提高传声器增益之目的。

　　（6）电子分频器。这是一种有源分频器，其作用与音箱中的分频器相似，它将宽频带音频信号分成高、中、低等不同的频段，通过不同的音箱达到分频段扩声的目的。

6.1　频率均衡器

　　在音响扩声系统中，对音频信号要进行很多方面的加工处理，才能使重放的声音变得优美、悦耳、动听，满足人们的聆听需要。均衡器（Equalizer，简称 EQ），它是将音频信号分为多个不同频段，然后通过不同频段中心频率对各频段信号电平按需要进行提升或衰减，以期达到听觉上的平衡的频率处理设备，即它是一个多频段的频响处理设备。均衡器是扩声系统中应用最广泛的信号处理设备。

　　由于多频段均衡器普遍使用推拉式电位器作为每个中心频率的提升和衰减调节器，电位器的推键排列位置正好组成与均衡器的频率响应相对应的图形，因此多频段的频率均衡器又称之为图示均衡器。

6.1.1　频率均衡器的作用与技术指标

1. 频率均衡器的作用

　　（1）改善声场的频率传输特性。改善传输特性是频率均衡器最基本的功能。任何一个厅堂都有自己的建筑结构，其容积、形状及建筑材料（不同的材料有不同的吸声系数）各不相同，因此构造不同的厅堂对各种频率的反射和吸收的状态不同。某些频率的声音反射得多，吸收得少，听起来感觉较强；某些频率的声音反射得少，吸收得多，听起来感觉较弱，这样就造成了频率传输特性的不均衡，所以就要通过均衡器对不同的频率进行均衡处理，才能使这个厅堂把声音中的各种频率成分平衡传递给听众，以达到音色结构本身完美的表现。

（2）对声源的音色结构加工处理。扩声系统中，声源的种类很多，不同的传声器拾音效果也不同，加之声源本身的缺陷，可能会使音色结构不理想。通过频率均衡器对声源的音色加以修饰，使之达到美化音色、提高音质的音响效果。

（3）满足人们生理和心理上的听音要求。人们对声音在生理上和心理上会有某些要求，而且人对不同频率的信号听音感觉也不一样。通过频率均衡器可以有意识地提升或衰减某些频率的信号，以取得满意的聆听效果。

（4）改善音响系统的频率响应。音响设备是由电子线路构成的，而一个音响系统又是由许多音响设备组成的，音频信号在传输与处理放大过程中会造成某些频率成分的损失，通过频率均衡器可以对其进行适当的弥补。均衡器还可以用来抑制某些频率的噪声或干扰，例如衰减 50Hz 左右的信号，可以有效地抑制工频交流电的干扰等。

多频段均衡器具有许多用途，和其他信号处理设备配合，会收到非常理想的效果，这需要在实践中深刻体会。

2．频率均衡器的分类

多频段的图示频率均衡器（Graphic EQ）也称多段频率音调控制器，是现代音响扩声系统中最常用的一种音质调节设备。它把音频全频带或其主要部分，分成若干个频率点（中心频率）进行提升或衰减，各频率点之间互不影响，因而可对整个系统的频率特性进行细致的调整。频率均衡器常按分频点的多少进行分类。

一般的家用频率均衡器常将 20Hz～20kHz 的全频段音频信号分成 5～11 个频段，各频段的中心频率按 2 倍频、2.5 倍频、3.3 倍频和 4 倍频进行划分，所谓倍频是指后一个频率点是前一个频率的倍数。如 5 频段的图示均衡器按 3.3 倍频划分的中心频率分别为：100Hz/330Hz/1kHz/3.3kHz/10kHz，若按 4 倍频划分则为：63Hz/250Hz/1kHz/4kHz/16kHz；又如 7 频段按 2.5 倍频划分的中心频率为：63Hz/160Hz/400Hz/1kHz/2.5kHz/6.3kHz/16kHz；9 频段按 2 倍频划分的中心频率为：63Hz/125Hz/250Hz/500Hz/1kHz/2kHz/4kHz/8kHz/16kHz；11 频段的 2 倍频为：20Hz/40Hz/80Hz/160Hz/320Hz/640Hz/1.25kHz/2.5kHz/5kHz/10kHz/20 kHz。各频段的音量控制范围多为±10dB 或±12dB。

常用的专业多频段图示均衡器多为 15 频段和 31 频段。双通道均衡器的两个通道的频率特性独立调整，互不影响。一般 15 段均衡器和 31 段均衡器的中心频率分别在音频全频段内按 2/3 倍频程（倍频程是指：$f_2/f_1=2^n$，$n=2/3$，亦即后一个频率是前一个频率的 $2^{2/3}=1.6$ 倍）和 1/3 倍频程（即后一个频率是前一个频率的 1.3 倍）选取。如 31 频段的中心频率点为：20 Hz/25 Hz/31.5 Hz/40 Hz/50 Hz/63 Hz/80 Hz/100 Hz/125 Hz/160 Hz/200 Hz/250 Hz/315 Hz/400 Hz/500 Hz/630 Hz/800 Hz/1 kHz/1.25 kHz/1.6 kHz/2 kHz/2.5 kHz/3.15 kHz/4 kHz/5 kHz/6.3 kHz/8 kHz/10 kHz/12.5 kHz/16 kHz/20 kHz。31 段均衡器是最多点的均衡器，通常用于需要精细补偿的系统。各频率点的最大提升和最大衰减因均衡器不同而异，一般多为±15dB 和±12dB。

3．频率均衡器的技术指标

作为信号处理设备的多频段均衡器的技术指标主要有：

（1）频响。音频范围内各频率点处于干线位置（不提升也不衰减）时，均衡器的频率响应，此时的频响曲线越平坦越好。

（2）频率中心点误差。各频率点实际中心频率与设定频率的相对偏移，通常用百分数表示，此值越小误差越小。

（3）输入阻抗。输入阻抗是指均衡器输入端等效阻抗。为了满足与前级设备的跨接要求，均衡器输入阻抗很大，并且有平衡和不平衡两种输入方式，平衡输入阻抗是不平衡输入阻抗的 2 倍。

（4）最大输入电平。最大输入电平是均衡器输入回路所能接受的最大信号电平（平衡 /不平衡）。

（5）输出阻抗。输出阻抗是指均衡器输出端等效阻抗。为了满足与后级设备的跨接要求，均衡器输出阻抗很小，并且有平衡和不平衡两种输出方式，平衡输出阻抗是不平衡输出阻抗的 2 倍。

（6）最大输出电平。最大输出电平是均衡器输出端能够输出的最大信号电平（平衡 / 不平衡）。

（7）总谐波失真。均衡器电路的非线性会使传输的音频信号产生谐波失真，总谐波失真越小越好。

（8）信噪比。信噪比用于衡量均衡器的噪声性能，信噪比越大，说明均衡器噪声影响越小。

6.1.2 频率均衡器的原理

频率均衡器是通过改变频率特性来对信号进行加工处理的，因此必须具有选频特性。可见多频段的频率均衡器是由许多个中心频率不同的选频电路组成的，而且均衡器对相应频率点的信号电平既可以提升也可以衰减，即幅度可调。如在调音台电路中介绍的音调控制器就是一种简单的由 RC 元件所组成的可变幅度均衡器，所以这里所说的频率均衡器是有源均衡器，其内部还设置有放大器电路。

频率均衡器的电路通常分为 LC 型和模拟电感型两大类，下面分别加以讨论。

1. LC 型图示频率均衡器

LC 型频率均衡电路是由电容、电感和电阻构成多个频率各不相同的串联谐振电路，并将这些电路等效地接在放大器的输入端和负反馈电路中，通过电位器的调节来改变放大器输入端的某一中心频率信号的大小及放大器的负反馈量（即放大器的增益）的大小，从而实现对该频率信号的提升或衰减控制。

图 6.1 为 LC 型 5 频段均衡器原理图，由运算放大器和多个不同中心频率的 LC 串联谐振回路（选频电路）组成。在电路中，$L_1C_1 \sim L_5C_5$ 构成 5 个串联谐振支路。其谐振频率 $f_0 = 1/2\pi\sqrt{LC}$，分别为 100Hz、330Hz、1kHz、3.3kH 和 10kHz，$RP_1 \sim RP_5$ 为 5 个频率信号的音调控制电位器，LC 串联谐振回路连接在 RP 电位器的活动臂与"地"之间。下面以其中的 L_1C_1 支路为例说明该电路的工作原理。

对 L_1 与 C_1 串联谐振电路而言，其谐振频率为 100Hz，因此该支路对 100Hz 的音频信号的频率所呈现的阻抗为 0。当 RP_1 电位器的活动臂移至最上端时，100Hz 的输入信号经 L_1C_1 串联谐振支路的旁路到地为最小，此时送至放大器输入端的信号由 4.7kΩ 电阻与（$RP+R$）的分压所得, 其值最大; 同时放大器的负反馈电路中, 对 100Hz 信号的反馈系数由 R 与 R_F 的比值决定, 其值最小, 负反馈最弱, 放大器对 100Hz 的信号的增益最大, 从而使 100Hz 信号的输出最大。因此当 RP_1 调至最上端时, 该电路对 100Hz 信号的提升最大。

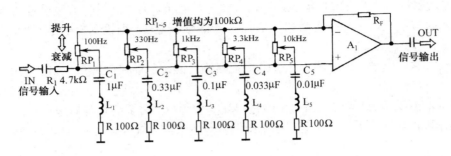

图 6.1 LC 型多频段均衡器原理电路

反之, 当 RP_1 电位器的活动臂移至最下端时, 经 L_1C_1 串联谐振支路的旁路到地的 100Hz 信号为最大, 此时送至放大器输入端的信号由 R_1 (4.7kΩ) 与 R (100Ω) 的分压所得, 其值最小; 同时放大器的负反馈电路中, 对 100Hz 信号的反馈系数由 ($RP+R$) 与 R_F 的比值决定, 其值最大, 负反馈最强, 放大器对 100Hz 的信号的增益最小, 从而使 100Hz 信号的输出最小。因此当 RP_1 调至最下端时, 该电路对 100Hz 信号的衰减最大。

当 RP_1 处于中间位置时, 对 100Hz 的信号既不提升又也不衰减, 即 0dB。此外, LC 串联回路中的 R 用来设定谐振电路的 Q 值, 以决定提升或衰减的幅度和单频频带的宽度, 电路的设计可使提升量与衰减量分别为 +10dB 和 -10dB。

电路中的其他 LC 支路, 对 100Hz 信号而言都工作在非谐振频率范围内, 呈现很大阻抗, 可视为开路, 电位器的调节位置对其 100Hz 信号输出的影响可忽略。

LC 型频率均衡器的优点是能获得大的提升或衰减量, 电路简单, 早期设备用得较多。其缺点是电路中的较大的电感线圈容易造成磁芯的磁饱和失真, 并且电感线圈容易拾取外界电磁场的干扰信号, 使噪声增加, 同时大电感的体积也较大, 成本较高, 现在的音响设备中已较少采用。

2. 模拟电感型图示频率均衡器

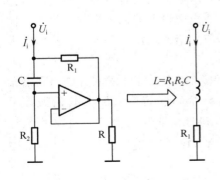

图 6.2 模拟电感电路

近年来生产的多频段图示均衡器已普遍使用由晶体管或集成运算放大器组成的模拟电感 (Simulated Inductor) 来代替电感线圈, 使均衡器的性能有了很大提高, 体积也大为缩小。

(1) 模拟电感原理。由运算放大器组成的模拟电感电路如图 6.2 所示。在该电路中, 利用运算放大器输出端与同相输入端之间的电容引入正反馈, 使输入阻抗呈感性变化, 这时, 运算放大器输入端可等效为一个电感 L 和一个电阻 R 的串联, 其中等效电感的电感量 $L = R_1R_2C$, 只要改变 C 的容量就可获得所需的等效电感值, 而 R_1、R_2 的数值通常为固定电阻值。

在图 6.2 中，运算放大器的"＋、－"输入端的电压和电流均为 0（称为"虚短和虚开"），而电路的设计中通常 R_1 取值为几百至几千欧姆，R_2 取值为几十千欧姆，满足 $R_2 \gg R_1$、$X_C \gg R_1$ 的关系（如 R_1 取值 1.2kΩ，R_2 取值 68kΩ）。

因为运算放大器的二个输入端电压为 0，所以有：$U_{R1} = U_C$；又因为运放的输入电流为 0，所以有：$I_C = I_{R2}$。而模拟电感的电路元件的取值须满足：$R_2 \gg R_1$、$X_C \gg R_1$ 的要求。

因此有：$\dot{I}_C = \dot{I}_{R2} \ll \dot{I}_{R1}$，$\dot{I}_i = \dot{I}_{R1} + \dot{I}_C \approx \dot{I}_{R1}$。

而 $\dot{I}_{R1} = \dot{U}_{R1}/R_1 = \dot{U}_C/R_1 = \dot{U}_i(-jX_C)/R_1(R_2 - jX_C) = \dot{U}_i/R_1(1 + j\omega R_2 C)$。

所以，该电路的输入阻抗为：$Z_i = \dot{U}_i/\dot{I}_i = \dot{U}_i/(\dot{I}_{R1} + \dot{I}_C) \approx \dot{U}_i/\dot{I}_{R1} = R_1 + j\omega R_1 R_2 C$。

设 $L = R_1 R_2 C$，则 $Z_i = R_1 + j\omega L$。由此可得到模拟电感：$L = R_1 R_2 C$。其等效电路如图 6.2 的右图所示，其中的 R_1 大小决定由该电路串接 C' 后所构成 RLC 串联谐振电路的 Q 值。

我们也可从下面来定性理解：在该模拟电感电路中，当频率 $f \uparrow \rightarrow$ 容抗 $X_C \downarrow \rightarrow$ 电容两端电压 $U_C \downarrow$（因为 U_C 由 R_2 与 C 分压所得）$\rightarrow$ 输入端总电流 $I_i \downarrow$（因为 $I_i \approx I_{R1} = U_C/R_1$）$\rightarrow$ 电路的总阻抗 $Z_i \uparrow$（$Z_i = U_i/I_i$）$\rightarrow$ 所以该电路具有电感的特性。只需在该电路输入端串入电容 C'，即构成串联谐振回路。

（2）模拟电感型图示频率均衡器。采用模拟电感的图示均衡电路种类很多，并已经逐步形成集成化模式。由 TA7796P 构成的 5 段模拟电感型图示频率均衡电路如图 6.2 所示，TA7796P 是东芝公司生产的 5 段图示均衡集成电路，可以对 100Hz、330Hz、1kHz、3.3kHz、10kHz 的频率信号进行提升或衰减。

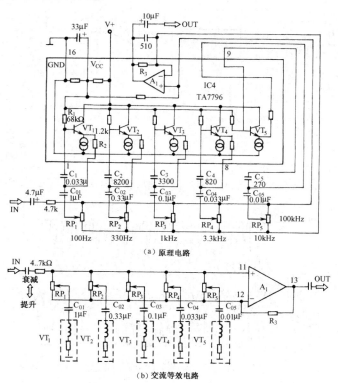

图 6.3　由 TA7796P 构成的 5 段模拟电感型图示频率均衡电路

该电路由两块 TA7796P 构成左、右声道的频率均衡电路，图中仅画出左声道的频率均衡电路。信号由 TA7796P 的 11 脚输入，经频率均衡控制后由 13 脚输出，$RP_1 \sim RP_5$ 分别为 5 个频率点的控制电位器。TA7796P 内部由 5 个模拟电感电路和一个公用放大器构成，其工作原理与前述图 6.1 所示的 LC 型多频段均衡器原理基本相同。

6.1.3 频率均衡器的应用

在现代音响扩声系统中，通常要使用多台多频段均衡器，用于改善音质等，因此有必要对均衡器设备有所了解。频率均衡器常见的专业级各牌产品有美国的 UREI、ART、DOD，英国的 Rebis、KLARKTEKNIK，法国的 SCV，日本的 YAMAHA 等。下面以日本 YAMAHA 的 Q2031A 型双通道频率均衡器为实例进行介绍，并参照实例介绍均衡器的实际应用。

1. 频率均衡器实例

（1）系统结构。

日本 YAMAHA 的 Q2031A 型双通道频率均衡器，是在 20Hz～20kHz 音频范围内的 31 段 1/3 倍频程立体声图示均衡器。其系统方框图如图 6.3 所示（只画出一路），控制特性如图 6.4 所示。

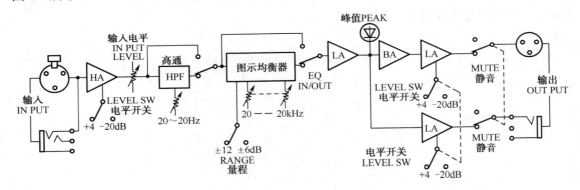

图 6.3 日本 YAMAHA 的 Q2031A 型频率均衡器电路方框图（一个声道）

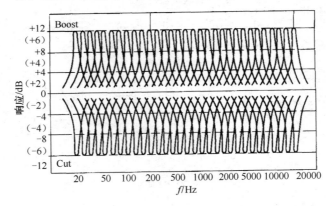

图 6.4 日本 YAMAHA 的 Q2031A 型双通道频率均衡器控制特性

各通道都有斜率为 12dB 的高通滤波器，截止频率为 20～200Hz 可调。开机后自动静噪 3～5s，防止瞬间冲击对功放或音箱的损害。

（2）主要性能。

YAMAHA 的 Q2031A 型双通道频率均衡器的主要性能有：

频率响应：20Hz～20kHz，±0.5dB。

谐波失真：<0.1%。

噪声级：-96dB（EQ 平直，位于 0dB）。

增益控制范围：±12dB 或±6dB。

（3）前面板键钮功能。

YAMAHA 的 Q2031 型均衡器前面板如图 6.5 所示。各控制键功能如下：

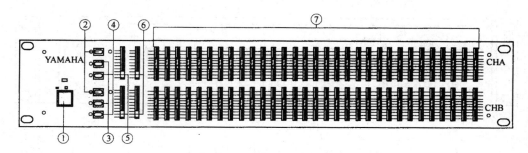

图 6.5　YAMAHA 的 Q2031 型均衡器前面板

① 电源开关键（POWER ON / OFF）：按下后，电源接通，相应的指示灯亮。再按一次，电源断开，指示灯熄灭。

② 范围选择键（RANGE）：用来选择图示均衡器的控制范围。该键在正常位置时，控制范围为±12dB，按下该键后，控制范围缩小，但控制精度提高。

③ 高通滤波器开关（HPF）：用来选择是否在图示均衡器之前加入高通滤波器。在正常（抬起）位置时，高通滤波器断开，输入信号直接进入图示均衡器；按下该键后，高通滤波器接通，输入信号经过高通滤波器后再进入图示均衡器，这时左边的指示灯点亮。

④ 均衡开关（EQ）：用来选择是否接入均衡器。该键在正常位置时，均衡器断开，输入信号不经均衡处理而直接输出，或者说均衡器被旁路（BY PASS）；按下该键后，均衡器接通，输入信号经过均衡器的均衡处理后才输出，这时左边的指示灯亮。该键可以帮助我们比较均衡前后的效果有什么不同，或者需要迅速取消某种特殊的均衡效果时也是十分有效的。

注：有时该键的英文标记是：IN / OUT 或 BYPASS。

⑤ 输入电平控制钮（LEVEL）：用来调整本机的输入灵敏度，以适应不同信号源的输出电平。输入信号电平太低会降低信噪比，而输入电平太高又会导致过激失真。调节该钮，以过载指示灯（PEAK）偶尔闪亮为佳。

注：有时该键的英文标志是 GAIN。

⑥ 高通滤波器（HPF）：用来调节高通滤波器的转折频率，本机的转折频率在 20～200Hz 范围内连续可调，低于所选转折频率的信号将以每倍频程 12dB 的斜率迅速衰减。

该功能的作用有：

a．可以用来消除房间中的低频驻波。

b．消除卡拉 OK 演唱时的气流或风在话筒中引起的低频噪声。

c．减小各种原因引起的交流噪声。

⑦ 提升／衰减控制（BOOST CUT）：用来控制各自对应中心频率处信号的提升或衰减幅度。置于中间时，对该频率的信号不提升也不衰减，向上推动该电位器，就会将其对应频率的信号加以提升；反之，向下拉电位器就是将信号加以衰减。事实上，这 31 个电位器所形成的曲线就是该均衡器此时的均衡曲线。

（4）后背板插口和开关功能。

后背板如图 6.6 所示，各插口和开关功能如下：

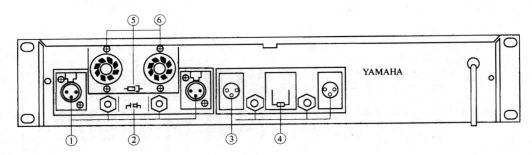

图 6.6　YAMAHA 的 Q2031A 型均衡器后盖板

① 输入插座（INPUT）：包含两个平衡式的卡侬插座和两个非平衡式的大二芯插座，可选用其中的一组输入。输入电平为：+4dB／-20dB，输入阻抗为 15kΩ。

② 输入电子选择（INPUT LEVEL）：有+4dB 和-20dB 两挡可供选择。根据前面所连设备的输出电平来设定。通常应设在+4dB 挡上。

③ 输出插座（OUTPUT）：包含两个平衡式的卡侬插座和两个非平衡式的大二芯插座，可选用其中的一组输出。输出电平为：+4dB／-20dB，输出阻抗为：150Ω。

④ 输出电平选择（OUTPUT LEVEL）：有+4dB 和-20dB 两挡可供选择。根据后面所连设备的输入电平来设定。

⑤、⑥是八脚输入变压器的插座和旁路开关，是专门为美国和加拿大设计的。

2．均衡器的使用

应用均衡器能美化人声或乐器声的音质，因此正确使用均衡器显得十分重要。为了正确使用均衡器，不仅需要掌握各类均衡器的性能和特点，还要熟悉声频各频段的音质特点，以及各种声源的基本频率范围。

均衡器的不同频段对音质或听感的影响不同。实践证明，在 150～500Hz 频段影响语音的清晰度，2～4kHz 频段影响人声的明亮度，这是音质的敏感频段；频率响应的中低频段和中频段的波峰、波谷都严重影响音色的丰满度；如果低频段衰减，丰满度也会下降，因为语言的基音频率都在这个频段之中；如果高频 8kHz 衰减，则影响音色的明亮度；相对而言，125Hz 以下和 8kHz 以上对音色的影响不是很大，因为人耳难以分辨清楚，但这个频段对音质很重要，尤其对高层次的音乐要求更是如此：125Hz 以下不足音质欠丰满，8kHz 以上缺乏则音质表现力失落，欠缺色彩与细腻的魅力。因此，为了满足提高音质、改善音色等要求，可将频率均衡器的音频分为几个主要频段部分进行调整。

根据试验和人们经验，一般可将频段与听感的对应分成六个部分：

（1）16～60Hz（超低音）。

低频声使人感到很响（如飞机轰轰声），给人以强有力的感觉；提升 60Hz，可强化声音的力度，给人以震撼感，但过于提升会使乐器声浑浊不清。

（2）60～250Hz（低音）。

此部分是节奏声部的基础声，决定音乐的平衡，使其丰满或单薄；提升过多会出现隆隆声。其中提升 100Hz 可产生逼真的低音提琴重放效果。但对语言声，在 100Hz 以下衰减 6～12dB 可增加语言的清晰度。

（3）250H2～2kHz（中音）。

此部分包含有大多数乐器的低次谐波，影响音色。其中（1～1.5）kHz 提升（4～5）dB，声音的亮度与层次均有所增进，音色既明亮又滑爽，对男声尤为明显。其中提升（300～500）Hz 可增加音乐的力度，可使还原的人声更逼真，尤其 330Hz 给人以声音的坚实感，使低音柔和丰满。但 330Hz 提升过多，会产生嗡嗡的"浴室效应"。500Hz 对力度影响很大，提升（2～4）dB 便好像凑到听者面前发声一样，给人以亲切感和纵深感。

（4）2～4kHz（中高音）。

此部分是人耳最灵敏的听觉范围，影响响亮，此段提升 2～4dB，能增加人声的亮度，但提升过多时，特别是 3kHz 会产生听觉疲劳。

（5）4～6kHz（高音）。

此部分有临场感，影响清晰度。若提升，有使音乐离听者近的感觉，反之离听者远。在 5kHz 提升 6dB，可使声音的音量好像增加了 3dB。因此，许多录音师为使节目声音响亮，习惯在 5kHz 处提升几个 dB。如衰减混合声的 5kHz 分量，会使声音的距离感变远。

（6）6～16kHz（特高音）。

此部分控制着洪亮度与清晰度，但过分提升会出现齿音。对于 10kHz，会使女声层次越发鲜明，齿音变得细腻，使声音增添光泽和色彩，富有透明感。

总之，如果将整个声音频段的听感分为三段，则低频段重在浑厚与丰满度，中频段重在明亮度，高频段重在清晰度。

一些常用乐器与声音的均衡频率如表 6.1 所示。

表 6.1　一些常用乐器与声音的均衡

音源	明显影响音色的频率
小提琴	200～440Hz 影响丰满度；1～2kHz 拨弦声频带；6～10kHz 影响明亮度
中提琴	150～300Hz 影响力度；3～6kHz 影响表现力
大提琴	100～250Hz 影响音色的丰满度；3kHz 是影响音色明亮度频率
贝司提琴	50～150Hz 影响音色丰满度；1～2kHz 影响音色明亮度
长笛	250Hz～1kHz 影响丰满度；5～6kHz 影响音色明亮度·
黑管	150～600Hz 影响音色的丰满度；3kHz 影响明亮度
双簧管	300Hz～1kHz 影响音色的丰满度；5～6kHz 影响明亮度；1～5kHz 提升音色明亮华丽

音源	明显影响音色的频率
大管	100～200Hz 丰满、深沉感强；2～5kHz 影响明亮度
小号	150～250Hz 影响丰满度；5～7.5kHz 是明亮度清脆感频带
圆号	60～600Hz 提升音色圆润和谐自然；强吹音色辉煌 1～2kHz 明显增强
长号	100～240Hz 提升丰满度强；500Hz～2kHz 提升音色变得辉煌
大号	30～200Hz 是影响力度和丰满度；100～500Hz 提升音色深沉、厚实
钢琴	27.5～486Hz 是音域频率，音色随频率提高（增加）而变得单薄；20～50Hz 是共振峰频率（箱体）
竖琴	32.7～3136Hz 是音域频率；小力度拨弹音色柔和；大力度拨弹音色泛音丰满
萨克斯管	600Hz～2kHz 影响明亮度，提升此频率可使音色华彩清透
萨克斯管 ⁶B	100～300Hz 影响音色的淳厚感，提升此频率音色可使始振特性细腻，增强音色的表现力
吉它	100～300Hz 提升增加丰满度；2～5kHz 提升增强音色的表现力
低音吉它	60～100Hz 低音丰满；60Hz～1kHz 影响力度；2.5kHz 是拨弦声频
电吉它	240Hz 是丰满度频率；2.5kHz 是明亮度频率；拨弦声 3～4kHz
电贝司	80～240Hz 是丰满度频率；600Hz～1kHz 影响力度；2.5kHz 是拨弦声频率
手鼓	200～240Hz 共鸣声频；5kHz 影响临场感
小军鼓（响弦鼓）	240Hz 影响饱满度；2kHz 影响力度（响度）；5kHz 响弦音频
通通鼓	360Hz 影响丰满度；8kHz 为硬度频率；泛音可达 15kHz
低音鼓	60～100Hz 为低音力度频率；2.5kHz 是敲击声频率；8kHz 是鼓皮泛音声频
地鼓（大鼓）	60～150Hz 是力度音频、丰满度；5～6kHz 是泛音频率·
钹	200Hz 铿锵有力度；7.5～10kHz 音色尖利
镲	250Hz 强劲、铿锵、锐利；7.5～10kHz 尖利；1.2～15kHz 镲边泛音"金光四溅"
歌声（女）	1.6～3.6kHz 影响音色的明亮度，提升此频率可以使音色鲜明通透
歌声（男）	150～600Hz 影响歌声力度，提升此频率可以使歌声共鸣感强，增强力度
语音	800Hz 是危险频率，过多提升使音色发"硬"、发"楞"
沙哑声	64～261Hz 提升可以改善
女声带噪音	提升 64～315Hz、衰减 1～4kHz 可以消除女声带杂音（声带窄的音质）
喉音重	衰减 600～800Hz 可以改善
鼻音重	衰减 60～260Hz，提升 1～2.4kHz 可以改善
齿音重	6kHz 过高可产生严重齿音
咳音重	4kHz 过高可产生咳音严重现象（电台频率偏离时的音色）

　　以上介绍的主要是在录音、调音或节目录制中的均衡器使用方法，下面介绍均衡器在听音和放声中的使用方法。由于录音机和组合音响的发展与普及，本来用于专业音响的均衡器（如图示均衡器）也广泛用于录音机和组合音响中。图示均衡器或多频段音调控制器在听音和放声中的一般使用如下：

　　① 收听调幅广播时，由于调幅广播的频带较窄，其高频最多只能放送到 5～6kHz，因此

适当地衰减 100Hz 以下和 6kHz 以上的频率分量，可以改善信噪比。

② 收听调频广播时，由于调频广播节目的频带宽、信噪比高，此时图示均衡器各频段推钮宜放在中央平直位置或适当地提升高、低频，以充分发挥调频广播音质好的特点。

③ 播放音乐节目时（如管弦乐曲），可将低频（如 60Hz 或 100Hz）和高频（如 10kHz 或 15kHz）提升到最大，1kHz 中频点不提升或稍为衰减，而 300～500Hz 及 3～5kHz 适当提升一些，从面板上推钮连成的图形上看，多频段的图示均衡器的推钮呈"V"形。这样放出来的音乐层次分明，声音明亮，低音丰满。

④ 播放独唱、合唱歌曲时，可将高频端置于正中位置，3～5kHz 频段稍为衰减，100Hz 和 1kHz 频段稍为提升，300Hz 频段提升至最大，这样可突出歌曲的基础声部，使歌曲听起来增加了一定的力度和清晰度。若要使歌唱演员主音鲜明，主要调节 1kHz 附近频率，这可使主音有一种深度感。

⑤ 播放语言节目时，一般与播放音乐节目时的调节相反，即 1kHz 频段提升，300～500Hz 和 3～5kHz 频段适当提升些，低频端和高频段一般不提升或稍为衰减，即从面板上推钮连成的图形上看呈倒"V"形。这是因为语言的频谱集中在 300～4000Hz，故上述调整可提高语音的清晰度，并使背景显得安静。

⑥ 播放磁带节目时，图示均衡器一般放在平直位置，或适当提升高频与低频分量。如果磁带噪声较明显，可适当降低高频段，以减少磁带本底噪声。

当然，以上调节还要看节目的内容和各人的爱好而定，此外还要考虑音响设备和音箱的特性以及听音房间环境的声学特性的补偿等。

6.2 效果处理器

在音频信号处理设备中，有一类专门用来对信号进行各种效果处理的设备，例如延时器、混响器等，在专业上通常将这类设备称为效果处理器。

6.2.1 概述

人们都知道在音乐厅等专业场所欣赏音乐节目总是比在家庭、教室、会议室等普通房间里的效果好，这当然有多方面的原因，但声音的延时和混响等效果是重要的原因之一。

我们在室内听到的声音包括三种成分：未经延时的直达声、短时延时的前期反射声和延时较长的混响声。特别是混响声，它持续时间（即混响时间）的长短直接影响人们的听音效果。混响时间太短，声音发"干"不动听；混响时间太长，声音混浊不清，破坏了音乐的层次感和清晰度。因而，对于特定的音乐节目，混响时间有一个最佳值。从大多数优质音乐厅场所观察，此值在 1.8～2.2s 之间。

由于音乐厅等演出场所充分考虑了声音的延时和混响等效果，因此人们在欣赏演出时可以充分感受到乐队演出的层次感、展开感、宽度感、听音的空间感和一定程度的乐音的包围感，也可以笼统地称之为临场感、现场感或自然感，所以十分优美动听。

多年来，专业研究人员不断开发和改进各种音响设备，希望利用这些电子设备能够在多种场合重现在音乐厅演出的效果。至今已取得了相当大的进展，而延时器、混响器等效果处

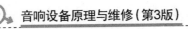

理器就是其中的代表之一。

1. 延时器

延时器（Delay）是一种人为地将音响系统中传输的音频信号延迟一定的时间后再送入声场的设备，是一种人工延时装置。它除了能对声音进行延时处理外，还可产生回声等效果。目前，延时器普遍采用电子技术来实现，通称为电子延时器。

电子延时器是把音频信号储存在电子元器件上或存储器中，延迟一段时间后再传送出去，从而实现对声音的延时。常用的有电荷耦合型器件（BBD）延时器和数字延时器两种。BBD延时器结构简单，价格低廉，主要用于卡拉 OK 机等业余设备，与后者相比，动态范围较小，音质效果欠佳，在现代音响设备中已较少采用；目前在各种专业音响设备或系统中普遍采用数字延时器，它是依靠半导体存储器来储存数字音频信号，达到信号延迟的目的，是一种理想的延时处理设备。

2. 混响器

混响器在音响系统中用来对信号实施混响处理，以模拟声场中的混响声效果，给发"干"的声音加"湿"，或者人为地增加混响时间，以弥补声场混响时间的不足。

混响器主要有两大类，即机械混响器和电子混响器。机械混响器主要包括弹簧混响器、钢板混响器、箔式混响器和管式混响器等，由于它们功能比较单一，音质也不很理想，且存在因固有振动频率而引起的"染色失真"现象，因此目前很少使用。

电子混响器以延时器为基础，通过对信号的延时而产生混响效果，它往往兼有延时和混响双重功能，混响时间连续可调，且功能较多，能模拟如大厅（Hall）、俱乐部等多种声场，并能产生一些特殊效果，使用也十分方便。特别是以数字延时器为核心部件的数字混响器，具有动态范围宽、频响特性好、音质优良等优点，主要用于专业音响系统。

3. 效果器

近些年来，国外一些音响设备公司开发出一种称之为 Multi Effect Processor 即多效果处理器设备，简称效果器。这种设备不仅有上述延时和混响功能，还能制造出许多自然和非自然的声音效果；而且，它利用计算机技术，将编好的各种效果程序储存起来，使用时只需将所需效果调出即可。特别是高档次设备，还可根据需要调整原有的效果参数，即进行效果编程，并将其储存，以获得自己想要的效果，使用更加方便，很受音响师们的青睐，现代音响系统普遍采用这种设备进行效果处理。

6.2.2　数字延时器

数字延时不仅是数字混响器的核心部件，在专业音响中还有专门对信号进行延时处理的数字延时器设备。

1. 延时器的结构与原理

数字延时，是先将模拟音频信号转换成数字音频信号，再利用移位寄存器或随机寄存器

DRAM 将数字信号写入存储器中，直到获得所希望的延时时间以后再读出信号，然后再将数字信号再还原成模拟信号送出。此时的模拟信号就是原音频信号的延时信号，即输出端的音频信号比输入端的音频信号在时间上延迟了一段时间。其原理框图如图 6.7 所示。

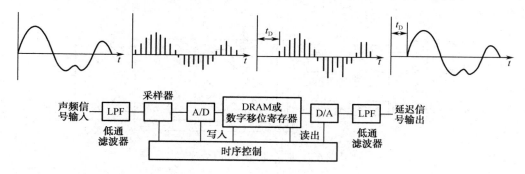

图 6.7　数字延时器原理框图

在图 6.7 中，输入端的低通滤波器用来限制信号中的高频分量，以防止采样过程中的折叠效应；输入信号经模数（A／D）转换后得到的数字信号，写入 DRAM 数据存储器或输送到多个相互串联的移位寄存器（这些移位寄存器使每个数字信号在采样时间间隔内移到下一级），直到经过所希望的延时时间 t_D 后；再从 DRAM 中读出数据或从寄存器中取出数据，最后经数模（D／A）转换和低通滤波器平滑，还原为模拟信号送出。延时时间 t_D 的长短选择则通过写入与读出的间隔时间或移位寄存器容量的变换来控制，时序控制器产生时钟信号使上述所有功能同步。

数字延时是数字延时器设备的基本单元，在有些具有特殊效果的数字延时器中，还要将延时信号（延时声）和原输入信号（主声）按比例混合后作为延时器的输出。这样，既可以听到主声，也可听到延时声，从而得到几种不同的特殊效果。如拍打回声（Slap Echo）、环境回声（Ambled Echo）、多重回声（Multi Echo）、静态回声（Static Echo）、长回声（Long Echo）、变调效果（Pitch Bend）和动态双声（Dynamic Doubling）等。这种延时器在扩声系统中主要用来产生某些特殊效果。

在专业音响（效果）设备中，还有一类数字延时器，其延时声不与主声混合，不产生特殊效果，只对扩声系统中传输的信号作延时处理，以补偿由于系统传输线缆长短及音箱摆放位置不同而造成的传输到人耳信号的时间差。这类延时器通常称为数字式房间延时器，调整非常简单，一般只有输入／输出电平控制和延时时间控制。

2. 延时器的应用

在现代扩声系统中延时器得到广泛应用，它不仅能提高节目质量，还能产生某些特殊效果。

通常在一些大型场所，如大型音乐厅、影剧院和高档次大型歌舞厅等，扩声系统中的扩声通道不止一个，除主扩声外还有一组或几组辅助扩声，使用的音箱较多，这些音箱在厅堂内摆放的位置是前后左右错落有序的，如图 6.8 所示。这样，从各音箱发出的传到听众席的声音在时间上就会出现先后差异，从而造成回声干扰，使人听不清楚；而且由于人耳对声音有先入为主的特点，因此人们就会感到声音来自距离自己近的音箱，从而造成听觉与视觉上的不一致。将时间延时器接入扩声通道，对各个扩声通道的音频信号分别进行适当延时，使各音箱发出的声音几乎同时到达听众，就能获得好的声像位置基本一致的扩声效果，如图 6.8 所示。在调整延时时间时，可让舞台两侧的主扩声信号较听众席两侧的辅助扩声信号早些到达听众席位，时间相差很小使听众不会感到明显差异，这样可使人感到声音主要来自舞台方向，从而达到听觉与视觉的统一。

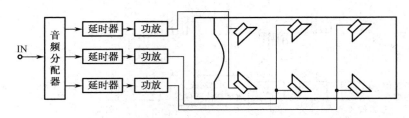

图 6.8　扩声通道的延时处理

此外，在交响乐队等大型乐队演出时，各种乐器的安排位置是按要求分布在舞台的前、后、左、右的。利用前、后、左、右的话筒拾音时，虽然调音台的双声道（L/R）声像定位功能可以使左右排位的乐器产生左右立体方位感；但是前、后排位的乐器从音箱中送出的声音在时间上是相同的，这会给人的感觉是后排乐器与前排的乐器没有前后层次，失去了前后立体方位感。如果在后排乐器的拾音话筒上串接时间延时器，对后排乐器的声音信号加以延时，就可将后排乐器的声音推向深远处，使乐器的前后分布有了层次，这样不但使整个乐队具有左右立体方位感，而且有前后立体层次感，也就是有了所谓全方位立体感，从而得到理想的聆听效果。

带有某些效果的数字延时器还可以为演唱者或朗诵者加入回声效果。利用这种延时器对歌曲或朗诵的尾句、尾音适当延时，可以制造出像山谷中的回声，给演出增加了特殊效果。

延时器在现代音响系统中还有许多用途，例如，将左右声道信号延时后分别与其主声信号叠加，可以使左右声道的声像分布加宽，从而扩展了声场，增强立体感；这种方法还能改善声音的丰满度和浑厚感，降低人耳对非线性的敏感度，使声音更加优美动听。再例如，将单声道信号延时处理后分离，可产生模拟立体声等等。

延时器一般为单通道设备，用于扩声系统时，要根据需要确定延时器的数量。如果某扩声通道左、右声道信号需要相同的延时时间，可以用一台延时器串入系统；如果对话筒信号进行延时效果处理，可将延时器并在调音台上（通过辅助 AUX 和返回 RET 端口），也可将延时器接入调音台输入通道的 INSERT 端口或直接串入话筒中，所需延时器的数量与延时处理的话筒的数量一一对应。实际上，除非有特殊要求，在演出中有一两台延时器就可以了（用于扩声通道的房间延时器除外）。

在扩声系统中对延时器进行调整时，需要根据临场监听的效果来决定各参量的大小。

6.2.3　数字混响器

1．混响器的用途

混响器也是一种声音效果处理设备，用混响器可以模仿多种声学环境，使声音在听感上产生某些原声音所没有的效果。例如在消声室、旷野里听音乐，会觉得乏味，听上去觉得很

"干"。而在消声室唱歌和在浴室中唱歌，自我感觉完全不同，会觉得在浴室里自己的嗓音好得多，这就是没有混响和有混响的明显区别。唱卡拉 OK 时，给歌声加一点混响，就会觉得嗓音"变厚"了、好听了。通常混响器可以用来模仿大厅、中厅、小厅、教堂、山谷等多种声学环境中的听感效果。

2. 混响器的结构与原理

在闭室内形成的直达声、前期反射声和混响声中，除直达声外，前期反射声和混响声都经过了延时，而混响声的延时时间最长，并且是逐渐衰落的，其声学原理如图 6.9 所示。取一定的衰减比例的直达声，经延迟一定时间后，跟在直达声后送出，这就是第 1 次反射声（也称回声：ECHO）。再从第 1 次反射声中按同一衰减比例取值，经同样时间的延迟后跟在第 1 次反射声后送出，这就是第 2 次反射声。依次可得到第 3 次、第 4 次、…、第 n 次反射声，这些逐次减小的反射声的混合就模仿了混响效果。这里第 1 次反射声和直达声之间的延迟时间，或者说任两次相邻回声之间的时间差，模仿了声音经墙壁等反射面反射后到达听音者的时间比直达声延迟的时间。显然，延迟时间越长，说明反射声行程越长，也说明声学环境的几何尺寸越大。而每次反射声比前一次反射声衰减的值，模仿了反射面的反射系数（或吸声系数）。显然衰减量越小，则表示反射面的反射系数越大，或者说反射面的吸声系数越小。

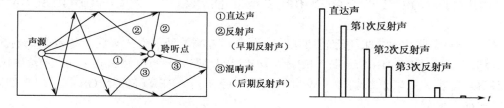

图 6.9　混响效果声学原理图

简单的数字式混响效果器，模仿了上述混响声学原理，采用如图 6.10 所示的电路结构形式。音频信号输入后，先经过低通滤波器（LPF），使信号中的最高频率低于采样率的 1 / 2，以满足奈奎斯特采样定律，然后经模数转换器（ADC），将音频模拟信号变成数字信号。此数字信号被存入存储器（DRAM）中，经过预定的延迟时间后，再从存储器中取出来，这就构成了延时（Delay）。取出来的数字信号经数模转换器（DAC）恢复成音频模拟信号，再经低通滤波器滤除变换过程中产生的高频成分，经缓冲放大器（AMP）送出的延时信号（回声）与直达声信号合并送出，同时把延时后的信号取一定量反馈（Feedback）到输入端产生下一次回声，从而模拟出混响声。

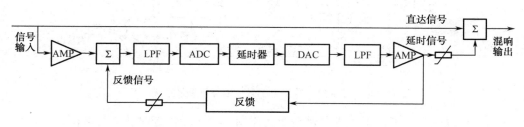

图 6.10　数字混响器电路结构

数字混响器通常为双通道设备，种类也很多，可以模拟出各种闭室的混响声效果。

6.2.4　数字效果器（DSP 效果器）

上述的混响器只产生一种选定的延迟时间，电路比较简单，混响方式单一。但是实际的声学环境有很多从不同途径产生的回声，回声的声程是不相同的，延迟时间也就有长、有短。为了更逼真地模拟混响声场，可以设多种延迟时间、多种衰减系数，这就是效果处理器。

1. 效果处理器的功能

效果处理器采用了较复杂的数字信号处理（DSP）技术，利用数字信号处理技术来模拟各种厅堂与场所的声学听音环境，可以产生多种特殊的、更加完美的混响效果。

数字效果器有三大基本功能：混响、延时、非线性。

（1）混响。混响是数字效果器的主要功能，利用效果器的参数可以对空间大小、声音色彩、早期反射声等声音因素进行调整，从而改善和提高厅堂的音质，增加音源的融和感，产生厅堂（HALL）、房间（ROOM）、板式（PLATE）、密室等混响效果。

（2）延时。延时效果分为基本延时（DELAY）及由不同分量的延时与直接信号混合而产生出的镶边（FLANGE）效果、合唱（CHORUS）效果、回声（ECHO）效果与共振（RESONANCE）效果。

（3）非线性。非线性是采用翻转或切除一个自然混响的处理方式来获得特定的音响效果。其中，翻转混响（REVERSE REVERB）功能用来翻转一个自然混响；门混响（GATE REVERB）功能是用来正常切除一段自然混响；翻转门（REVERSEN GATE）用来切除一个正增加的混响。

2. 效果处理器的结构与原理

为了模拟闭室内的音响效果，就需要产生上述不同的延时声，特别是混响声。因此首先要对主声信号进行不同的延时与反馈，然后将各信号进行不同的调制与混合，从而模拟出多种厅堂与听音场所的声响效果。图 6.11 即为以数字延时器与数字混响器为基础所成的效果处理器原理简图。

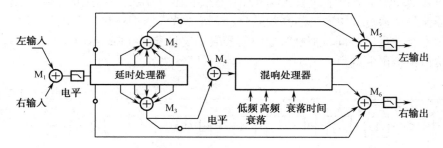

图 6.11　数字混响效果器原理简图

从图中可以看到，延时器起着非常重要的作用。经过较短延时的信号取出后作前期反射声；它通常与主声间隔小于 50ms；从经过多次不同延时的信号取出一部分混合成初始混响声

（有时人们进一步把前期反射声和混响声之间的部分叫做初始混响声），它实际是声音的中期反射声，使声音有纵深感；将初始混响信号再经混响处理后就形成混响信号。这里的混响处理主要还是起延时作用。它将初始混响信号再进行适当延时，同时模拟混响声的衰落（即混响的持续时间）以及多次反射的高频丢失现象（由于低频信号有绕射现象，所以混响声中低频成分要多一些）。混响声也可看成是声音的后期反射声，它使声音有浑厚感。最后将直达声，前期反射声，初始混响及混响信号混合，作为效果处理器的输出，这样就产生了模拟闭室声响的效果。也就是说，经效果处理器处理后，产生的混响效果声具有闭室混响声的特点：

（1）混响声与主声分开，时间间隔在 50ms 以内，且逐渐衰落，余音弱而且模糊；

（2）混响声与主声结合后产生延续感；

（3）混响声能产生明显的空间纵深感和声场环境感；

（4）混响声在主声之后，使声音变得丰满、圆润、浑厚、活泼。

3. 效果处理器实例

近年来出现的效果处理器，以数字延时器与数字混响器为基础，采用数字信号处理（DSP）技术，不仅有上述数字混响器所具有的功能，而且具有产生多种特殊效果的功能，在现代扩声系统中得到普遍使用。

目前，效果处理器主要分为两大类。一类是日本型的效果器，它们对音色处理的幅度大，有夸张的特性，听起来感觉强烈，尤其受到歌星和业余歌手的欢迎，这类效果器主要用来对娱乐场所或流行歌曲演唱进行效果处理；另一类是欧美型的效果器，它们的特点是音色经过真实、细腻的混响处理，可以模拟欧洲音乐厅、DISCO 舞厅、爵士音乐、摇滚音乐、体育馆、影剧院等的声响效果，但其加工修饰的幅度不够夸张，人们听起来会感觉到效果不很明显，这类效果器在专业艺术团体演出时使用较多。

下面以现代专业扩声系统中常用的 DSP-256 型效果器为例进行介绍，使大家对效果处理器的功能有初步了解。

DSP-256 是一种欧洲型效果器，由 Digtech 厂生产。这种效果器采用了较复杂的数字信号处理（DSP）技术，是一种性能优良的专业级多效果处理器。

1）前面板

图 6.12 所示为 DSP-256 型效果器的控制面板（前面板），各功能简介如下：

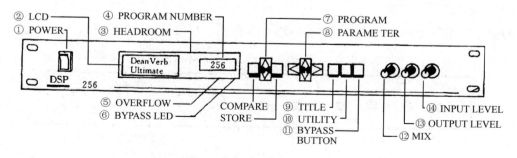

图 6.12　DSP-256 型效果器前面板

① 电源开关（POWER）。开启时，DSP-256 效果器恢复与上次关机时相同的效果程序。

② 效果内容显示器（LCD）。这是一个两行 16 字符的液晶显示器，用于显示当前程序的标题或效果和应用参数。

③ 输入电平显示器（HEAROOM）。该显示器由四个发光二极管组成，用于显示输入信号电平。可用输入电平调整钮（INPUT LEVEL）设置输入信号的电平，最佳信号电平时，绿色发光二极管亮。红色二极管偶尔闪亮，表示信号电平达到峰值。

④ 程序序号显示器（PROGRAM）。这是一个三段数字显示器，显示所选效果程序（项目）的序号。

⑤ 过载显示（OVERFLOW）。此发光管用于指示效果器的过载状态。发光管亮时表示效果器因输入电平太大而过载，应适当减小输入信号电平。

⑥ 旁路显示（BYPASS）。此发光管用于指示效果器进入旁路工作状态。

⑦ 程序控制键（PROGRAM）。这组键共有四个，用来控制效果程序的选择：

a. 左边按键为比较键（COMPARE），用来对正在编辑的效果程序和原效果程序进行比较。

b. 中间两键为增减控制键（上增下减），用来改变和选择项目序号（1～256）。

c. 右边按键为存储键（STORE），用来将新编辑的效果程序存入所选择的项目序号。

⑧ 参数控制键（PARAMETER）。这组键也有四个，用来调整原效果程序的参数：

a. 左右两键用来选择下一个效果参数，停止在一个有用的功能或移到下一个标题。

b. 上下两键用来改变选择的效果参数值、有用参数值或标题。

⑨ 标题键控制（TITLE）。该键用于对当前程序名进行编辑。

⑩ 效用键（UTILITY）。这是一个功能键，用来控制液晶显示器上显示的多功能菜单，包括 100 个项目选择，连续控制器连接 MIDI 图示，程序传送、脚踏开关编程、恢复原有预设置等。

⑪ 旁路控制钮（BYPASS）。该钮可控制效果器进入旁路工作状态。

⑫ 混合控制钮（MIX）。该钮用来调整经效果处理后送到输出端的信号电平，也就是调整效果信号与原信号的混合比例。顺时针旋转，加大效果信号比例；反之减小。

⑬ 输出电平控制钮（OUTPUT LEVEL）。该钮用来调整效果器总输出电平的大小，以与下级设备匹配。

⑭ 输入电平控制钮（INPUT LEVEL）。该钮用来调整输入效果器的信号电平。调整时要注意观察输入电平的显示。

2）后背板

DSP-256 效果器后背板的端口功能如图 6.13 所示，相关端口功能简介如下：

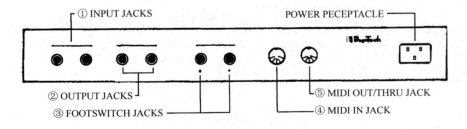

图 6.13　DSP-256 效果器后背板

① 效果器输入端口（INPUT）。DSP-256 为左（LEFT）、右（RIGHT）两个声道输入，

当使用单通道声源时，只需接入左声道（MONO）。

② 效果器输出端口（OUTPUT）。分左（LEFT）、右（RIGHT）两声道输出。

③ 脚踏开关接入端口（FOOT SWITCH）。

④ MIDI 信号输入端口（MIDI IN）。

⑤ MIDI 信号输出 / 通过端口（MIDIOUT / THRU）。

3）DSP-256 效果器的功能。

效果处理器是利用数字信号处理与计算机技术，将编好的各种效果程序储存起来，使用时只需将所需效果调出即可。DSP-256 效果器具有多种效果，其内容如下：

（1）厅堂效果

（2）动感效果

（3）跳跃效果

（4）爵士乐效果

（5）大教堂效果

（6）去左路效果

（7）和弦 / 延时效果

（8）法兰回声混响效果

（9）厅堂低音合唱效果

（10）溅水声回响效果

（11）返回声效果

（12）体育馆声响效果

（13）歌剧院声响效果

（14）剧场声响效果

（15）一般教堂声响效果

（16）圆形剧场声响效果

（17）大理石装饰的大厦声响效果

（18）晚霞效果

（19）金属板声响效果

（20）早期反射效果

（21）满场房间效果

（22）空场房间效果

（23）游泳池效果

（24）台阶式广场效果

（25）西班牙舞乐效果

（26）低沉的左右双声效果

（27）渐强的返回和 4 阶效果

（28）渐弱回声

（29）旋转效果

（30）1 和 1 / 2 第 1 音程效果

（31）返回和 4 阶 250 毫秒效果

（32）返回和 4 阶 300 毫秒效果

（33）返回和 4 阶 375 毫秒效果

（34）加强回声效果

（35）欢快的 16 分音符效果

（36）延时半秒效果

（37）活泼的华尔兹效果

（38）美好的延迟效果

（39）薄法兰声响效果

（40）乒乓合唱效果

（41）150 秒用 30 / 100

（42）225 秒用 20 / 100

（43）立体声像 2 效果

（44）弱延迟效果

（45）最低部弦音效果

（46）缸内合唱效果

（47）丰富的法兰效果

（48）中弦合唱效果

（49）缓慢柔和效果

（50）细长舞台效果

（51）"Leslie" 效果

（52）快速扫描

（53）动物法兰效果 1

（54）筒形法兰效果

（55）动物法兰效果 2

（56）合唱室效果

（57）合唱延时效果

（58）拍手合唱效果

（59）法兰延时效果

（60）游泳效果

（61）快速半音阶延时效果

（62）转动管风琴效果

（63）法兰独奏效果

（64）法兰抖动效果

（65）歌剧效果

（66）乐器合成效果

（67）简捷的合成效果

（68）钢琴合奏效果

（69）谐音效果

（70）快速合成的低音效果

（71）击键声由远而近，由近渐远效果

（72）缓慢的弦乐效果

（73）音调被提高半音的效果

（74）吉它独奏1效果

（75）丰厚的低音效果

（76）吉它延时效果

（77）吉它合成效果1

（78）吉它合成效果2

（79）水中荡桨效果

（80）立体声像1

（81）金属吉它均衡效果

（82）鬼门效果

（83）环境陷阱效果

（84）深陷阱效果

（85）大陷阱效果

（86）地狱之门效果

（87）大共鸣房间效果

（88）暗淡的共鸣房间效果

（89）秘室效果

（90）大秘室效果

（91）延时混响效果

（92）霹雳声混响效果

（93）延时混响

（94）左回声效果

（95）右回声效果

（96）100毫秒回响效果

（97）400毫秒回响效果

（98）200毫秒快速选通效果

（99）绝对选通效果

（100）350毫秒选通

（101）右通道合唱混响

（102）延迟的室内追逐效果

（103）合唱效果

（104）低频提升效果

（105）中频提升效果

（106）高频提升效果

（107）参考设置1

（108）参考设置2

（109）参考设置3

（110）弯曲状厅堂效果

（111）声混响（口哨回响）

（112）渐弱回响效果

（113）慢动作效果

（114）空场法兰效果

（115）强立体声效果

（116）水晶厅堂效果

（117）大合唱效果

（118）城市上空效果

（119）渐弱口声效果

（120）轻微法兰效果

（121）普通混响效果

（122）惊弓之声效果

（123）耳语声效果

（124）细长房间效果

（125）地下室效果

（126）酒吧间效果

（127）厅堂合唱效果

（128）线路直通

6.3　压限器

压限器也是扩声系统的常用设备之一，特别是在较大型专业演出场所的扩声系统中，压限器是必不可少的设备，有时甚至要使用多台压限器。近几年在一些高档次的歌舞厅等业余演出场所的扩声系统中也越来越多地使用到压限器。

6.3.1 压限器的用途

压限器是压缩器和限幅器（Compressor / Limiter）的组合，也是音响系统中常用的信号处理设备，它由压缩和限幅两种功能组成。压缩器主要用来对音频信号进行压缩处理，使大信号的强度变弱、小信号的强度增强，以避免产生削波失真；而限幅器是在当输入的音频信号的幅度达到一定数值时，使对应的输出电平迅速减小或保持不变，以防音响设备过载而损坏。实际上，压缩与限幅这两者的控制原理是相同的，只不过使用目的有差别而已，所以一般在一台设备中同时满足两种使用。

在扩声系统中，压限器主要用途如下：

（1）压缩信号的动态范围，防止过载失真。压限器的最主要功能是对音频信号的动态范围进行压缩或限制，即把信号的最大电平与最小电平之间的相对变化范围加以减小，以适应后接音响设备所允许的动态范围，从而达到减小失真、防止削波的目的。

（2）对大电平信号的峰值进行限幅，以保护后级的功率放大器和扬声器不致损坏。当有过大功率信号冲击时，可以得到压限器的限制，从而起到保护功放和扬声器的作用。例如：话筒受到强烈碰撞，使声源信号发生极大的峰值，或者插件接触不良或受到碰击产生瞬间强大电平冲击，这都将威胁到功放和扬声器系统的高音单元，有可能使其受到损坏，使用压限器可以使它们得到保护。

（3）降低噪声电平，提高信号传输通道的信号噪声比。音乐的动态范围很大，约为120dB。如果一个动态范围为120dB节目通过一个动态范围狭窄的系统放音（如广播系统），许多信息将在背景噪声中浪费掉；即使系统能有120dB的动态范围可供使用，除非它是无噪声环境，否则不是弱电平信号被环境噪声淹没，就是强电平信号响得使人难以忍受，甚至于因过荷而产生失真。虽然音响师可以通过音量控制调整信号电平，但是手动操作有时往往跟不上信号的变化。为了避免上述问题，必须由压限器将动态范围缩减至适合于系统与环境中能舒适地倾听的程度。此外，压限器与扩展器配合使用，还能起自动降低噪声的作用。

（4）产生特殊的音响效果。

6.3.2 压限器的基本原理

压限器由压缩器和限幅器组成。从设备的工作原理上讲，压限器的内部是一种特殊的放大器，它的放大倍数（即增益）可以随着输入信号的强弱而自动变化。当输入信号较小时，它的放大倍数相对较大；当输入信号较大时，它的放大倍数又会自动减小，从而使输出信号的电平被控制在一定的范围内。

1. 压限器的控制特性

压限器的控制电路由压控放大器（VCA）与电平检测电路组成，如图6.14所示。在信号输入与输出之间接有压控放大器（VCA），压控放大器（又称控制元件）的增益受控制电压 U_C 的控制，控制电压 U_C 由电平检测电路产生，U_C 大小与输入信号的电平相对应。按照检测电路的输入信号获得方式分成前动型和后动型两种电路形式。前动型控制电路的输入信号，由压控放大器的输入端取得，这种电路适于做扩展器；后动型则由压控放大器的输出端取得，它是一种反馈控制形式，适于做压缩器。

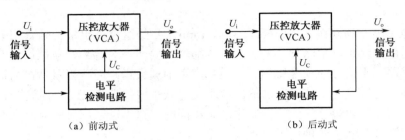

图 6.14　压限器的控制方式

压限器的控制特性如图 6.15 所示。该图所显示的输入—输出特性曲线中有 2 个拐点：一是输入电平为−10dB 时所对应的曲线上的点，该点的输入电平称为压缩阈，即压缩器开始起作用的起控电平；二是输入电平增加到 20dB 时所对应的曲线上的点，该点的输入电平称为限幅阈，即限幅器开始起作用的起控电平。压缩器的压缩功能是用压缩比来衡量的，所谓压缩比是指输入信号的电平（分贝数）与输出信号的电平（分贝数）的比值，如果压缩比为 1：1，就是对输入信号没有进行任何压缩。图 6.15 中所示控制特性的压缩比为 2：1，即输入信号电平从−10dB 增加到 10dB 时（增加量为 20dB），输出信号从 0dB 增加到 10dB；而输入信号在−10dB 以下时未进行压缩（或称压缩比为 1：1）；当输入电平超过 20dB 时，限幅器使输出信号不再随输入信号的增加而增加（或增加很少量），输出电平基本保持 15dB 不变。实际中的限幅功能是通过增大压缩比来实现的，当压缩器的压缩比上升到 10：1 以上时，压缩器就成了限幅器，有的甚至可高达 100：1，因此限幅器是压缩器的极端使用。

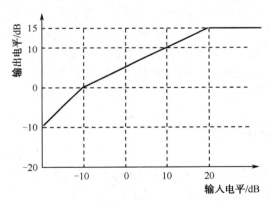

图 6.15　压限器的控制特性

现代的新型压限器在控制特性中，大多采用软拐点技术，即在曲线拐点前后的压缩比是平缓变化的，以防止在硬拐点处出现信号的突变现象，这种硬拐点所导致的信号突变会使人明显地感觉到音乐被突然压缩所带为的不连续感觉。

2. 压限器的功能参数

压限器常用的功能参数有压缩比、阈值、启动时间、恢复时间等。

（1）压缩比。压缩比是输入信号分贝数与输出信号分贝数的比值，其大小决定了对输入信号的压缩程度。压缩比太大则会对信号过度压缩，使动态损失过大。压限器在扩声系统中应用时，若作为压缩器使用一般可将压缩比调为 3：1 左右，若作为限幅器使用（以保护功放和音箱）应将压缩比调为 15：1 以上。

（2）阈值。阈值决定了压限器在多大电平时开始起作用，阈值的调节至关重要。阈值调得过小，会造成输入信号过早地开始压缩，使信号动态损失严重，声音听起来十分压抑；阈值调得过大，则会出现大信号也可能得不到压缩的现象，使压限器不能起到应有的作用。

（3）启动时间。启动时间是指当输入信号超过阈值后，从不压缩状态到压缩状态所需要的时间。若启动时间过长，输入信号超过阈值后要等一会儿才进入压缩状态，会使输出信号的声音听感变硬；如果启动时间过短，输入信号一达到阈值就立即进入压缩状态，则会使声音的听感变软。实际应用中要根据使用场合而定，如播放迪斯科类乐曲时，就可把启动时间调得长些，使声音听感更有力度。

（4）恢复时间。恢复时间是指当输入信号小于阈值后，从压缩状态恢复到不压缩状态所需要的时间。如果恢复时间过长，则输入信号低于阈值后要等一会儿才恢复到不压缩状态，会使压限器在恢复时间内始终处于压缩状态，信号不能被线性地传输到输出端。恢复时间的调节，应根据音乐的节拍速度或乐器声音衰减的快慢来确定。

3. 压限器的工作原理

压缩器的组成原理图如图 6.16 所示。实际上，压缩器是一个单位增益的自动电平控制器。当压缩器的检测电路检测到的信号超过了预定的电平值（即压缩阈值，或称压缩门限）之后，就输出控制信号至压控放大器（控制元件），使压缩器增益下降，即增益值小于 1，下降的幅度取决于压缩器的压缩比率的设定值；反之，当检测的信号低于预定的电平值，增益将恢复到单位增益或保持单位增益不变。所以压缩器的增益值将随着信号的电平变化而变化，这种增益变化的速度由压缩器的两个参数——即启动时间和恢复时间决定。

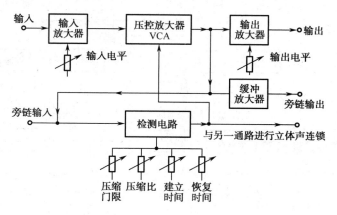

图 6.16　压缩器的组成原理图

检测电路由检波器与滤波电路构成，不仅用来检出与信号电平相对应的直流电压或电流以便控制压控放大器的增益，而且决定启动时间和恢复时间的长短。因此，检测电路对压控器的性能影响很大。检波方式有峰值检波和有效值检波。前者反应速度快，但压缩量与响度之间的对应关系不好；后者反应速度慢，但压缩量与响度之间的对应关系较好。为了兼有二者的优点，可以同时采用峰值检波和有效值检波。检波器的输入信号可以取自压控放大器的输入端，也可取自压控放大器的输出端。

压控放大器（VCA）一般都采用场效应管压控可变电阻来控制增益。场效应管的漏极 D 与源极要 S 之间的等效电阻 R_{DS} 随着栅极 G 与源极 S 之间的负偏压 U_{GS} 的变化而变化，而栅源负偏压 U_{GS} 由上述检波器输出的控制电压而得。当 $U_{GS}=0$ 时，R_{DS} 最小，约为几百欧姆到几千欧姆；栅源负偏压越大，R_{DS} 也越大；栅源负偏压等于场效应管的夹断电压 U_P 时，R_{DS} 可达 107Ω 以上。由于场效应管漏源之间的等效电阻 R_{DS} 随栅源负偏压 U_{GS} 的变化范围可达 104 倍，所以用这种压控可变电阻来控制放大器增益，很容易使压控放大器的增益控制范围达到 50dB 以上。

6.3.3 压限器实例

1. 系统组成与主要性能

日本 YAMAHA 公司的 GC2020BⅡ型压限器是一款应用较普遍的双通道压限器产品。其中一个通道的系统组成方框图如图 6.17 所示，另一个通道的系统组成与此相同。

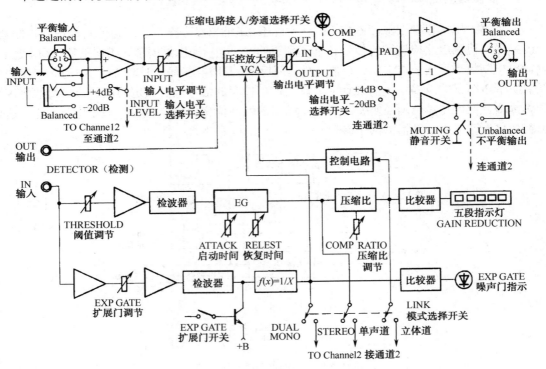

图 6.17　YAMAHA 的 GC2020BⅡ型压限器系统组成方框图

该压限器主要由两部分组成。电路的上半部为信号的传输通路，传输通路中的主要电路为压控放大器 VCA 部分,它的增益受控制电压的控制;电路的下半部为检测器部分,这里的检测器实际上就是压限器原理中介绍的检波电路。从图中可见,检测器的输出端口(DETECTOR OUT)是连接在内部压控放大器(VCA)的输入端,检测器的输入端口(DETECTOR IN)是与内部检测器的输入端相联。取自 VCA 输入端的信号,通过插在 DETECTOR IN 和 OUT 端口之间的耦合棒送入检测器输入端(DETECTOR IN),经检测器处理后输出控制信号送到压控放大器控制 VCA 的增益,从而对压限器输入信号完成压缩/限幅等功能。除输入、输出电平调整外,压限器的压缩比、阈值、启动时间、恢复时间四个参数均在检测器电路中控制。

GC2020BⅡ型压限器的主要性能如下:

频率响应:20Hz~20kHz;总谐波失真:优于 0.05%(失真+噪声);压缩比:1:1~∞:1(最大限度32dB);压缩/限幅阈值电平:+20 dB ~-35dB;扩展噪声门阈值:+0 dB ~-80dB;启动时间:0.2~20ms;恢复时间:0.05~2s;输入阻抗:150Ω;输入最大电平:+20dBu;输出阻抗:150Ω;输出最大电平:大于+20dBu;峰值指示:削波以下 3dB 红色指示灯亮;信号指示:输出信号在正常电平以下 17dB 绿色指示灯亮;功耗:20W。

2. 各键钮功能

压限器的各种控制键钮大多设置在前面板上。GC2020BⅡ压限器的前面板如图 6.18 所示。

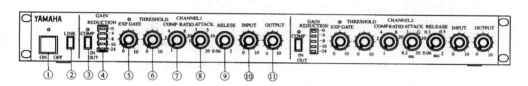

图 6.18　YAMAHA 的 GC2020BⅡ型压限器前面板

(1)电源开关(Power ON / OFF)。这是设备的交流电源开关。按一次为开(ON),再按一次为关(OFF)。电源接通后对应指示灯亮。

(2)立体声/单声道工作模式选择开关(LINK:STEREO / DUAL MONO)。压限器通常都具有两个通道,即"通道 1"(CHANNEL 1)和"通道 2"(CHANNEL 2)。它们有两种工作制式,一种是立体声制式,一种是双单声道制式,这个按键就是用来进行工作制式选择的。

① 抬起此键,为"双单声道"(DUAL MONO)制式,此时"通道 1"和"通道 2"相互独立,这是标准工作状态,该压限器被认为是两个分离的压缩/限幅单元,可以分别处理两路不同的信号;

② 按下此键,为"立体声"(STEREO)制式,此时"通道 1"和"通道 2"是相关联的,两通道同时工作,并且两通道控制参量是按下列方式联系的:

a. 对两通道设置最低的 EXP GATE 值和最高的 THRESHOLD 值。

b. 对两通道设置最短的 ATTACK 时间和 RELEASE 时间。

c. 如果一个通道的 COMP 开关处在抬起(关闭)位置,该通道将不被连接。

d. 在使用立体声制式时,两通道的 INPUT 和 COM PRATIO 按钮必须设置相同数值,只要一个通道有信号输入，两个通道都会产生压缩或限幅作用。此功能特别适用于处理立体声节目。

（3）压限器输入／输出选择开关（COMP IN／OUT）。这个按键是对压限器中的压缩／限幅电路的接入与断开进行选择控制的。按下此键（"IN"位置），压缩／限幅电路接入压限器，信号可以进行压缩／限幅处理，该键上方的工作状态指示灯亮；抬起此键（"OUT"位置），压缩／限幅电路将从压限器中断开，信号绕过压缩／限幅电路直接从输出放大器输出，不进行压缩／限幅处理，指示灯灭。

（4）增益衰减指示表（GAIN REDUCTION）。这个指示表用 dB 表示增益衰减来显示压限器处理的信号，共分五档：0 dB／-4 dB／-8 dB／-16 dB／-24dB。

（5）噪声门限控制与显示（EXP GATE）。"EXP"是 EXPANDER（扩展器）的缩写，扩展器的功能之一是，当信号电平降低时，其增益也减小，用它可以抑制噪声。通过旋钮设置一个低于节目信号最低值的门限（GATE）电平，这样就使低于门限的噪声被限制，而所有节目信号可以安全通过，这个功能特别对节目间歇时消除背景杂音和噪声尤其有效。从这个意义上讲，这个门限就是噪声门限，它的作用就是抑制噪声，所以将"EXP GATE"称为"噪声门"而不是"扩张门"。需要说明，压限器的"EXP GATE"功能与其压缩／限幅功能是独立的，它不影响压限器的压缩／限幅状态。

噪声门限的调节范围与前面板的"INPUT"（⑪钮）旋钮的设置和后面板的"INPUT LEVEL"（⑬键）选择开关的设置有关。

① "INPUT LEVEL"选择开关置于"-20dB"位时：

a. "INPUT"旋钮设在"0"位，门限调节范围为-24～-64dB；

b. "INPUT"旋钮设在中央位置，门限调节范围为-49～-89dB；

c. "INPUT"旋钮设在"10"的位置，门限调节范围为-64～-108dB。

② "INPU TLEVEL"选择开关置于"+4dB"位时：

a. "INPUT"旋钮设在"0"位，门限调节范围为 0～-40dB；

b. "INPUT"旋钮设在中央位置，门限调节范围为-25～-65dB；

c. "INPUT"旋钮设在"10"的位置，门限调节范围为-40～-80dB。

噪声门限的调整方法：先把"EXP GATE"旋钮置"0"位，然后接通电源，但不能输入信号；调节"INPUT"旋钮，在一个高到可以听到杂音或噪声的状态下监听输出；慢慢旋转"EXP GATE"钮，提高门限值直到噪声突然停止，再继续旋转几度；然后送入节目信号监听，检查门限是否截掉了节目信号中较弱的部分；如果"门"在颤动，并发出"嗡嗡"声，说明门限值过高，弱信号无法通过，应该适当降低门限，直到消除上述问题。

当噪声门打开时，"EXPGATE"钮上方的指示灯亮，逆时针旋转"EXP GATE"钮即可解除噪声门。

（6）压限器阈值（门限）调节旋钮（THRESHOLD）。这个旋钮用来控制压限器阈值的大小，它决定着在信号为多大时压限器才进入压缩／限幅的工作状态。如压限器原理所述，阈值设定后，低于阈值的信号原封不动地通过，高于阈值的信号，按压限器设置的压缩比率及启动和恢复时间三个参数进行压缩或限幅。和"EXP GATE"调节相同，压限器阈值的调节范围也取决于"INPUT"钮和"INPUT LEVEL"开关的位置，同样有两种情况。

① "INPUTLEVEL"置于"-20dB"位时：

a. "INPUT"设在"0"位，阈值为-4～-19dB；

b. "INPUT"设在中央位置，阈值为-4～-44dB；

c. "INPUT"设在"10"位，阈值为-19～-59dB。

② "INPUTLEVEL"置于"+4dB"位时：

a. "INPUT"设在"0"位，阈值为+20～+5dB；

b. "INPUT"设在中央位置，阈值为+20～-20dB；

c. "INPUT"设在"10"位，阈值为+5～-35dB。

压限器阈值的大小，要依据节目源信号的动态来决定。门限"THRESHOLD"旋钮顺时针旋转，阈值越高，信号峰值受压缩／限幅的影响就越小；但是阈值过高，就有可能起不到压缩／限幅的作用。多数情况下，门限控制被顺时针旋转到刻度"10"的位置，这样少数信号峰值被有效地压缩／限幅。

（7）压缩比调节旋钮（COMP RATIO）。阈值确定以后，用这个旋钮来决定超过阈值信号的压缩比。压缩比∞:1，通常用来表示限幅功能，限制信号超过一个特殊的值（通常是0dB）；超高压缩比 20:1，通常用来使乐器声保持久远，特别适用于电吉它和贝司，同时会产生鼓的声音；低压缩比2:1～8:1，通常用来使声音圆润，减少颤动，特别是当说话者或歌唱者走近或远离麦克风时。

（8）启动时间调节旋钮（ATTACK）。所谓启动时间是指当信号超过阈值时，多长时间内压缩功能可以全部展开，这个旋钮就是用来调节启动时间长短的，它的调节范围为 0.2～20ms。启动时间在很大程度上取决于被处理信号的种类和希望得到的效果，极短的启动时间通常用来使声音"圆滑"。高压缩比可以使电吉它等乐器的声音保持久远，在这种情况下，通常选择比较长的启动时间，启动时间的大小应包容信号的增加时间。

（9）恢复时间调节旋钮（RELEASE）。恢复时间也称释放时间，与启动时间相反，释放时间是指当信号低于阈值时，多长时间内能释放压缩。这个旋钮就是用来调节释放时间长短的，它的调节范围为 50ms～2s。释放时间的控制与启动时间一样，在很大程度上也决定于被处理信号的种类和希望得到的效果。其主要原因是，如果信号一低于阈值，压缩立刻停止，会造成信号的突变，尤其是当乐器有长而柔和的滑音时。除非有特别要求，一般调节释放时间的长短，应使其包容被处理的信号。

（10）输入电平调节旋钮（INPUT）。这个旋钮用来控制压限器的输入灵敏度，使压限器能接受宽范围的信号。

（11）输出电平调节旋钮（OUTPUT）。这个旋钮用来控制压限器输出信号的大小，其控制范围与"INPUT"相同。

压限器的输入、输出端口均设在后面板上。YAMAHA 的 GC2020BⅡ型压限器的后面板如图 6.19 所示。各接线端口的功能如下：

（12）输入端口（INPUT）。一般压限器的输入端口有两组，它们是连在一起的（如图 6.17系统框图左端所示），而且均采用平衡（Balanced）输入，分别使用平衡 XLR 阴型插件或 1／4英寸直插件。

音响设备原理与维修(第3版)

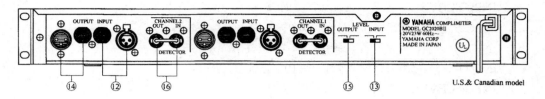

图 6.19　YAMAHA 的 2020BⅡ型压限器后面板

（13）输入电平选择开关（INPUT LEVEL）。输入电平选择开关同时控制着两个通道，它有两种选择状态，即"－20dB"和"+4dB"。具体操作视声源信号而定。它与前面板的"INPUT"钮配合，使压限器的输入电平与所接设备的输出电平匹配。

（14）输出端口（OUTPUT）。压限器的输出端口也有两组。与输入端口不同的是，它们分别从两组输出回路输出（如图 6.17 系统框图右端所示），而且其输出方式也有平衡输出和不平衡输出两种，分别使用平衡 XLR 阳型插件和不平衡 1/4 英寸直插件，以方便与下级设备的连接。

（15）输出电平选择开关（OUTPUT LEVEL）。这个开关键与"INPUT LEVEL"开关键相同，也是用来控制电平匹配的。它也有"－20dB"和"+4dB"两种选择。当与前面板的"OUTPUT"钮配合时，使压限器的输出电平与所接设备的输入电平匹配。

（16）压缩检测器输入/输出端口（DETECTOR IN/OUT）。压限器主要由压控放大器部分和检测电路部分组成。从图 6.17 的系统框图中可见，取自 VCA 输入端的信号，是通过插在 DETECTOR IN 和 OUT 端口之间的耦合棒送入检测器输入端（DETECTOR IN）的，这个信号再经检测器处理后输出控制电压送到压控放大器控制 VCA 的增益，从而对压限器输入信号完成压缩/限幅等功能。

DETECTOR IN/OUT 的这种功能的一个应用，就是同时去掉两个通道的耦合棒，将一个通道的中"DETECTOR OUT"与另一个通道的"DETECTOR IN"直接相联。例如将通道 1 检测器的输出端联接到通道 2 的检测器输入端。在这种情况下，通道 1 的信号大小将对输入到通道 2 的增益作出反应，而通道 2 对本身的信号或对通道 1 的信号都不做反应。这种功能对讲话者尤其有益。讲话者的话筒信号进入通道 1，而音乐信号进入通道 2，因此，通道 2 信号的放大由通道 1 来控制。通道 2 的压缩比可被调整至无论何时讲话者说话，通道 2 中的音乐信号就会及时减弱，使得说话声能清晰地听见。

正常使用压缩器时，请将耦合棒按图 6.19 中后面板的⑯所示方式接入。

3. 压限器的使用

（1）压限器在扩声系统中的位置。压限器通常串接在调音台及图示频率均衡器的后面，而位于功率放大器的前面。防止信号的过激失真和对功放与扬声器实施保护，以防均衡器等前端设备的误操作而烧坏功放与音箱。

（2）压限器的调节。压限器的主要调节参数有压缩器的阈值电平、压缩比、启动时间、恢复时间和限幅器的阈值电平。

① 阈值电平的调节。压缩器的阈值电平不宜选得过高，选得过高起不到压缩作用，后面设备仍然可能出现削波。阈值电平也不宜选得太低，选得太低则在节目信号的整个过程中

192

大部分时间处于压缩状态，使信号严重失真，降低信噪比。

②　压缩比的调节。压缩比宜从小压缩比开始调，如节目的动态范围不是很大，则压缩比取 2∶1 即可；如动态范围很大，则可增加压缩比。调压缩比要和阈值电平相配合，当阈值取得较高，则压缩比应取大一些，因为压缩的起点电平已经高了，压缩比仍然取得较小，则压缩后的峰值电平仍然会很高，引起削波；如阈值取得不很高，则压缩起点电平低，压缩比虽然取得不大，但压缩后的峰值电平不会太高。如操作人员经验丰富对节目信号了解较多，则可灵活掌握压缩比，例如对动态范围不大的节目，诸如古典音乐、交谊舞曲等，压缩比可取 2∶1，如对动态范围大的节目，诸如流行音乐、迪斯科之类，则压缩比可取大一些，如取 4∶1 或 5∶1。总之具体取值，一是要根据具体节目、具体条件来确定，二是取值不是一个很临界的数，而是允许有一定范围的。

③　压缩启动时间调节。通常压限器的启动时间调节范围一般在 $100\mu s \sim 100ms$ 之间，启动时间长会使声音变硬，启动时间短会使声音变软。具体应该调到多大，要根据节目信号的情况与实际需要来确定。如力度感较强的摇滚乐和迪斯科等音乐，就可将启动时间调长，以增加其感染力。

④　恢复时间调节。恢复时间的调节与启动时间相似，过快不好，过慢也不好，要与节目相适应。速度较慢的节目和宽广、辉煌的乐段适合较长的恢复时间，可以保证节目音尾的完整性和丰满度；节奏快的节目，如轻音乐、摇滚乐和迪斯科等节目，适合较短的恢复时间。但是如果恢复时间选得过短，短于声音的自然衰减时间，就会出现声音的断续现象，会产生可感觉到的电平变动。恢复时间长些，声音不会出现突然跳跃的感觉，但恢复时间过长会使后面没有超过阈值的信号也被压缩，会破坏节目的实际动态变化状况。现在不少压限器除了人工设定启动时间和恢复时间外，还能自动设定这两种时间，它是根据节目内容来设定的，大大方便了经验不足的操作人员。

⑤　限幅器的阈值、压缩比的调节。限幅器是用来保证信号不削波的，所以阈值应取得比压缩器的阈值高若干 dB，但压缩比应取得较大些，以保证把信号的峰值限制在规定数值以内，不出现削波。

从上述压缩／限幅器的基本原理和使用可以看出，压限器的调整是非常麻烦的，多数情况下是依靠操作者的听觉和经验来调整的，这就要求音响师不但要了解节目的特点，而且还要有十分丰富的实践经验。

6.4　激励器

激励器又称听觉激励器，是近几年才发展起来的音频信号处理设备，主要用来改变音色的谐波成份，对声音的色彩进行修饰和美化处理。它依据"心理声学"理论，在音频信号中加入特定的谐波（泛音）成分，增加重放声音的透明度和细腻感等，从而获得更动听的效果。

6.4.1　听觉激励器的基本原理

任何音乐除了其基波频率外，还有丰富的谐波，也称为泛音。基频决定其音调的高低，而丰富的谐波决定其音色，所以多种乐器同时演奏同一音高的乐曲时，人们仍然能够把各种乐器产生的声音区分出来。例如钢琴、小提琴、大提琴、单簧管、小号等同时演奏同一基频音时，因各自不同的结构、制作工艺与发音机理而使得他们的谐波成分各不相同，从而形成了各自音色的特色，人耳就是通过声音中的谐波的音色特点来区分出乐器的种类。

在节目的制作与重放过程中，任何音响系统都会使用多种设备，这些设备级联之后，由于设备条件的限制，谐波成份中幅度较小而频率较高的那些高次谐波往往受到损失，或者被噪声所掩盖。于是音质的纤细、明亮感表现不出来，或泛音大为逊色。为了改善这种情况，就需要在重放过程中，在功率放大器前恢复、加强其高次谐波。虽然利用均衡器可以对某些频率进行补偿，但它只能提升原信号所包含的频率成分，而听觉激励器却可以结合原信号再生出新的谐波成分，创造出原声源中没有的高频泛音，这就是激励器被引用的原因。

由此可见，听觉激励器是基于这样一种设计思想的：在原来的音频信号的中高频区域加入适当的谐波成分，以改善声音的泛音结构。其基本原理框图如图 6.20 所示。

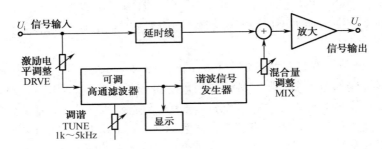

图 6.20　激励器的基本原理框图

听觉激励器由两部分组成：信号的直接通道和信号的谐波激发通道。当音频信号输入到激励器后被分离到两个通道中，一部分信号不经处理直接送入输出放大电路得到直接信号，直接信号保留了原始信号的频率特性；另一部分则经过高通滤波器和谐波发生器所构成的"谐波激励"电路，产生丰富、可调的谐波（泛音），然后再与主声源的直接信号叠加，使其谐波成分（泛音）加强后，经信号混合放大器后输出。高通滤波器用来滤除信号中的低频成分，谐波发生器是激励器的核心，用以产生与输入信号的频率有关，而与信号幅度无关的 1kHz～5kHz 的谐波分量，将这段额外增加的谐波分量叠加到未经修饰的主声源信号中，可使中频泛音段和高频泛音段得到激发，增强了中频泛音和高频泛音的强度，而人耳对这些频段的谐波尤为敏感，从而使声音的清晰度、透明度和现场感得到提升，声源的音色结构得到改善，听音效果更为优美。若一名普通业余歌手，如能较好地利用效果器与激励器，可使演唱的音色大大提高。

由于谐波的电平比直接信号的电平低得多，且主要在中高频部分，所占能量很小，因此不会明显增大信号的总功率，但听起来却感到十分清晰、明亮且有穿透力，效果惊人，这就是使用激励器的意义。

6.4.2　激励器实例

听觉激励器由美国 Aphex Systems 公司率先出品。Aphex 的 C 型激励器是较新的改进型设备，效果良好且价格便宜，广泛用于各类音响系统中。下面以 Aphex-C 型为例对激励器做一介绍。

Aphex-C 型激励器有两个相互独立的通道，可以分别控制；也可用作立体声的左右声道。此时应注意两通道调整的一致性。各通道的输入／输出的额定操作电平是-10dBm，接线端口设在背板上。其前面板控制示于图 6.21，各键钮功能如下所述。

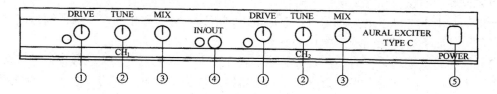

图 6.21　Aphex-C 型激励器前面板

（1）激励控制（DRIVE）。此旋钮也称驱动控制，用来调节送入"谐波激励"电路的输入电平（即激励电平），用一只三色发光二极管指示电平大小是否恰当。若绿色发光太强（或无色），表示激励电平不够，未能驱动"谐波激励"电路，故激励的效果不大；若红色太浓，表示激励过度，会引起失真；黄色代表激励适中。

（2）调谐控制（TUNE）。此旋钮用来调整高通滤波器的转折频率，亦即调节激励器的基波频率，调节该旋钮可使激励信号的基波频率从 800Hz～6kHz 变化。此旋钮对音色的影响很大，故对不同的节目源应分别调整。此外，调谐控制与驱动控制互有影响，在调谐校定后，要重新调整驱动控制。对于一些频率较高的声源信号，此旋钮应将基波频率调得高些。

（3）混音控制（MIX）。此旋钮用来调节"激励"电路产生的谐波（泛音）信号与直接信号的混合比例，从而改变激励的程度。混音量的控制可由零调至最大，实际中要根据不同的节目源而作不同的调节。通过合适的调节来增加优质音响系统的自然效果，或在劣质的呼叫／公共扩声系统中增强声音的清晰度。

（4）接入／断开控制（IN／OUT）。此键可将"谐波激励"电路接入或断开，以便于对处理结果进行比较。对应的发光二极管用来指示其工作状态：当指示灯为红色时，表示激励电路已接入，正在发挥谐波增强效果；当指示灯为绿色时，表示激励电路已断开，无谐波增强效果。此键同时控制两个通道。

（5）电源开关（POWER）。

Aphex-C 型激励器主要技术指标如下：

a．频响：10Hz～100kHz±0.5dB；

b．噪声：-90dB；

c．总谐波失真 THD：小于 0.01%；

d．操作电平：-10dBm；

e．最大入／出电平：±14dBm。

6.4.3　激励器在扩声系统中的应用

在扩声系统中，激励器通常是串接在扩声通道中的，一般接在功率放大器或电子分频器（如果使用的话）之前、其他信号处理设备之后，此时激励器应按立体声设备使用，即其两个通道分别用作立体声的左/右声道。下面是激励器在几种场合的应用。

（1）剧院、会场、广场、Disco 舞厅和歌厅等场合。在这些场合使用激励器可以提高声音的穿透力。虽然拥挤的人群有很强的吸音效果并产生很大的噪音，但激励器能帮助声音渗透到所有空间，并使歌声和讲话声更加清晰。

（2）现场扩声场合。在现场扩声时使用听觉激励器，能使音响效果较均匀地分布到室内每一个角落。由于它可以扩大声响而不增加电平，所以十分适用于监听系统，可以听清楚自己的声音信号而不必担心回授问题。

（3）演奏、演唱场合。有的演奏员、演唱者在演奏、演唱力度较大的段落时共鸣较好，泛音也较丰富；但在演奏（唱）力度较小的段落时就失去了共鸣，声音听起来显得单薄。这时通过调整激励器上的混音控制，使轻声时泛音增加；音量增大时，原来声音中泛音较丰富，因而在限幅器的作用下激励器不会输出更多的泛音，从而使音色比较一致，轻声的细节部分更显得清晰鲜明。

（4）流行歌曲演唱。在流行歌曲演唱中使用激励器，可以突出主唱的效果，使歌词清晰，歌声明亮，又能保持乐队和伴唱的宏大声势。

（5）普通歌手演唱。一个没有经过专门训练的普通歌唱者，泛音不够丰富，利用激励器配合混响器，可以在音色方面增强丰满的泛音，使其具有良好的音色效果。

（6）声像展宽。人耳对频率为 3～5kHz 一段的声音最为敏感，而此段频率的声音对方向感和清晰度也最重要，使用激励器能产生声像展宽的效果。

激励器在音响系统中的作用很重要，只有了解激励器在音响系统中的作用，正确掌握激励器在各种场合的操作与调整，才能有效地利用它来改善声音的音色结构，提高声音的可懂度和节目信号的信噪比，优化音响系统的重放出来的声音，起到真正的"激励"作用。因此要求音响师要有音乐声学方面的知识，对音色结构有深刻理解，这样才能对激励器使用自如，否则就会适得其反，产生负作用。

6.5 反馈抑制器

反馈抑制器主要用来抑制扩声系统中的反馈啸叫声，它是目前抑制声反馈最有效的音频信号处理设备。

6.5.1 声反馈现象与产生啸叫的原因

所谓声反馈是指在剧院、歌舞厅等扩声系统中，由音箱放出的声音又回传入话筒（也称话筒回授），使某些频率成分的信号产生正反馈，从而在音箱中发出刺耳的啸叫声。声反馈是厅堂扩声中经常遇到的令人头痛的问题。无论是在剧场、会堂和歌舞厅，一旦出现声反馈就会破坏会议、演出效果，轻者使讲话、唱歌带有衰变声，引起失真；重者引起啸叫，使讲话、表演者极为狼狈，观众也大为扫兴。啸叫往往还会使系统中的放大器、扬声器的中高音单元烧毁。许多投资相当大的扩音系统，往往由于啸叫而限制了音量，使实际能够使用的功率远远低于设备（包括扬声器）的功率，扩声效果很差。

声反馈产生的原因很多，最主要的有：建筑声学设计不合理、存在声聚集等问题，使传声器所在的声学环境太差；扬声器布置不合理，演员走入扩声场，演唱者使用的传声器直接对准音箱声辐射方向；电声设备的选择或使用不良，如传声器的灵敏度太高、指向性太强；扩声系统调试不良，有些设备处于临界工作状态，稍有干扰即自激啸叫等等。这4个方面的因素都会大大增加扬声器的声音回输至传声器而造成啸叫的可能性。在一般的场合下，偶然发生一二次啸叫倒也作罢，但由于系统放大倍数受啸叫的限制造成声功率无法加大，声音太小，使观众感到声音不够，这问题就大了。另外在一些要求特别高的场合下，如重要的会议、重大的演出活动、审判庭等都不允许出现声反馈。所以，对声反馈的抑制是扩声系统的一个极其重要的问题。

6.5.2　反馈抑制器的基本原理

扩声系统产生的声反馈，使得系统中某些特定频率的声音过强而啸叫，如果将这些过强的频率信号进行衰减或切除，就可以解决这个问题。反馈抑制器就是根据这一原理而工作的，其电路组成框图如图 6.22 所示。

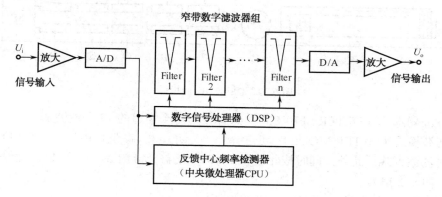

图 6.22　反馈抑制器电路组成框图

出现声反馈时，反馈啸叫信号的特点是不仅幅度大，而且频谱单一、频带很窄，即反馈信号的波形是正弦波。它与音乐或语言信号不同，音乐或语言含有丰富的谐波。

在反馈抑制器中，首先利用反馈信号频率检测电路对声音信号进行检测，它通过中央微处理器提供的快速扫描方法来自动寻找出反馈信号的频率。当这种信号找到后，由 CPU 立即控制数字信号处理电路去设定这一频率，用一个与该频率相同的数字滤波器来切除（或衰减）这个频率信号，从而抑制了反馈啸叫声。因数字滤波器的频带极窄，在音频信号的传输过程中，经该数字滤波器滤除声反馈频率信号后对音频信号的频谱影响极小，音质变化不大。

早期在没有反馈抑制器时，人们往往利用频率均衡器衰减啸叫频率的能量来消除啸叫，但往往由于频率均衡器的带宽比较宽，在衰减有害的频率成分的同时也切除掉大量有用的频率信号，损坏了音质。同时，这样的调节比较复杂，临场时难以应变，如更换传声器、同时使用多路传声器、更换场地、演出人员活动至不同的地方等，都可能使啸叫频率产生变化，给啸叫的控制带来极大的困难。现在，自动反馈抑制器经过不断设计与改进，性能有了很大的提高，在扩声系统中也越来越广泛地得到应用。如果反馈抑制器使用得当，可使扩声系统的传声增益提高 6～12dB。

6.5.3 反馈抑制器实例

现以百灵达 DSP-1100 声反馈抑制器为例进行介绍。

BEHRINGER（百灵达）DSP-1100 声反馈抑制器是双通道的数字反馈抑制器，每个声道有 12 个数字滤波器，滤波频带宽度随实际情况而变，可从 2 倍频程变至 1／60 倍频程。这样既保证了干净彻底地抑制所有的声反馈频率成分，也保证了有用的声音频率成分不被滤掉。由于其抑制启动阈值也是可调的，因此对较弱的反馈信号也能检测出来，从而将所有的声反馈信号全部消除。

1. DSP-1100 声反馈抑制器的面板说明

DSP-1100 声反馈抑制器的面板图如图 6.23 所示，各钮键功能如下：

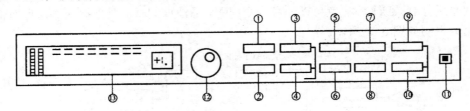

图 6.23　DSP-1100 面板图

（1）滤波器选择（FILTER SELECT）：选择使用每个声道的 12 个滤波器。

（2）滤波模式（FILTER MODE）：可选择 O（关闭）、P（参量均衡）、A（自动）和 S（单点）等几种滤波方式。此外，同时按此键和 GAIN（增益）键约 2s 后，可以用旋轮调节抑制启动阈值（-9～-3dB）。

（3）左声道运行（ENGINE L）。

（4）右声道运行（ENGINE R）。

同时按③、④键，可对左右声道一起进行处理。

（5）频率选择（FREQUENCY）：选择准备处理的频率。频点设置为 31 段。

（6）频率微调（FINE）：以 1／60 倍频程一级微调改变所选频率。

（7）频带宽度（BAND WIDTH）：调节所选滤波器的频带宽度，调节范围为 1／60～2 倍频程。

（8）增益调节（GAIN）：选择信号提升或衰减量。调节范围为-48～+16dB。

（9）接通／旁路（IN／OUT）：决定是否进行处理。短时间按，参量均衡旁路（不起作用），绿色发光二极管熄灭；按 2s 以上，所有的滤波器旁路，发光二极管来回闪亮；长时间按，则所有滤波器启用。

（10）存储（STORE）：按此键两次后，已经调整好的数据就存储在机器中，关机后也不会丢失。按一下，可用旋轮选择存储组别（共有 10 个）。在开机前同时按 FILTER SELECT 键和此键，开机后保持 2s，可以清除原来存储的数据。

（11）电源（POWER）：电源开关。

（12）调节旋轮：顺时针调，增加参数；逆时针调，减少参数。

（13）显示屏。

2. DSP-1100 声反馈抑制器的应用及调整。

DSP-1100 声反馈抑制器的应用与调整，大致可分为两个方面。现就这两个方面分别介绍如下。

（1）用于抑制反馈声，其调整步骤如下：

① 开机同时按下 FILTER SELECT 和 STORE，开机后保持按下状态 2s。

② 按下 FILTER MODE，选取屏幕 AU。

③ 按下 ENGINE L 和 ENGINE R，同时处理左右声道。

④ 按下 FILTERMODE 和 GAIN 约 2s 后，用"旋轮"调到显示-9dB。

⑤ 选择第 1 个存储组。按下 STORE 键，用"旋轮"选取第 1 个存储组。

⑥ 用调音台提升传声器通道音量，声反馈啸叫出现后会立即被抑制。

⑦按两下 STORE 键，将已调整好的数据存储在机器中，以保证关机后数据也不会丢失。

（2）用于将参量均衡器的数据单独存于某一组，其操作步骤如下：

① 选择滤波器号码。

② 滤波模式选择 P。

③ 决定处理哪个声道。

④ 找到所要调整的频率。

⑤ 确定频带宽度。

⑥ 提升或衰减。

⑦ 按两下 STORE 键存储数据。

最后需要指出，声反馈抑制器是在系统出现了反馈后进行补救的一种有效措施。虽然随着技术的发展，这种补救所带来的副作用越来越小，但毕竟是一种被动的补救措施，系统会因为这种补救而付出某些有用的频率信号被切除的代价。因此，在扩声系统的设计中进行合理、科学的建筑声学设计是最主要的，再配上合理良好的电声设备，经过科学调试后就应该满足扩声系统的需要,在一般情况下不再需要反馈抑制器进行补救就完全可以满足指标的要求。

6.6 电子分频器

作为音频信号处理设备的电子分频器，通常用在大型或高档次的扩声系统中。它可以提高音频功率放大器的工作效率，减少无用功率，降低扬声器系统的频率失真度，从而提高扬声器的还音质量。

6.6.1 电子分频器的功能与组成

1. 电子分频器的功能

扩声系统的终端是扬声器系统，扬声器系统是电—声换能系统，它负责把电信号转变成声信号。我们知道，声音的频率范围是 20Hz～20kHz，是一个比较宽的频带，相应的声波波长大约为 17mm～17m。低频端要求扬声器纸盆的口径越大越好，口径越大，辐射出去的能量越多，电—声转换效率越高；而高频时要求扬声器辐射系统的质量小，辐射的效率才高。这样低频段和高频段对扬声器提出了相互矛盾的要求，显然到目前为止还未想出用一个扬声器辐射系统能同时较好地满足低频段和高频段的要求。所以为了满足宽频带的要求，不得不把扬声器系统分别做成低频、中频和高频的分频段单元。根据对扩声要求高低，有用两路扬声器组成的系统，其中一路扬声器负责低频段，另一路扬声器负责中、高频段；有用三路扬声器组成的系统，其中低频段、中频段和高频段各由一路扬声器来负责。前一种叫两分频扬声器系统，后一种叫三分频扬声器系统，要求更高的还有四分频扬声器系统。

由于各路扬声器只负责相应频段的电—声转换，所以应把电信号分频段地馈送给相应扬声器，这就是分频器的功能。

大家见得较多的是由电感、电容组成的无源分频器，这种分频器接在功率放大器和扬声器之间（通常放置在音箱内，叫功率分频器、内置式分频器），无源分频器简单，且由于在功率放大器后才分频，所以一台功率放大器为各频段都提供了电功率信号，成本低。但缺点是在功率较大时，分频器要承受大的功率。分频器本身也消耗一定量的信号电功率，另外分频器中的电感也会带来大信号的失真。再有扬声器的阻抗与频率有关，这就引起分频点也随信号频率而有变化，使分频点附近的频率响应变坏。所以在大功率、高要求的场合不宜选用无源分频器。

为了适应大功率、高质量的音响系统要求，就应把音频信号的低音、中音、高音信号分开后再进行传输和放大，这样就需要有一种高性能的分频器，用来将全频带的音频信号分离成低音和中高音，或者分成低音、中音和高音，这就是电子分频器的功能。也就是说，电子分频器具有选择频率点分离音频信号的功能。

2. 电子分频器的组成

电子分频器是有源分频器，通常的基本单元是一个可变频率的低通滤波器（LPF）和一个可变频率的高通滤波器（HPF），这两个基本单元即可组成一个二分频电子分频器。另外，一个低通滤波器和一个高通滤波器可以组成一个带通滤波器（BPF），所以不少电子分频器可以接成立体声二路二分频，也可接成单声道三分频的分频器。电子分频器接在功率放大器前，每一频段由一路功率放大器驱动。用不同的功率放大器分别带动纯低音和中高音扬声器系统，从而增强声音的清晰度、分离度和层次感，增加音色表现力。用电子分频器的优点是分频点稳定、失真小，避免了高、低音扬声器之间的互调失真。

低通滤波器是允许低频信号通过，限制高频信号通过的滤波器，低通滤波器的截止频率是频响曲线中下降 3dB 点的频率（f_{OL}），频率高于 f_{OL} 的信号被衰减掉，频率低于 f_{LC} 的信号不被衰减。高通滤波器与低通滤波器相反，允许频率高于其截止频率 f_{OH} 的信号通过，衰减频率低于其截止频率 f_{OH} 的信号。带通滤波器是频率高于其高端截止频率 f_{OH} 的信号和频率低于其低端截止频率 f_{OL} 的信号被衰减，允许频率低于其高端截止频率 f_{OH} 并高于其低端截止频率 f_{OL} 的信号通过。

采用电子分频器的缺点是用功率放大器数量多，增加了成本。

6.6.2 电子分频器的基本原理

电子分频器是对全频带音频信号进行分频处理的，按照分离频段的不同可分为二分频、三分频和四分频电子分频器。无论哪种分频器，要分离音频，就必须有选频特性，而且，要有一定的带外衰减。因此，电子分频器主要由高阶低通、高通或带通及晶体管或集成运放构成的有源滤波器组成。

图 6.24 给出了由有源高、低通滤波器组成的高、低二分频的原理电路，该有源滤波器由晶体管电路与 RC 元件构成。对于三分频和四分频只要在其中加入相应的带通滤波器即可，其工作原理类似。下面讨论各类分频器的分频特性及它们在扩声系统中与音箱的连接。

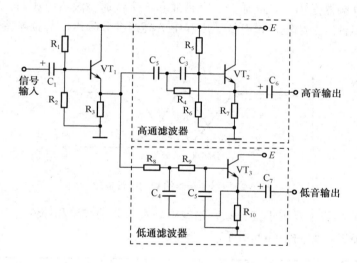

图 6.24 电子分频器原理电路

1. 二分频电子分频器

二分频电子分频器是由一个高通和一个低通滤波器组成的。它将音频信号分为低音和高音两个频段，设有一个低频和高频交叉的频率点，称为分频点，也就是二分频的分频器只有一个分频点，其电路结构与频响特性（即分频特性）如图 6.25 所示。

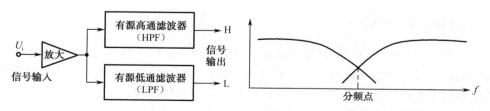

图 6.25 二分频器的电路与频响特性

二分频电子分频器主要用于二分频音箱或中高音音箱和纯低音音箱的组合，其连接方法分别如图 6.26（a）和（b）所示。

图 6.26　二分频电子分频器与音箱的连接

2.　三分频电子分频器

三分频电子分频器是由一个高通、一个带通和一个低通滤波器组成的。它将音频信号分为低音、中音和高音三个频段，设有低／中和中／高两个分频点，其频响特性曲线如图 6.27 所示。

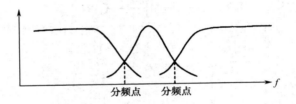

图 6.27　三分频器的频响特性曲线

三分频电子分频器主要用于三分频音箱或中高音二分频音箱和纯低音音箱的组合，其连接方法分别如图 6.27（a）和（b）所示。

图 6.27　三分频电子分频器与音箱的连接

3.　四分频电子分频器

四分频电子分频器是由一个高通滤波器，两个不同中心频率的带通滤波器和一个低通滤波器组成的。它将音频信号分为低音、低中音、高中音和高音四个频段，设有低／低中，低中／高中和高中／高三个分频点，其频响特性曲线如图 6.28 所示。

四分频电子分频器主要用于三分频音箱和纯低音音箱的组合或四分频音箱（这种音箱很少见），连接方法如图 6.29 所示。

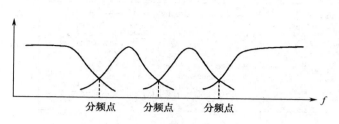

图 6.28 四分频器的频响特性曲线

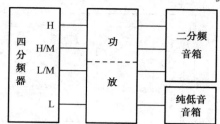

图 6.29 四分频电子分频器与音箱的连接

无论哪种电子分频器，各分频点在一定范围内是可调的，且滤波器的带外衰减一般为 18dB／oct。这是电子分频器的一个重要指标。

此外，在电子分频器中还专门设有一个高通滤波器或低通滤波器，截止频率一般为 40Hz 或 20kHz，用来切除一些不必要的频率成分。

6.3.3 电子分频器的选型

在实际中选择几分频的电子分频器，要依据扩声系统的要求而定。

一般的中小型歌舞厅为了降低投资成本，选用二分频电子分频器，配以二分频音箱（具有外接分频端口的音箱，以下同）就可以了，如果想提高档次，也可配以中高音音箱和纯低音音箱的组合。

音乐厅、剧院和大型高档歌舞厅等比较复杂的扩声系统，其主扩声通道常采用二分频或三分频音箱再配以纯低音音箱，这时需选用三分频或四分频电子分频器；有些要求更高的系统用于辅助扩声的音箱也采用二分频音箱，此时需要增选二分频电子分频器，因为辅助扩声通道较少使用纯低音音箱。

至于迪斯科舞厅，因为要增加震撼力和节奏感，通常要使用较多的纯低音音箱，除主扩声通道外，周围的辅助扩声通道也要适当增加纯低音音箱，这样就应选用不止一台的电子分频器。

需要特别注意的是，在扩声系统中使用电子分频器，调整分频点时，要使其分频点的频率接近所配音箱的分频点的频率。

6.6.4 电子分频器实例

电子分频器的调整比较简单，它的控制键钮均设在前面板上，主要有电平调整和频率调整等。图 6.30 所示为 DOD834-Ⅱ型电子分频器的前面板结构图。它示出了该分频器的所有控制键钮。

DOD834-Ⅱ型电子分频器具有立体声和单声道两种工作模式。在立体声模式下，它是一台三分频电子分频器，通道 1（CHANNEL ONE）和通道 2（CHANNEL TWO）独立控制，可分别接入扩声系统的左声道和右声道；在单声道模式下，它是一台四分频电子分频器，通道 1 和通道 2 合二为一，成为一台单通道设备。

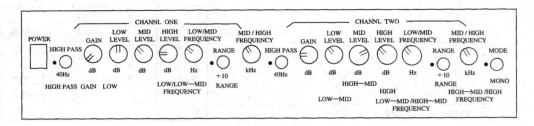

图 6.30　DOD834-Ⅱ型电子分频器前面板结构图

1. 技术指标

DOD834-Ⅱ型电子分频器主要技术指标如下：

- 立体声分频点：低／中 50Hz～5kHz；中／高 750Hz～7.5kHz
- 单声道分频点：低／低中 50Hz～5kHz；低中／高中 50Hz～5kHz；高中／高 2～20kHz
- 输入／输出：2 组 40kΩ 平衡输入，7 组 102Ω 平衡输出
- 滤波器：18dB／oct
- 最大输入电平：+21dBu
- 输出电平控制：-∞～0dB
- 增益控制：0dB～+15dB
- 高通滤波器：40Hz　12dB／oct
- 频响：10Hz～30kHz　+0／-0.5dB
- 总谐波失真：小于 0.03%
- 信噪比：大于 90dB

2. 工作模式

DOD834-Ⅱ型电子分频器的工作模式通过模式按键开关（MODE）选择。控制键钮对两种工作模式的控制状态有些差异，键钮上方的标示为立体声（STEREO）控制状态，下方标示为单声道（MONO）控制状态。下面结合图 6.30 介绍电子分频器不同工作模式下的键钮控制功能。

（1）立体声模式。两通道键钮控制完全相同且相互独立，参照键钮上方标示。

① 高通滤波器开关键（HIGH PASS）：按下此键，将 40Hz 高通滤波器接入分频器，指示灯亮；必要时用来消除低频干扰和噪声。

② 增益调节旋钮（GAIN）：调节整机信号的增益。

③ 低频电平调节旋钮（LOW LEVEL）：调节低频段信号电平。

④ 中频电平调节旋钮（MID LEVEL）：调节中频段信号电平。

⑤ 高频电平调节旋钮（HIGH LEVEL）：调节高频段信号电平。

⑥ 低／中频率调节旋钮（LOW／MID FREQUENCY）：调节低频段与中频段之间的分频点频率。

⑦ 频率调节范围控制键（RANGE）：按下此键，低／中频率调节增加 10 倍，指示灯亮，频率可调范围为 500～5000Hz，抬起此键，频率可调范围为 50～500Hz，总调整范围为 50Hz～

5kHz，与指标相同。

⑧ 中／高频率调节旋钮（MID／HIGH FREQUENCY）：调节高频段与中频段之间的分频点频率。

（2）单声道模式。两通道键钮合并成一个通道进行控制，有些键钮不再起作用，工作模式由面板最右端模式选择键（MODE）选择。按下此键，进入单声道模式，指示灯亮，参照图6.30键钮下方标示。

① 高通滤波器开关键（HIGH PASS）：与前同。

② 增益调节旋钮（GAIN）：与前同。

③ 低频电子调节钮（LOW）：与前同。

④ 低／低中频率调节钮（LOW／LOW-MID FREQUENCY）：调节低频段与低中频段之间的分频点频率。

⑤ 频率调节范围控制键（RAGNE）：按下此键，低／低中频率调节增加10倍，频率可调范围500～5000Hz，抬起此键，频率可调范围50～500Hz，总调整范围50Hz～5kHz，与指标相同。

⑥ 低中频电平调节钮（LOW-MID）：调节低中频段信号电平。

⑦ 高中频电平调节钮（HIGH-MID）：调节高中频段信号电平。

⑧ 高频电平调节钮（HIGH）：调节高频段信号电子。

⑨ 低中／高中频率调节钮（LOW-MID／HIGH-MID FREQUENCY）：调节低中频段与高中频段之间的分频点频率。

⑩ 频率调节范围控制键（RAGNE）：该键与上述⑤键功能相同，只是它对应的是低中／高中频率调节范围。

⑪ 高中／高频率调节钮（HIGH-MID／HIGH FREQUENCY）：调节高中频与高频之间的分频点频率。

⑫ 工作模式选择键（MODE）：按下此键为单声道（MONO）模式，指示灯亮，抬起此键为立体声模式。

其余各键钮在单声道模式下不起作用。

在使用电子分频器时，选择哪种工作模式取决于扩声系统的设计。各分频点频率的设置要与所用音箱的分频点对应，各信号电平的大小要根据系统的聆听效果而定。

电子分频器的所有输入／输出端口均设在后面板上。立体声工作模式下，两通道各有一组输入和高、中、低频三组输出，此时整台设备共有两组输入和六组输出。单声道工作模式下，整台设备只有一组输入和高、高中、低中、低频四组输出。各种端口在面板上均有标示，这里不再详述。

顺便指出，不论电子分频器是哪种品牌，哪种类型，其输出端口和控制键钮都与分频点决定的频段相对应，且明确标示在面板上。

6.7 其他处理设备

在前面几节中，比较详细地介绍了现代音响系统中常用的信号处理设备，这些设备不仅广泛应用于各种扩声系统中，有些也是录音系统常用的设备。实际上在现代专业音响设备中，还有许多其他信号处理设备，特别是在大型扩声系统或录音制作系统中会经常用到。下面再简单介绍几种常见的信号处理设备，供读者了解。

6.7.1　监听处理器

监听处理器是专门为扩声系统的舞台返送监听而设计的处理设备。在这种设备内部，通常设有多频段均衡器和陷波滤波器，以及限幅器和高通滤波器。均衡器和陷波器能够过滤有害信号，降低反馈机会，提高系统增益；而限幅器和高通滤波器则用来保护功率放大器和扬声器。

6.7.2　噪声门

前已述及，有些压限器设有"噪声门限"用以消除无信号时的噪声。在专业音响设备中还有专门的噪声门设备，它与压限器的"噪声门限"的功能基本相同。噪声门实际上是一个门限可调的电子门限电路，只有输入信号电平超过门限时，才能形成信号通路，否则电路不通，信号被距之"门"外。利用噪声门对弱信号"关闭"的功能，可有效地防止话筒之间的串音。但需注意，噪声门只能降低或消除门限以下（可视为无信号状态）的噪声（信号），而不能提高门限以上有信号传输时的信噪比。

6.7.3　移频器

移频器也是用来抑制声反馈现象的设备，与声反馈抑制器不同的是：移频器是对扬声器送出的声音信号的频率进行提升（移频）处理，使声频增加 5Hz（或 3Hz、7Hz），使其与原话筒声音的频率发生偏移，无法构成正反馈，也就不会产生声反馈现象。与声反馈抑制器相同，移频器在扩声系统中也是串联在调音台与压限器之间或并接在调音台上。

由于移频器的低频调制畸变较大，因此它只适用于以语音为主要内容的扩声系统；而声反馈抑制器畸变小，可用在音乐扩声系统中。

6.7.4　立体声合成器

立体声合成器是一种可以在单声道非立体声源中产生逼真的"假立体声"效果的信号处理设备。它将非立体声源信号分成多个频率段，将其中一部分频段放在立体声的一个声道上，另一部分频段放在立体声的另一个声道上，从而产生"假立体声"效果。立体声合成器大多用在录音制作系统中。

以上只对这些信号处理设备作了简要介绍，在专业音响中，还有一些专门对音响系统进行实时分析和测试的仪器和设备，由于篇幅有限，本书不做介绍，如果需要，读者可参阅有关资料。

本章小结

　　音频信号处理设备是现代音响系统中的重要组成部分，本章主要讨论了频率均衡器、数字延时器、混响器和效果处理器、压限器、激励器、反馈抑制器、电子分频器等扩声系统中常用的信号处理设备的功能与组成、原理及应用，并通过这些设备的典型实例，介绍了它们的使用情况。

　　在音频信号处理设备中，图示均衡器和多效果处理器是扩声系统中使用最多的信号处理设备，几乎所有的演出或娱乐场所的扩声系统都会选用。和其他音响设备一样，音频信号处理设备的生产厂家很多，并且有多种不同的型号和档次，但它们的基本原理和使用大同小异。在实际中具体选择哪类设备和型号，要根据具体要求和投资情况而定。作为常规，均衡器、效果器、压限器应该选用，对于歌舞厅等还应考虑使用激励器。

　　本章只概括介绍了一些常见设备，要想更多地了解其他类型的设备，并熟练使用，读者还需阅读有关资料。

 思考题和习题 6

6.1　音响系统中使用音频信号处理设备的目的是什么？

6.2　频率均衡器的作用是什么？

6.3　频率均衡器有哪些技术指标？

6.4　模拟电感的电路结构如何？简述其工作原理。

6.5　数字延时器与数字混响器的电路组成如何？简述其工作过程。

6.6　多效果处理器是怎样提高音效的？

6.7　压限器在扩声系统中的主要作用是什么？

6.8　压限器的功能参数的调整内容有哪些？

6.9　激励器的作用是什么？基本原理如何？

6.10　反馈抑制器的作用是什么？它是如何抑制声反馈的？

第 7 章

数字音响设备

本 章 提 要

　　数字音响设备是现代音响技术发展的必然产物。本章主要介绍数字音响技术的基础知识和典型数字音响设备（CD，MD 和 MP3 播放机）的主要特点、结构组成与工作原理；重点介绍激光唱机（CD 机）的激光头拾音技术，数字信号的纠错处理与调制处理技术，伺服信号的检测、处理与控制技术等。这些技术都是目前 DVD/VCD 等激光视盘机的通用技术，掌握这些技术，可以使我们更好地理解其他的现代数字音响设备的结构与原理。此外，本章对代表当今时尚的 MP3 播放机的数字音频压缩技术也进行了必要的论述。

　　随着音响技术的迅猛发展，各类数字音响设备不断涌现。由于数字电路只对高、低电平脉冲（1，0）进行识别、运算、控制、传输等处理，使数字电路具有一些模拟电路所不具备的优点，如失真低、动态范围大、频率响应宽、声道隔离度高、可靠性高、稳定性好、便于控制和特殊处理、电路易于集成化等，因此现代音响设备都向数字化方向发展。典型的数字音响设备有 CD 机（激光唱机）、MD（录放式微型磁光盘唱机）、MP3 及作为家庭影院的影音信号源——VCD，DVD 等。在这些数字音响设备中，随着数字信号处理技术、激光技术、数据压缩技术、光盘高密度记录技术等多种技术的发展，为音响设备的更新换代提供了充分的条件。

7.1　激光唱机

　　激光唱机又称 CD 机（Compact Disc 意为小型唱片），是将激光光学技术、数字信号处理技术、精密机械伺服技术及微处理器控制技术、高密度记录技术和超大规模集成电路技术等融为一体的数字音频设备。

　　CD 机利用 CD 光盘来记录和存储数据，CD 光盘采用单面刻录方式，在直径为 12cm 的光盘上可记录和重放 74min 的双声道立体声高保真数字音频信号。CD 光盘上的音频信号采用了数字信号的处理方法，其过程是首先将模拟音频信号转变为数字音频信号，然后再将数字音频信号进行纠错、调制等技术处理后记录到 CD 光盘上，CD 光盘上所刻录的信号，只是代表数码信息的坑点。重放时，利用激光束来读取光盘上的坑点信号，然后进行数字信号的识别、解调、纠错等处理，再通过 D/A 变换器将数字音频变换为模拟音频。CD 机中数字信号的处理方式和对误码的纠错能力，使 CD 机具有卓越的音质和性能。因此，CD 机首次问世，便以动态范围大、信噪比高、失真低、频响宽等优异特性迅速席卷全球音响市场，并完全淘汰了老式机械唱针式的模拟电唱机（LP 机），成为备受音乐爱好者青睐的音频播放设备。

7.1.1　CD 机的特点与光盘结构

1. CD 机的特点

CD 机与早期的模拟唱机和磁带录音机相比，具有极为优异的性能。概括起来，CD 唱机的主要特点有如下几点。

（1）光盘的记录密度高、存储容量大。由于采用了激光高密度记录技术，可使一张 12cm 的 CD 光盘存储大约 650 MB 的信息量，播放 74min 高质量的双声道立体声伴音。

（2）电声性能指标高，重放的音响效果好。CD 唱机自 1982 年一问世，就以记录和重放的高音质在音响界引起轰动。其根本原因就在于把数字技术和激光技术应用到音响设备中来，使放音的各项性能指标均达到很高的水平，重放的声音更加逼真，音质更加优美，立体声效果更加明显。它的主要性能指标如下：

① 频率响应：20Hz～20kHz；

② 信噪比：大于 96 dB；

③ 动态范围：大于 96 dB；

④ 声道分离度：大于 96dB；

⑤ 谐波失真：小于 0.05%；

⑥ 抖晃率：几乎不存在。

（3）激光非接触读取信息，使光盘永不磨损。由于采用激光束来读取光盘上的信息，光头与光盘之间无任何接触，因此光盘不会磨损，易于长期保存。这与磁带录音机的工作方式不同，它们在工作过程中，磁头与磁带之间互相摩擦，必然会引起磁头的磨损和磁带上磁粉的脱落，经过一段使用时间之后，寿命就会结束。

（4）对光盘上的灰尘和划痕具有较强的抵御能力。虽然光盘上的信息记录密度非常高，可在 1μm 以下，而灰尘和划痕通常可达几十微米以上。但是，一是由于光盘的信息表面覆盖着一层硬的保护层，使灰尘与划痕不会损伤到信息记录面；二是因为激光束的聚焦作用，使光盘表面的灰尘和划痕经激光束聚焦到信息记录面时的有效影响面积大大减少；三是在电路中采用了较强的误码纠错技术。因此，光盘上细微的灰尘与划痕不致于影响到激光唱机的播放效果。

（5）节目的检索速度快，操作功能强。CD 机在选择曲目时，可以很快地检索到所要的曲目，而磁带录音机却需要很长时间才能检索到。另外 CD 机的操作功能也比磁带录音机强得多，例如可以方便地实现遥控操作，可以进行随机播放，循环重复播放等。

（6）光盘制作成本低，特别适合于大批量生产。光盘在制作时，首先将节目录制在母盘上，然后将母盘制作成模具，最后在注塑机中直接注压成形。因此，光盘的制作过程的工序少、速度快，在大批量生产时，成本非常低廉。

2．CD 机的光盘结构

光盘的直径为 12cm，由内向外依次为：光盘中央的中心孔，用途是在刻录与播放时用来定位光盘，其直径 D 为 15mm；在内孔之外，从 26～36mm 之间为夹持光盘区，用于固定光盘；再往外从 46～50mm 有一导入区；在导入区之外，从 50～116mm 之间为信息区，是用户所需的主要数据信息；在信息区之外，从 116～117mm 为导出区；在 117～120mm 之间为光盘的边沿区。

从光盘的剖面看，光盘又分为 3 层。最下面一层为透明衬底，一般多用聚氯乙烯（PVC）、丙烯基（PMMA）或聚碳酸脂（PC）等构成，其中聚碳酸脂作为制造 CD 光盘的材料具有耐热、耐湿、良好的成型性能；中间层为反射层，用金属薄膜铝采用蒸镀方法形成；在反射层上面是保护层，一般由硬树脂制成；在保护层上面一般为商标层。这样形成的光盘，按规定重量在 14～33 g 之间。

CD 的音频信号是以二进制的方式存储在光盘上的，这个二进制 1 和 0，是以盘中反射层的"坑"和"岛"来表示的。在反射层上，每次坑岛的跳变处表示数字 1，不跳变处表示数字 0。光盘上的坑和岛由内向外螺旋延伸，每个坑的深度大约为 0.1μm；宽度约为 0.5～0.6μm；长度约为 0.83～3.1μm，相邻两圈坑道的宽度为 1.6μm。对于一张 12cm 的 CD 光盘来讲，其轨迹长度大约为 5 000 m。如果对一张光盘的尺寸作一个比喻，那么，人的一根头发将相当于唱片上的 30 条轨迹；若将一个凹坑或一个凸岛的大小看作一粒谷子那么大，则激光唱片的直径将有 800 m。

7.1.2　CD 机的基本组成

激光唱机主要由机芯和电路两大部分组成。

（一）CD 机机芯的基本组成

1．机芯的基本组成

机芯是 CD 机的重要部件。CD 机的机芯基本组成方框图如图 7.1 所示，主要由托盘进出机构、光盘装卸机构、光头进给机构、光盘旋转机构、夹持机构和激光束的聚焦与循迹机构等部分组成。机芯中的驱动电动机通常有 3 个，分别是加载电动机、进给电动机、主轴电动机。

托盘进出机构、光盘装卸机构与夹持机构安装在塑料机座上。托盘通过齿条与机座上的托盘进出机构中的主凸轮啮合。加载电动机安装在机座上。光盘旋转机构和光头进给机构安装在钢制芯座上，由后面的两个销钉通过螺钉压固在机座上。芯座通过前面一个销钉嵌在升降凸轮槽内，随着升降凸轮的转动而上下移动。

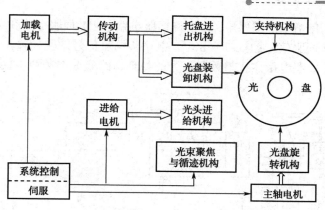

图 7.1　CD 机的机芯基本组成方框图

2．机芯各部分的主要作用

（1）托盘进出机构。托盘进出机构是在微处理器的控制之下，由加载电动机驱动，带动有关传动机构动作，完成托盘的移进或移出任务。当按下 CD 机的 OPEN / CLOSE 键，即可使 CPU 控制加载电动机的正反转，实现托盘的进出动作。

（2）光盘装卸机构。也是由加载电动机驱动，完成光盘的抬起（装载）和下降（卸载）动作。装载时，由加载电动机带动使旋转盘抬起，使托盘中的光盘被旋转盘托起，从而实现了将光盘安装到旋转盘上的目的；卸载时，旋转盘下降，使旋转盘上的光盘被卸下来重新放回到托盘中，以便由托盘进出机构将卸下的光盘移出机外。

（3）光盘旋转机构。光盘旋转机构由主轴电动机和安装在主轴电动机上的旋转盘等组成，由主轴驱动电路带动主轴电动机的运转，使光盘高速平稳地旋转。

（4）夹持机构。夹持机构的作用是依靠其中的永磁体，将光盘吸附在旋转盘上，以免光盘高速旋转时的偏移。

（5）光头进给机构。用于将激光头组件沿光盘的半径方向移动。由进给齿轮、齿条、滑动杆和进给电动机组成，进给电动机由驱动电路驱动。进给机构还可根据控制指令，可以执行寻曲、静像、跳跃、重放等功能，即其前进的状态可以根据控制指令而变化。

（6）聚焦与循迹机构。分别由聚焦伺服电路和循迹伺服电路驱动激光头物镜机构的聚焦线圈和循迹线圈，以保证激光头的激光束能准确地聚焦于光盘的信号面并准确地跟踪光盘上的信号轨迹，拾取信号。

（二）CD 机电路的基本组成

1．电路的基本组成

CD 机电路组成方框图如图 7.2 所示。其主要由信号处理系统、机芯伺服系统、控制显示系统和电源电路等部分组成。

信号处理系统包括 RF 射频信号处理器、数字信号处理器、数字滤波器与音频数/模变换器以及低通滤波器等。其中数字信号处理（DSP）电路是信号处理系统的核心部分，一般由专用的超大规模集成电路来担任。

机芯的伺服系统包括聚焦伺服电路、循迹伺服电路、进给伺服电路和主轴伺服电路4种。各种伺服电路又包含伺服信号的处理（SSP）电路和伺服信号的驱动输出电路。当采用数字伺服时，伺服信号的处理电路往往与数字信号的处理电路集成在一块电路中。

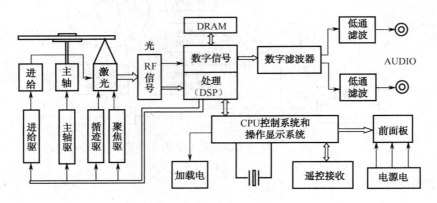

图 7.2　CD机电路组成方框图

　　控制显示电路包括机芯工作状态的控制、电路工作状态的控制、键盘操作与遥控接收、以及显示驱动等电路。其核心是一块专用的微处理器（CPU）。

2. 电路各部分的主要作用

　　（1）RF 信号处理电路。包括射频处理放大器（RF 放大），聚焦误差处理放大器、循迹误差处理放大器等电路。RF 处理放大电路将光敏二极管产生的数字高频（RF）音频信号进行放大处理，而聚焦误差处理放大器和循迹误差处理放大器，则为相应的伺服电路提供控制误差信号。

　　（2）伺服电路。伺服电路包括聚焦伺服电路、循迹伺服电路、进给伺服电路和主轴伺服电路。不论何种电路，其基本作用都是保证激光头与光盘上的信息轨迹的对应关系。通过来自光盘反射光的信息中检测的各种取样信号和基准信号的比较，得到误差信号去控制各个电动机及有关线圈的驱动电路，保证激光束能准确地拾取信号。伺服方式有模拟伺服和数字伺服两种，现在多用数字伺服方式。

　　① 聚焦伺服电路。通过聚焦误差信号，去控制聚焦线圈的动作来控制激光头物镜的上下聚焦移动动作，保证激光束能够准确地聚焦在光盘的信息轨迹面上。

　　② 循迹伺服电路。通过循迹误差信号，去控制循迹线圈的动作，从而控制激光头物镜的水平移动动作，保证激光束的焦点能够始终跟踪光盘的信息轨迹移动。

　　③ 进给伺服电路。通过进给误差信号，去控制进给电动机驱动电路，从而驱动进给电动机带动激光头在光盘半径方向上移动，使激光头能够顺着信息轨迹从光盘的最内圈均匀移至最外圈；或按操作指令，使激光头跳跃式移动，或静止不动，取得特殊播放效果。

　　④ 主轴伺服电路。通过主轴伺服误差信号，去控制主轴的驱动电路，再去控制主轴电动机的旋转速度，使激光头读取光盘上的信号时，在激光束从最内圈移到最外圈的过程中，主轴电动机的转速可以从最内圈的每分钟 500 转到最外圈的每分钟约 200 转之间匀速变化。它保证主轴电动机线速度的匀速性，使激光头始终都以 1.3m/s 的恒速读出光盘上的信号。

（3）系统控制电路。系统控制电路包括前面板上的键控操作电路、显示电路及遥控电路，而其核心部分是微处理器 CPU 单元，它接受各种操作指令和各种检测数据，并对各种输入信息进行判断和处理，产生相应的指令，控制机械和电路的工作，使 CD 机进入各种工作方式，并正确显示；同时检测机器的工作状态，如出现不正常的情况，则发出保护停机指令。

（4）数字信号处理电路（DSP）。射频放大器输出的来自激光头的 RF 放大信号，需再经过数字信号处理，才能得到所需的原数字音频信号（音频 PCM 脉码调制信号）。其最主要的信号处理电路是 EFM 解调和 CIRC 纠错处理电路这二个部分。

EFM 是 Eight to Fourteen Modulation 的缩写，即为 8-14 调制，它是一项 8 位数字信号与特定的 14 位数字信号之间的转换技术，用于解决数字信号在光盘记录与重放过程中出现的一系列问题。CIRC 是 Cross Interleaved Reed–Solomon Code 的缩写，即交叉交织里德索所门码，是一项用于数字信号的纠错处理的技术，可以使光盘在记录和重放过程中连续出现 6 千多位以内的误码得到有效的纠正。

RF 信号经过 EFM 解调和 CIRC 纠错处理后所得到的数据就是原音频 PCM 脉码调制信号，这个数据就可以送往音频数／模变换电路转变为模拟音频信号。

除此之外，数字信号处理电路还有位时钟再生电路、帧同步检测电路、子码分离电路等。位时钟信号是 DSP 电路中识读数据码位的基准信号，没有位时钟，所有的数据都无法正确识别；帧同步信号的检测是用来确立数据的码头（每帧的起始点），帧同步信号是 DSP 电路中分离各类数据的依据。没有帧同步也就无法分离出音频数据、纠错码、控制显示码等，同时左声道数据与右声道数据也将无法确定。

数字信号处理电路的输出信号有 3 种：一是声音数据的数字信号（DATA）；二是位时钟信号（BCLK：bit clock），用于识读数据的码位；三是左右声道时钟信号（LRCK：left/right clock），用于分离左右声道的音频数据。

（5）音频电路。音频电路包括音频数字滤波电路和音频数／模变换电路，以及模拟低通滤波器（LPF）。其主要作用是将数字信号处理电路输出的数字音频信号还原成模拟音频信号。此外，根据需要在有的机型中加有卡拉 OK 电路。

（6）电源电路。电源电路用于向整机提供各种不同的工作电压，如直流稳压电源、非稳压电源、交流电源等。

7.1.3 CD 信号的记录过程与重放过程

1. CD 信号的记录过程

我们知道，CD 唱片上记录的是数字信号，这些信号呈坑点状态。那么，音频信号经过怎样的处理之后才记录到 CD 唱片上的呢？图 7.3 说明了将模拟音频信号记录到 CD 唱片上的信号处理过程，整个过程采用的关键技术有 3 项：一是 A/D 变换技术，二是纠错编码技术（采用 CIRC 纠错编码），三是数据调制技术（采用 EFM 调制）。

在图 7.3 中，左右声道的音频信号经低通滤波器滤除 20kHz 以上的干扰噪声后，经 A/D 变换器分别将 L 和 R 模拟音频信号变为 2 路 16bit 的数字音频信号。L，R 两路数字音频信号再经时间多工器 1（切换开关）按时间分段地串接成一路数字码流信号，该时间多工器的开关切换由 L/R 声道时钟脉冲控制。串行数字码流信号再经纠错编码器（CIRC 纠错）将 16bit 的串行数据码流分为高 8bit 和低 8bit 的 2 个字长数据码流，接着再对各 8bit 的串行数据位的顺序按特定算法的规律进行重排，并在每 12 个音频数据字节（1 字节=8bit）之间插入 4 个字长的纠错检验码，然后再经时间多工器 2 在数据码流中的特定位置加入用于字符显示和曲目播放控制的控制字（称为子码），再经 EFM 调制将 8bit 的串行数据码流转换为特定的 14bit 数据码流，最后经时间多工器 3 加入帧同步信号。在 CD 机中，每 588bit 的数据码流为一帧，每一帧有一个 24bit 的帧同步信号，其作用是使 CD 机重放时能够根据帧同步信号来准确地识别每一帧数据的开始位置。经过如上数据处理电路的处理后，就可以刻录到光盘上了，光盘上的信号根据 EFM 调制的特点为 9 种长度的坑点信号。

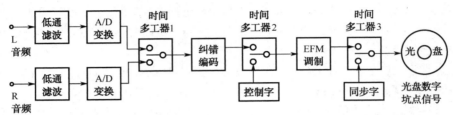

图 7.3　CD 信号的记录过程

2. CD 光盘中信号的记录格式

我们知道，在 CD 光盘上直接记录的是呈坑点状态的 PCM 信号。由于光盘在制造和使用过程中，可能有灰尘和划伤或光盘本身存在缺陷，使得在重放时误码率升高。因此在记录信号时，增加了纠错和交叉交织技术，该技术首先组织左右各 12 个样本，加上纠错校验位、同步码、控制码构成一个完整的音频数据帧，如图 7.4 所示。CD 数据一帧共 588 个通道位，这 588 位数码信号大致可分为两大部分：第 1 部分为 24 位同步信号（同步码），然后为 14 位（一个字节的 EFM 信号）控制和显示信息（控制码），两者之间有 3 个通道位的连接位（耦合位）作为信号间的分段间隔；第 2 部分为 32 个字节的数据，分为两段配置，每一段中 12 个字节的音乐数据字，加上 4 个字节的 CIRC 纠错码，无论是音乐数据或纠错码，每个字节间都有 3 个通道位的耦合码。

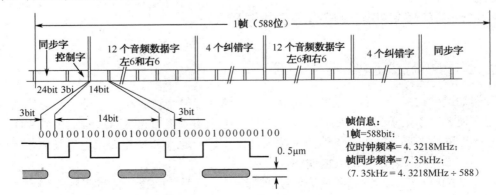

图 7.4　CD 数据的记录格式

214

帧同步信号是使重放时能够如实地反映原信号的顺序和节奏，从而准确地恢复出原音频信号。控制和显示符号（子码）的作用是为光盘提供识别信息。子码 P 的作用是可以迅速准确地找到节目的开头位置，方便检索和编辑。子码 Q 的作用是用来存放节目的时序信息，方便显示和检索。音频数据记录时是把一个节目分成很多小段，每小段为一帧，其中包含有 24 个字节的音频数据字。把许多帧数据不断地积累存储到缓冲存储器去即可形成完整的节目。了解数据的帧结构对 CD 机工作原理的理解有很大的帮助。

　　从以上数据的帧格式可以看出，每帧中只有 24 个字节用于传送音乐信息。通常将 98 个帧组成一个播放段或叫一个扇区，每一个扇区有 98×24=2352 个字节的音频数码信息，一首歌曲是由许多个这样的扇区组成的。在重放时，不断地从扇区中各帧取出音频数码信息，存储到缓冲存储器去才形成优美流畅的音乐。

3. CD 信号的重放过程

　　CD 信号的重放过程与记录过程正好相反，其重放过程的示意图如图 7.5 所示。

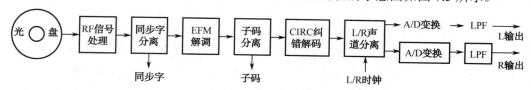

图 7.5　CD 信号的重放过程

　　重放时，激光头从光盘上读取坑点信号，转变为电信号后输送到电路中，经 RF 信号处理电路的处理放大后成为 RF 信号，然后输入到数字信号处理电路中，在数字信号处理电路中，最主要的是进行 EFM 解调和 CIRC 纠错解码处理，使其还原为与数据记录时相同的数字音频信号（PCM），然后在 L/R 声道分离时钟的作用下分离为左声道数字音频和右声道数字音频信号，再分别经 D/A 变换电路和低通滤波器（LPF）后就得到了双声道立体声模拟音频信号。

　　另外，在数字信号处理电路中还有同步字分离和子码分离电路，同步字分离电路的作用是从串行数据码中分离出帧同步信号，以确定每帧数据的开始位置，供分割各类数据用；子码（控制码与显示码）分离电路的作用是从串行数据码中分离出子码信号，供 CD 机控制与显示各类信息用。

　　为了更好地理解 CD 信号的记录与重放过程，下面对 CD 信号处理过程中所采用的 3 项关键技术（D/A 转换技术、EFM 调制技术、CIRC 纠错技术）进行说明。

7.1.4　CD 信号处理技术

（一）ADC 与 DAC 转换技术

1. 模/数转换（ADC）

　　将时间和幅度均连续变化的模拟信号转变为时间和幅度均离散的数字信号的过程，称为模/数转换，简称 ADC 或 A/D 转换。ADC 包括取样、量化和编码 3 个过程。

（1）取样。取样是指在信号的时间轴上，以一定的时间间隔周期对模拟信号进行瞬时取值的过程。经取样后使原来在时间上连续的模拟信号变成了离散的脉冲序列，即用有限的脉冲序列代表原来连续的信号。离散点的值称为取样值，每秒钟的取样次数叫做取样频率。数字音响设备中常用取样频率为 44.1kHz。

（2）量化。量化就是将每一个模拟信号的取样值用一定精度的数据来表示，即将每个取样值用四舍五入的方法，归并到最小数量单位的整数倍，这一过程就是量化。量化后的信号与原始信号之间产生的差值称为量化误差，量化位数越多，量化误差就越小。数字音响设备中常用的量化位数为 16bit，即用 16bit 的 2 进制信号来表示取样信号的数值。

（3）编码。编码是指将已量化的信号编排成二进制码的过程。编码形成的二进制码为数字信号，电路中用脉冲的有无，即高低电平 1 和 0 来表示，1 为有脉冲，0 为无脉冲，这些脉冲的幅度和宽度均相等。我们把这种用脉冲序列表示二进制数字的操作过程称为脉冲编码调制，简称 PCM，是 pulse-code modulation 的简写。

2. 数/模转换（DAC）

数/模转换（DAC）是指将输入的数字信号转换为模拟信号的过程，是模/数转换（ADC）的反转换。数/模转换器的类型有多位（多 bit）DAC 和 1 位（1bit）DAC 两种。

（1）多 bit 数/模转换器。图 7.6（a）为多位 DAC 的工作方式示意图，首先各个取样点的数字信号被 DAC 转换成较多的离散取样模拟值，模拟值的大小与各取样点的数据相对应，经保持电路将这些离散的电压值连接成阶梯信号，最后用低通滤波器（LPF）将其平滑成原模拟信号波形。取样频率和量化数的提高有利于模拟信号的还原。

多 bit DAC 的转换过程是：首先将相同宽度和幅度的脉冲的有或无所表示的 1 或 0 的脉冲序列（数字信号）转换成阶梯状的量化波形信号，然后再用低通滤波器（LPF）将阶梯状的量化波形信号的量化噪声去掉，以还原成原模拟信号。常见的多 bit DAC 有权电阻式、梯形电阻式、并行式、积分式 DAC 等，具体电路和转换原理在数字电路基础中均有介绍。

（2）1bit 数/模转换器。1 位数/模转换器简称为 1bit DAC，因其较高的性能而被众多品牌的 CD、VCD、DVD、MP3 等音响设备采用。1bit DAC 有脉冲宽度调制（PWM）方式和脉冲密度调制（PDM）方式。

图 7.6（b）为 1bit DAC 的脉冲宽度调制工作方式，简称脉宽调制，用符号 PWM（Pulse Width Modulation）来表示。在这种工作方式中，数字信号不是被 DAC 转换成阶梯信号，而是转换成脉冲，每个取样点的数据对应一个脉冲信号，每个脉冲信号的大小和周期（频率）不变，只有 0 和 1 这二个值的 1bit 数据，而脉冲的宽度与取样值的数据大小成正比，这种脉冲信号就是脉冲宽度调制（PWM）信号。PWM 信号再经过低通滤波器（LPF）取出平均值后，就可将其还原成原来的模拟信号。

图 7.6（c）为 1bit DAC 的脉冲密度调制工作方式，它是将数字信号转换成一系列的点脉冲，数字信号所代表的取样值的大小决定这些点脉冲的密度（频率），即脉冲密度与取样值的数据大小成正比，而点脉冲的幅度与脉宽不变，也仅有 0 和 1 这两个值的 1bit 数据，这种转换方式称为脉冲密度调制，用 PDM（Pulse Density Modulation）表示，最后仍使用低通滤波器取出平均值后将其还原成模拟信号。

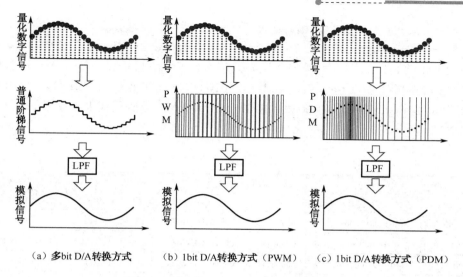

（a）多bit D/A 转换方式　　（b）1bit D/A 转换方式（PWM）　　（c）1bit D/A 转换方式（PDM）

图 7.6　数字信号 D／A 转换方式示意图

（二）EFM 调制技术

EFM 调制是英文 Eight to Fourteen Modulation 的缩写，即 8-14 调制，它是将 8 位数据转换为 14 位特定的数据的一种技术。这种技术能够非常有效地解决数字信号在光盘（或磁带）的录制和读取过程中出现的诸多问题。

1. EFM 调制的目的

在实际中，数据信息是由数字 0 和 1 的某种组合而成的，数据码流信息连续为 0 或连续为 1 的情况是经常出现的。当数字连续为 1 时可能会在 CD 机等数字音响设备的伺服电路中被积分而产生变化的直流电平，从而引起伺服电路工作的不稳定等问题；当数字连续为 0 时可能会使内部解码电路中的压控振荡器工作不稳定，不能正确恢复位时钟。

采用 EFM 调制技术可以将含有连续的 0 或连续的 1 的各种 8bit 的数字信号转换为不存在连续的 0 或连续的 1 的 14bit 的数字信号，从而较容易地从数据码流中分离出位时钟信号，并避免对伺服系统产生干扰使伺服系统的工作稳定。

2. EFM 调制的方法

在 EFM 调制之前，首先将音频 16 位数码分成两个 8 位的数码（高 8 位和低 8 位），然后再将这两个 8 位数码分别通过 EFM 调制转换成 14 位数码。

一个 8 位二进制的数码从 0000 0000 到 1111 1111 共有 2^8 =256 种组合，而一个 14 位二进制数码从全 0 到全 1 共有 2^{14} =16364 种组合，然而在这 16364 种不同的组合中，我们选出一些特定的 14bit 数码，这些特定的 14bit 数码能够满足下列要求：

（1）没有两个连续的数字 1 出现；

（2）两个数字 1 之间的 0 的个数最少为 2 个；

（3）两个数字 1 之间的 0 的个数最多为 10 个。

在 16384 种 14bit 数码中，共有 267 种数码可以满足上述要求，只要选出其中的 256 种与任一个 8bit（共 256 种）的数码相对应即可。EFM 调制的方法，实际上就是通过查表的方法，将任意一个 8bit 的数码，用一个能满足上述要求的特定的 14bit 数码来代替，两者之间一一对应，EFM 的 8-14bit 部分数据对应关系见表 7.1。例如，根据表 7.1，一个 8bit 数码 0000 0000 经 EFM 转换后就成为 14bit 数码 01 0010 0010 0000；而 8bit 数码 1111 1111 经 EFM 转换后就成为 14bit 数码 00 1000 0001 0010。这样，一个 14bit 的数码便代表了原来的一个 8bit 数码，如图 7.7 所示。

表 7.1　EFM 调制的部分数据对应表

序号	二进制数 8 bit	EFM 代码 14 bit	序号	二进制数 8 bit	EFM 代码 14 bit	序号	二进制数 8 bit	EFM 代码 14 bit
0	00000000	01001000100000	5	00000101	00000100010000	251	11111011	10001000010010
1	00000001	10000100000000	6	00000110	00010000100000	252	11111100	01000000010010
2	00000010	10010000100000	7	00000111	00100100000000	253	11111101	00001000010010
3	00000011	10001000100000	8	00001000	01001001000000	254	11111110	00010000010010
4	00000100	01000100000000	9	00001001	10000001000000	255	11111111	00100000010010

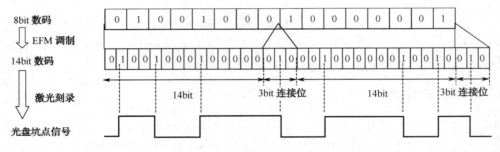

图 7.7　EFM 调制过程

另外，在信号刻录与拾取过程中，数码流是串行传输的，当一个 14bit 数码以 1 结尾，而下一个 14bit 数码又有可能以 1 开始时，在两组数码的连接处便不能满足要求。为此，在每两个 14bit 数码之间插入了 3 个连接位，也叫结合位或耦合位，如图 7.7 所示，也即在每两个 14bit 数码之间，都须插入 3 个连接位。3bit 连接位的选择可以是 000、010、001 三种中的一种，以保证 EFM 数据流中相邻两个数据间至少有两个"0"位存在，由 CPU 对数据进行分析自动选择后插入，用得最多的是 000。3bit 的连接位除了在两个 14bit 数码之间起连接作用外没有其他用途，因此在 CD 机的重放过程中由解码器将该 3bit 连接位识别出来并逐位滤除。

3. EFM 的解调

当 CD 机从光盘上读取数码信息时，需要将光盘上的特殊的 14bit 数码重新还原为原来的 8bit 数码，这一过程称为 EFM 解调，它是 EFM 调制的逆过程。

这种解调过程，只要经过表 7.1 EFM 调制数据对应表的反转换，便可将每一个 14bit 数码重新转换成原来的 8bit 数码。例如，一个 14bit 数码 01 0010 0010 0000 经 EFM 解调（EFM

反转换）后就成为 8bit 数码 0000 0000；而一个 14bit 数码 10 0001 0000 0000 经 EFM 反转换后就成为 8bit 数码 0000 0001。

（三）误码纠错技术

1. 误码的产生

数字信号的特点是在记录和重放过程中，不怕系统造成的失真和产生的噪声，只要还能辨认出原来的数字 0 和 1，就一定能恢复原来的数字信号，最后还原出高质量的模拟信号。但它最怕信号 0 或 1 的丢失和出错。一旦信号 0 和 1 丢失或出错，则造成的结果是信号本身出现错误，导致声音和图像失真。比如，数字信号 1110 中的第 1 位在记录和重放过程中出错，由 1 转换为 0，成为 0110，那么对应的模拟信号的值就从 14 转换为 6，如果不纠正这个错误，就会严重影响重现信号的质量。对于以串行数据形式传送的数码流（也称比特流）而言，无论录制电路和重放电路制作得多么好，0 或 1 发生错误的情况总是存在的。对于以光盘为存储媒体的 CD 机来说，数字信号出现错误是经常的事，其原因主要有以下几个方面：

（1）光盘的刻录和盘片的制作过程中产生误码。具体来说就是从刻录到盘片压制成形过程中，如果沾上灰尘和受到损伤，或盘片上的信号坑点成形不良混入气泡，或铝反射膜有孔洞等，重放时都会使信号发生错误，产生误码。

（2）光盘在使用过程中被划伤或沾上指纹、油污、灰尘等，重放时也会使信号发生差错。

（3）在重放过程中，由于伺服或同步信号混乱等原因而不能正确地读取信号，也会使信号产生差错。

在上述误码产生的原因中，典型的误码模式是：在（1）的场合所产生的误码往往为 1 位或 2 位的非常短的随机误码，但出现的频度很高；在（2），（3）的场合，通常是相当长的失落（drop out），特别是（3），由于（1）的微小缺陷使伺服紊乱，就会造成远比光盘上缺陷长的失落，从而产生群误码。

这样，在光盘的播放过程中，既有频度很高的随机误码，又可能存在长的群误码。对误码纠错时，既要对随机误码纠错，又要能对群误码纠错。

2. 误码的检测与纠正

（1）纵横奇偶检验法——判别随机误码的位置。要进行纠错，首先要在串行的数据码流中判别是否出错及错在何处。最简单方法是利用数据的奇偶性来判断。其方法是将串行数据按组排列，如图 7.8 所示。然后在每一行和每一列数据的最后插入检验位 0 或 1，0 和 1 的选择方法是使该行或该列（包括该检验位在内）的全体码中的 1 的个数总是为偶数（或者为奇数），如图 7.8（b）所示。这样，当重放过程中若有误码产生，则该误码的相应行和列的奇偶性将发生颠倒，如图 7.8（c）所示。由此便可确认该组数据中有无误码产生和产生误码的位置。当误码位置确定后，纠错就很容易了，例如某位数据出错，由 1 转换为 0，纠正时只要将该位的 0 重新转换为 1 即可。

  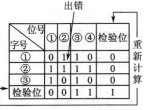

（a）原 4 bit 信息码　　　（b）编码处理（加入纵横　　　（c）重放数据（出现误码）　　（d）解码纠错（检查纵横检验码）
　　（3 个字）　　　　　　　　检验码）

图 7.8　二进制代码的奇偶检验

　　图 7.8 所示是采用纵横奇偶检验法来确认误码的位置的一个具体的例子。在图 7.8（a）中，一组 3 个字 6，13，10 的 4bit 的数码信息，通过编码方法在其每一行的结尾插入一个检验位 X_{15}，X_{25}，X_{35}。在其每一列的结尾也插入一个检验位 X_{41}，X_{42}，X_{43}，X_{44} 和 X_{45}。检验位的选取方法，是依据每一行和列中出现数字 1 的个数来决定。当 1 的个数为偶数时，检验位用数字 0 表示；当为奇数时，检验位用数字 1 表示，这就是纵横偶数奇偶检验法。X_{45} 则由 3 个数据信息中全部数字 1 的个数的奇偶性决定，奇数为 1，偶数为 0，从而得到如图 7.8（b）所示的检验位的数据。假设数据码在传输、记录或重放的过程中，X_{23} 出错（由 0 转换成了 1），如图 7.8（c）所示，则第 2 行中 1 的个数由奇数变成了偶数，第 3 列中 1 的个数由偶数变成了奇数，如图 7.8（d）所示。而其他行和列的奇偶性未变，纵横检验位的字与原来的字相同。由此可以确定在第 2 行与第 3 列的交叉处出现了误码。另外规定，如果误码所在位置是在奇偶检验位上，则认为原字码无错误。

　　不难发现，这种编码纠错方法仅对某一位数字出错（随机误码）有效。当存在 2 个或 2 个以上的数码位出错时，如一组数码中两个 1 同时转换为 0，其奇偶性质将保持不变，故通过每行 1 位的额外检验位的插入，将无法进行错误检出和纠正。这就要利用下面的方法来将群误码变为随机误码。

　　（2）交叉交织法——将连续的集中群误码转换为个别的离散随机误码。交叉交织法的功能是可将连续的群误码，转换成离散的个别的随机误码，以便采用奇偶检验法来检测误码的位置。其基本思想是：在信号记录时改变数字信号的顺序，重放时再通过重排来恢复原来的顺序，前者称为交织，后者称为去交织。但这种改变数字信号的顺序不是任意改变数字信号中的每一位数字，而是将数字信号按时间顺序分成组，再使各个组延迟一定的时间，然后调换顺序（交织）重新组合，将这样处理后的数字信号记录在光盘上。这样一来，重放时如果信号出现了连续误码（群误码），但经去交织处理后，数字信号的排列顺序就还原了，同时群误码也就被分散开了，群误码转换成了随机误码，然后再利用奇偶检验法就容易纠错了。下面举例加以说明。

　　图 7.9 所示是用交织法把群误码转换成随机误码的例子。图 7.9（a）是原信号的二进制码（假设为 3bit）序列，如果直接将该数码序列记录在光盘上，则重放时假如序列中的第 3～6 个码连续丢失或出错，那么这部分的图像或声音将不能重现。图 7.9（c）是将原数码序列按照一定的规律进行交织处理后所得到的序列，如果将这种码的序列记录在光盘上，那么在重放时假定还是第 3～6 个码出错（出错码用灰色表示），如图 7.9（d）所示，则经过重放电路中纠错解码电路的去交织处理后，就恢复成原来的信号序列，这时的群误码就被分散开来

了，转换成了离散的、个别的随机误码，如图7.9（e）。可见，经过记录时的交织处理和重放时的去交织处理后，群误码就转换成了随机误码。

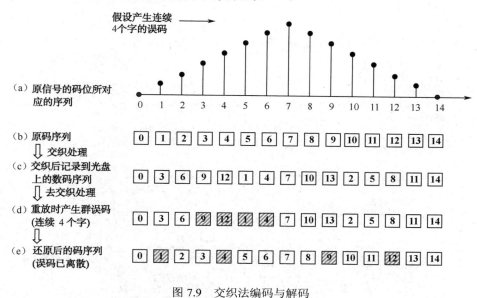

图 7.9　交织法编码与解码

交叉交织法就是给交织之前和交织之后的不同字组都分别加上纠错码，以提高误码的纠错能力。由于交织处理之前预先插入了奇偶检验码，交织处理之后又一次插入奇偶检验码，在二次加入检验码后才记录到光盘上，因此可以进行双重纠错处理，使误码的纠错能力大大提高。

7.1.5　激光头拾音技术

激光头又称激光拾音器，是激光唱机的关键部件。其作用是利用激光束读取光盘上的坑点信号，并通过光电转换，将光盘上的坑点信号转变为电信号输出。激光头是一个相当精密的部件，使用波长为 780nm 的半导体激光器，产生和接收直径约为 1μm、光强约 5mW 的激光束，透镜表面的加工精度及伺服部件和光敏检测器的安装工艺等方面都极为精密。这种激光器的特点是安全可靠、重量极轻，便于小型化。

激光头有单光束和三光束两种。单光束激光头的特点是构造简单、成本低，伺服功能强，搜索速度快，电路调整简单，一般只需调整 1～2 个参数，但伺服电路较复杂。三光束激光头的特点是结构稳定可靠、抗震能力强，但结构比较复杂，电路调试点多，成本比单光束激光头稍微偏高。现以三光束激光头为例介绍激光头的结构与工作原理。

（一）激光头结构组成

1. 激光头的内部光路结构

激光头（三光束型）的内部结构较为复杂，其内部光路结构如图 7.10 所示。在半导体激光器的发射口处安装有一个衍射光栅，将激光束一分为三，成为三条光束后，经半透分光棱镜和准直透镜将光束变为平行光，通过物镜机构的聚焦透镜（物镜）入射到光盘表面上，反射光则经过分光棱镜将入射光与反射光分离后,通过柱面透镜由光敏检测器接收并转换成 RF 信号输出。

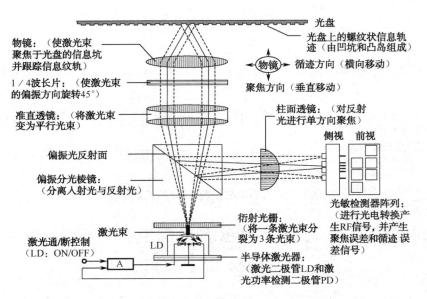

图 7.10　三光束型激光头的光路结构图

2. 各部件的主要功能

（1）半导体激光器装置。半导体激光器中有激光二极管和激光功率检测二极管。激光的特性是具有极好的单色性、指向性和聚焦特性。在激光二极管（LD，Laser Diode）两端施加一定的电压时，可使激光二极管释放出适当能量的激光。半导体激光二极管所产生的激光是一种纯净的单色光，因此，经聚焦处理后，可以成为直径极小的光束，而且激光在传输过程中基本不发散。在图 7.10 中，激光二极管（LD）发射一束低功耗红外激光，它的功率值保持恒定，其大小与加至激光二极管的电压有关，而且通常可调。在 CD 机中，激光头输出的功率（物镜前）通常在 0.13mW 左右。CD 光头的激光波长一般为 760～780nm（DVD-Audio 光头的激光波长通常为 650～680nm）。

激光功率检测二极管（PD）的作用是能够把照射到其表面上的光强转化为相应大小的电信号。当激光二极管的发射功率太大或太小时，可通过激光功率自动控制电路（APC）对 LD 进行小范围的自动调节和控制，以保持激光功率的恒定。

（2）衍射光栅。衍射光栅是一个非常小的透镜，它类似于在摄影中用来产生多个影像的"附加"镜头，其作用是把一束激光分裂成 3 条激光束。中间的光束是主光束（实线），用于从光盘上拾取数据，并为伺服系统提供激光束在光盘上的聚焦误差信息；在主光束两旁的激光束（虚线）为辅助光束（副束），用于为伺服系统提供循迹误差信息。

（3）偏振光分离器（偏振分光棱镜、半透棱镜）。偏振光束分离器的作用是使激光束的入射光与反射光分离。它是根据光的偏振现象配合 1/4 波长片，使垂直极化的入射激光束可以透射直通而到达光盘，而光盘上反射回来的水平极化激光束则不能透射只有折射，使反射光转向光电检测器阵列 A, B, C, D, E 和 F。

（4）准直透镜。准直透镜的作用是将激光束变为平行光束。准直透镜与物镜结合在一起，保证激光头的光学装置具有正确的焦距。

（5）1/4 片波长片（也叫偏振滤波器）。1/4 波长片的作用是使通过的激光束的偏振方向旋转 45°。因此，入射光为垂直极化波时，则反射光就为水平极化波，入射光与反射光的偏振方向相差 90°。由 1/4 波长片与偏振分光棱镜配合，即可使激光束的入射光与反射光分离。1/4 波长片的材料是一种旋光物质，旋光物质可以使通过的激光束的偏振方向发生旋转。

（6）物镜。其作用是使入射光束聚焦在光盘的信号面上，并使焦点能够跟踪光盘上的信号轨迹。物镜可以在激光头上观察到，在物镜上套有聚焦线圈和循迹线圈。聚焦线圈水平放置，可以控制物镜垂直方向移动，使激光束准确聚焦在光盘信息坑上；循迹线圈垂直放置，可以控制物镜水平径向移动，使激光束准确地跟踪光盘上的信息纹轨，达到正确地循迹的目的。聚焦线圈和循迹线圈由伺服系统进行控制，在永磁体的磁场的作用下，可使线圈带动物镜做垂直和横向移动。

（7）柱面透镜。柱面透镜的作用是对反射的激光束进行单方向聚焦，以便产生聚焦误差信号。当激光束在光盘上聚焦良好时，反射回来的主光束将照在 ABCD 4 只光电二极管的中心，形成一个圆形的光斑；如果聚焦不良，柱面透镜将会使主光束在 4 只光电二极管上形成一个椭圆形光斑，椭圆形光斑的倾斜方向与主光束在光盘上的聚焦方向有关。

（8）光电检测器阵列。光电检测器阵列的作用是进行光电转换。它由 6 只光电二极管组成，6 只光电二极管分别连接到几个独立的电路上，以便处理拾取到的数据，用作射频 RF 信号处理，聚焦和循迹控制。

三光束激光头大多装在进给驱动机构上，放音时激光头沿光盘的半径方向运动。

（二）激光读识信号的原理

光盘是以不同长度的椭圆形坑槽和间隔来表示声音的信息内容的。光盘上的椭圆形坑长为 0.83~3.1μm，坑宽为 0.5μm，坑深为 0.1μm，并按间距 1.6μm 呈螺旋状排列。激光束的波长为 780μm，经聚焦后入射到光盘信息坑的光点直径约为 1μm 左右。光盘透明的聚碳酸酯的折射率为 1.58，坑的光学长度为 0.1738μm，近似于激光波长的 1/4（λ/4）。激光束读识光盘上的坑点信号时，主要是根据光的反射现象和光干涉现象来进行的。

1. 根据光的反射现象来读识坑点信号

激光头发射的激光束，经聚焦后垂直地投射到光盘信号坑点面上，当激光束的焦点处于光盘的非坑点的信息区时，由光的反射原理可知，这时将发生全反射（镜面反射），反射光将 100%地顺入射光路全部返回，如图 7.11（a）所示。当激光束投射到坑点（光盘上的凸起部分）区域时，激光束产生漫反射，如图 7.11（b）所示，激光束向四周散射，只有少量的激光束顺入射光路返回。当光盘旋转时，从光盘反射所得到的反射光经分光棱镜分光后，到光敏检测器上的光束强度就会随着坑点的有无而变化。

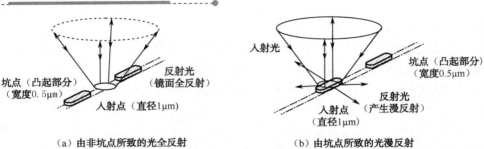

（a）由非坑点所致的光全反射　　　（b）由坑点所致的光漫反射

图 7.11　由光的反射现象来读识坑点信号的原理示意图

2. 根据光的干涉现象读识坑点信号

由于光盘上坑槽的深度为 0.1μm，坑槽的深度正好相当于光盘透明树脂层中激光束波长的 1/4。当激光束投射到非坑点的地方时，反射光在任意时刻与入射光的相位相同，根据波峰与波峰一致的两个波产生增强的干涉现象，这时总的反射光束被增强，如图 7.12（a）所示；当激光束投射到坑槽部位时，反射光比入射光延迟 1/2 波长，使两个光波正好反相，根据波峰与波谷一致的两个波产生抵消的干涉现象，可知这时的反射光束与入射光束互相抵消，如图 7.12（b）所示。

3. 激光头读识信号的波形

在上述中，由光的反射现象和光的干涉现象所产生的反射光，都具有在坑槽的部位减弱的特点，反射现象和干涉现象所产生的总的效果互相叠加，更增强了反射激光束随光盘上信息坑槽有无的变化效果。在实际中，非坑槽区域的激光束可以 100%地反射，而在坑槽区域的激光束大约只有 30%的反射光束。因此，当光盘旋转时，反射的激光束的检出量的大小如图 7.13 所示。

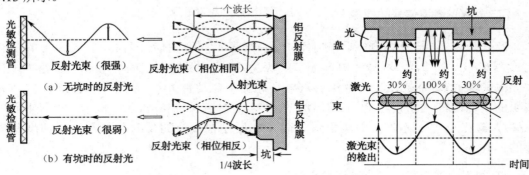

图 7.12　由光的干涉现象来读识坑点信号的原理示意图　　图 7.13　激光读取坑点信息波形图

（三）聚焦误差和循迹误差信号的检测方法

1. 聚焦误差信号的检测

激光唱机在放音过程中，允许激光束焦点的误差范围为 ±2μm，而正常放音时，CD 光盘在高速旋转过程中，不可避免地要发生抖动，上下振动的范围可达 0.5mm 左右，从而造成聚焦不良，影响听音效果。因此要增设聚焦伺服控制电路来控制激光头的物镜与光盘之间的距离保持恒定。常用的聚焦伺服误差信号的检测方法有像散聚焦法和刀口法两种。

（1）像散法。这种方法常用于三光束激光头，它是在激光头的半透分光棱镜和光敏检测器之间加入一个柱面透镜，当激光束通过该圆柱形透镜时，由于其单方向光束的聚焦作用，使光束截面将随光盘与物镜之间距离的变化而发生形状变化。其形状变化的过程为：由纵向椭圆形→正椭圆形→横向椭圆形变化。像散法聚焦误差检测原理如图 7.14 所示。

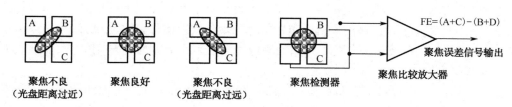

图 7.14　像散法聚焦误差检测原理图

当聚焦准确时，反射光束在四只光敏二极管上的光点呈圆形，各光敏二极管上的光强相同，这时的聚焦误差信号 FE（A+C）−（B+D）=0；当聚焦不良时，反射光在 4 只光敏二极管上的光点呈椭圆形，各光敏二极管上的光强不相等，这时的聚焦误差信号 FE=（A+C）−（B+D）≠0，从而产生的聚焦误差 FE 信号将被作为聚焦伺服信号，用于控制聚焦线圈上下移动，直至聚焦正确为止。

FE=（A+C）−（B+D）=0：物镜聚焦距离正确；

FE=（A+C）−（B+D）>0：物镜聚焦距离过近；

FE=（A+C）−（B+D）<0：物镜聚焦距离过远。

（2）刀口法。刀口法常用于单光束激光头，它是在光敏检测器和半透棱镜之间加入一个楔状透镜，组成一对刀口，楔状透镜将光束一分为二分别射在水平摆放的两组光敏二极管 A、B 和 C、D 上。当聚焦正确时，激光束射在两组光敏二极管的中心位置，FE =（A+D）−（B+C）=0；当聚焦不良时，激光束发生偏移，产生的 FE=（A+D）−（B+C）≠0，以此来控制聚焦线圈移动，直至聚焦正确。刀口法聚焦误差检测原理如图 7.15 所示。

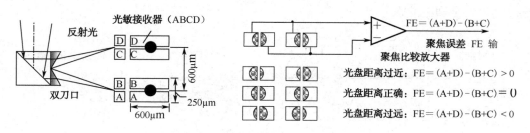

图 7.15　刀口法聚焦误差检测原理图

2. 循迹误差信号的检测

如前所述，为了跟踪光盘上间距仅 1.6μm 的信号轨迹，必须采用伺服技术。对 VCD 光盘而言，虽然制作工艺允许其偏心容差为±70μm，但由于转盘存在圆心偏差，其合成偏心容差可能会达到±200μm。循迹伺服系统的作用就是使 VCD 视盘机的激光束能在±200μm 的偏心情况下连续准确地跟踪信息纹迹。

因此必须要求 CD 唱机的激光头受以下两方面控制：第一，要求激光头受进给电动机控制，能从光盘的内沿到外沿或相反方向作径向运动；第二，要求激光头能连续准确地跟踪信息纹轨，即循迹。故激光头组件上设置有能够径向移动的进给驱动机构和物镜能够水平摆动的循迹线圈。

CD 机的循迹误差信号的检测方法主要有三光束循迹和单光束循迹两种。

（1）三光束法。在三光束激光头中，激光器发出来的一束激光经衍射光栅后分裂成三条光束，中间的光束为主光束，用来拾取 RF 信号和聚焦误差信号，主光束旁边的有两条边束（副光束），用来拾取循迹误差信号，两条边束经光盘反射后分别射向 E、F 光敏检测二极管，如图 7.16（a）所示。

当主光束焦点准确跟踪信息纹轨时，辅助光束（二个边束）反射到辅助光电检测器 E，F 上的光量相等，如图 7.16（b）所示，经差分检出信号 TE=E-F=0；当激光束焦点与信息纹轨出现偏差时，则 TE=E-F≠0，经差分检出误差信号 TE 后控制循迹伺服，达到信息纹轨的准确跟踪。图 7.16（c）是光点偏左时的情况，TE=E-F<0；图 7.16（d）是光点偏右的情况，TE=E-F>0。

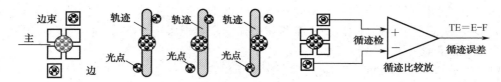

（a）EF检测二个边束　（b）循迹正确　（c）光点左偏　（d）光点右偏　　　（e）循迹误差信号（TE）的检测

图 7.16　三光束法循迹误差检测原理图

（2）单光束法。在单光束激光头系统中，往往采用楔状透镜（双刀口）将反射光束一分为二，分别射在 A，B，C，D 光敏检测器上，如图 7.17 所示。当激光束的焦点准确跟踪信息纹迹时，（A+B）与（C+D）上的反射光强相等，TE=（A+B）-（C+D）=0；当激光束的焦点与信息纹迹出现偏差时，TE=（A+B）-（C+D）≠0，作为循迹伺服的误差信号，驱使激光头移动，直至循迹准确为止。

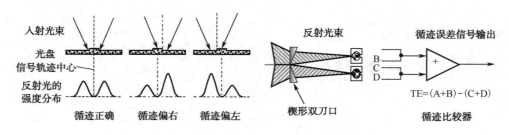

图 7.17　单光束法循迹检测原理图

*7.1.6　CD机的伺服系统

1. 伺服系统的作用与要求

伺服系统（SERVE）是任何转动式音频重放装置中必不可少的部分。CD唱机的伺服系统的作用是为了保证激光头能够准确地沿距离仅为1.6μm的信息轨迹拾取光盘上的音频数据信息。因此要求伺服系统必须做到：

（1）保证激光束能够准确聚焦；

（2）激光束的焦点必须时刻跟踪光盘上的信息轨迹，与信息纹迹重合；

（3）音视频信息流必须以某一常速向解码电路传送。

为了使以上3个方面均能处于良好的工作状态，CD机中设有4种独立的伺服系统，分别如下。

聚焦伺服系统：控制物镜在垂直方向上微动，使激光束焦点在光盘的坑点信号面上保持良好的聚焦；

循迹伺服系统：控制物镜在水平方向上微动，使激光束随时跟踪信息纹轨；

进给伺服系统：当物镜在水平方向上不能再移动时，控制进给电动机带动激光头组件沿半径方向跳跃；

主轴伺服系统：控制主轴电动机带动光盘作恒线速度（CLV）旋转。

下面以日本索尼公司第5代全数字伺服的数码平台机芯伺服控制电路为例，对CD机的4种伺服系统分别加以介绍。在该电路中，全数字伺服信号处理器为CXD2545Q，伺服信号输出驱动器为BA6392FP，RF信号处理器采用CXA1821M。

该伺服控制电路，由于采用了全数字伺服控制方式，使其伺服过程可以采用软件控制伺服技术，而使得伺服误差和伺服环路增益可以自动控制，无须调整。数码平台自动适应各种条件和光盘。并可实现高准确性的快速跳轨搜索。

2. 伺服系统的组成与工作过程

（1）聚焦伺服系统。CD光盘在旋转过程中，不可避免地要发生抖动，从而造成聚焦不良，影响听音效果。因此要增设聚焦伺服控制电路来控制激光头的物镜与光盘之间的距离保持恒定。

一般CD光盘的物镜垂直移动距离小于等于0.5mm。聚焦伺服系统一般由聚焦误差信号检测电路、聚焦误差信号处理电路、驱动放大器和聚焦线圈组成。聚焦伺服系统的电路组成框图如图7.18所示。

在该机中，聚焦误差的检测，是采用索尼机芯的像散法的对焦检测装置来进行，利用柱面透镜将激光主束的反射光引入到四分检测器ABCD这四个光敏管，转换成4个电信号，经电流/电压（I/V）转换后从RF信号处理器CXA1821M的③～⑥脚输入，再经误差运算器处理成（A+C）-（B+D）的聚焦误差信号FE，从⑮脚输出，送入数字伺服信号处理器（SSP）CXD2545Q的㉙脚。也就是说，在离焦时RF处理器的⑮脚输出的聚焦误差信号为FE=（A+C）-（B+D）。然后，该聚焦误差信号FE再经SSP处理器内部的A/D转换器，将模拟的FE信号转变成数字 FE 信号，送入数字伺服处理器，计算出该 FE 的聚焦误差数据，运用软件伺服控制方式，自动调节聚焦伺服环路的增益，并调制成 PWM（脉宽调制）控制信号，从⑧，⑩脚输出，送到伺服驱动电路 BA6392F 的④，⑤脚，在 BA6392F 内部，将聚焦伺服控制电压处理成与离焦状态相反，大小成比例的驱动电流，

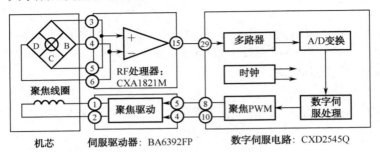

图 7.18　聚焦伺服电路组成框图

从①，②脚输出，送到聚焦线圈两端，产生电磁力，带动物镜重新聚焦。

（2）循迹伺服和进给伺服系统。如前所述，为了跟踪间距仅 1.6μm 的信号轨迹，必须采用伺服技术。对 CD 光盘而言，虽然制作工艺允许其偏心容差为 ±70μm，但由于转盘存在圆心偏差，其合成偏心容差可能会达到 ±200μm。循迹伺服系统的作用就是使 CD 机的激光束能在 ±200μm 的偏心情况下，连续准确跟踪信息纹迹。

因此必须要求 CD 唱机的激光头受以下两方面控制：第一，要求激光头受进给电动机控制能从光盘的内沿到外沿或相反方向作径向运动；第二，要求激光头能连续准确地跟踪信息纹轨。故激光头组件上设置有径向移动驱动机构和物镜水平摆动的循迹线圈。循迹伺服和进给伺服都属于光盘直径方向上的伺服，两者之间的联系极为紧密，其区别在于进给伺服是一种较粗的径向伺服，而循迹伺服则是一种精确的径向伺服。通常，当循迹伺服超过调整范围（通常为 16 轨）时，就驱使进给伺服电动机动作。其电路组成框图如图 7.19 所示。

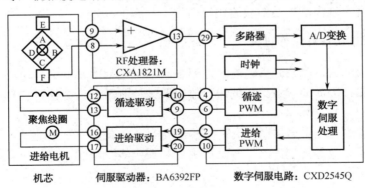

图 7.19　循迹和进给伺服电路组成框图

该伺服系统中，索尼机芯采用三点法进行循迹误差检测，利用六分光电检测器的两边缘光敏管 E、F，接收从光盘反射的激光束中的两个边束，转换为两个电信号，经 I/V 转换后，从⑧，⑨脚送入 RF 信号处理器 CXA1821M，经放大和运算处理后，从⑬脚输出光束跟踪离轨时的循迹误差信号 TE（TE=E-F）。TF 信号，一路直接送入数字伺服处理器的㉗脚，

作为循迹伺服控制用，另一路径 R 和 C 构成的 LPF，取出直流分量和低频分量，这就是进给误差信号 SE，SE 信号送入数字伺服处理器的⑳脚，供进给伺服控制用。TE 信号和 SE 信号，经内部多路器和 A/D 变换器，将模拟误差信号变为数字信号，送入数字伺服处理器，计算出该误差的数据，该误差数据再经脉宽调制器处理成相应的 PWM 控制信号，从④脚和⑥脚输出循迹 PWM 控制信号，再送入伺服驱动电路 BA6392 的⑩脚和⑨脚，将循迹伺服控制电压处理成与离轨方向相反，大小成比例的循迹驱动电流，从⑫脚，⑬脚输出到循迹线圈两端，产生磁力，控制光头物镜作水平微动。校正激光束投射点的位置，使识读光点处于轨道的中心线上进行全碟扫描。而数字伺服处理器 CXD2545Q 的②脚和⑩脚则输出进给 PWM 控制信号，送入伺服驱动器 BA6392 的⑲脚，⑳脚，进行电平变换后从⑯脚，⑰脚输出到进给电动机，以控制进给电动机的转动，通过进给机构带动激光头组件进入循迹伺服的控制范围。

从图中可见，循迹伺服系统的误差信号来源于辅助光电检测二极管 E 和 F，经光电转换、误差放大和处理后，得到误差控制信号，经循迹驱动电路为循迹线圈提供电流，控制激光头物镜在水平方向上摆动。

而进给伺服的误差信号又来源于循迹伺服的输出信号，这是因为循迹伺服能在数条纹轨之内（通常为 16 轨）控制激光头焦点准确跟踪信息纹迹，当循迹伺服控制到达极限（不能再循迹）时，便启动进给伺服，完成激光头组件沿半径方向的轨迹跳跃，实现对信息纹轨的准确跟踪。进给伺服系统的功能是通过进给电动机带动激光头的径向移动来实现的。可使激光头沿光盘的半径方向逐渐由内向外或沿相反方向移动，以实现顺序播放、跳轨选曲、快进、快退等功能。

进给伺服系统由于其移动方向相对轨迹走向为横向（与轨迹方向垂直），故也叫径向伺服系统或叫横向伺服系统。

（3）主轴伺服系统。主轴伺服系统的作用是使光盘以 1.3 m/s 的恒线速度旋转，以保证信息流以恒定速度送往 EFM 解调电路。CD 机要求激光头读出的信息流以 4.3218 MHz 的速率送往 EFM 解调器。因此必须控制主轴电动机转速，使激光头拾取信息流的时钟频率与系统基准晶振时钟（4.3218 MHz）相等。基准晶体振荡器是整个主轴伺服系统工作的主基准。在大多数的激光唱机中，只要激光二极管加电，聚焦搜索过程完成，产生聚焦正确（FOK）信号，主轴电动机便带动光盘旋转。当主轴电动机逐渐加速了一段时间之后，激光头便从光盘上拾取 RF 信号。随之，在 CPU 的控制之下，接通整个主轴伺服环路，使光盘的转速在主轴伺服系统的控制之下保持 1.3 m/s 的恒线速度。主轴伺服系统的电路组成框图如图 7.20 所示。

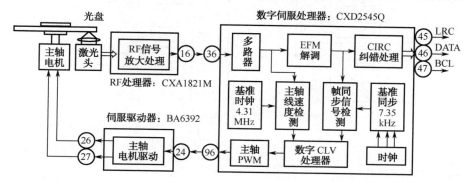

图 7.20 主轴伺服系统电路组成框图

在重放期间，激光头识读的信号经 RF 放大处理后，其 RF 信号送入到数字伺服处理器 CXD2545Q 的㊱脚，经多路器将 RF 信号处理成 EFM 数据流，送到由位时钟分离电路和数字 PLL 电路构成的主轴线速度检测器，得到一个完全反映 EFM 数据流速率的位时钟信号，该位时钟与主轴的线速度（光盘与光头的相对速度）相对应。然后，该 EFM 信号中的位时钟再与定时器产生的标准位时钟（4.3128 MHz）进行比较，便可检测出主轴线速度的误差，该误差信号送入数字恒定线速度（CLV）处理器。另外，EFM 解调器输出的数据，经帧同步分离电路取出帧同步信号，并与定时器产生的标准帧同步（7.35kHz）进行相位比较，产生同步相位误差信号，也送入数字 CLV 处理器。数字 CLV 处理器以高达 130kHz 的采样频率对主轴线速度误差信号和同步相位误差信号进行采样测量（数字化处理），并计算出误差数据，该误差数据再经脉冲宽度调制（PWM）电路处理成主轴 PWM 控制信号，从(96)脚输送到主轴伺服驱动电路，经驱动放大器后从 BA6392 的㉖脚和㉗脚输出主轴电动机驱动电压，以控制主轴电动机的转速，实现恒线速（1.3 m/s）的目的。

*7.1.7 CD 机的系统控制与操作显示

系统控制电路是整个 CD 机的控制指挥中心，系统控制的核心是微处理器（CPU）。其内部固化了系统软件程序、存储器及输入/输出接口。

1. 系统控制电路的作用和基本组成

（1）系统控制电路的作用。系统控制电路担负着按键、遥控器的信息的接收，各种机能动作的自动控制，各种工作状态的自动检测，播放状态的自动显示，以及出现故障时的自动停机保护等功能。

（2）系统控制电路的组成。系统控制是一个以微处理器（CPU）为主的自动控制电路。它通过与各部分相关联的信息通道和输入/输出接口电路，将整个播放机形成一个紧密相关的有机整体。其电路组成如图 7.21 所示。主要有 3 个组成部分：系统微处理器 CPU、输入检测电路、输出控制电路。

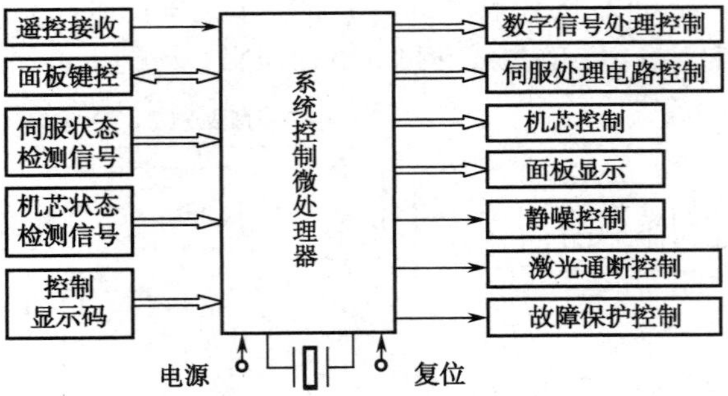

图 7.21　系统控制电路的组成方框图

输入检测电路主要有：

遥控接收输入电路、面板上的按键输入检测电路。

反映机芯状态的各种开关检测信号输入电路，如托盘移进到位检测、托盘移出到位检测、光头回到初始位置的复位检测，以及光盘装卸到位检测等。

反映伺服电路工作状态的检测信号输入电路，如聚焦完成（FOK 信号）状态检测、循迹过零状态检测等。

子码（控制显示码）信号输入电路，从光盘上读取的信息包含着控制显示码，该信号经子码分离电路后送往 CPU，以便实现各种特殊功能的播放操作和各种状态的信息显示。

输出控制主要有电路控制和机械控制两部分。

机械控制有：加载电动机的控制、进给电动机的控制等。

电路控制主要有：对数字信号处理电路的控制，对伺服电路的控制，对各种信息的显示控制，对音频电路的静噪控制和去加重控制，对激光头的激光 ON/OFF 控制，对电源的通/断控制，以及出现故障时的自动停机保护控制等。

2. 系统控制电路的工作过程

系统控制电路通过各种输入／输出接口电路去控制播放机的各个部分，同时它还检测和接收伺服、音频和机械等部分的传感或状态信息。以实现接收遥控指令和识别按键操作、控制显示电路，以及控制 CD 播放机的开启和停止、播放、节目选择、状态转换、机芯的伺服系统的启动和工作方式选择、音频电路的转换、卡拉 OK 电路以及故障保护等。

CPU 正常工作的必要条件为：电源正常、复位正常、时钟起振。这 3 个条件缺一不可，否则 CPU 就不能正常工作。

CPU 的工作过程是，当接收到功能操作按键的各种指令和状态检测数据后，即按照内部固化的程序进行判别和处理，然后输出相应的指令来控制机械和电路的工作，如加载机械、进给机械及音频开关电路等，并输出相应的信息至显示器进行显示，从而实现系统控制功能。

开机后，CPU 首先复位并同时对各芯片复位。接着执行内部固化的程序。一般过程是首先检测各机构的开关状态。若符合初始状态（装片正常，激光头处于最里面），则发出开启激光指令（LD ON 有效），物镜进行聚焦搜索。等接收到聚焦完成（FOK 有效），则启动主轴电动机进行读盘并进行循迹，读出索引信号，显示相应的目录。否则显示"NO DISC"。

主 CPU 与电路中各组成部分的信号传送情况如下：

（1）微处理器通过指令时钟（CLK）、指令数据（DATA）传送控制信息。

（2）数字伺服的内部状态通过各有关传感器传送给 CPU。

（3）CPU 同时接收 DSP 电路解调出的子码信号（SUB Q）及子码时钟（SQ CK），从而可知读片状态，进行相应的控制或索引。

（4）聚焦状态由 FOK 信号（或 F Lock 信号），循迹状态由 T Lock 传送给 CPU。

（5）CPU 发出激光器发光指令（LD ON）、装片指令（LOAD IN）、出盘指令（LOAD OUT）、静音信号（MUTE），接收入盘开关状态信号（IN SW）、出盘开关状态信号（OUT SW）、激光头内限位开关信号（LIMIT IN SW）。

（6）CPU 随时接收按键及遥控器的各种指令，并对相应的机构发出相应的控制信号。

（7）CPU 还进行静噪控制以及开关检测。

3. 微处理器的操作显示电路

CPU 接收操作键矩阵电路和遥控电路来的用户指令，它把接收到的指令进行译码识别，产生指令控制信号去控制有关电路。

操作显示电路包括用户指令输入电路和显示电路。

用户指令输入电路由两部分构成，一部分是键矩阵电路，另一部分是红外遥控接收电路。它的结构、工作原理和彩电等其他遥控家电相似。

显示电路由操作显示 CPU 和多功能显示屏构成。显示屏一般采用液晶显示或真空荧光显示，均直接由系统控制电路驱动，可显示系统的各种信息。液晶显示本身不发光，故显示屏要由灯泡照明。真空荧光显示是一种真空管式的结构，自己能发光，较醒目，清晰。

*7.1.8　CD 机的数字信号处理（DSP）系统

1. DSP 电路的基本构成

数字信号处理电路是 CD 机芯的核心电路，通常为一块专用大规模集成电路。它的工作由微控制器根据内部或外部 ROM 写入的软件来控制。

DSP 电路的基本构成如图 7.22 所示。其最主要的信号处理电路是 EFM 解调和 CIRC 纠错处理电路这两个部分。EFM 解调电路的主要作用是将 14bit 数据重新还原为 8bit 信号；CIRC 纠错电路的主要作用是对光盘重放过程中出现的群误码和随机误码进行纠错处理，对不能纠正的误码，则通过其后的数据插补的方法进行补偿处理。RF 信号经过 EFM 解调和 CIRC 纠错处理后所得到的数据就是压缩之前的数据，这个数据就可以送往音频 DAC 电路进行数模转换。

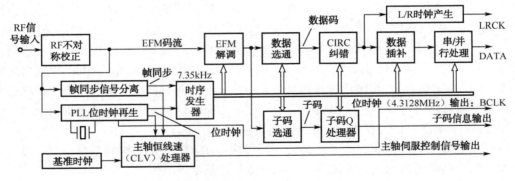

图 7.22　数字信号处理（DSP）电路组成框图

此外，电路的辅助部分还有位时钟再生电路，帧同步信号分离电路，数据与子码的选通分离电路，子码信息的处理电路，主轴恒线速处理电路等。

位时钟再生电路的作用主要是通过锁相环路式（PLL）的方式，从 RF 信号中提取出位时钟信号 BCK（Bit ClocK），位时钟是数字信号处理电路中，用以识别数据码位的基准，没有位时钟，将无法正确识读任何数据的码流；帧同步分离电路的主要作用是从 EFM 数据码流中分离出每一帧数据捆包开始部分的帧同步信号，帧同步信号是一个特定的 24bit 码，表明一帧数据（588bit）的开始，帧同步信号是数据码流中用以分离各类数据的依据，各类数据的分离都需要以帧同步的位置为参考，如果没有帧同步，那么在数据码流中，音频数据、子码数据、纠错码数据等信息的位置也就无法确定，各类数据也就无法分离；子码处理器的作用是将每一帧中分离出的 8bit 子码，送到缓冲存储器去，然后将每 98 帧的子码积累成一个子码的数据块，形成代表特定意义的一串控制显示码；主轴恒线速 CLV 处理器的作用是根据从 RF 信号中提取的位时钟和分离的帧同步信号，再与基准时钟进行比较，比较之后所得到的误差信号就代表了光盘旋转线速度的快慢，将这一误差信号进行适当的处理后就可以成为主轴电动机伺服的控制信号。

2. DSP 信号的处理过程

当光盘作恒线速度旋转时，由光电检测器 ABCD 所检测到的电信号就代表了光盘上一系列的坑、岛所反映出来的数字信号，此信号的频率较高（4.3218MHz），称为 RF 高频信号。RF 信号经放大后，一路送到锁相环电路，由 RF 信号再生位时钟信号，该位时钟信号作为DSP 解码的基准时钟和主轴线速度伺服误差节拍基准；另一路送到伺服电路与位时钟进行相位比较，产生使主轴线速度恒定的伺服误差信号。RF 信号中也包含有代表数据帧的所有数码信号，即包含有盘片存储的伴音及其他控制信息等，送到数字信号处理（解码）电路作为处理的对象。数字信号处理电路主要完成的功能有以下几种。

（1）进行 14bit→8bit EFM 解调，将 14 位 EFM 信号恢复为调制前的 8 位一个字节的数字电路通用的二进制数码。

（2）进行 CIRC 纠错处理，经去交叉交织运算、检错运算和纠正与插补处理，以保证传送的数据信息与录制时一致。

（3）由 EFM 信号通过锁相环路（PLL）再生位时钟信号 BCK，作为信号处理的基准信号。

（4）用选通闸门方式捕捉每帧开始的 24 位同步字，从而分离出帧同步信号，作为准确分割各类数据的依据。

（5）依据帧同步信号的位置，将每一帧（588bit）中的串行数据进行切块处理，从而分离出各种子码信号、左右声道时钟信号（LRCK）以及声音数据（DATA）信号。

处理过程中，帧同步信号的提取只是处理工作的基本步骤，该信号主要用作分离各类数据，并作为主轴电动机转速是否正常的识别信号，并不需要输出。而位时钟信号（BCK），左右声道时钟信号（LRCK）和音频数据信号（DATA）是数字信号处理电路（DSP）的 3 个必须输出的重要信号，它们是用以控制其他部分正常工作和传送音频数据的必要成分。

数字信号处理电路（DSP）输出的音频数据（DATA），再经音频 DAC 和 LPF 后就可得到双声道立体声模拟音频信号。

*7.2 MD 微型磁光盘唱机

MD 是 Mini Magnetic Optical Disc 的简称，即为录放式微型磁光盘唱机。它是一种在 CD 唱机的基础上成功地开发出来的新颖独特的可录式数字音频磁光盘系统。

7.2.1 MD 唱机的特点与主要性能

MD 机除了像 CD 机一样地采用了数字信号的处理技术外，还采用了音频数字信号的压缩技术。因而虽然其磁光唱片的外形尺寸只有普通激光唱片的一半，为 64mm，但记录节目的时间和重放声音的音质却与激光唱机一样，可以记录和重放 74min 的高质量数字音乐。唱片装在封套中，以防止灰尘和划伤，即使放音时也不取出，可以像 CD 一样快速完成随机选曲，极易与汽车立体声音响系统配套。

磁光盘录音机与激光唱机在激光唱片上提取信号的原理完全不同，它是利用热磁效应和磁光效应录制唱片和拾取信号的。它在拾音工作时，不是像激光唱机那样利用光学镜片来拾取激光束的反射光信号，而是使激光束照射在唱片上，使唱片上的磁场发生变化，来拾取信号，所以磁光盘既可以放音又可以录音。

MD 唱机与 CD 唱机相比，具有体积小，易携带，抗震性能好，既可以放音又可以录音，可以重复录音 100 万次以上等特点。

MD 的主要性能与规格如表 7.2 所示。

表 7.2　MD 的主要性能及规格

声　道　数	2（立体声）	盘　盒　尺　寸	68×72×5mm
有效频率范围	5Hz～20kHz	盘片直径	64mm
动态范围	105dB	盘片厚度	1.2mm
谐波失真	0.05%	盘片孔径	11mm
信噪比	80dB	播放线速度	1.2～1.4m/s（线性）
声道分离	92dB	轨迹间距	1.6μm
抖　晃	晶振精度	线性密度	0.6μm/b（最大）
取样频率	44.1kHz	激光波长	标准 780nm
量化比特	16bit	物镜孔径	标准 0.45
编码方式	改进型里德所罗门纠错码	记录功率	5mW（最大）
调制方式	8-14 调制（EFM）	记录方式	磁场调制光学方式
纠错方式	改进型里德所罗门纠错码	记录媒介	磁光盘
录放时间	74 min		

7.2.2　MD 唱机的组成与工作原理

1. MD 唱机的组成

MD 唱机的电路组成方框图如图 7.23 所示。与 CD 机相比，其伺服、控制、显示以及播放声音时激光读取数据的过程都与 CD 机相似，在信号处理过程中，MD 唱机也采用 EFM 调制，并采用了改进型的里德所罗门纠错编码（CTRC）技术，光盘放音时，要经过 EFM 解调、CTRC 纠错处理。此外 MD 唱机还要进行 ATRAC 编码和解码，实现对音频数据的压缩。

2. MD 唱机的工作原理

在 MD 微型磁光盘录音机中，主要采用了下列与 CD 机不同的先进技术。

（1）自适应变换音频编码压缩技术。MD 采用独特的频带压缩技术，可以扩展录放至 74min，称为 ATRAC 技术，即自适应变换音频编码压缩技术（Adaptive Transform Acoustic coding）。

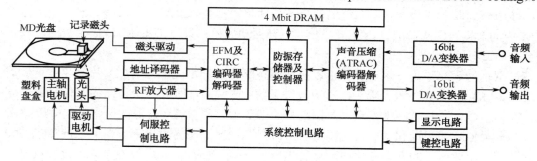

图 7.23　MD 唱机的电路组成方框图

在 CD 激光唱机中，模拟信号被 44.1kHz 的取样频率取样，即每隔 0.02 ms 取样一次。无论信号是否存在，系统都以大约 0.02ms 的速率将每一信号电平转换成 16bit 数字信号。但是，在 ATRAC 技术中，开始时也和 CD 一样，采用 44.1kHz 取样频率和 16bit 量化，把模拟信号变换成数字信号，然后才进行 ATRAC 编码。

ATRAC 以最大 20 ms 的速率对信号进行数字压缩。音频数据首先被分解成 1000 个不同的频率分量（由傅里叶理论可知任何波形均可由频率为整数倍的一系列正弦波叠加而成），然后在这 1 000 个不同的频率分量中，再根据人耳的听觉阈值特性和听觉掩蔽特性去除各频带中大量的人耳不能察觉的声音信息，只取出可听声频率信息并将之转换成 16bit 的数字信号。这样，音频数据就可以得到大大压缩。

在第 1 章的声音基本知识中，我们曾介绍了听觉的阈值特性和听觉的掩蔽特性。所谓听觉阈值就是指声音必须达到一定的强度才能被听到，而且能听到的最低声音的强度的大小与与声音的频率有关。人耳灵敏度最高的是 3～4kHz 范围的声音，在低频段和高频段，声音的强度须足够大才能被听到，因此，听觉阈值以下的声音信息都可以去除，这并不会影响声音的质量；所谓听觉的掩蔽特性是指强信号会掩盖邻近的弱信号，包括邻近频率的弱信号和邻近时间的弱信号，从而使人耳听不到这些弱信号的存在。因此，将强信号邻近的弱信号舍弃也同样不会影响音质。通过上述处理，去除听觉阈值以下的声音信息和强信号邻近的弱信号信息，只保留可闻声信息，就可以使声音的信息量大大下降，一般情况下，可以使声音的信息量下降为原来的 1/5～1/6 左右，同时声音的质量基本不变。这就是 ATRAC 音频编码压缩技术的原理。

（2）抗冲击保持技术。磁光盘录音机设有一个高性能的抗震动缓冲存储器，它可以存储 3S 的音乐节目数据。在磁光盘录音机使用过程中出现振动，使拾音器偏离音轨时，缓冲存储器便可将在振动前存储的节目信号输出。由于人耳听觉的迟顿，一般是不易听出跳音的。采用这种技术可以消除由于振动而引起的唱头脱离其轨迹的现象。此技术在车载唱机和随身携带式唱机中显得尤为重要。

光学唱头以 1.4 Mbit/s 的速率读取记录在唱片上的信号，系统将读取的数据存储在 1 Mbit 的 DRAM 中，然后再将 DRAM 中的信号以 0.3 Mb/s 速率输入解码器，如果解码器收到 0.3 Mb/s 的数据，便对压缩数字信号进行解码。采用这种 1 Mb 存储器抗冲击保护技术，即便冲击使激光唱头离开轨迹，只要唱片的读取能在 3s 内恢复，也就是说激光唱头能在 3s 内返回到先前的轨迹点，音乐信号仍可连续地从存储器输入解码器。如果 DRAM 在放音过程中充满了信号，即便中断读取唱片信号，但系统仍然会不断地将数据由 DRAM 送入解码器。当用完了 DRAM 中的数据，唱头读取过程又将开始，不管振动如何，只要 DRAM 能提供数据，放音就不会中断。

（3）双功能激光唱头。这种唱头可以播放两种唱片，即激光唱片（CD 片）和可录放的磁光唱片（MD 片）。该种激光唱头由一个改进了的 CD 唱头部分和一个检测磁光信号的部分构成。在播放激光唱片时，激光束照射到唱片的轨迹上，和普通 CD 唱片一样，检测出 CD 信号。与此类似，在记录和播放磁光唱片时，激光束照射到磁光盘上，反射回来的激光的偏振方向随唱片上磁信号的方向变化而变化（这就是 Kerr 效应）。采用偏振光分光镜，反射光就被分配到两个光电探测器，使它们分别对应于磁光唱片上的 1 和 0 两种磁化方向，其接收的光强之差就可构成 MD 信号。

（4）磁性调制录音技术。MD 系统采用了磁性调制录音技术，可在激光抹音的同时进行磁性录音。录音时，位于旋转的唱片下方的激光束以较强的功率（约 4mW）照射到唱片上需要录音的地方，将磁性光学介质加热到居里点温度（180℃左右）以上，该处的磁性材料会被退磁，这样可将原先录上的磁信号抹去。另外当录音轨迹从激光束上掠过后，该处温度会下降，此时系统将数字录音信号提供给位于唱片上方的磁头，则 MD 唱片磁迹中的磁性材料又会被磁化，这样就录上了新的信号，产生了与数字录音信号 0 和 1 相对应的 N，S 磁场。

7.3　MP3 播放机

MP3 是国际影视图像与声音的编码压缩标准 MPEG-1 的第三层（LAYER 3）数字音频压缩格式，MPEG（Moving Picture Experts Group）是动态图像专家组的缩写，是一种压缩比较大的图像与声音的编码标准。MPEG-1 的音频压缩编码分为 3 层：第一层 MP1 的压缩比为 1：4，码率为 348 Kb/s，采用简化的 MUSICAM（Masking Pattern adapted Universal Subband Integrated Coding And Multiplexing：掩蔽模式通用子带集成编码和多路复用），是较早的感知编码算法；第二层 MP2 的压缩比为 1:6～1:8，码率为 256～192 Kb/s，用在 Eureka 147 DAB（数字音频广播）系统中，采用标准的 MUSICAM 算法；第三层 MP3 压缩比为 1:10～1:12，码率在 128～112 Kb/s，常用 128 Kb/s，多用于网络音频数据的传输，采用 MUSICAM 和 ASPEC（自适应频谱感知熵编码）最佳特性的混合算法。

7.3.1　MP3 的特点与主要性能

MP3 最主要的特点是具有极高的数据压缩率，可将音频数据压缩到原来的 1/10～1/12，而 MP3 的音质可基本与 CD 相似。MP3 这种压缩格式最初是在 Internet 网络上被采用的，原因是经过 WAV 格式录制的音乐节目，下载一首歌曲需要半个多小时，而 MP3 由于压缩比为 1：10～1：12，所以下载一首歌曲只需要 4～5min 就可以。每分钟的 MP3 文件大小只有 1MB 左右，对于与普通 CD 片容量相同的 640MB 的 MP3 音乐光盘，可以存储十几个小时（150～170 首歌曲）的声音文件，如果采用 256 MB 的 FLASH 存储器，也可以存储大约 60 首歌曲，播放 5 个多小时的声音文件。

此外，采用 FLASH 快闪存储器的 MP3 随身听，由于没有体积宏大的电动机、磁头、激光读写机构等部件，所以可随心所欲地把它做成各种形状，使之具有极小的体积、极轻的重量、非常美观的外型，并且使用方便、便于携带、不怕振动、无机械故障。

从功能方面来说，MP3 机的功能主要有两种：一是播放功能，具有多种播放选择，如顺序播放、随机播放、单曲循环播放、全部循环播放等；二是录音功能，包括内置/外置话筒录音、MP3/WAV 格式的数码录音转换等。除此之外，有些 MP3 机还具有某些特殊功能，如 FM 收音机、日记簿、电话簿、各种 EQ 模式（如摇滚，古典，流行，正常等）、不同语言文字显示歌名、低音和高音控制、外插存储卡、HOLD 锁定键（可使所有按键盘失效，以避免在运动中或不小心引起误操作）等。

另外，MP3 机都有 USB 接口，利用 USB 接口与电脑连接，可从网上下载 MP3 音乐或其他格式的音乐；也可以将 CD 片等各种音乐格式的文件转变为 MP3 格式的文件传送到 MP3 机中；并且可利用电脑按个人的意愿进行 MP3 音乐的编辑、转录、制作等。

＊7.3.2　MP3 的工作原理

1. MP3 的编码器和解码器

MP3 具有 1:10～1:12 的音频数据压缩比，使码率下降为 128～112Kb/s，其原因是采用了 MUSICAM 和 ASPEC 最佳特性的混合算法，根据人耳的听觉特性，去除了声音中人耳本来就听不到的音频信息和冗余，使音频数据得到了极大的压缩，并且听音的质量基本与 CD 相似。有关 MUSICAM 和 ASPEC 的编码和解码的具体算法可参考有关书籍，而在声音的音源 PCM 数据压缩编码中，采用的主要方法有：

（1）充分利用了人耳的听觉阈值特性。编码时根据听觉阈值来设置阈值曲线，在频域里处理音频 PCM 信号，去除人耳听不到的频率分量（没有必要传送人耳听不见的声音）。

（2）充分利用了人耳的掩蔽特性（包括频谱掩蔽和时间掩蔽）。听觉过程的特点是响亮的声音会掩蔽掉相同或相近频率上较弱的声音，而且人耳的听觉灵敏度在 2～4kHz 处最高，在 5～17kHz 灵敏度会下降约 50dB，同时语音的音频信号中几乎都不带 4kHz 以上的基频，因此根据掩蔽特性可以去掉大量的没有必要传送的频率信息。

（3）将传输的音频范围（20Hz～20kHz）分割为 32 个子频带，每个子频带根据人耳的听觉特性来确定消除冗余和编码。

（4）较宽的声音比特率（保证 MP3 具有 CD 的声音质量）。

MP3 编码器如图 7.24 所示，MP3 解码器如图 7.25 所示。

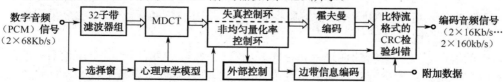

图 7.24　MP3 编码器（MPEG-1 第 3 层数字音频压缩格式）

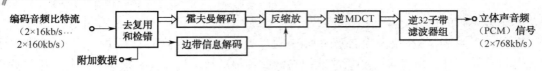

图 7.25　MP3 解码器（MPEG-1 第 3 层双声道音频解码器）

在 MP3 编码器中，首先采用数字滤波器将数字音频信号分成频宽相同的 32 个子带，每个子带又都通过改进的离散余弦变换（MDCT）变换成 18 个系数，总共 32×18=576 个系数，取样频率为 48，带宽为 41.67kHz，时间分辨率为 24 ms，如图 7.26 所示。

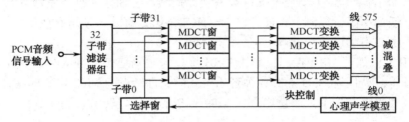

图 7.26　MP3 编码器的改进离散余弦变换（MDCT）

离散余弦变换（DCT）是一种将二维的空间域数据（矩阵）变换为二维的频率域数据的算法，变换为频率域后，音频信号的低频系数向左上角集中，高频系数向右下角集中。在音频数据变换为频率域系数后，再根据心理声学模型对各频率分量的系数进行非均匀量化，将 DCT 变换后的频率矩阵系数除以根据心理学模型确定的非均匀量化矩阵系数后，就使每一个 DCT 系数的值下降，bit 数得到降低，而且还在 DCT 二维矩阵中造成了多个频率系数为 0 的结果，特别是在二维矩阵的右下角部分的高频分量部分出现众多连续为 0 的情况，而众多的 0 可以用具体的 0 的个数的值来表示，从而实现了高压缩比。

MP3 采用了改进的离散余弦变换算法，MDCT 窗口由心理声学模型来选择，窗口尺寸可变，长窗口包含 36 个样值，用于稳态信号的处理，短窗口包含 12 个样值，用于处理瞬态信号。采用动态量化，根据音频信号的统计特性采用霍夫曼（Huffman）编码，霍夫曼编码的基本过程简单地讲就是把音频信号按概率大小顺序排列好，并设法按逆顺序分配码字的长度。在 MP3 中，帧与帧之间的数据传输速率可以改变。利用这一点可以进行变速率录音，先根据心理声学模型计算出需要多少比特位，然后设定帧比特速率。然而，变比特流不能通过恒定数据传输速率的系统进行实时传输，当要求恒定传输速率时，MP3 允许一个可选择的比特转换进行更准确的编码，使平均数据传输速率比峰值数据传输速率小。当需要附加的比特时，可以从比特池中取，对后续的帧编码时就使用比平均值少一些的比特位来补充比特池。

为了利用立体声道间的冗余，MP3 允许在 4 种立体声编码方法中进行选择：即左、右声道独立的立体声编码模式；整个频谱都采用 MS（侧面）编码的 MS 模式；低频部分为 L/R 编码，高频部分采用强度编码的强度编码模式；低频采用 MS 编码，高频部分采用强度编码的 MS 与强度混合编码模式。

MP3 的解码器是编码器的逆过程，首先采用霍夫曼解码器解出比特分配信息。然后在逆 MDCT 中利用频谱系数进行改进离散余弦变换的逆变换，将频域系数变换为空间域系数，然后在合成滤波器中将 32 个子带合并成一个宽带信号。18 个频谱值执行 32 次逆变换（IMDCT），将 576 个频谱值变换成长度为 32 的 18 个连续的频谱。通过 18 次运算，多相位数字合成滤波器将这些频谱转换到时域,即可输出双声道数字音频信号。

2. MP3 播放机的主要参数

(1)频率范围:指能还原声音的最大频率范围,为 20 Hz～20kHz。

(2)采样频率:44.1kHz、48kHz 可调。

(3)编码器适用的输出码率:一般可变码率中可设置 192,160,128,112,96(Kb/s);恒定码率中可设置 320 Kb/s,192 Kb/s,64 Kb/s(单声),63 Kb/s(单声),16 Kb/s(单声)等。

(4)闪存器容量:32 MB,64 MB,128 MB,256 MB(也有使用 2.5 英寸 2GB 硬盘)。

3. MP3 播放机的工作过程

不管是 MP3 随身听还是能够播放 MP3 的 VCD,DVD 机,其工作原理都是基本相同的,都有一个存储 MP3 文件的存储媒体,如随身听的 FLASH 快闪存储器、影碟机的 MP3 光盘,其播放原理是:都有一块 DSP(数字信号处理器)芯片用以解压缩 MP3 文件,有相应的 D/A 转换器将数字解压缩文件还原为原模拟声音信号,键盘控制 CPU 处理器用来控制 DSP、FLASH 以及液晶屏显示。所不同的是,MP3 随身听没有体积很大的电动机、磁头、激光读写机构,所以可以随心所欲地把它做成各种形状;而影碟机只不过是在 DSP 或软件上做了一些文章,即可进行 MP3 格式的解码。这里 MP3 播放器均指随身听式的播放器,其工作原理框图如图 7.27 所示。

图中模拟输入指利用内置式或外置式话筒进行录音,模拟信号经过 PCM 编码及 MP3 压缩编码后存储在 FLASH 存储器中以备播放时调用。数字输入有几种常用接口,早期使用计算机的串口或并口进行输入,现在采用 USB 接口输入,有的还具有光纤接口用于和一些带有光纤输出的数字音响设备之间的连接。数字信号输入时,如果是 MP3 文件,则可以直接转存到 FLASH 存储器中,如果是其他格式的文件,则可以利用电脑 MP3 转录软件进行转录,如果是网上下载 MP3 文件,则可以利用电脑 MP3 搜索转录软件进行下载。

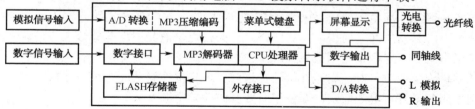

图 7.27　MP3 播放机原理框图

播放时只需按播放键就可以将存储在 FLASH 存储器中的 MP3 文件通过 MP3 解压缩(DSP)、D/A 转换变为模拟音频信号输出。

7.3.3　MP3 播放机的使用

1. MP3 播放机的操作

(1)机子本身的操作。各种 MP3 机的本机操作基本相同,只需要掌握菜单键的操作即可。

(2)MP3 机与电脑的连接。MP3 机与电脑连接时,应把 MP3 机看作电脑的外存或外设,

MP3 机随机携带的驱动程序应已装入电脑。

（3）在网上进行音乐下载时，主要有两项操作：从网上下载 MP3 音乐或其他格式的音乐；将电脑存储的各种音乐格式的文件转变为 MP3 格式的文件。可从网上下载 MP3 的制作、转录、编码工具，以便制作 MP3 文件。

2．MP3 播放机的选购

选购 MP3 随身听时，需考虑的一些重要因素如下。

（1）存储量与存储方式。存储量决定 MP3 播放机能够存储歌曲的数目，一般有 32 MB、64 MB 和 128 MB 等几种，还有外置式存储器如移动硬盘等方式。通常每首歌曲大约有 4MB 左右的容量，128 MB 的 FLASH 可以存储 30 首左右的歌曲。

（2）功能。MP3 机除可录制和播放 MP3 格式声音文件外，还有许多附加功能，如 FM 收音机、录音功能、电话簿功能、EQ 功能等。

（3）连接接口。MP3 与电脑连接时应有较好的接口，如 USB 接口，因为 USB 接口小巧且传输速度快，是数据传输较理想的外设接口模式。

（4）声音质量。声音质量的好坏是 MP3 播放机的最终评判标准，影响放音质量的原因很多，如 MP3 节目的采集方式与方法、播放方式的选择（EQ 方式）、本机的信噪比、末级功放的好坏、耳机的质量等，所以需要认真选取。

（5）供电方式。一般有内接电池方式和外部电源供电并带充电方式两种。

（6）软件。MP3 机所提供的软件应能够升级以便将其他格式的文件进行存储和播放。

3．MP3 播放机的使用注意事项

MP3 播放机虽然使用方便，便于携带，无机械故障，不怕振动，但使用时也应注意一些事项。

（1）禁止在潮湿的环境下使用，因为 MP3 机内大部分是 CMOS 电路，输入电阻很高，在潮湿的环境下容易发生漏电而损坏集成电路；开关触点、液晶屏这些部分也容易氧化漏电而造成无法正常工作、屏幕无显示等故障。

（2）选用机内电池时最好选用碱性电池，这样可避免电池漏液而腐蚀电路板，造成整机报废。长期不用时最好将电池取出，不使用时要及时关掉电源开关。

（3）MP3 播放机上的耳机是一个易损件，使用时不要硬拉、扭曲，应抓住耳机插头根部插拔。耳机损坏更换时，应选用高质量的耳机，否则将影响听音效果。

（4）在 MP3 播放机插拔到电脑的 USB 接口上时，应避免 MP3 机或电脑接口及接口集成电路的损坏。

 ## 本章小结

现代音响设备都向数字化方向发展，典型的数字音响设备有 CD 机 （激光唱机）、MD 机（微型磁光盘唱机）、MP3 等。

CD 机是利用光盘来记录和存储数据，并应用激光技术和数字信号处理技术等现代技术

的激光数字音频设备，具有许多模拟设备（如调谐器、录音座等）所不具备的特点。例如，动态范围大、信噪比高、失真低、频响宽、声道分离度好、操作功能强、节目检索速度快等，而且激光的非接触读取光盘信号的方式可使光头和光盘无任何接触，没有磨损。

CD 机由机芯和电路两大部分组成。机芯部分主要有激光头组件、托盘进出机构、光盘装卸机构、进给机构、光盘旋转机构等；电路部分主要有信号处理系统、伺服系统、控制显示系统及电源等部分。电路部分的核心是数字信号处理电路。

CD 信号的记录过程就是将左、右声道的模拟音频信号经过适当的处理后成为一定格式的数字信号记录到光盘上。信号的处理过程主要采用了 3 项关键技术：一是数 / 模变换技术，用以实现数字信号与模拟信号之间的转换；二是 EFM 调制技术，用于解决光盘在记录和重放过程中出现的一系列问题；三是数据纠错技术，以使数字信号在记录和重放过程中出现的误码得到纠正。CD 信号的重放过程与记录过程相反。

在 CD 信号的处理技术中，将模拟信号转变为数字信号（ADC）的过程，主要是经取样、量化和编码 3 个过程。将数字信号转变为模拟信号（DAC）的过程，是 ADC 的逆变换，其方法有多 bit DAC 和 1bit DAC。1bit DAC 又有脉宽调制 PWM 和脉密调制 PDM 两种方法。所谓 PWM 就是使脉冲的幅度和周期（亦即频率）不变，而脉冲的宽度与输入的数字信号的数据成正比；所谓 PDM 就是使脉冲的幅度和宽度不变，而脉冲的密度（频率）与输入的数字信号的数据成正比。数字信号经 PWM 或 PDM 之后，再经 LPF 取出平均分量，即可得到模拟信号。

在 CD 信号的处理过程中，还用到 EFM 调制（8-14 调制）技术，利用 EFM 调制技术可以使 CD 信号在记录和重放过程中避免出现连续的 0 或 1 的现象，从而使 CD 机伺服系统的工作稳定，并能较好地从数码流中分离出解码所必须的位时钟（BCK：bit clock）信号。

数字信号在记录、重放、传输等处理过程中出现误码是经常的事，因此必须对数字信号进行纠错处理。数字信号的纠错处理主要有两个方面：一是对数字信号中出现的个别的随机误码的检测判断，其方法有奇偶检验法、循环冗余检验法及里德索罗门码检验法等，这些方法都是在数码流中另外插入一些附加的检验码，使原来相互之间不关联的数据码变为彼此相关联，这样当误码出现时，经过数字电路的运算处理，就可以检出个别误码的位置，予以纠正；二是对数字信号中出现的连续的群误码进行离散化处理，其方法是采用交叉交织法，这种方法是在数据的记录过程中，将原数据序列按照一定的规律进行交叉交织处理，变为新的数据序列，而在重放过程中，再进行去交叉交织处理，将该新的数据序列重新恢复为原来的数据序列。这样，当数据系统出现连续的群误码时，在重放电路的去交交织之后，便可使群误码离散分布而变为个别的随机误码，然后便可利用奇偶检验等方法检出误码的位置进行纠正。另外，在纠错过程中，对不能纠正的误码，可以采用数值插补的方法进行补偿处理。CD 机和 VCD 机中采用的纠错方法是交叉交织里德索罗门码，称为 CIRC，具有极强的纠错能力；DVD 中采用的纠错方法是里德索罗门乘积码，称为 RS-PC，具有更强的纠错能力，即使纠错前的误码率达 1%，经 RS-PC 纠错后也会使误码率降到 10^{-20} 以下。

机芯中的激光头组件是整机的关健部件，也是易损部件，其作用是利用激光束读取光盘上的坑点信号，并通过光-电转换将其变为电信号输出。激光头有单光束型和双光束型两种，其读识光盘上坑点信号的原理，都是根据激光束的反射现象和干涉现象进行的。

机芯中的机械部分，通过微处理器的控制可以完成托盘的进出、光盘的装卸、激光头组件的径向跳跃及光盘的旋转等功能。同时，通过伺服控制电路，可以实现物镜的上下移动和水平移动、激光头组件的径向跳跃及光盘的高速稳定的旋转。

CD 机中，聚焦误差信号的检测方法有像散法和刀口法两种。像散法输出的聚焦误差信号为 FE=（A+C）-（B+D）；刀口法输出的聚焦误差信号为 FE=（A+D）-（B+C）。循迹误差信号的检测方法也有两种。一种是三光束法，另一种是单光束法。三光束法输出的循迹误差信号为 TE=E-F；单光束法输出的循迹误差信号为 TE=（A+B）-（C+D）。

CD 机的伺服信号处理电路有 4 种，分别是聚焦伺服系统、循迹伺服系统、进给伺服系统、主轴伺服系统。聚焦伺服系统是用来控制光头物镜在垂直方向上微动，使激光束焦点在光盘的坑点信号面上保持良好的聚焦；循迹伺服系统的作用是控制光头物镜在水平方向上微动，使激光束随时跟踪光盘上的信息纹轨；进给伺服系统的功能是当物镜在水平方向上不能再移动时，控制进给电动机来带动激光头组件沿半径方向跳跃；主轴伺服系统用于控制主轴电动机带动光盘作恒线速度（CLV）旋转。

CD 机的数字信号处理电路主要有 EFM 解调、CIRC 纠错，另外还有位时钟再生、帧同步分离、子码分离与处理等电路。EFM 解调电路的作用是将 14bit 数据重新还原为 8bit 信号，CIRC 纠错电路的主要作用是对光盘重放过程中出现的误码进行纠错处理。位时钟信号在数字信号处理电路中用于识别数据的码位，帧同步信号用来确定各帧数据的开始位置，以便对各类数据进行切割分离，子码用于工作状态的控制和显示。

MD 是可录可放便携式的数字音响设备，MD 与 CD 机相比具有体积小、易携带、抗震性能好、可放可录、兼容 CD 片等特点。MD 之所以有这些特点，主要是因为采用了自适应变换音频编码压缩技术、抗冲击保护技术、双功能激光头、磁性调制录音技术。

MP3 是数字音频压缩格式，压缩比为 1:10～1：12，码率为 128～112Kb/s。音频信号的编码压缩主要是利用了人耳的听觉特性进行的，首先将音频信息分成了 32 个子带，在 32 个子带中，一是去除了人耳听觉阈值以下的听不到的成分，二是将强信号附近被人耳掩蔽的弱信号予以去除，三是根据人耳对声音的敏感特性，量化时分配不同的比例因子，这样就使得音频信号的信息量大大减少，可以压缩到原来的 1/10～1/12 左右。音频信号的解码则是音频信息编码的逆过程，但解码过程较编码处理来得简单，其关键是不需要动态比特分配和大量的相关运算，主要的运算集中在 32 个子带的合成上。在经过比特流分解和逆量化后处理，再将得到的 32 个子波带进行合成就可完成音频信息的解压缩处理。

下载 MP3 文件的操作主要有：从网上下载 MP3 音乐或其他格式的音乐；将电脑存储的各种音乐格式的文件转变为 MP3 格式的文件。

 习题 7

1. CD 机有哪些特点？

2. 画出 CD 机芯的基本结构框图，简述各机构的主要作用。

3. CD 机的电路由哪些组成部分？各部分的作用如何？

4. CD 信号的记录过程如何？记录过程中采用了哪些关键技术？

5. 在音频信号的 ADC 与 DAC 转换技术中，什么叫 PCM？什么叫 PWM？什么叫 PDM？

6. 什么是EFM？数字信号在记录到光盘上之前，为什么要进行EFM调制？

7. EFM调制中，对14位的数据有什么要求？

8. 在对数字信号进行记录和重放的过程中，为什么要进行纠错处理？

9. 在奇偶检验法中，是如何对个别误码进行检测判断的？

10. 在交叉交织法中，是如何将连续的群误码变换为离散的个别误码的？

11. 画出三光束激光头的光路结构图，简述各部件的主要作用。

12. 简述激光束读识光盘上坑点信号的原理。

13. 简述运用像散法检测聚焦误差信号的方法。

14. 简述运用三光束法检测循迹误差信号的方法。

15. CD机的伺服系统有哪些？各起什么作用？

16. 画出主轴伺服系统的电路组成框图。简述主轴伺服控制的过程。

17. 画出系统控制电路的组成框图。说明CD机中的输入检测电路主要有哪些。

18. CD机数字信号处理电路主要完成哪些功能？

19. CD机数字信号处理电路中的位时钟信号有什么作用？帧同步信号又有什么作用？

20. MD微型唱机有哪些特点？

21. MD微型唱机中主要采用了哪些先进技术？

22. MD中的抗震存储器的作用是什么？

23. 简述磁性调制录音技术的原理。

24. MP3的压缩格式是什么？采用什么数字压缩技术进行编码？压缩比是多少？

25. MP3播放机的特点有哪些？最主要的特点是什么？

26. MP3的音频信号是依据哪几个方面进行数据编码压缩的？

27. MP3的主要参数有哪些？选购时应考虑哪些因素？

第 8 章

音响设备的故障检修

本 章 提 要

　　本章系统地讲述了音响设备的故障检修方法，包括机械类故障的检修方法和电气类故障的检修方法；简要介绍了录音座机芯和电路的故障检修流程及数字调谐器的故障检修流程。由于激光唱机（CD 机）与 MD，VCD 和 DVD 机等都属于激光数字产品，具有类似的故障现象与检修方法，因此本章对 CD 机故障检修的注意事项、开机流程和一般故障的通用检查步骤进行了必要的说明，并对 CD 机的机械部件、激光头和各伺服电路的常见故障现象及检修方法等进行了较为具体的论述。

　　前面各章系统地介绍了各类音响设备的电路组成、工作原理和典型电路的分析，本章从音响设备的整体角度出发，介绍音响设备的故障检修方法。

　　音响设备由音源、功放、音箱等组成，其中最主要的音源设备有调谐器、录音座、CD机等。在这些设备中，录音座和 CD 机（或 MD，VCD，DVD 机）均是由一套比较精密的机械传动系统、按键操作系统和电子电路构成的机电产品。随着电子技术水平的提高，电路的可靠性也大大提高，但机械零件比起电子元器件来，其可靠性要低得多，自然老化、磨损失效时间也要短得多，在使用中难免要出一些这样那样的故障。因此，录音座与 CD 机的故障特点是既有电路方面的故障，又有机械方面的故障，而且机械类故障远多于电气类故障。这就是现代录音座和 CD 机比起纯电子产品的数字调谐器、功放等设备的故障要多的重要原因。另外，在音响设备的电路故障中，高电压与大电流的电路是最易损坏的部分，如电源电路、功率输出电路、机械部件的驱动电路等，这些电路都是电路故障检查中的重点。电路中的开关、按键、电位器等在长期使用中容易引起接触不良，在音响设备的故障检修过程中也需特别引起注意。

8.1 音响设备的故障检修方法

8.1.1 音响设备的检修要点

修理音响设备并不难，不过要做到既快又准地查出故障，往往需要有一定的经验。为了提高一般维修人员的维修能力，加快维修速度和保证维修质量，现将音响设备的一些维修要点介绍如下。

音响设备的维修要点可以概括为下面的 4 句话，它是维修各类音响设备的常用手段。

熟悉工作原理，注意安全操作；

了解故障情况，确定故障部位；

注重逻辑分析，按照步骤检修；

掌握检测方法，积累维修经验。

1. 熟悉工作原理、注意安全操作

熟悉电路和机械工作原理，注意安全操作，是每一个维修人员不可缺少的，也是提高检修速度，减少损失的可靠保证。

（1）熟悉电路和机械工作原理。维修音响设备要提倡敢于实践，大胆实践，但又要反对盲目动手。也就是说，必须在理论原理指导下进行实践。出现故障的原因是多方面的，如不加分析胡乱调整和更换元件，将会使故障范围扩大，欲速则不达。倘若学习了音响设备的原理，掌握了音响设备的电路组成，就可以较好地分析故障原因，然后"顺藤摸瓜"一举成功，找到故障所在。

（2）注意安全操作。安全操作有两个方面的含义：一是要确保人身安全，修理音响设备时需要通电试验，因此应在维修工作台上，铺上绝缘好的橡皮垫；二是要确保机器的安全，检修时最好能加隔离变压器（1∶1 的变压器），使次级的电压与交流电源的"零"线与"火线"相隔离。另外，从确保音响设备安全角度出发，带电测量时，谨防测量工具将测量点与相邻焊点短路，烧坏元器件。将音响设备的印制板拉出来检查各点电压时，也应注意焊接面不要接触金属物件或受潮，应把印制电路板用绝缘物托起，以免引起短路。此外，合理放置修理工具，不仅能杜绝意外，也能提高修理效率。

2. 了解故障情况、确定故障部位

维修人员检查音响设备的故障和医生看病一样，要靠望、闻、问、切。望，就是用眼睛直观检查机器的某些可看得见的故障，如断线、不走带、转动件不转等。闻，就是分别听一听收音、录音、放音时的声音是否正常，机构运转时有无不正常的摩擦声、碰撞声等。问，就是在可能的情况下，向机器的主人询问一下故障的现象如何？故障是在什么条件下发生的？机器使用的电源变化情况，环境温度、湿度如何？有否雷电发生？机器有否受到振动、碰撞等。切，在这里可以看成是检修人员用手、工具和仪器等必要的手段对机器进行操作运转、收音、放音、录音等功能试验，通过试验来检查某些功能是否有故障，这也像中医用切脉、西医用一些医疗器械、仪器诊断病情一样。

音响设备原理与维修（第3版）

检查故障的基本原则是由表及里，由粗到细，逐步缩小范围，最后确定故障部位。不过，在实际检修中，如果掌握了音响设备各部分的基本工作原理，又有了一定的检修经验之后，就可以针对具体的故障现象，确定可能发生故障的一个较小的范围，这样就可迅速查清故障部位。

3. 注重逻辑分析、按照步骤检修

当确定故障是属于机内元器件造成的故障时，就必须进行检修。而对故障的检修要按一定步骤进行，切忌盲目乱动。维修人员应根据故障现象，进行合理的逻辑分析，先判断故障的部位，然后进一步确定故障元件，不要乱换乱拆，胡乱调整。特别是振荡电路、变频电路、中放通道、磁头方位角等，更不能乱动。否则，即使故障排除了，也会使质量指标全面下降。关于对故障机器的检修与步骤可参照后面的有关内容。

4. 掌握检测方法、积累维修经验

在根据故障现象，结合原理电路分析判断出故障所在的部位后，还应通过适当的检修方法进行检测，才能既快又准确地逐步查找到故障元器件，然后进行更换或调试，达到排除故障的目的。所以音响设备故障检修方法的掌握与灵活运用是一极为重要的方面。关于音响设备机械类故障和电气类故障的检修方法，将在下面专门进行介绍。

8.1.2 音响设备机械类故障的检查方法

音响设备中的机械类故障主要是指录音座的机芯部分，CD 机的机芯部分（VCD、DVD机芯与 CD 机芯相似），关于 CD 机芯的故障检修将在后面专门介绍。录音座是机械和电子技术的综合成果，而且随着电子技术的发展，电路的可靠性越来越高，但机械总是要运转磨损的，因而时间一长总要发生故障。机械部分只要打开机器后盖一般都可以看见，这就为简陋条件下的维修带来了很大方便。机械类故障的检查主要是依靠人的感觉器官，特别是眼和手。这类故障的检查方法可大致归纳为以下几种。

1. 直观检查法

这是最原始的也是最主要的办法。例如，录音座不走带，我们打开后盖，就可以观察各种工作状态下机构的配合情况，一般只要仔细察看，不难查出症结所在。

2. 手感法

录音座工作时，机械部分大多是处于运动状态的，如果出现由运转不良引起的异常现象，我们可用手感试探的办法判断故障所在。例如，带速慢，抖晃大，或发生了绞带故障，可以用手轻轻捏住收带轴，看看收带力矩够不够。一般当力矩明显变小时，会引起上述故障。当然这只能是定性的，往往要求检修者有一定的经验，起码对正常和不正常的收带力矩大小要有个大体的估计。

3. 测试法

在判断机械部分的故障时，有时要对某些力或力矩进行测量，常用的是张力计（弹簧秤或扇形张力计）和力矩计，前者用于测量张力，后者可测转矩。只有当故障不太容易判定及条件许可时才能进行定量检测。

4. 试探法

这是在靠直观和手感难以判断的情况下，经常采用的一种办法。比如，抖晃大，在直观上看不出什么问题以后，可进行如下试探：先换一盒磁带试放，看看是否因带盒粗糙引起；如不是，接着再试一下压带轮的压力大小，把压力适当调大一点试；再不是，还可更换皮带、更换供带盘等，直到找到故障根源。当然要更换零件一般只有在专门维修服务部才能办到。

8.1.3 音响设备电气类故障的检查方法

在电气类故障中，除了电路的故障以外，通常还包括各种开关、插口、电位器等故障，这些故障主要靠仪器（如万用表等）检查，有些故障也可直观检查。常用的检查方法大致有以下几种。

1. 直观检查法

在没有仪器的情况下，修理者必须在两个方面充分发挥主观能动性，一是应了解被修机器的工作原理；二是要应用人体五官的功能。

当我们将音响设备的外壳打开后，就可观察各种元器件有无相碰短路；是否烧焦；印制线路有无腐蚀、断裂，或印制板上油污是否太多；各种引线是否有断线；插孔、开关及电位器是否有锈蚀、烂掉或断裂；电池是否接反；电池正负极的接线片和弹簧是否生锈、脱焊；空气可变电容器是否碰片或脏污；各种元器件的焊点有无虚焊、漏焊；机械部分有否脱落、断裂、锈蚀或变形等。总之，直观检查虽不可能排除许多内部故障，但往往用手一拨开相碰的元器件，或将锈蚀油污清洗后，音响设备就一切正常了。这是修理时经常遇到的。

2. 总电流测量法

先将万用表拨到大电流挡（如交流 500mA 挡），串接到整机的供电电路中（用电池供电的，则将红表笔接到电池的正极，黑表笔接到电池盒的正接点），若总电流不大，就将万用表拨到小电流挡上；若总电流很大，就是电路有短路故障，应马上断电。

这个方法可以保证有短路故障的机子，不会在修理时将整流电源烧坏，不会把所用的电池放光。可以从总电流值正常与否，判断被修设备故障的严重程度，从而确定下一步的具体查找故障和排除故障的方案。

使用这个方法时，必须对一般音响设备的总电流正常值有一个数量级的概念。这就要求维修者对各电路和各主要用电元器件的工作电流数值清楚，否则是不行的。例如，录音座中的工作电流的参考值如下所示。

（1）电动机：用 6V 电源的电动机，电流为 150mA 左右，9V 电源的电动机约 100mA，12V 电源的电动机为 80mA 上下，15V 电源的电动机约 70mA。

（2）功率放大电路：集成功放电路电流大约为 25～30mA；分立元件一般为 30～60mA。

（3）发光管电平指示电路：若为 5 个发光管的，最大电流为 70～80mA；若为 10 个发光管的，就为 150mA；若为电表指示电路，耗电很少，最多为 5～10mA。

（4）偏磁振荡电路：大约耗电 60～80mA（如果为直流偏磁电路则只有 10mA 左右的电流）。

（5）放音前置放大电路（一路），电流一般为 15～20mA。录音放大电路（一路），电流大约在 10～15mA 之内。

（6）如果机芯上用了电磁铁，这也是一个用电较多的器件，电流一般可达 30～40mA。

知道了上述各部分元器件用电的数量级，则整机正常工作的总电流就可估算出来。在测量中，若总电流基本正常，那么故障就与电流无关，或损坏元件对总电流影响不大。如果总电流特大，那就有短路的地方，就可采用分区断电法寻找。

3. 分区断电法

这是寻找局部短路故障的有效方法。此法是将万用表打到大电流挡，并且串接在整机的供电电源线上监视总电流，接着将各部分电路如收音电路、录音电路、放音电路、机芯的电动机、末级滤波电容器等部分分别断开其供电电路，断开一部分，快速测一下总电流。若某一部分断开后，总电流大大下降，则短路故障就在该部分。具体是哪一个或几个元器件短路，再用小区域分区停电法寻找，其方法也是分别断开可能短路的元器件（如滤波电容、三极管等），并测此部分电流，直到排除故障为止。

经验证明，用此法寻找并排除短路故障是十分有效而迅速的。用此法的思路是，应首先找用电较大的部位，或对总电流影响较大的元器件，如电动机、功放电路、末级滤波电容器等。

4. 大部位确定法

当总电流基本正常，电源未冒烟，保险丝也未断的情况下，用此法可以较快地找到录音座故障的部位。该法不用任何仪器，只要有两盒好磁带：一盒音乐带，一盒空白带，或者只用一盒好磁带，一面为音乐带，一面为空白带，再加上耳朵的听觉功能，就可确定故障的部位。其检查方法是：

（1）插上电源，先放音乐磁带，若机芯运转，则说明电源正常，电动机转动，若放音正常，说明电源、放音电路和机芯均无故障，否则，就是这三部分之一或之二有故障（三部分同时都有故障的可能性是较少的）。

（2）利用音响设备上的功能开关进行各项功能的对比试验，以确定故障的大体部位。例如在收录机中将功能开关拨到收音状态，且将空白带放入带舱内，一边收音，一边录音。若收音正常，就是电源、收音和放音电路正常，若能放音而不能收音，就是收音电路或其转换开关有故障；在收音正常的前提下，再放所录磁带，若能放出磁带录制的收音节目，即录音电路也正常，否则，是录音电路有故障或与收音电路连接的电路不通。接着再用传声器录音，若传声器录音不通，就是传声器或其与录音电路的连接元器件有故障。

大部位确定后，就可以目标明确地查寻故障了。当确定录音或放音电路有故障时，因为它们的级数较多，到底是哪级出了故障，就要用后面介绍的几个方法去判断了。

5. 碰触法

此法也可叫敲击法、干扰法或杂波感应法，这是一种简单而实用的方法。只要用手拿着一个细小的金属工具，如起子、镊子、细金属棒等，从末级的输入端向前逐级碰触各放大器的输入端，利用人体在电网中感应的微弱电动势注入各级中，就会在扬声器里发出"喀喀"

的响声，各级声音都响者（由末级向前，逐级增大响声），正常；哪级无声或声音微弱者（末级一般声音小也是正常的），故障就在哪级。

用此法不仅可以找到放大器的故障，还可查出耦合元器件的开路故障（如耦合电容器和变压器）。但此法对收录机电路质量方面的故障，如噪声大、失真大等，就无能为力了。

用该法检查放音通道电路和收音电路的故障，边敲各级边听声，就可直接找到故障的部位。但录音电路有故障时，就得用空白磁带协助了，边敲各级边录音，且各级碰触的时间要有一定间隔，不同的检测点可以采用不同的碰触特征，以便鉴别是哪级的故障。接着放此录音磁带，并由所录"喀喀"声的间隔数，判断出故障来。

用碰触法检查录音电路的故障是比较麻烦的。

6. 耳机听音法

用高阻抗耳机，并在其芯线上串接一个 4.7μF 的隔直流电容器。使用时，把耳机的地线接到电路的地线上，用接电容器的那条线，从电路的前级逐级向后接到各级的输出端听音，哪级有声音，哪级放大电路就是好的，哪级无声，故障就在哪级。

用此法检查录音座故障时，录音信号可以是来自调谐器的电台广播声；也可以用别的录音座放音乐带作为信号；如有低频信号发生器作为信号源则更好。用耳机听音法检查放音电路更方便，这时只要录音座播放音乐磁带，也由前级逐级向后听音，哪级无输出，故障就在哪一级。此法既可查出放大器的故障，也可查出耦合元器件的故障。

此法不仅可以检查声音的有无，而且可以找到音质不好的故障，如失真大、噪声大，耳机都可以清楚地听出来。

7. 电阻测量法

用万用表的小电阻挡测音响设备正、负电源线间的电阻（黑表笔接正电源线，红笔接负电源线）。再根据所加的额定电压值按欧姆定律（$I=U/R$）估算电流值，由计算出来的电流值大小，就可知道此音响设备是否有短路故障。

另外，在检修时，常用万用表的电阻挡测量焊下来的大容量电容器（大于 0.022μF）、二极管、三极管、电位器、开关触点的通断、中周及变压器的通断等，从而判断各种元器件的好坏，这都属于电阻测量法。

8. 工作电压测量法

此法可以比较准确地找到故障的具体部位，只是逐级测试较为麻烦些。另外，使用此法的人，必须清楚各线性放大电路的工作状态，在录音座有自动选曲控制电路时，还须知道脉冲电路的工作状态。这就是说，各种电路的工作原理必须一清二楚。

不过，对于线性放大电路的电压测量，根据常识可知，锗三极管和硅三极管的发射结电压应分别为 0.2～0.3V 和 0.6～0.7V，只要这两个数值相差不太大，就可粗略判断电路的工作状态是否正常。但是，各种集成电路各脚的工作电压是不一样的，也不易记住，这就要参考电路图所标电压值，或者按手册给定值测量判断了。如果没有上述参考资料，而有其内部电路图，利用学过的电路原理，也可粗略判断各脚电压的大概值。

比较电路前后级所测的电压值，用工作电压测量法也可判断出耦合电容器是否短路。

工作电压测量法的具体步骤是，将万用表打到直流电压挡，根据所测电压大小选择量程挡。大电压时量程可略大于电源电压值，测小电压时将量程调小些。测量时，根据音响设备电源极性不同，正极性电源时将黑表笔接地线，负电源时将红表笔接地线，另一个表笔分别接到放大管的集电极、基极和发射极，表头所示值就是管子的工作电压。测量哪一部分电路，就让哪一部分电路通电，一般不加信号，有小信号也影响不大，如测收音电路时，可以调到没有电台的位置，测录音电路时，驻极体传声器也不一定要断开，外部的噪声对电路工作点也影响不大。

9. 工作电流测量法

同工作电压测量法一样，工作电流测量法也是一种可以比较准确地找到故障部位的方法。其方法是将万用表拨到直流电流挡，量程要比被测电流大一倍左右（估计值），再将放大管的集电极（或发射极）焊开。若为 PNP 管，就将红表笔接到集电极上，黑表笔接到集电极原焊点上。接通电源，表头指示数就是放大管的工作电流，根据电路原理，就可判断此级放大器是否正常；若为 NPN 管就将表笔调换一下。

工作电流测量法的缺点是，需将集电极（或发射极）焊开，或者把集电极的印制线割断，比工作电压测量法更麻烦，且各机种每级电流数值不一样，无法给出准确的数值，只有电路原理十分清楚的人，才可知道某一个数量级是正确值，而对初学者，要达到这种程度就比较困难。因此，一般情况下多用工作电压测量法，而较少使用此法。

10. 交流短路法

当检查噪声太大的故障时，交流短路法是一种十分有效的方法。该方法是将一个几微法电容器的两个脚接上两条引线，一条引线接地，另一条引线接被检查放大器的输入端，再用耳朵听音。若有电子毫伏表，可用它测录音或放音电路的输出端噪声电平。当电容短接到某一级后，噪声电平大大下降时，噪声大的元件就在被短路点的前一级。

故障部位找到后，到底是三极管击穿漏电流大，还是耦合电容器漏电或是滤波电容器开路，应焊下来测量或用好的元件代换试验。

11. 元器件替换法

有些元器件很难用万用表测出好坏来，如 0.01μF 以下的电容器断路，电感线圈和变压器局部短路，静态是好的而通电或升温后就变坏的三极管、二极管和电解电容器等，用备用的好元器件替换，是排除这类故障比较有效的办法。

12. 元件并联法

当耦合电容器、滤波电容器因开路或脱焊等原因使音响设备不响或声音极小时，用同容量的电容器并联后，声音正常了即表明故障所在。

如果怀疑某个电阻是脱焊或电阻两端的引线帽接触不良时，也可用同阻值或大一些阻值的电阻并接试验。

元件并联法可以不焊下元件较快地判断出故障的部位及原因。找准后，再将损坏的元件换下来，这样既排除了故障，又可保持被修电路的原貌。

13. 人为故障检查法

人为故障是在修理过程中人为产生的故障，它是随机的没有规律性的故障。寻找人为故障的办法是：在旧机器修理中，根据原理图（若无原理图，可根据学过的典型原理图）查找新焊过的元器件及引线是否接错。

14. 振荡器是否起振法

在音响设备中总有一些振荡器，如调谐器变频电路的调幅本机振荡器和调频本机振荡器，录音座中的交流偏磁电路的偏磁振荡器等。这些振荡器都有停振的可能。本振停振了，就收不到音；偏磁停振了，就录不好音，产生很大的失真。如何检查振荡器的振荡是否正常呢？这里介绍 3 种方法。

（1）射极电压测量法：将万用表置于小量程的直流电压挡，把两表笔接到发射极电阻的两端，再用镊子或导线将振荡线圈短路，这时若发射极电阻上的压降有变化，表明振荡正常，否则就是停振了。这是因为一般情况下，振荡器起振后的集电极和发射极电流要大于静态（停振）电流，所以将振荡线圈短路后，振荡器停振了，这时发射极电阻上的电压降就有变化，通常起振比停振要高出 0.1～0.4V。

此法对调谐器的本机振荡器和录音座的偏磁振荡器都很实用，只是发射极电阻上的压降变化大小会因振荡器组成的工作点不同而略有差别。

（2）碰触法：用金属碰触本振可变电容器的非接地线，若能听到扬声器发出较响的"喀喀"声，就是振荡正常；若声音太小或几乎听不到，就是停振。

对偏磁振荡器来说，若录音失真较大，而且用金属敲击振荡管集电极、振荡线圈接头或正反馈电容器时，敲击的"喀喀"声能够录得上（敲击是在用空白磁带录音的状态下进行的），且可放出圆润的声音来，一般是振荡器正常，否则停振。

（3）振荡信号辐射法：不论是收音部分的本机振荡还是录音部分的偏磁振荡器，因其工作频率较高，都要向外辐射。因此，若将被检查收音电路中的可变电容器旋到低频端，调频收音时，本振就振荡在 88MHz+10.7MHz=98.7MHz；调幅收音时，本振就振荡在 525kHz+465kHz=990kHz 左右。再分别用好的调频和调幅收音机靠近并调谐到上述两个频率上，能收到音（发出尖叫声），表明被检查收音电路的本振正常，否则为停振。

也可用调幅收音机靠近和远离正在录音的录音机，若偏磁振荡器正常，收音机内的噪声就随收音机离录音机的距离不同而变化。否则，收音机噪声电平不变，就是偏磁振荡器停振了。

上述 3 种检查振荡器停振与否的方法，前两种有效而且方便，用得较多。

15. 用音响设备上的电平指示器查找故障法

许多较好的音响设备上都装有电平指示器来指示音频信号的大小，因此可以根据它的指示比较方便地检查录音电路的好坏。当然也可指示出放音电路、收音电路及整流电路是否正常。

当音响设备可以通电工作时，将其处于放音或者收音状态，若能听到声音，且电平指示正常就可用它来检查录音电路是否正常，可将录音座置于传声器录音状态，并对着传声器说话，这时若电平指示器反应正常，就可初步判断录音输出电路以前的电路是正常的，否则就有故障。接着再放所录磁带，若能放出音来，说明整个录音系统无故障；若放不出音来，就是录音输出电路以后的开关接线有问题。再将录音座转到内录状态，若指示器有反应，就是收音录音正常，否则，就是收音与录音之间的转接电路有故障。

16. 方框图寻迹法

掌握了上面的查寻故障方法之后，可以再根据电路组成的方框图，依据各部分电路的功能及信号的处理过程，确定产生故障的可能部位。在利用这个方法时，可以采用音乐磁带、空白磁带，或外接传声器、耳机、扬声器、一台好的录音机等辅助工具进行试验，以确定音响设备的各项功能是否能正常发挥，相关的电路工作是否正常，从而有条不紊地迅速找到故障。

17. 仪器仪表检查法

用电子毫伏表、示波器、信号发生器或其他仪器检测音响设备可以更快更准确地找到故障，特别对失真故障的检测，用示波器和信号发生器，是别的方法无法比拟的。

查找调谐器的电路故障，可用高频信号发生器或扫频仪输入调幅或调频信号，用示波器测试各级波形。

查找录音座的电路故障，一般用电平测试带或录有正弦波的磁带进行放音，用示波器观看各级波形。然后根据所测得的波形高低及失真大小判断故障位置。

在输入端接信号发生器，再用示波器或电子毫伏表由前向后逐级测量输出波形和电压值的方法，叫"逐级寻迹法"。也可以将信号发生器由后向前逐级加到各级的输入端（信号大小应逐级减小），再用示波器或电子毫伏表在电路的输出端观看输出波形和电压数值，这也叫"逐级寻迹法"。上述两种逐级寻迹法都可应用。

18. 其他检查法

故障现象表现为音响设备工作不稳定，有时有声响，有时则无；今天有声响了，明天或后天又坏了，或有时响了好几天又不响了。产生这些故障的原因有虚焊、漏焊、接触不良、元件内接触不良、元件通电升温后内部接触不良、印制线路裂缝或有毛刺、导线内部折断等，往往采用下述方法检查：

（1）重焊法：重焊漏焊点和可疑的虚焊点。

（2）微动法：一边通电一边微动一些可疑的元件、接插件和导线，甚至扭动印制板使之适当变一些形。

（3）轻敲法：轻敲一些三极管、二极管、集成电路和电解电容器，敲时尽量少影响别的元件，否则不易找准。

（4）替换法：若为元件内部故障，就用替换法代换一些可疑的元器件和导线。

实际中，对于某些时响时不响的故障检修是比较棘手的。因此检修这类故障时，不要操之过急，当机器修理后，不要忙于交差，要将机器较长时间通电试验，还要经常去动一动它，直到不再出现不响的故障为止。

8.2 录音座的故障检修

录音座中既有机械部分又有电路部分，对于使用时间较长的录音座，因机械部分的长期运转磨损而导致故障率较高，电路部分的机械开关接触不良、电位器的触点不好、大电流大功率元件的损坏等故障也比较常见。下面以检修流程图的形式分别对录音座中的机芯故障和电路故障的检修过程进行说明。

8.2.1　录音座机芯故障的检修流程

录音座机芯故障的检修流程如图 8.1 所示。

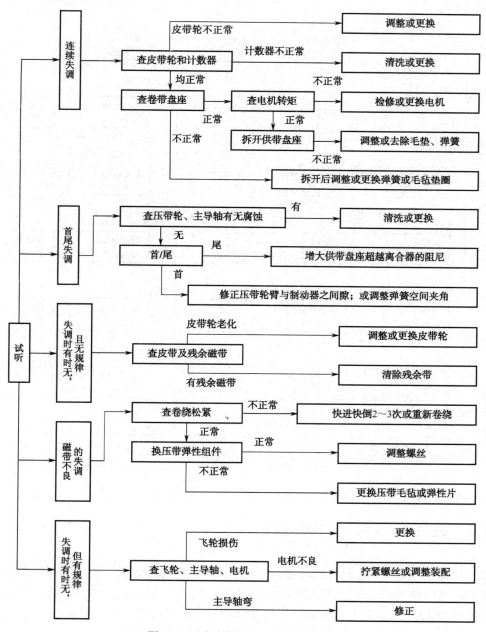

图 8.1　录音座机芯故障检修流程图

8.2.2 录音座电路故障的检修流程

录音座电路故障的检修流程如图 8.2 所示。

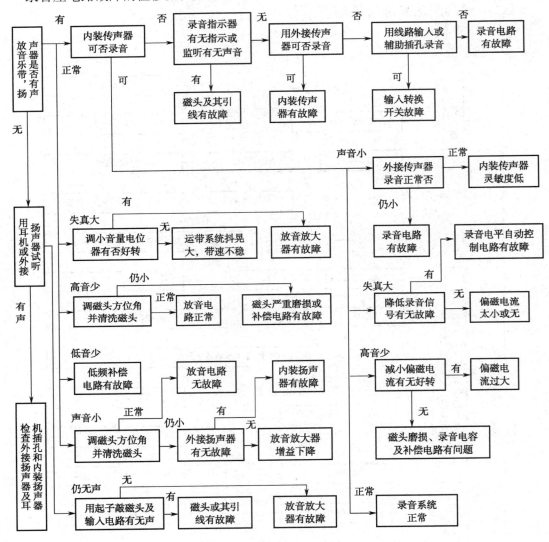

图 8.2　录音座电路故障检修流程图

8.3　数字调谐器的故障检修

数字调谐器（DTS）由收音通道部分和数字调谐控制部分组成。收音通道的电路和普通的 AM/FM 调谐器相同，而数字调谐控制部分则是数字调谐器的核心部分，其故障检修有一定的特殊性。因此，本节只对数字调谐系统的调谐控制电路的常见故障与检修方法进行介绍。

8.3.1　常见故障现象

DTS 电路部分的常见故障主要是调谐方面的问题，如 AM/FM 波段均收不到台，手动调谐正常而自动调谐不停台，AM/FM 波段的低端有台、高端无台等；其次是显示功能、键盘操作、定时开/关机功能等方面的问题，如显示异常或无显示，键盘操作失灵，定时开机/关机功能失常等。

8.3.2　检修方法

下面以第 2 章介绍的东芝 DTS-12 全波段数字调谐器为例，说明 DTS 电路故障的检修方法。其他类型的 DTS 电路故障检修可参照进行。

在东芝 DTS-12 全波段数字调谐器中，对于 DTS 电路中调谐方面出现的问题，在对故障进行分析与检查时，应抓住关键点 TP9 的检测，TP9 测试点是 DTS 输出的调谐电压 V_T 去收音通道部分进行调谐收台的连接点，在 DTS-12 调谐器中，调谐电压 V_T 在调谐过程中的正常变化范围应为 1.5～8V 左右（VT 的电源为 10V 时），若 VT 正常而不能收台，则说明是收音通道的问题，而且 VT 变化范围正常，不仅说明了 DTS 的工作正常，也说明了收音通道中的 FM/AM 的压控振荡器的振荡频率基本正常；若调谐电压 V_T 不正常时，则故障部位在 DTS 部分或收音通道的 FM、AM 的压控振荡器 VCO 电路部分。因为 DTS 调谐采用 PLL 频率合成方式，PLL 正常工作的外部条件有两个，一是要有晶体振荡器提供的基准比较频率信号，二是要有收音通道部分送入的 FM 或 AM 的本振频率信号，若没有这两个方面的频率信号，则 PLL 电路工作不工常，输送到收音电路的各调谐回路的 VT 也就不正常。因此，调谐电压 V_T 的测试点 TP9 是检修时的一个测量关键点。另外，当 VT 不正常而不能收台时，我们也可以用 0～10V 或 0～12V 的外接可调电压来代替 VT 进行调谐收台试验，以进一步判断收音通道电路是否正常。若不能收到电台，则应先检查收音通道电路；若能够收到电台，则说明收音通道的电路正常，压控振荡器的工作也正常，故障肯定在 DTS 电路。

检查 DTS 电路时，如果有数字频率计，可直接测量 TC9307AF 的 FM IN 端（㊱脚）和 AM IN 端（㊳脚）是否有 VCO 的 f_{osc} 送入，如果无数字频率计，则仔细测量 FM 的 VCO 到 FM IN 端的 FM 本振信号通路和 AM 的 VCO 到 AM IN 端的 AM 本振信号通道；晶体振荡器的工作可通过观察显示屏有无字符显示来判断；TC9307AF 的工作可通过测量有关脚的电压值来判别。TC9307AF 和其他各集成电路的引脚功能与工作电压可参见 2.6 节数字调谐器。

作为数字调谐器检修方法的归纳，图 8.3 给出了 DTS-12 全波段数字调谐器的 DTS 部分调谐故障的一般检修流程，供故障分析和检修时参考，对于其他型号的数字调谐器或组合音响的数字调谐器，均可参照进行。

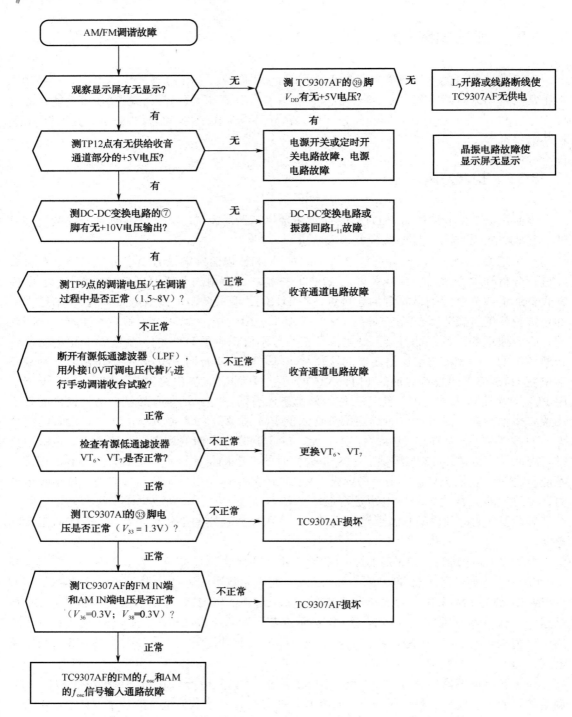

图 8.3 DTS-12 调谐器 DTS 部分调谐故障的一般检修流程图

8.4 激光唱机的故障检修

CD 机是以数字信号处理为基础，以微处理器进行控制的激光数字音响设备。其使用、维护和检修都与以往的模拟音响设备不同。

8.4.1 检修 CD 机的注意事项

为了确保 CD 机与维修人员的安全，避免因操作不当而损坏机器，扩大机器故障，或发生电击、触电事故，在维修操作中应注意下列事项：

（1）通电前，注意 CD 机所使用的电源电压。国产机一般均为 220 V，但有些进口机为110 V 或 100 V，要仔细观看铭牌上的标注。如果是 110 V，必须备有一只 220 V/110 V，功率为 50～100 W 的电源变压器。

（2）在拆机维修时，要注意不要将眼睛直接靠近激光头，以免激光束灼伤视网膜。

（3）维修的工作台和维修人员应有防止静电危害的防范措施，使用的电烙铁应接地良好，如维修人员应穿纯棉服装，带防静电手环，地面不铺化纤地毯，拔下有关的排线时，用铁夹子夹住有关导线的裸露部分等，以防静电击坏激光发射管、光电检测管和 CD 机中的各CMOS 集成电路。

（4）激光头的光学部分一般不要拆开，不要用手触摸物镜，维修过程中，用力不要过猛。激光头上的功率调整微调电阻一般不要随意乱调，清洁物镜时，不要用化学溶剂。

（5）注意仅在测量电压与波形时通电检查；在测量电阻及焊接元件时，机器应断电，严禁在带电情况下测量及拆焊元件。

（6）拆焊元件时，特别是主板上的大规模集成电路，应避免电烙铁长时间加热，以防损坏集成电路和电路板，同时避免虚焊和搭锡现象的发生。

（7）维修过程中，切忌在对机器的功能组成、作用原理都不了解的情况下，就动手乱拆、乱焊、乱调，否则会扩大故障范围，甚至损坏元器件。

（8）在拆装机械零部件时，要防止有关零部件相对位置的错位，以及防止螺丝、垫片 、弹簧的漏装、错装或落入机内。拔下连线的插件时不要抓住导线硬拉。

8.4.2 CD 机一般故障的检查方法

（一）CD 机的启动过程

CD 机的启动过程都是在 CPU 的控制下按照一定的程序进行的。微处理器在执行程序时，按照上一过程的执行情况和机芯与电路的状态来确定下一过程的执行。因此，我们可以根据CD 机在启动过程中的 CPU 所执行的程序情况来分析和判断 CD 机常见故障的原因和故障的部位。维修人员必须对正常的 CD 机开机工作的详细过程有一个很好的了解，这样在故障检修时，才能做到心中有数，少走弯路。

CD 机启动过程的流程图如图 8.4 所示，可分为下面几个过程。

1. 系统复位与显示器发光

当 CD 机接通电源时，电源对 CPU 供电，晶振开始工作，同时复位电路对 CPU 进行复位操作，于是 CPU 可以正常工作。接着 CPU 驱动显示器发光，使显示器显示"00"字符。

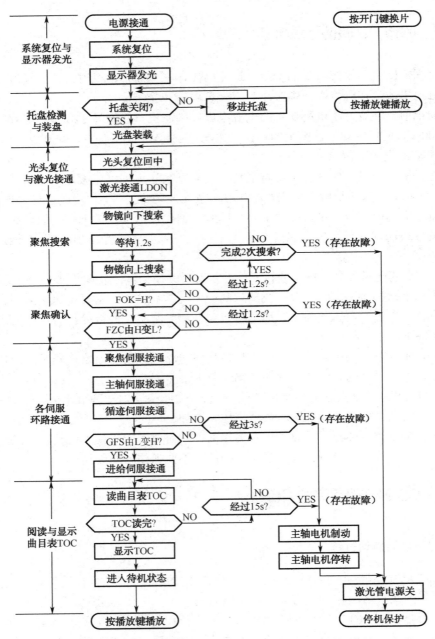

注：① FOK：聚焦完成信号；　② FZC：聚焦过零检测信号；
　　③ GFS：帧同步锁定信号；　④ TOC：曲目表

图 8.4　CD 机的开机流程图

2. 托盘检测与光盘加载

在 CPU 复位后输出 "00" 字符到显示器的同时，CPU 首先对托盘进行检测，若托盘处于 OPEN 状态，则 CPU 输出一个加载电动机的正转信号，使托盘移进机内；若 CPU 接收到来自遥控器或面板的出仓（OPEN/CLOSE）操作信号，则 CPU 输出控制信号，使托盘移出，以便放入光盘。当托盘移进机内后，CPU 继续控制加载电动机工作，进行装盘操作，即将机芯的芯座上移，使光盘装载到旋转盘上，以便由主轴电动机带动光盘旋转。

3. 光头复位与激光接通

在装盘结束后，CPU 控制进给电动机运转，使光头移到光碟最内圈的起始位置，然后 CPU 输出一个 LD ON 信号，使激光管接通，发出激光。

4. 聚焦搜索过程

在 CPU 输出 LD ON 信号的同时，CPU 发出聚焦（FS）搜索指令，使聚焦线圈中流过搜索电流。在通常情况下，物镜作 "向下搜索→等待 1.2s→物镜向上搜索" 的聚焦搜索过程。

5. 聚焦确认过程

聚焦的确认有两个信号，一是聚焦搜索完成信号变为高电平（FOK=H），二是聚焦搜索过零检测信号变为低电平（FZC=L）。在聚焦搜索后，CPU 首先对 FOK 信号进行检测，若 FOK 为 L，则等待 1.2s，视 FOK 是否能变为 H，若 1.2s 后 FOK 仍为 L，则 CPU 认为系统存在故障，将关闭激光管，结束播放程序；当 FOK 为 H 时，则 CPU 进入 FZC 信号检测。同样，CPU 在 1.2s 的等待过程中，检测 FZC 是否能从 H 变为 L，若 FZC 不能变为 L，则 CPU 认为系统存在故障，将关闭激光管、结束播放程序；若 FZC 变为 L，则聚焦确认过程结束。也就是说，在 CPU 检测到 FOK 变为 H 和 FZC 变为 L 时，说明物镜的聚焦处于正常状态。

6. 接通各伺服环路

在聚焦确认结束后，首先接通聚焦伺服环路，使物镜聚焦线圈中的电流受聚焦误差信号（FE）的控制；接着接通主轴伺服环路，使主轴电动机运转并带动光盘运转，其转速受光头读出信号的速率误差的控制；然后，接通循迹伺服环路，使物镜循迹线圈中的电流受循迹误差信号（TE）的控制。在上述 3 个伺服环路接通后，一方面光盘可以旋转，另一方面激光头所发出的激光束可以在光盘信号面上聚焦，并跟踪信息纹轨，从而可以从光盘上读取信号。

再接着，CPU 根据光头的读出信号，进行帧同步信号锁定状态检测（GSF=H），在等待 3s 的过程中，若检测不到 GSF=H，则认为系统有故障，CPU 将控制主轴电动机停转，激光管关闭，结束播放程序；当 CPU 检测到 GSF=H 信号时，则接通进给伺服环路，使进给电动机受进给误差（SE）信号的控制。

7. 识读曲目表（TOC）并显示

在 CPU 接通 4 个伺服环路后，光头即开始阅读光盘上的目录表，当 TOC 读完时，将 TOC 内的数据送至显示器，在显示器上显示总的曲目数、总的播放时间等信息。如果在 15s 内不能读出目录表，则 CPU 认为系统存在故障，将输出主轴停转信号和 LD OFF 信号，结束播放程序。

8. 进入播放状态

当读完 TOC 后，如果未按 PLAY 键，则进入待机状态；如果按下 PLAY 键，则开始顺序播放；如果按下数字选曲键，则光头直接跳至光盘的曲目序号处开始播放。

上述开机过程均按软件所编写的程序由 CPU 自动控制执行。若上一过程未能完成，则下一过程将无法执行。例如，如果光头未复位回中，物镜就不会有聚焦搜索动作；如果聚焦搜索完成检测 FOK 不能变为高电平，则主轴伺服不会接通，光盘也就不会旋转。

另外，上述 CD 机的开机过程，对于不同牌子或型号的机器，其具体细节上可能会略有不同，但整个过程都是基本相似的。

（二）CD 机的通用故障检查方法

根据 CD 的开机过程，可以得到下述整机故障的通用检查方法。

1. 接通电源检查显示屏是否发光（显示 00）

这是衡量电源系统、复位电路、晶振时钟和显示器件是否有故障的重要标志。因为，显示器所显示的字符是由 CPU 提供的，CPU 是全机的主控中心，CPU 不工作，其他一切动作都不会发生，而 CPU 工作的条件是电源、晶振、复位都必须正常。因此，如果接通电源后不能显示"00"，则除了检查电源和显示器件外，还应检查晶振和复位电路。

2. 按 OPEN/CLOSE 键检查托盘进/出是否正常

在 CPU 接收到键控信号后，即输出一个控制信号给加载电动机驱动电路，使托盘在加载电动机的驱动下移进或移出，并且 CPU 利用设置于加载托盘上的限位开关，对托盘所处的位置（进仓、出仓）进行检测，当托盘进仓后，给控制系统一个信号，然后 CD 机得以启动。因此，如果托盘不能进出，应检查本机键控、加载驱动、进仓限位开头、出仓限位开头和有关外围元件，以及加载电动机和加载机构的有关零部件。

3. 检查光头是否往内圈走（光头回中）

托盘进仓后，光头由进给电动机驱动回到光碟内圈起始位置，以便开始读取目录表。若光头不能回中，则应检查进给驱动电路、进给电动机和进给机构。

4. 检查物镜是否上下搜索

光头回中到达位置后，进给限位开关接通，CPU 检测到这一光头回中到位信号后，即输出 LD ON，使激光管接通，此时可见物镜中央有个小红点（用斜视，不能直视），尔后，CPU 输出控制信号，指令聚焦伺服电路输出聚焦搜索电压，使物镜作上下搜索。如果物镜不能上下搜索，则应检查进给限位开头、进给传动机构、聚焦伺服驱动电路、物镜机构和激光管供电。

5. 检查光盘是否转动

在聚焦搜索后，如果 CPU 检测到聚焦完成信号（FOK=H）和过零信号（FZC=L），则输出控制信号，接通聚焦伺服环路、主轴伺服环路和循迹伺服环路，此时可见主轴电动机开始旋转，带动光盘高速旋转。如果物镜上下搜索后光盘不转动，则应检查激光管是否良好，物镜是否脏污，APC 是否正常，夹持机构是否正确夹住碟片，主轴驱动电路及供电是否正常，FOK 是否为高电平。

6. 检查能否读取曲目表（显示屏显示 TOC）

在主轴电动机开始旋转后，光头即从碟片上读取 RF 信号，并将读识的数据送至显示器，在显示屏上显示出碟片引入区的曲目表 TOC。TOC 能读的条件是聚焦伺服、循迹伺服（包括外围元件）正常，RF 放大电路完好，锁相环系统正常且频率正确，否则不能读入 TOC。若光盘旋转而无 TOC 显示时，应检查上述这些电路。

7. 检查能否播放第一曲和选曲

在 TOC 读入后，如果碟片是卡拉 OK 歌曲片，当按播放键时，则从第一曲开始顺序播放，显示器显示曲目序号和时间计数；当按选曲键（如按 9 键）时，则由进给伺服驱动光头径向移动到达位置后再开始播放，显示器显示所选的曲目序号和时间计数。如果不能播放第一曲，则应检查循迹伺服电路及外围元件；如果不能进行选曲，则应检查进给伺服电路和外围元件。

8.4.3　CD 机芯故障的检修方法

机芯中的激光头组件与机械部件是 CD 机中故障率最高的部分。

（一）机械部件的故障检修方法

1. 常见故障现象

机芯中各部分机械零件的磨损、断裂、变形、错位等都会导致机芯不能正常工作。产生机械故障的原因是多方面的，既有机械零件本身的质量问题，也有使用方面的问题，例如托盘进/出时，受到人为的阻碍；有异物掉在机内；机器搬运过程中受到猛烈碰撞；机器从高处跌落等，这些都容易造成机械方面的故障。

机械故障有 3 个方面：一是托盘进/出机构方面的故障，二是光盘装卸与光盘夹持机构的故障，三是光头进给机构方面的故障。

（1）托盘进/出机构方面的常见故障有：

① 不出盘。即按 OPEN 出盘键，托盘出不来。

② 入盘后自动出盘。

③ 出/入盘不顺畅，受到阻碍，甚至有噪声。

④ 不完全入盘。即托盘不能完全进入。

（2）光盘装卸与光盘夹持机构方面的常见故障有：

① 不能进行装盘动作。

② 装盘后，夹持机构的压碟片夹过紧，造成碟片旋转困难。

③ 夹持机构的压碟片不平衡，造成碟片旋转时晃动。

④ 夹持机构偏心，造成碟片偏心旋转。

（3）光头进给机构方面的常见故障有：

① 进给机构卡死，使光头组件不能径向移动。

② 进给机构的动作不顺畅。

2. 检修方法

机械故障的检修主要采用观察法。但首先需注意的是，由于机械与电路的联系比较密切，有些故障看起来是机械故障，其实是电路方面的故障，因此在检修机械故障时，首先必须分清是电路问题还是机械问题。例如托盘出不来，可能是机械问题，也可能是电路问题。区分的方法是按 OPEN 出盘键，观察加载电动机是否运转，如果加载电动机转动，而托盘出不来，则属机械部分的故障；如果加载电动机不转，而用手转动皮带轮或齿轮时，托盘却可以出来，则属于电路部分的故障。其他如进给机构及光盘装卸机构的故障，也可以采用同样方法来区分是电路问题还是机械问题。

对于机械部分的故障，一般说来都比较直观，通过观察法就可以容易地发现故障零部件，如齿轮是否断齿或磨损，机械件是否断裂，弹簧是否脱落等。

在检修机械故障时，不要急于拆卸机械件，应该首先仔细观察机芯的结构组成，熟悉机械动作的过程。例如，光盘的装卸是通过机芯座的上升和下降来实现的，托盘出来时，机芯座必须降下去后才可以出盘，托盘进去时，机芯座也必须落下去后才可以入盘。如果在机芯座处于上升状态下进、出托盘，不但不能进行，而且容易造成新的机械故障。

在拆卸机械零件时，一定要记住机械件之间的位置关系，必要时应该做上一些记录或记号，这一点需要特别注意。因为有些机械件之间的位置关系是对好位的，如果没有按照规定的位置关系装上，除不能正常工作外，也将会产生新的机械故障。在拆机械件时，如果遇到出盘机械卡死的情况，不可以用力硬拆，否则容易损坏机械件。

对于托盘进/出有噪声或不顺畅的故障，由于机械动作的过程比较快，不便于观察故障的部位，因此可以切断电源，用手慢慢转动加载电动机的皮带轮，这样便可以仔细观察机械运动过程的受阻情况，从而找出故障部位。

对于机械变形故障，由于其判断比较困难，因此可以采用替代法，将怀疑变形的机械件更换，看故障是否排除，如果排除，则证明该机械件变形。

另外，在机械故障的检测与维修中，还要特别注意机芯中各类检测开关的检查。如：托盘出到位（OPEN）检测开关，托盘进到位（CLOSE）检测开关，机芯座上升到位（UP）检测开关，机芯座下降到位（DOWN）检测开关，激光头回中到位（LIMIT）检测开关，还有三碟机芯中的选盘到位（STOP）检测开关和盘号（ADDR）检测开关等。这些开关在长期使用后，容易引起接触不良、簧片变形或开关损坏。因此各类检测开关，也是机芯故障率较高的器件之一。检查时，可以直接用万用表的电阻挡来测量各开关的通断情况是否良好，接通时，阻值为 0，断开时，阻值为∞。为了提高测量的准确性，可以拔下机芯与主板之间的各连接线后再测量（激光头的引线不需拔下）。

机械故障在检修后，须按拆卸的相反顺序来安装机械件，同时必须注意，一些弹簧、垫片、滚珠等一定要都装上，并特别注意一些机械件的对应位置，否则机芯修复后会影响其正常工作，有时机芯虽然能工作，但可靠性、稳定性却大大下降。因此，不要忽视机芯中每一个螺钉、垫片、弹簧等小零件的作用。

（二）激光头故障检修方法

1. 常见故障现象

激光头不仅是 CD 机的重要元器件，而且也是故障率较高的器件。据有关资料统计，在 CD 机中，有 50%以上的故障出自激光头组件。因此，激光头故障的检修是 CD 机检修中最重要的一个环节。

激光头组件包含 3 个组成部分，即：光学系统，如物镜、反射棱镜等；机电执行系统，如聚焦线圈、循迹线圈及进给机构等；有源半导体器件，如激光管、功率检测管、光电转换二极管。激光头组件担负发射激光束及接收反射信号的任务，如果激光头部分有故障就不能完成读碟任务，造成全机的瘫痪。

（1）激光头故障现象主要有以下几种表现。

① 挑碟现象。此故障表现为：有些光碟可以播放，而另外一些光碟则不能播放（不是碟片原因）。这种故障的原因可能是激光二极管老化或激光头早衰，使激光发射功率减弱；也可能是由于物镜积尘过多，光路系统沾污，造成反射到光电二极管的信号减弱所致。

② 碟片不转。此故障表现为：按播放键 PLAY 时，碟片不转。造成这种故障的原因有可能是激光二极管损坏，无激光发射或者反射的激光量极弱。例如激光头严重脏污时，CPU 检测不到聚焦 OK 信号，不能进行聚焦确认，也就不能执行主轴运转的程序，从而造成碟片不转的现象。

③ 不能读取光碟上的数据。这种故障的特征是播放时，碟片转很长时间都读取不了数据，显示屏无计时显示。

④ 跳槽或不过槽。这种故障的特征是播放时，出现跳唱或者总是重复某一段曲子，这种故障现象也与激光头是否正常工作有关。

（2）激光头的故障按其原因分析，大致可以分为以下几种类型。

① 激光二极管的静电击穿或静电击伤故障。

② 激光头的早衰及老化故障。

③ 激光头的光路系统沾污，物镜积灰过多故障。

④ 物镜打碟而磨损或物镜卡死，弹性支架变形等故障。

⑤ 光电检测二极管的静电击穿故障。

2. 检修方法

（1）激光二极管的故障检修。激光二极管是激光头的光源，如果激光二极管损坏或者老化，则无激光发射或发射的激光量变弱，从而使光电二极管很难获得聚焦、循迹信号，造成碟片不转或读不到数据的故障。

① 激光二极管损坏的原因。引起激光二极管损坏的原因是多方面的，概括起来主要有以下三个方面的原因。

a．静电击穿或击伤激光二极管。激光二极管是一种对静电极为敏感的器件。在天气干燥（相对湿度低于 65%）且有风的天气时，静电极易产生，人体、绝缘桌面以及服装的摩擦所产生的静电，在触及到激光管时，都可能使其击穿或击伤。一般激光头未装机前，激光发射管有短路保护，装机时，须将短路的锡封焊开，激光管才可以工作。如在焊开时所用的电烙铁带电，或焊接时既未戴防静电手环，也未采取其他防静电措施，则由于静电的影响，也可能导致激光管击穿损坏。因此检修过程中，在拆、装激光头时，或拔下激光头与主板之间的连线时，一定要防范静电的影响。

b．人为盲目调校激光功率微调电位器。激光的功率在出厂时已调校准确，一般情况下不用调校，人为盲目调校容易造成激光二极管烧毁或造成激光二极管早衰，使其寿命大大减少。

c．使用坏碟（如划花的碟片）、脏碟、差碟等，也会加速激光二极管的老化。

② 激光二极管好坏的检测判断。激光二极管好坏的检测判断有以下几种方法。

a．观察法。一般激光二极管在发射激光时，可在物镜中心呈现一暗红色的亮点。但须注意：眼睛切莫直视激光束，而且观察距离应在 30 cm 之外，否则激光会灼伤眼睛的视网膜，最常见的后果是，引起白内障及视网膜脱落。因为激光是在光子激发下而产生的一种光辐射，特点是光谱单一、能量集中，几毫瓦的能量就会因脉络膜强烈吸收而升温后，导致视网膜灼伤，因此，须切切注意，否则若一旦眼睛受到激光的灼伤，则后悔莫及，悔之晚矣。另外，需说明一下，判断激光管发光正常与否，可采用下述的各种间接方法进行，不一定非用眼睛来直接观察。

b．电阻检测法。通常完好的激光发射管，在用万用表 R×100Ω或 R×1kΩ挡测量时，其正向阻值约 18～20kΩ，反向电阻为∞，若测量结果显示正向电阻超过 25kΩ，且测得反向电阻时表针有摆动，则表示激光发射管已有损坏（如静电击伤）。但须注意的是，采用这种检查方法时，必须采取静电防范措施，例如对可能存在的静电部位进行预先放电处理，激光头与主板之间的连线拔下后，其裸露部分不要触及到手、衣服及绝缘的桌面等。测试时也不要移动任何位置，因为绝缘体上的任何轻微的摩擦都可能导致静电的产生。

c．电压检测法。通常情况下，普通激光二极管的工作电流在 30～80mA 不等（极限电流约 130mA），工作电压约 2～3V；全息照相复合激光管的工作电流约为 55～90mA，工作电压约 4～6V 或者为 1.75V。因此可以用万用表的电压挡来测量激光二极管两端的电压，或者测量激光功率输出电压驱动管发射极（或集电极）的限流电阻（一般为 10～20Ω）上的电压，从而可以确定激光管的工作电流和工作电压是否正常。正常播放时，该限流电阻上的电压应有 1V 左右，而 LD 激光二极管引脚处则常有 2.5±0.5V 的电压。

d．电流检测法。直接测量激光二极管的驱动电流的大小，该驱动电流应小于 120mA。

e．波形测量法。用示波器测量 RF 信号的波形，正常时，RF 波形的幅度为 $1V_{P-P}$ 左右，一般工厂均以 RF 波形为 $1V_{P-P}$ 作为激光功率调整的依据。如果调整 APC 的微调电位器也不能使 RF 的波形达到要求，则说明激光二极管已老化。

f．光功率表测量法。用光功率表测量物镜前的激光发射的光功率，正常光功率在 0.13～0.3mW 之间，如果光功率<0.13mW，并且通过调节激光功率 APC 微调电位器也达不到要

求，则可判断该激光二极管老化（值得一提的是，激光功率微调电位器在出厂时已经调好，维修者一般情况下不要去调试，如果需要调整，必须在有光功率表测量的情况下进行调整）。

③ 激光管的检修。激光管的平均寿命约为 3000～5000h，有的可以达到 10000h。对于已被证明或早衰的激光管，如果在早期激光的发射功率减弱还不太多时，可借调整激光管功率控制 APC 微调电位器来使其输出功率稍稍提高，这是一种应急措施，意在发挥已老化激光管的余热；如果激光管的老化或早衰严重，则必须更换。而对于已经证明被静电击穿的激光管，则当然需要更换。

更换时有两种方法：一是更换整个激光头，二是仅更换激光二极管。但须注意的是仅换激光管时，在拆卸时应先记下原来的安装方向及标记位置，尤其是管脚引线及定位槽的位置。换管后，仍按原来标注的标记进行安装，将管子置于固定架内，保持原来的状态，否则会产生光束不正，使 CD 机不能正常工作。另外，在换过激光二极管后，还要对激光输出功率、聚焦平衡、跟踪平衡、聚焦增益、跟踪增益等进行重调，有时若发现聚焦平衡调整后剩余直流静态误差电压超过 100 mV，则还需要对激光头转台的高度进行微调，以使激光头的静态高度和聚焦零点相吻合。在一般的非专业条件下，没有专用的测试仪器设备，调试较为困难，因此，建议更换整个激光头为好。

（2）光电转换二极管故障的检修。激光头有激光射出，并不能说明激光头是好的，因为光电二极管出故障时，激光头不能拾取反射光束信号，也会导致机器不能工作。激光头故障中，有较大的部分是由光电检测二极管故障所引起的。光电二极管故障除了器件本身质量问题外，还有一部分故障是人为造成的，例如，由于机器或维修人员接地不良，造成静电击穿光电检测二极管。因此，在拆装激光头时，不要用手触摸激光头排线的引线头金属部分。

对于光电转换二极管的检测方法，可以拔下其输出的插头，测量各光电二极管的正、反向电阻（在断电后测量）。在万用表的量程置为 R×100Ω 或 R×1kΩ 挡时，好的光电二极管，测得的正向电阻在 2kΩ 左右，反向电阻→∞，一般在激光头中，光电二极管有六只或五只，可以采用对比的方法来检测。

当光电二极管被确认损坏时，在没有专业仪器的情况下，只能更换整个激光头。

（3）光学器件故障的检修。激光头的光学器件包括物镜、棱镜、衍射光栅等。造成光学器件故障的原因大致有以下几种。

① 灰尘、油烟等污染入侵激光头。因为激光头不是全封闭的，灰尘、油烟很容易入侵激光头的各种光学器件，如物镜、棱镜等，使其透光率或反射率大大降低，以致造成激光头里面的光电二极管，检测不到由碟片反射的激光束。

② 检修时，由于清洁不当，人为损坏物镜。例如用一些化学药水或挥发性溶剂（如汽油）来清洁物镜，或者清洁过程中划伤物镜等。

③ 由于使用不当，例如使用一些劣质光碟或坏碟造成敲碟现象（会发出"嗒嗒"声），以致损坏物镜。因为市场上有些水货光碟及劣质光碟，其制片标准常不符合规范要求，例如坑点尺寸、间距误差过大、镀膜过薄、失码过多，致使反射信号微弱或解读困难，CD 机常因在聚焦搜索时得不到正确的反射信号，而造成搜索行程的过冲。频繁的搜索及过冲，不仅容易造成聚焦线圈，循迹线圈的弹性支架产生疲劳，而且过冲时会形成物镜敲碟现象，极易

磨损物镜，形成不可修复的花镜故障，使物镜损坏。

④ 各种撞击、剧烈震动，使激光头的光路发生偏移。例如光栅移位，从而造成循迹故障。

当光学器件出现故障时，对灰尘、油烟造成的故障，可用棉花清洁物镜及其他光学器件，也可以用小毛笔轻轻刷去其积尘，或者用镜头纸、丝巾沾满水，挤干后轻擦之。但要注意，清洁时动作要轻，不要划伤光学器件，可多擦几次，不要力求擦一次就完成任务。切忌用化学溶剂或挥发性溶剂如汽油等，以免损坏物镜。另外，清洁时不要拆开激光头内部的各种光学器件，因为拆开光学器件后，整个光路将发生变化，在没有专业仪器设备的情况下，要调好其光路是非常困难的。清洁时，不要用手接触光学器件。

对于物镜已经损坏的故障，则可以更换物镜。更换时要注意对旧物镜进行仔细、认真地剥脱，对新物镜正确地安放，换好后应在新物镜外围点上快干胶（如 502 胶水）进行粘接，使其固定。对于光栅移位，有些机器则可以通过调整其光栅来解决。

（4）聚焦、循迹线圈的故障检修。聚焦、循迹线圈的常见故障有：聚焦、循迹线圈断线，线圈的弹性支架变形以及虚焊等。

造成聚焦、循迹线圈故障的原因，通常是因为使用坏碟（光碟表面有划痕或断裂）、脏碟或劣质光碟。因为激光头是采用自动聚焦，当光束射到坏碟或脏碟部分时，会失去聚焦信号，聚焦伺服系统将驱动聚焦伺服线圈重新聚焦。这样，在频繁地进行聚焦动作的情况下，时间一长，就容易导致聚焦与循迹线圈的弹性支架疲劳、变形，并且在频繁的聚焦过程中，高速旋转的碟片常常会与过冲的物镜发生撞击，除了打花物镜表面外，还极易造成聚焦线圈弹性支架的扭曲。另外，聚焦、循迹线圈的接点，由于流过的电流比较大，还容易造成虚焊。

检修聚焦、循迹线圈是否断线或虚焊时，可用万用表的 $R×1\Omega$ 电阻挡来测量。正常情况下，聚焦线圈与循迹线圈的电阻大约在 $10\sim20\Omega$ 之间。

*8.4.4 CD 机电路故障检修方法

CD 机中电路故障率最高的通常为电源和伺服电路部分。电源部分的故障检修较为简单，而伺服电路往往由伺服环路构成，共有四种伺服环路，分别是聚焦伺服电路、循迹伺服电路、进给伺服电路和主轴伺服电路。这些电路一旦出现故障，检修时较为麻烦。下面主要介绍四种伺服系统的故障检修方法。现以索尼第五代全数字伺服的数码平台机芯伺服控制电路为例，对四种伺服电路的检修方法进行介绍。该伺服控制电路，由索尼公司第五代全数字伺服信号处理电路 CXD2545Q 和伺服信号输出驱动电路 BA6392FP 所组成。其伺服采用软件控制伺服技术，伺服误差和伺服环路增益均可以自动控制，勿需调整，数码平台技术自动适应各种条件和光盘，并可实现高准确性的快速跳轨搜索。

（一）聚焦伺服电路故障检修方法

1. 分析判断

聚焦伺服电路是 CD 机中故障率较高的电路之一，聚焦伺服电路的故障现象有以下几个方面：

（1）无聚焦动作。这种故障的特征是：开机后，激光头无聚焦动作，碟片不转，显示屏显示"NO DISC"。造成这种故障的原因大致有：聚焦驱动集成块损坏，伺服控制 IC 无聚焦搜索指令输出，激光头聚焦线圈断线或虚焊等。

（2）聚焦不能锁定。这种故障的特征是：按 PLAY 键后，激光头物镜能上下聚焦搜索，但聚焦不能锁定，碟片不转。其主要原因是，激光头聚焦光路有故障，碟片距激光头物镜面过远，或者 FOK（聚焦完成）检测电路有故障，造成聚焦搜索不能锁定，无聚焦完成（FOK）信号输出，从而无法进行聚焦确认。

（3）聚焦动作不正常。这种故障的特征是：激光头聚焦时，物镜上下搜索移动的幅度过小，或整机开启电源时，物镜往上弹或往下压。其故障原因有：聚焦电路电压不正常，聚焦驱动 IC 损坏，聚焦线圈有异物阻碍，聚焦线圈烧毁等。

当聚焦伺服电路出现故障时，可以采用先观察后分析的办法，即先放入光盘，按 PLAY 键，观察聚焦动作是否正确。在正常情况下，电源开启后，激光头会向内圈运动（光头回中，移到内圈的零轨），此时检测光头复位的限位开关（Limit）闭合，然后 CPU 才控制光头系统开始聚焦搜索，物镜会做上下搜索的聚焦动作，在这种情况下，如果激光头物镜无动作或动作不正常，则故障在聚焦伺服电路。然后根据其故障现象进行检修。

2. 检修方法

索尼第五代全数字伺服的数码伺服控制电路聚焦伺服电路的组成参见第 7 章的图 7.18。聚焦伺服电路的工作过程参见 7.1 节。

（1）无聚焦动作故障的检修。无聚焦动作故障，有可能是聚焦伺服电路引起的，也有可能是光盘的装载电路、进给伺服电路引起的。因为当装卸电路、进给伺服电路出现故障时，托盘的出/入或激光头的回中复位动作就不能完成，CPU 也就不可能产生聚焦搜索指令，因而也就无聚焦动作。因此，对于不聚焦故障，首先要区别是聚焦伺服电路问题，还是装载、进给伺服电路问题，可以直接观察机芯是否有托盘出/入动作和激光头移至内圈的回中动作来区分。如果是聚焦伺服电路问题，则可以按下述的流程进行检修。

① 检查激光头是否回中复位。若不能则故障在进给伺服电路，应查进给电动机和进给驱动器等电路。

② 检查进给限位开关是否有动作。在激光头回中后该开关应接通，CPU 得到该状态检测信息（LIMIT）后，才会发出聚焦搜索指令，否则不聚焦；若该开关正常，则不聚焦的故障原因在聚焦伺服电路。

③ 查聚焦线圈两端有无聚焦搜索电压。若有，则聚焦线圈断路或物镜卡死；若无，则故障范围在聚焦驱动或控制电路。

④ 查聚焦驱动电路有无聚焦搜索电压输出。即 BA6392 的①，②脚之间有无电压变化。若有则查光头组件的连接线路与插件；若无则查驱动器的供电与外围元件以及信号输入端④，⑤脚的聚焦搜索波形。

⑤ 查伺服信号处理器有无聚焦搜索波形输出。即用示波器测伺服信号处理（SSP）电路 D109：CXD2545Q 的⑧，⑩脚 FFDR 端和 FRDR 端。若无搜索波形，则故障在伺服信号处理电路，应查 CXD2545Q 的供电⑨⑩脚、复位⑧①脚、时钟⑥②脚等外围电路，并可通过测量④⑤～④⑦脚有无 LRCK、DATA、BCLK 信号波形来确定该集成块是否损坏。

（2）聚焦不能锁定故障的检修。对于聚焦不能锁定的故障，首先要检查激光头和 APC 电路是否正常。例如激光头的光路是否有沾污，激光二极管是否击穿或击伤，APC 电路是否出现故障，这些都有可能引起聚焦不能锁定。其次，要考虑聚焦增益是否过低及转盘的高度是否正确。可以先测 CXD2545Q 的⑨③脚的 FOK 信号是否为高电平及供电是否正常。必要时进行电路调整和机械调整。

（3）聚焦动作不正常故障的检修。聚焦动作不正常。包括物镜搜索幅度过小，聚焦线圈往下压或往上弹两种情况。

对于聚焦幅度过小，应首先检查伺服驱动输出电路 BA6392 是否损坏，以及供电是否偏低，另外，激光头聚焦线圈内有异物或烧坏，也会出现这种故障。

对于聚焦线圈往下压或往上弹这种故障，说明有一直流电流加在聚焦线圈上（注意长时间会烧毁聚焦线圈）。检查时，可首先切断 BA6392 ④，⑤脚与 CXD2545Q ⑧，⑩脚之间的通路，以区分故障在伺服信号处理电路，还是在伺服驱动输出电路。如果切断该通路后故障依旧，则故障在伺服驱动输出电路 BA6392，反之，则故障在伺服信号处理电路 CXD2545Q。

（二）循迹伺服与进给伺服电路故障检修方法

1．分析判断

循迹伺服和进给伺服电路也是 CD 机中故障率较高的电路之一，其主要故障现象有：

（1）不能读取曲目表（TOC）。这种故障的现象是，放入碟片，按播放键，碟片转很长时间，都读不出目录表（TOC）。造成这种故障的原因有：激光头有故障，循迹伺服信号处理电路故障，循迹伺服驱动输出电路损坏，循迹线圈开路以及循迹电路失调等。

（2）选曲不准确或选曲时间长。这种故障的现象表现为，按选曲键选曲时，需很长时间才选到曲，或即使选到曲，却不是所指的曲目。造成这种故障的原因有：循迹电路失调，进给机构或进给伺服电路有故障等。

（3）跳槽或不过槽。其故障特征是，播放过程中，偶尔会出现跳唱故障现象，或者重复唱某一段，不能连贯。严重的跳槽故障，会产生类似唱针刮磨唱片时的"喀喀"声，而图像则产生定格或破碎。造成这种故障的因素较多，首先要排除机外因素，如碟片质量不良，机械震动影响等；其次是激光头有故障，如物镜不清洁，功率减弱或光栅调整不当；另外还有激光头滑动部分的连接导线老化发硬，传动齿轮缺牙或啮合松紧异常等，可通过直观检查法来处理，查找时，拆开机壳，卸下机芯，故障即可暴露；再有，循迹伺服电路失调，偏置调整不正常，EF 调整未达到平衡点，或者循迹伺服驱动输出电路损坏，或者循迹伺服环路的增益不稳定、过高或过低等。另外，还要考虑循迹伺服电路的供电是否稳定，电源稳压系统是否正常。

（4）只能选前面几首歌。其故障特性是，选曲时，前面几首歌曲可以选，而后面的歌曲却选不到。造成这种故障的原因有，激光头机械失调，进给机构和进给伺服电路有故障。

（5）激光头直往外圈走。其故障现象是，按 PLAY 键时，激光头由内圈直往外圈走，读不了曲目表 TOC。造成这种故障的原因有，激光头光栅失调，循迹电路失调，循迹或进给伺服驱动 IC 损坏等。

（6）进给电动机无动作。其故障特征是，开机时激光头没有回到内圈零轨道的复位动作。

造成这种故障的原因有，进给机构有故障，进给伺服驱动 IC 损坏，进给电动机损坏等。

当出现上列故障时，可以采用先观察后分析的方法进行，以区别故障是光碟问题、激光头问题、机械传动问题还是循迹伺服电路和进给伺服电路的问题。光碟问题，可以换一张好的碟片试验；激光头问题和机械问题，一般都可以直接观摩到，否则，故障在循迹和进给伺服电路，按其故障现象进行检修。

2. 检修方法

循迹伺服和进给伺服都属于径向伺服，两者之间的联系极为紧密，其区别在于进给伺服是一种较粗的径向伺服，而循迹伺服则是一种精确的径向伺服。通常，当循迹伺服超过调整范围时，就驱使进给伺服动作。

索尼第五代数码伺服控制电路的循迹伺服和进给伺服的环路组成参见第 7 章的图 7.19。循迹和进给伺服电路的工作过程参见 7.1 节。

（1）不能读目录表（TOC）故障的检修。不能读 TOC，但碟片转，说明聚焦电路正常。因为，只有当 FOK、FZC 检测完成后，聚焦伺服才进入闭环工作，接着主轴电动机开始转动，循迹伺服也跟着接通，因此，主轴能否转动是衡量聚焦伺服及驱动系统正常与否的一个标志。当循迹伺服接通后，就进入 GFS（帧同步锁定状态）的检测，并接入进给伺服。这一切程序完成后，一般就进行 TOC 的读入。若主轴电动机转了一段时间后仍无法读入目录表，则基本确定问题在循迹伺服系统。一般情况下，循迹伺服的范围可以跟踪完第一首曲子，尔后进给伺服才动作，所以 TOC 不能读入，而光碟转动时，仅与循迹伺服有关。

首先，可以检查 RF 信号处理器 CXA1821 的 ⑯ RFO 脚输出的 RF 信号是否偏小，正常时，用示波器观察应有 $1V_{P-P}$ 的 RF 眼图，若 RF 信号幅度偏小，则循迹误差检测的 TE 信号也将偏小，这种现象常为激光头问题；若眼图模糊，则为聚焦误差不平衡所致，查 CXA1821及其周围电路。

其次，可以测量数字信号处理和数字伺服处理器 CXD2545Q 的 ㉖，㊱脚有无 RF 波形输入，㊺，㊻，㊼脚有无 LRCK、DATA、BCLK 信号输出。若有，则伺服信号处理（SSP）电路正常，可以间接判断循迹伺服处理电路也正常，否则，CXD2545Q 电路有问题。

最后，检查 RF 信号处理器 CXA1821 ⑬脚的循迹误差（TE）信号在循迹伺服接通时，波形是否变化。正常时，在接通循迹伺服环路时，其 TE 波形应几乎变成一条直线，若 TE 的波形不变，则说明循迹伺服环路开路，应重点检查循迹驱动输出 IC 是否损坏，激光头与电路板之间的接插件接触是否良好，循迹线圈是否断线。

（2）选曲不准确或选曲时间长故障的检修。选曲不准确，应检查以下 3 个方面。

① 检查激光头是否脏污，如果激光头脏污，可用棉花拧成棉球清洁物镜，若清洁后故障依旧，则应检查激光功率是否正常，可以采用电压、电流检查法或 RF 波形测量法来确定，也可以采用替换法，更换新的激光头进行试验。

② 检查进给机构是否正常，例如进给动作是否顺畅，进给电动机是否有死点等。

③ 检查循迹伺服电路是否失调，如 CXA1821 的 ⑩脚，⑪脚的电压是否正常，以确定循迹误差平衡和循迹增益是否有问题。

（3）跳槽或不过槽故障的检修。这种故障主要是激光头脏污及循迹电路失调所致，通过清洁物镜及电路调整一般可排除故障，否则需更换激光头。

（4）只选前面几首歌曲故障的检修。这种故障，很明显问题在进给伺服系统，而激光头和循迹伺服系统是正常的。检查时可按以下两个方面进行。

① 按快进或快倒键，观察激光头沿径向移动的动作是否顺畅，如果移到某一位置不顺畅，则应检查是否有异物阻碍进给机构的运动。另外可以在进给机构上加一些润滑油。

② 检查进给伺服环路是否有开路现象或损坏现象，如 CXD2545Q ㉘脚外接的 LPF，②，⑩脚与伺服驱动集成电路 BA6392 的⑲脚，⑳脚之间的连线，⑯脚，⑰脚与进给电动机的连线与插件等。

（5）激光头一直往外圈走故障的检修。激光头往外圈走有两种情况，一种是只要一通电，激光头就直往外圈走，另一种是按播放键时，激光头由内圈直往外圈走。

① 一通电，激光头就直往外圈走的故障原因是，进给电动机加有直流电压。检查时可切断数字伺服处理与伺服驱动 IC 之间的线路（CXD2545 的②脚，⑩脚至 BA6392 的⑲脚、⑳脚），以确定该直流电压是来自驱动电路还是控制电路。若切断后故障依旧，则故障在伺服驱动电路，反之，故障在伺服信号处理电路。

② 按播放键时，激光头由内圈直往外圈走的故障原因在于激光头或循迹电路失调。首先检查循迹误差平衡与增益，然后检查进给驱动器，最后再查激光头。

（6）进给电动机无动作故障的检修。

① 测量进给电动机两端是否有驱动电压，若有，则故障在进给电动机或进给机构，若没有，则故障在进给伺服电路。

② 查伺服驱动 IC 的⑲脚，⑳脚是否有进给控制电压输入，若有，则故障在进给伺服驱动电路或供电电路，若没有，则故障在伺服信号处理电路。

③ 检查 CXD2545 的㉘脚外接 LPF 及②脚，⑩脚的进给控制信号的输出电路是否有问题。

（三）主轴伺服电路故障检修方法

1. 分析判断

主轴伺服电路的故障现象主要有以下几种。

（1）主轴电动机不转。这种故障的特征是，放入光盘后，光头有激光，能够进行聚焦搜索，但碟片不转，按播放键无效。其故障原因主要有主轴电动机损坏，主轴驱动 IC 损坏，压碟机械有故障，或者伺服处理电路有问题，无 FOK 信号到 CPU，不能进行聚焦确认，使得主轴伺服环路不能接通。

（2）主轴电动机转速不正常。主轴电动机转速不正常包括三个方面：一是旋转速度太快，二是旋转速度过慢，三是旋转速度不稳定，时快时慢。造成这些故障的原因有：RF 信号或 EFM 信号的幅度过小，VCD 振荡频率发生偏移，压碟机械有故障，主轴驱动 IC 损坏等。

2. 检修方法

由于主轴电动机经常处于高速旋转工作状态，使得主轴电动机成为 CD 机中故障率较高的部件之一，所以首先介绍主轴电动机的检测与维修方法，然后再介绍主轴伺服电路的故障检修方法。

（1）主轴电动机的检测与维修方法。

① 主轴电动机的检测方法。

a．手感法：这种方法是用手指轻拨转盘，观察主轴电动机的转动情况，如果转不动或转动较紧，或转动时有间隙感，则说明电动机已损坏。

b．测电阻法：电动机的阻值一般在 20Ω左右，且用万表 R×1Ω挡测电动机电阻时，电动机在万用表内部电池的驱动下，应会转动，而且用手按住转盘阻止其转动后，再放开时，电动机应能继续转动，不应该停转，否则说明电动机的转矩不够。当电动机输出转矩不够时，因为不能在规定的时间内读取 TOC 信息而停机。

c．示波器法：有些故障，如碟片有时转动，有时又不转动，或者播放了一段之后又突然停止，这种故障通常是由主轴电动机引起的。检测时，可以通过示波器测量 RF 信号波形的方法来判断主轴电动机是否正常。其方法是，测量 RF 信号波形，用手指轻轻阻止碟片旋转，然后将手指放开，观察 RF 波形，如果 RF 波形不能在 0.5s 左右时间内形成，而是慢慢地或跳跃式地形成，则说明主轴电动机有故障。

② 主轴电动机的维修。主轴电动机损坏的故障表现，最主要是输出的旋转力矩下降，转动受阻，旋转无力，转速变慢。其故障原因通常有两种情况：一是转轴脏污，二是炭刷与换向器磨损，导致炭刷与换向器接触不良。

主轴电动机的维修可按以下步骤进行：

a．拆开电动机，取出转子。拆开电动机之前，在后盖与外壳上做好记号，然后用小锉刀将封口磨掉，用螺丝刀柄轻轻敲打转轴，将后盖敲出，取出转子。

b．清洁转子。用软布和毛刷清除转子上的氧化物和油污，用金相砂纸均匀地轻磨转子周围，打磨掉其表面不平部分，然后用刷子清除转子槽内的污物，并用无水酒精擦洗转子。

c．修整整流子、炭刷。用与整流子同宽度的金相砂纸，轻轻地打磨整流子的四周，直到光洁平整为止。在清洗炭刷时，如果发现炭刷已磨损，可用什锦锉轻轻地将炭刷锉平，并用镊子将炭刷簧片向整流子方向夹紧些，使炭刷与整流子保持良好接触。

d．装配电动机。用无水酒精擦洗过整流子、炭刷后，按拆卸的相反顺序，将各部件按原位装回，在确认电动机安装正确后，用一字螺丝刀和小锤轻敲电动机封口，将其封好。这样即完成了电动机的维修。

（2）主轴电动机伺服电路故障的检修。索尼第五代数控主轴伺服环路的组成参见第 7 章的图 7.20。主轴伺服电路的工作过程参见 7.1 节。

下面从主轴电动机不转和主轴电动机转速不正常这两个方面，说明主轴伺服电路的故障检修方法。

① 主轴电动机不转故障的检修。当放入光盘后，光头有聚焦动作，并有激光发生，但光盘却不旋转时，可按下述过程检修。

a．首先，测主轴电动机两端是否有驱动电压。要使主轴电动机旋转，则 BA6392 的㉖脚与㉗脚之间须有一个电压差，当主轴电动机两端有电压时，则故障在主轴电动机或压碟机构。电动机的检测，可用万用表 R×1Ω挡测量，正常时阻值约为 10～20Ω左右，且电动机会旋转。如果电动机正常，则故障在压碟机构，正常情况下，碟片加载后用手轻拨碟片，旋转应很轻松。

b．其次，若电动机两端无电压差，则应检查主轴伺服驱动电路的输出端有无电压差。

即测量 BA6392 的㉖脚，㉗脚之间的电压，若有该电压则说明故障在驱动器与主轴电动机之间的连接线路及插件；若无该电压，则应检查驱动器的输入端电压及驱动器的供电。正常时 BA6392 的㉔脚信号输入端应有＋3 V 电压，㉑脚，㉒脚供电端应有＋8 V 电压。在输入端电压和供电均正常时，则说明驱动 IC 损坏或外围元件有问题。

c．测量 FOK 信号是否为高电平。即 CXD2545Q 的(93)脚 FOK 端至 CPU (57)脚 FOK 端应为＋5V 左右的电压，若没有，则故障在聚焦伺服电路，可检查 CXD2545 及周边元件。

d．在 CPU 能够接收到 FOK 为高电平的信息且主轴伺服驱动器输入端无+3 V 电压时，则应测量数字信号处理 DSP 电路的 CLV 处理器所输出的主轴 PWM 驱动波形，即测量 CXD2545Q 的(96)脚主轴速度误差信号输出端的波形，若有则说明该脚至驱动器输入端之间的连线或元件有问题；若无则故障在 CXD2545 电路。

② 主轴电动机转速不正常故障的检修。

a．主轴电动机转速快故障的检修。主轴电动机转速过快分为两种情况，一种是电源一开启，主轴电动机便飞快旋转，这种故障多数是主轴驱动输出电路损坏，应检查 BA6392 电路，另一种是按播放键时，电动机转速过快，这种故障一般是因为 RF 信号幅度过小，不能从 EFM 信号中提取位时钟和帧同步，不能获得主轴线速度误差数据，从而导致电动机转速失控，应检查激光头及 RF 信号处理器，使 RF 信号波形的幅度达到 1VP-P。另外，当晶振频率偏移时，也会出现按播放键转速过快故障，可测试 CXD2545 (62)脚的晶振频率和幅度是否正常，正确频率为 16.9344MHz，否则应更换晶振器件。

b．主轴电动机转速过慢故障的检修。主轴电动机转速过慢的故障可从以下 3 个方面进行检查。第一，查主轴电动机的旋转力矩是否变小，按主轴电动机的检测方法进行判断，转矩变小时，主轴电动机转速将变慢，应更换或维修主轴电动机。第二，查压碟机构是否有问题，正常时，用手轻拨一下碟片，旋转应很顺畅。当压碟片过紧或有异物阻碍时，会使碟片转起来很费劲，从而使转速变慢。第三，当主轴驱动 IC 的供电偏低或 IC 损坏时，也会出现转速变慢的现象。

c．主轴电动机转速不稳定故障的检修。主轴电动机转速不稳定，时快时慢，应重点从以下两个方面检查，一是 RF 信号的幅度是否过小，如激光头脏污，激光管老化等。二是主轴电动机的转矩是否下降，内部电极是否接触不良等。这些都会导致转速不稳定，应按前述方法进行检修。

本章小结

音响设备的检修应注意其故障现象的特点，了解故障检修的要点，掌握故障检修的方法，并学会按照各类音响设备的工作原理来分析故障产生的原因，然后按照故障检查的步骤进行，不可盲目乱动。在各类音响设备中，录音座的机芯故障占很大的比例，这是因为现在的电路可靠性已大大提高，而机械零部件的磨损与橡胶件的自然老化等却不可避免，对这部分故障的检修主要依靠人的眼和手等感觉器官进行。电路部分的故障检修则主要依靠万用表等检测仪器进行，具体有电压测量法、电流测量法、电阻测量法、开路法、短路法、替换法、碰触法、寻迹法等，重点在于各种检查方法的灵活运用。

在数字调谐器中，DTS 数字调谐控制部分是数字调谐器的核心，这部分的故障检修有一定的特殊性，在检修时应抓住最主要的关键点——调谐电压 V_T 的输出端，通过检测 V_T 在调谐过程中是否能从 0～8 V 变化来判断收音通道与调谐控制部分的故障情况。

激光唱机的检修，应特别注意静电的危害，人体摩擦所产生的静电将会使所触及到的激光管和 CMOS 电路损坏，另外还应防止激光头所产生的激光束对人眼的灼伤。

激光唱机的启动过程是在微处理器的控制下按照一定的程序自动进行的。微处理器在执行程序时，按照上一过程的执行情况和机芯与电路的状态来确定下一过程的执行，因此可以根据 CD 机在启动过程中 CPU 所执行的程序情况，来分析和判断 CD 机常见故障的原因和故障的部位。CD 机的启动过程可分为：系统复位与显示器发光→托盘检测与光盘加载→光头复位与激光接通→聚焦搜索与聚焦确认→四个伺服环路的接通→识读曲目表（TOC）并显示，然后就进入了播放状态。CD 机常见故障的原因分析和判断就是根据开机过程进行的，它是分析和判断常见故障的基础。

CD 机中的激光头是易损部件。判断是否损坏的方法有观察法、电阻检测法、电压检测法、电流检测法、波形测试法、光功率表测量法等。另外，激光头物镜的清洁也是要特别注意的方面，表面脏污会影响光盘上信号的读取。清洁时不可以用化学药水或挥发性的溶剂。

CD 机的电路故障主要在电源和伺服环路，可以根据电路的组成和各伺服信号的环路来进行检测。必要时可用示波器测试其波形，如 RF 信号的检测、聚焦误差信号和控制信号的检测、循迹误差与控制信号的检测、主轴速度控制信号的检测等。

 习题 8

1. 音响设备的故障检修要点有哪些？
2. 音响设备的电路故障检修方法有哪些？
3. 音响设备中，录音座机芯故障的检修方法有哪些？
4. 如何检修 DTS 调谐控制电路的故障？
5. 激光唱机的故障检修应注意哪些事项？
6. 简述激光唱机的启动过程，并画出激光唱机的开机流程图。
7. 如何根据 CD 机的开机过程来检查和判断 CD 机的故障？
8. 激光头好坏的检测与判断可采用哪些方法？如何用电压法来检查激光管的好坏？
9. 如何清洁激光头的物镜？清洁时应注意什么问题？
10. CD 机"无聚焦动作"故障应如何检修？

第 9 章

音 响 工 程

内容提要与学习要求

    本章系统地讲述了音响工程的扩声系统类型与声学特性指标，音响工程的设计要点，音响系统中的设备选用与音箱的布置，音响系统的音质评价等内容。重点介绍了音响工程设计的声场处理与估算，并通过某一厅堂扩声系统的设计实例，具体介绍了音响工程的声场设计过程与设计方法，对扩声系统的声场设计与扩声系统的组成进行了详细说明。

    通过本章的学习，应达到以下要求：

（1）了解厅堂扩声系统的类型与厅堂声学特性的指标要求；

（2）理解扬声器系统各种布置方式的特点与使用场合；

（3）初步了解音响工程的设计过程与声场的设计方法；

（4）初步懂得如何选用扩声系统中的音响设备；

（5）掌握音响系统的组成及音箱的选择与布置；

（6）了解音响系统的音质评价内容。

    音响工程是音响技术的一个分支，而音响技术几乎触及到人类生活实践的各个方面。音响工程是紧密结合建筑声学，对厅堂的音响系统进行设计、安装和调试的电声工程，是建筑声学、电声学和音乐艺术相结合的复合型学科。

9.1 音响工程概述

    专业的音响工程主要是组建厅堂的扩声系统，厅堂扩声系统的建声设计应该遵循让音响设备在相应的环境下表现出最佳效果，这项工作的意义非常重大。如果设计不当，无论多么优良的设备，也肯定不可能达到好的结果。建声效果好的厅堂扩声系统，应该是混响合理，声音扩散性好，没有声聚焦，没有可闻的振动噪声，没有声阴影等。所以音响工程的设计要根据不同的使用要求以及不同的厅堂类型进行有针对性的声场设计。

9.1.1　厅堂扩声系统的类型

厅堂也称大厅，包括音乐厅、影剧院、会场、礼堂、体育馆、多功能厅和大型歌舞厅等。厅堂的扩声系统主要用来进行演讲与会议、演奏交响乐与轻音乐、供歌舞与戏曲演出及放映电影等。

1. 扩声系统的分类

扩声系统的类型可按工作环境、使用场所和工作原理等方面进行分类。

（1）按工作环境分类。可分为室外扩声系统和室内扩声系统两大类。

室外扩声系统的特点是反射声少，有回声干扰，扩声区域大，条件复杂，干扰声强，音质受气候条件影响比较严重等。室内扩声系统的特点是对音质要求高，有混响干扰，扩声质量受房间的建筑声学条件影响较大。

（2）按使用场所分类。可分为语言厅堂扩声系统、音乐厅堂扩声系统、多功能厅堂扩声系统三类。

语言厅堂扩声系统：主要供演讲、会议使用。音乐厅堂扩声系统：主要供演奏交响乐、轻音乐等使用。多功能厅堂扩声系统（语言和音乐兼用）：供歌舞、戏曲、音乐演出，并兼作会议和放映电影等使用。

（3）按工作原理分类。可分为单通道系统、双通道立体声系统、多通道（环绕声）扩声系统等。

2. 扬声器系统的布置方式

（1）扬声器系统的布置要求。扬声器系统的布置是厅堂扩声的重要内容之一，对厅堂扩声扬声器布置的要求是：

① 声压分布均匀。扬声器系统的布置能使全部观众席上的声压分布均匀。

② 视听一致性好。多数观众席上的声源方向感良好，即观众听到的扬声器的声音与看到的讲演者、演员在方向上一致，即声像一致性好。

③ 控制声反馈和避免产生回声干扰。

（2）扬声器系统的布置方式。一般可分为：集中式、分散式、混合并用式3种，应根据厅堂等扩声场所的使用要求和实际条件而定。表9.1列出了扬声器这3种布置方式的特点和设计注意事项。

表9.1　扬声器各种布置方式的特点和设计注意事项

布置方式	扬声器的指向性	优 缺 点	适宜使用场合	设计注意事项
集中布置	较宽	1. 声音清晰度好 2. 声音方向感也好，且自然 3. 有引起啸叫的可能性	1. 设置舞台并要求视听效果一致者，如剧场、音乐厅等 2. 受建筑规格、形状限制不宜分散布置者	应使听众区的直达声较均匀，并尽量减少声反馈。

续表

布置方式	扬声器的指向性	优 缺 点	适宜使用场合	设计注意事项
分散布置	较尖锐	1. 易使声压分布均匀 2. 容易防止啸叫 3. 声音清晰度容易变坏 4. 声音从旁边或后面传来，有不自然感觉	1. 大厅净高较低、纵向距离长或大厅可能被分隔成几部分使用 2. 厅内混响时间长，不宜集中布置者 3. 用于语言扩声的会议厅、公共广播等场所	应控制靠近讲台第一排扬声器的功率，尽量减少声反馈；应防止听众区产生双重声现象，必要时采取延时措施
混合布置	主扬声器应较宽；辅助扬声器应较尖锐	1. 大部分座位的声音清晰度好 2. 声压分布较均匀，没有低声压级的地方 3. 有的座位会同时听到主、辅扬声器两方向来的声音	1. 眺台过深或设有楼座的剧院等 2. 对大型或纵向距离较长的大厅堂 3. 四面均有观众的视听大厅如体育馆等	应解决控制声程差和限制声级的问题；必要时应加延时措施以避免双重声现象

在扬声器的布置方式中，混合布置式是将集中式与分散式混合并用，这种方式适用于下列三种情况：

①　集中式布置时，扬声器在台口上部，由于台口较高，靠近舞台的观众感到声音是来自头顶，方向感不佳；在这种情况下，常在舞台两侧低处或舞台的前缘布置扬声器，叫做"拉声像扬声器"。

②　厅堂的规模较大，前面的扬声器不能使厅堂的后部有足够的音量，特别是由于有较深的眺台遮挡，下部得不到台口上部扬声器的直达声；在这种情况下，常在眺台下顶棚上分散布置辅助扬声器，为了维持正常的方向感，应在辅助扬声器前加延时器。

③　在集中式布置之外，在观众厅顶棚、侧墙以至地面上分散布置扬声器；这些扬声器用于提供电影、戏剧演出时的效果声，或接混响器以增加厅内的混响感。

9.1.2　厅堂扩声系统的声学特性指标

1. 专业音响工程的有关国家标准

因为专业音响工程涉及的相关技术较多，而且工程的质量可以通过必要的检测手段来衡量，所以国家有关部门先后制定了多项国家级或部级的标准，这些标准是针对不同使用要求的厅堂、场所而制定的各类扩声系统的声学指标标准。

作为从事专业音响工程的技术人员应该深入了解这些标准，并根据不同的使用要求来选取相关的标准和规范作为工程的参考，特别是对一些电声质量要求较高的音响工程就更应该严格按照标准执行，其中对厅堂扩声系统的工程设计、施工、测试具有较高参照价值的有：

GYJ25—厅堂扩声系统声学特性指标；

GB50371—厅堂扩声系统设计规范；

GB4959—厅堂扩声特性测量方法；

GBJ76—厅堂混响时间测量规范；

SJ2112—厅堂扩声系统设备互联的优选电气配接值；

GB/T14218—电子调光设备性能参数与测试方法；

GB/T15485—语言清晰度指数的计算方法；

GB/T14476—客观评价厅堂语言可懂度的 RASTI 法；

GB3947—声学名词术语；

GB3661—测试电容传声器技术条件；

GB3785—声级计电、声性能及测量方法。

此外，还有关于体育馆、演出场所、歌舞厅、剧场等场所的扩声系统的相关设计规范与声学特性指标的标准等。限于篇幅，上述标准的具体内容可查阅相关资料。

2. 厅堂扩声系统的声学指标

由于不同使用要求的声学特点是不同的，所以对扩声声学指标的要求也是不同的。表 9.2～表 9.4 为我国国家广播电影电视总局（原广电部）制定的关于《厅堂扩声系统声学特性指标》（GYJ25-1986）的相关内容。其中，根据厅堂的用途将厅堂扩声系统分为音乐扩声、语言扩声、音乐兼语言扩声系统三大类。音乐扩声系统的要求较高，语言扩声系统的指标要低些。指标中的音乐扩声一级和语言扩声二级为独立标准，其余的指标都相互重叠，即音乐扩声二级指标与音乐兼语言扩声一级指标相同，音乐兼语言扩声二级与语言扩声一级指标相同。所以 3 类厅堂的声学特性指标共有 4 种等级。指标中的传输频率特性曲线见图 9.1～图 9.3，总噪声 NR（N）的指标要求见表 9.5。通常，对于在音响工程中最为常见的歌舞厅来说，星级宾馆的室内歌舞厅参照音乐二级（即语言兼音乐扩声一级）指标为好，普通型室内歌舞厅参照语言扩声一级（即音乐兼语言扩声二级）指标为宜，级别低些按语言扩声二级指标要求也可以，此时也可将此称之为音乐兼语言扩声三级。

（1）音乐厅堂扩声系统的声学特性指标见表 9.2

表 9.2　音乐厅堂扩声系统的声学特性指标（摘自 GYJ25－1986）

等级	最大声压级（空场稳态准峰值声压级）	传输频率特性	传声增益	声场不均匀度	总噪声级
一级	100Hz～6.3kHz 内平均声压级≥103dB	以 100Hz～6.3kHz 的平均声压级为 0dB，在此频带内允许≤±4dB；50～100Hz 和 6.3～10kHz 的允许范围见图 9.1（a）	100Hz～6.3kHz 的平均值≥-4dB（戏剧演出时）；≥-8dB（音乐演出时）	100Hz 时≤10dB；1kHz 和 6.3kHz 时 8dB	≤NR25
二级	125Hz～4kHz 内平均声压级≥98dB	以 125Hz～4kHz 的平均声压级为 0dB，在此频带内允许≤±4dB；63～125Hz 和 4～8kHz 的允许范围见图 9.1（b）	125Hz～4kHz 的平均值≥-8dB	1kHz 和 4kHz 时≤8dB	≤NR30

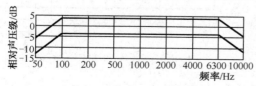

（a）音乐扩声系统一级标准传输频率特性

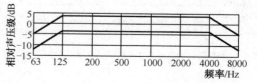

（b）音乐扩声系统二级标准传输频率特性

图 9.1　音乐扩声系统传输频率特性

（2）语言和音乐兼用的厅堂扩声系统声学特性指标见表9.3。

表9.3 语言和音乐兼用的厅堂扩声系统声学特性指标（摘自 GYJ25－1986）

等级	最大声压级（空场稳态准峰值声压级）	传输频率特性	传声增益	声场不均匀度	总噪声级
一级	125Hz～4kHz 内平均声压级≥98dB	以 125Hz～4kHz 的平均声压级为 0dB，在此频带内允许≤±4dB；63～125Hz 和 4～8kHz 的允许范围见图 9.2（a）	125Hz～4kHz 的平均值≥-8dB	1kHz 和 4kHz 时≤8dB	≤NR30
二级	250Hz～4kHz 内平均声压级≥93dB	以 250Hz～4kHz 的平均声压级为 0dB，在此频带内允许+4dB/-6dB；100～250Hz 和 4～6.3kHz 的允许范围见图 9.2（b）	250Hz～4kHz 的平均值≥-12dB	1kHz 和 4kHz 时≤10dB	≤NR30

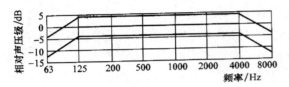
（a）语言与音乐兼用扩声系统一级标准传输频率特性

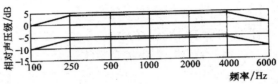
（b）语言与音乐兼用扩声系统二级标准传输频率特性

图9.2 语言与音乐兼用扩声系统传输频率特性

（3）语言厅堂扩声系统声学特性指标见表9.4。

表9.4 语言厅堂扩声系统声学特性指标（摘自 GYJ25－1986）

等级	最大声压级（空场稳态准峰值声压级）	传输频率特性	传声增益	声场不均匀度	总噪声级
一级	250Hz～4kHz 内平均声压级≥90dB	以 250Hz～4kHz 的平均声压级为 0dB，在此频带内允许+4dB/-6dB；100～250Hz 和 4～6.3kHz 的允许范围见图 9.3（a）	250Hz～4kHz 的平均值≥-12dB	1kHz 和 4kHz 时≤8dB	≤NR30
二级	250Hz～4kHz 内平均声压级≥85dB	以 250Hz～4kHz 的平均声压级为 0dB，在此频带内允许+4dB/-10dB，见图 9.3（b）	250Hz～4kHz 的平均值≥-14dB	1kHz 和 4kHz 时≤10dB	≤NR35

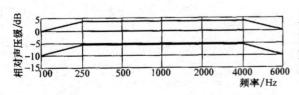
（a）语言扩声系统一级标准传输频率特性

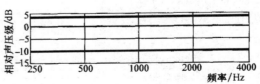
（b）语言扩声系统二级标准传输频率特性

图9.3 语言扩声系统传输频率特性

表9.5 噪声NR（N）数对应的倍频程声压级（dB）

NR（N）	倍频带中心频率/Hz								
	31.5	63	125	250	500	1k	2k	4k	8k
NR-25	72	55	43	35	29	25	21	19	18
NR-30	76	59	48	39	34	30	26	25	23
NR-35	79	63	52	44	38	35	32	30	28

除了表9.2～表9.4中的5项声学特性指标外，还有失真度、混响时间等指标，以适应综合型体育馆、歌舞厅等厅堂的功能需要。

失真度（500Hz；1kHz）的一级指标通常要求≤3%，二级指标要求≤5%，三级指标要求≤7%。

混响时间主要由室内建筑声学设计决定。混响时间的推荐值（频率500～1000Hz）则根据厅堂的大小及功能的不同可在0.5s至2.0s不等。厅堂越大，混响时间越长，厅堂容积为1000m³的约1.0s左右，200m³的约0.5s左右。此外，用于语言扩声的混响时间应短些（如取0.3～0.4s），可使语言的清晰度提高；用于音乐的混响时间可略长些（如取1.5～1.8S），以增加音质的丰满度；多功能厅堂的最佳混响时间介于二者之间，可取1.0～1.5s。

3. 扩声系统技术指标的物理意义

（1）最大声压级。定义：厅内空场稳态时的最大声压级。

物理意义：最大声压级大，说明系统能提供的声能量大，这除了系统配得功率大或扬声器系统效率高外，还与房间声学处理得好，系统设计和调试得好，不易产生声反馈、自激和啸叫有关。

（2）传声增益。定义：扩声系统达最高可用增益时，厅堂内各测点处稳态声压级平均值与扩声系统传声器处声压级的差值。

物理意义：传声增益大，说明系统对声信号的放大能力强，在正常工作时不容易产生啸叫，工作就比较稳定。

（3）传输频率特性。定义：厅内各测点处稳态声压的平均值相对于扩声系统传声器处声压或扩声设备输入端电压的幅频响应。

物理意义：传输频率特性好，则说明系统对从低音到高音的放大能力一致性好，有效工作频率范围就宽。

（4）声场不均匀度。定义：有扩声时，厅内各测点得到的稳态声压级的极大值和极小值的差值，以分贝表示。

物理意义：声场不均匀度小，则说明厅内各点声音大小的差别小。

（5）总噪声。定义：扩声系统达到最高可用增益但无有用声信号输入时，厅内各测点处噪声声压级的平均值。关闭扩声系统后测得的室内噪声称为背景噪声。

物理意义：总噪声小，则干扰小，信号最低声压级时信噪比高，可用的动态范围就大，从另一面看，总噪声小说明系统器材好、配接好、调试好、环境好，安装的工艺也好。

（6）失真度。定义：扩声系统由输入声信号到输出声信号全过程中产生的非线性畸变度。

物理意义：失真度小，则表明信号传送过程中保真度高。说明系统的质量和工作状态好。

（7）混响时间（T_{60}）。定义：某频率的混响时间是室内声音达到稳定状态，当声源停止发声后的残余声波在室内被四壁多次反射及反复吸收后，其声压级衰减 60dB（即衰减为百万分之一）时所需时间。

物理意义：混响时间以室内建筑声学设计为主。混响时间的大小与室内的平均吸声系数成反比，厅堂室内的平均吸声系数越大，混响时间越短；此外，混响时间也与频率有关，频率越高，吸收越多，声波的衰减越快，混响时间则越短。通常以 500Hz～1kHz 的频率进行测量或估算。混响时间太长则显得"混"，太短则显得"干"。

9.2　音响工程设计要点

音响工程设计包括建筑声学设计和扩声声场设计。建筑声学设计包括房间结构设计、尺寸的设计、形状设计、装修设计等，这些主要应该由建筑设计师来完成；扩声声场设计主要是扬声器系统放置位置、角度的选择，扬声器系统型号、数量的选择，目的是使厅堂中的声场尽量均匀、直达声达到一定比例，以保证清晰度、可懂度达到要求，并且重放音质好，而这些应该由音响工程设计者负责。

9.2.1　声学设计中需注意的几个问题

作为一个音响工程，其厅堂音响系统的设计首先就是声场的设计，因为如果声场情况很糟糕，那么即使所采用的设备再先进、再高级、再全面也不能使重放的音质达到优美的程度。

1．常见的房间平面形状及声学特性

为了减少小室的房间共振或声染色对室内音质的影响，在房间声学设计上，一是设计合理的房间体型或房间尺寸，使共振频率均匀分布，避免出现突出的孤立振动模式。图 9.4 列出常见的房间平面形状，其中 a、b、c、d、e 的形状不好，容易产生声染色、回声或其他异常声现象；而 f、g、h、i 的形状比较好。不过，现在在卡拉 OK 厅、KTV 包房或歌舞厅一般呈矩形，为此它的长、宽、高的尺寸应避免彼此相等或成整数倍。二是增加墙面的界面阻尼，即合理进行吸声布置，使共振的强度降低，将共振波峰拉平、拉宽，使它们连成一片而不产生声染色。使用吸声材料时，要特别注意选择对低频有较大吸声能力的结构和材料，例如采用背面具有空腔结构的板状材料和结构。

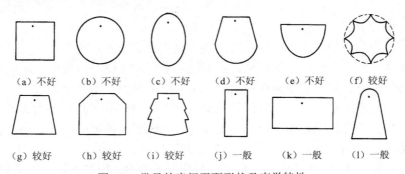

| （a）不好 | （b）不好 | （c）不好 | （d）不好 | （e）不好 | （f）较好 |
| （g）较好 | （h）较好 | （i）较好 | （j）一般 | （k）一般 | （l）一般 |

图 9.4　常见的房间平面形状及声学特性

2. 矩形房间的壁面改装

房间的形状，应尽量采用不具有平行的壁面。对于常见的矩形房间，可采用如图 9.5 所示的壁面改装，以避免声染色，增加声扩散。其中以图 9.5（a）的效果最佳，图 9.5（b）次之，图 9.5（c）较差。通常尺寸的选取由所需扩散声的最低频率 f 决定。

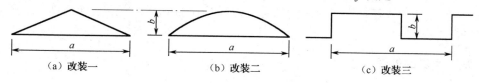

（a）改装一　　　　　（b）改装二　　　　　（c）改装三

图 9.5　矩形房间的壁面改装

3. 小室的声染色问题

房间共振或声染色是小室声学设计考虑的重要问题。对共振频率起决定作用的是房间的线度，而且随着频率增高，共振频率数目也增多，且互相接近，即高频段的共振频率分布比低频段均匀，频响也趋于均匀。因此有一个界限频率 f_c，在这个频率以上，共振模式基本上连成一片，不再出现孤立模式，即可避免声染色现象。对于刚性墙面房间，界限频率 f_c 可由下式估算：

$$f_c = 3c \,/\, 房间最小线度 \tag{9-1}$$

式中，声速 $c=340\text{m/s}$。当墙面有阻尼时，这个 f_c 可降低些。

例如，一般房间高度常在 3m 左右，面积有大有小（卡拉 OK 包房一般在 20m² 以下），前后上下左右皆是混凝土结构，亦即接近于刚性墙面房间。如果最小线度以 3m 为例，则由上式可得界限频率 f_c 为 340Hz。也就是说这种房间通常大约高于 340Hz 的共振频率互相融合在一起，因而没有什么危害，但低于 340Hz 的共振频率的间隔比较大，容易发生声染色问题，而这种小室的染色正好出现在语言和音乐的重要频段。

对于像剧院、会场等大厅，因房间最小线度在 10m 以上，即 f_c 在 100Hz 以下，也就是说起声染色作用的孤立共振模式发生在不重要的低频段，即声染色问题显得不重要了。

不少卡拉 OK 厅、歌舞厅对室内声学设计问题重视不够，常常会遇到这样的情况，一些装修非常华丽的卡拉 OK 厅、KTV 包房和歌舞厅，由于忽略了室内声学设计，虽然用了很高档的音响设备，但听音效果仍然不佳。最常见的是由于采用了大量的玻璃、瓷片和不锈钢等光滑而坚硬的装饰材料，造成室内的混响时间过长，并出现多次回声、声聚焦以及声染色等现象，听起来声音"混浊"，缺乏层次，甚至连歌词和讲话都听不清楚。因此，卡拉 OK 厅、KTV 包房和歌舞厅的音响系统设计的首要问题是声学问题。

9.2.2　音响工程的声场设计内容

举一个相似的例子：大家都知道音箱中喇叭单元和箱体的关系，很多人将国外有名的原厂喇叭单元包括分频器买回来，可是却无论如何也做不出来一只好听的音箱，主要原因就是箱体的声学结构问题没有解决好。专业音响工程中声场的设计就好比制作音箱时的箱体设计，一个好的声场的设计就好比制作音箱时设计箱体那样重要，一个好的声场会将音响设备的优点充分发挥出来，让人听起来非常舒服，而一个不合理的声场不仅不会给人以美妙的音响感受，还会使设备的表现水平降低。

一个基本的声场设计包括室内声场的处理与计算两大部分。声场的处理包括隔声的处理，现场噪音的降低，建筑结构的要求，声场均匀度的实现，声颤动、聚焦、反馈等问题的避免等；室内声场计算包括混响时间的估算、混响半径的估算、声压级的估算、扬声器电功率的计算等。

1. 室内声场的处理

（1）隔声的处理。隔声的处理涉及到建筑与外界的隔声、建筑内各房间的隔声；隔声的部位包括：隔墙的隔声、门窗的隔声、顶部相通房间的天花顶隔声等。

（2）现场噪音的降低。对于现场背景噪声的降低问题，除前面提到的隔声处理外，还要对噪声源进行降噪处理，例如：中央空调的风口噪音是否超标；排风机的噪音、大小、安装位置是否得当等等。

（3）建筑结构的要求。首先是建筑结构部分的长、宽、高的最佳比例，墙体的形状，控制室的位置设置等是否能满足避免房间共振或声染色的要求。其次是建筑结构能否满足音响工程中的音箱吊装、管线预埋、布线施工的要求。

（4）声场均匀度的实现。怎样实现一个均匀的声场呢？首先，建筑结构中应该没有明显的缺陷，例如：房间中不能有太多的立柱，墙壁应避免有圈套的弧形，尤其是舞台一侧的墙面不能有较大的弧形结构；不能在扩声范围内出现较大的声阴影区等，但是由于在建筑结构施工后期装饰完工后无法进行大量的改动来满足这些要求，所以在音响工程中应该尽量利用经验，巧妙地安排扩声区，避开较大的缺陷结构，将它们带来的影响降到最低；其次，可以及时有效地向装饰单位提供一些简单的提高声扩散效果的方案，例如：所有的音乐厅具有很好的声扩散效果，原因是其内部采用了大量各种形状的声扩散体，而且这些结构可以通过一些简单的装饰方法来完成，所以只要方法得当应该可以达到较好的效果，当然要想对扩散体的形状、位置、数量进行合理恰当的设计不是件容易的事，一般比较经济可行的办法就是采用墙体水泥拉毛的方法，虽然这种方法显得比较陈旧而且不太美观，但它对厅堂的声扩散能起到非常有效的作用；第三，合理地布置音响系统，尤其是音箱的摆放位置一定要严格要求，假如在设计中能采用某些音箱厂商提供的电脑设计软件（例如声学模拟工程软件 EASE，能进行完整的声学设计和音响系统的硬件配置）进行声场模拟就再好不过了，如果没有，就应该在实际中调整，直到现场声场最佳为止。

（5）声颤动、聚焦、反馈的避免。对于声颤动、声聚焦、声反馈带来扩声效果不佳的问题，都应该属于声场不合理造成的。例如音响系统在工作过程中，有时突然出现有节奏的象脉冲一样的"扑扑"声或"嗡嗡"的声音，通常在中低频段的某一地方最易发生，在厅堂较大时这种声音与直达声相隔较长，让人听起来非常不舒服这就属于声颤动。原因就是：声音在厅堂内相对平行墙壁间来回反射，而墙面的反射性又很强，声能很难减弱。所以要求在装饰的时候须随时检查厅内有没有出现两个反射性强的大面积平行面，有没有出现太多的玻璃、不锈钢结构，因为这些装饰在装饰工程单位看来很平常的事情，都有可能导致音响工程中问题的发生；在声聚焦发生的弧形面放置一些大件的装饰物品或悬挂幕布、窗帘等，以降低声聚焦发生的可能性；声反馈的前期预防比较困难，而且设计时也不能准确预见反馈发生的频点，但声反馈的防止对实际应用又比较重要，所以可以靠设计前期进行装饰材料的选用时，分析其在不同频点的吸声系数，并参照混响时间的计算来大致判断，为施工和调试提供必要的参考。当然要想彻底地解决以上多方面的问题，还需依靠后期的设备调试来完善。一般在工程完工后，要用信号发生器及频谱分析仪对扩声区域定点进行检测，利用设备的反复调试来弥补声场的不足。

2. 室内声场计算

（1）混响时间的估算。

对于声场设计而言，一般人能直观理解、同时接触较多的就是混响时间了。混响时间的重要性就在于：如果设计得当，合理的混响时间反映在声场上就会使音响系统的表现非常出色，给人的感觉就是声音饱满圆润，不拖沓，不干扰。可以说如果前面声场设计的要求都能较好地得到满足，混响时间又能控制得好的话，就能使音响效果增色不少。设计之前首先必须选择一个合理的混响时间目标值，对于该值的选取一般都根据厅堂的体积和用途来选取，厅堂大则混响时间取长些，厅堂小则混响时间取短些；用于语言扩声的混响时间则取短些，用于音乐扩声的则混响时间取长些。

混响时间的大小以室内建筑声学设计为主，主要由厅堂的结构尺寸及室内装饰材料的平均吸声系数来决定。简要的混响时间估算可按赛宾（Sabine）公式进行，其计算式为

$$T_{60} = K \cdot V / A \ , \qquad A = \bar{\alpha} \cdot S \qquad\qquad (9\text{-}2)$$

式中，T_{60} 为声音衰减 60dB 的混响时间（s），K 是混响时间的一个统计学常数，它与湿度有关，一般情况下取值为 $K=0.161\text{s/m}$，V 为厅堂的容积（m³），A 为厅堂的总吸声量（赛宾），S 为厅堂的室内总表面积（m²），$\bar{\alpha}$ 为厅堂的平均吸声系数。

若室内各块内表面的材料不同，则总吸声量及平均吸声系数分别为

$$A = \alpha_1 \cdot S_1 + \alpha_2 \cdot S_2 + \cdots + \alpha_n \cdot S_n$$

$$\bar{\alpha} = \frac{\alpha_1 \cdot S_1 + \alpha_2 \cdot S_2 + \cdots + \alpha_n \cdot S_n}{S_1 + S_2 + \cdots + S_n}$$

赛宾公式揭示了混响时间的客观规律，是一个高度简化的声学模型，现在一般用它来估算闭室的混响时间。

混响时间也可按艾润（Eyring）公式进行计算，其计算公式为

$$T_{60} = 0.161 \cdot V / [-S \cdot \ln(1 - \bar{\alpha})] \qquad\qquad (9\text{-}3)$$

艾润公式适用于平均吸声系数 $\bar{\alpha} \geq 0.2$，体积不太大，声学性能较好的闭室。

厅堂内所用的各种装饰材料的吸声系数 α 可查阅《建筑声学设计手册》等相关书籍。计算中各种材料的吸声系数应该严格按照产品参数或建筑材料手册中提供的数据，否则计算结果有可能出入较大，当然对于与推荐值基本相近的计算结果，设计人员不必要过多地去要求装饰单位改进，因为混响时间的要求并不是一个具体的绝对值，只要不是悬殊太大就可以了。计算中还应该考虑观众多少对混响时间的影响，空场的混响时间比满场的混响时间要长。

在混响时间的具体取值上，多数设计人员偏向于将推荐的声场混响时间再取得偏小些，理由是：声场混响时间长了后无法调控，因此有人建议，让厅堂自然声越干越好，希望在调

试和使用中，在系统中接入延迟混响器，加入人工混响来达到混响的要求，同时，近年来室内装饰材料的日益更新，吸音系数较高的材料被广泛应用，使得大量厅堂的混响时间普遍偏小。由此可以看出，这种方法设计简单、使用灵活、混响时间可长可短，而且成本低廉，因此被广泛应用。但是这种方法使节目源（声源）的直达声和混响声之间良好的衬托关系受到一定程度的影响。因为声场中的混响声指的是声源产生的自然混响声，它是靠衬托直达声来显示其特殊性的，声场混响是为了使厅堂拥有恰当的"堂音"，是声场中的重要特性。所以在厅堂混响时间的设计中应当有所兼顾。

（2）混响半径的估算。

室内某点的总声场大小由声源发出声波的直达声场及由周围墙壁、地板、天花板等界面反射的混响声场两部分决定，而直达声场的声压级是与距离的平方成反比，距离声源越远，直达声场越小，在声源的声中心轴线上的直达声场的声压级与混响声场的声压级相等的点的距离称为混响半径，又叫临界距离，用 R_C 表示，R_C 可用下式进行计算

$$R_C = \sqrt{\frac{QR}{16\pi}} = 0.14\sqrt{QR} \quad , \qquad R = \frac{S \cdot \bar{\alpha}}{1 - \bar{\alpha}} \tag{9-4}$$

式中，R_C 为混响半径或临界距离（m），Q 为声源的的指向性因数（音箱的 Q 值由厂家提供），R 为反映该厅堂的大小与吸声情况的一个数值，称为房间常数，S 为室内总表面积（m^2），$\bar{\alpha}$ 为厅堂的平均吸声系数。

在混响半径 R_C 位置，直达声压级与混响声压级相等；在小于 R_C 处，直达声压级大于混响声压级，是以直达声场为主；在大于 R_C 处，直达声压级小于混响声压级，是以混响声场为主。

（3）声压级的计算。

声场设计的最后，还应该考虑声压级的计算，其目的不光是为了给使用者提供可行的工程电声参数，以利于他们安全正确地使用设备，创造一个舒适健康的听音环境，同时还是为了给音响工程中的电气设计提供依据，为设备的选型提供参考。

在进行声压级计算前，必须选择一个相应合适的环境基准声压级，而基准声压级的选择必须依据正常人耳听觉的等响曲线，即人耳对相同声压不同频率的声音的反应是不一样的。在声压级较小时，同样声压级的低频声音在人耳里产生的响度感觉要低于同声压级的中高频声音；要想各频段的声音在人耳里产生的响度基本一致，不出现某些频段听感的不足，就必须使声压达到足够的声压级，这就是声压计算时基准声压选取的依据。

用于语言扩声的音响工程，由于语言信号主要集中在中频段，与等响应曲线度的相关较小，所以基准声压级可以取 70～80dB；用于一般音乐重放的音响工程，其基准声压级可以取 85～90dB 作为计算的依据；同时为系统的扩声留下 12～18dB 的峰值余量及 1～3dB 的环境噪音余量，那么在平均的听音距离上，设计的额定扩声声压级应该是：$L_P = (85 \sim 90)$ dB + （1～3）dB。然后根据厅堂的实际扩声范围确定平均的听音距离 X，额定的声压级就应该是在此位置的实际声压级。

厅堂中的直达声压级由扬声器的灵敏度及加在扬声器上的电功率决定。扬声器的灵敏度单位是 dB/（m·W），即扬声器在得到 1W 的输入功率时，在其前方轴向 1m 处产生的声压级，所以，当加在扬声器上的功率为 P_L 瓦时，在其前方 1m 处产生的直达声场的声压级 L 分贝值为

$$L = L_0 + 10\lg P_L \tag{9-5}$$

式中，L_0 为扬声器的灵敏度（dB/m·W），P_L 为加到扬声器上的电功率（W）。

当听音距离增加时，其直达声压级将减小。根据声压级与距离的平方反比定律，在距扬声器的听音距离为 X（m）处的直达声压级 L_X 为

$$L_X = L - 20\lg X \tag{9-6}$$

式中，L_X 为在 X 处的声压级（dB），L 为距扬声器系统 1m 处的声压级，X 为距离（m）。

根据上述两式可以得出如下重要结论：

① 若扬声器的电功率增加一倍，则声压级 L 增加 3dB，即 $10\lg(2P_L)$=3dB+$10\lg P_L$。也可按如下粗略估算：P_L 为 2W 则 L 增加 3dB（即 $2=10^{0.3}$），P_L 为 5W 则 L 增加 7dB（即 $5=10^{0.7}$），P_L 为 10W 则 L 增加 10dB（即 $10=10^1$），P_L 为 20W 则 L 增加 13dB，P_L 为 50W 则 L 增加 17dB，P_L 为 100W 则 L 增加 20dB，P_L 为 1000W 则 L 增加 30dB。

② 若听音距离增加一倍，则声压级 L_X 减少 6dB。即 $20\lg(2X)$=6dB+$20\lg X$。

例如，在轴向灵敏度为 92dB 的扬声器上加上 32W 电功率，则在距离扬声器 8m 处的声压级为：$L_X = L - 20\lg X$ =$L_0+10\lg P_L-20\lg X$=92+$10\lg 32-20\lg 8$=92dB+5×3dB-3×6dB=89dB。

这里需要注意，根据上述计算所得的是直达声压级，不是室内该处的实际测量出的声压级。由于室内存在混响声场，因此实际测量出的声压级应该是直达声的声压级与混响声场的声压级的合成（两者能量的叠加）。在直达声场与混响声场相等的临界距离处，直达声压级与混响声压级相等，总声压级比直达声场或混响声场单独产生的声压级大一倍（3dB），当大于这一临界距离时，则是以混响声场为主，因而实际测量的总声压级总是大于计算出来的直达声压级。

在声压级的计算中，由扬声器的灵敏度 L_0、加在扬声器上的电功率 P_L 及听音距离 X 所计算的直达声压级 L_X，应达到该厅堂的所要求的额定声压级 L_P 并留有一定余量。

（4）扬声器电功率的计算

根据最大声压级要求（最大声压级要求约比额定声压级要求增加 15dB 左右）和扩声距离计算出离扬声器 1m 处应有的声压级。然后选定扬声器系统，根据扬声器系统（音箱）的灵敏度算出要求的电功率，看扬声器系统的额定电功率是否满足所计算出的电功率要求，再选择相应的功率放大器。

例如，要求某厅堂中距离扬声器系统（即音箱）8m 处的最大声压级为 104dB（即额定声压级可取 104dB-15dB=89dB），所选扬声器系统的灵敏度为 92dB/（mW），试求扬声器系统上应加多少功率才能满足声压级要求？

首先，根据 $L_X = L - 20\lg X$ 可知：在 8m 处要达到 89dB 的额定声压级，则距扬声器系统 1m 处的声压级应为 $L = L_X + 20\lg X$=89dB+$20\lg 8$=89 dB +18 dB =107dB。

然后，根据 $L = L_0 + 10\lg P_L$ 及扬声器系统的灵敏度 L_0 可求得：需要加在扬声器系统上的电功率为 $P_L = 10^{(L-L_0)/10} = 10^{(107-92)/10} \approx 32$ W。也可以按下面的方法计算：由于距音箱 1m 处的额定声压值与音箱灵敏度的差值为：$L-L_0$=107dB－92dB=15dB，而与此有关的概念是：输入功率增大一倍，则音箱在其前方 1m 处产生的声压级提高 3dB。所以要求加在音箱上的电功率为：$P_L = 2^N$（W），而 N=（额定声压级分贝值 L—音箱灵敏度的分贝值 L_0）/3dB=5，则 $P_L = 2^N = 2^5$=32W。

根据上述计算可知，当选用灵敏度为 92dB 的音箱时，若在音箱上输入 32W 的电功率，则可使该厅堂中距音箱 8m 处的直达声场的额定声压级达到 89dB 的要求。但要注意的是，在实际使用中，音箱输入的音频节目信号幅度变化的动态范围是相当大的，当音箱输入平均电功率为 32W 的音频节目信号时，音箱的额定功率不能就选用 32W 的，考虑到实际音频信号中的瞬态峰值大信号，应当再增加到 8～10 倍左右（注：如果音响系统只是背景音乐的扩声，可以只增加到 4.5 倍左右），即音箱的额定功率应选用 250W～350W 为宜，这样可使音箱的输出声压级再增加 9～10dB，以保证音频节目信号中的瞬间峰值信号不失真，达到高保真的要求。

　　当然，在上例中若要使声压级再增加 15dB（即 $L-L_0=30dB$），使之达到最大声压级（音箱 1m 处的 $L=107+15=122dB$）要求，则输入的电功率就得再增加 2^5 倍，即 $P_L=1000W$。不过，在需要的额定功率过大时，通常的单只音箱是难以达到的，需用多只音箱组合使用。

　　至此，声扬的设计便基本结束，其后的工作就是与建筑装饰单位密切配合将设计要求付诸实施。

9.2.3　音响设备的选择

　　在音响工程的设计过程中，应该对国内外主要专业音响产品和有名的音响公司有一定的了解，然后根据实际工程的要求加以选择。近年来，国内专业音响设备有了很大的发展，但与进口名牌产品相比尚有一定的差距。在专业音响领域，特别是有一定档次的专业音响系统中，国外名牌产品设备在国内市场上占有很大的份额。下面从工程设计角度着重叙述主要音响设备的选择。

1.　调音台

　　调音台是专业音响系统的控制中心和心脏。调音台的种类繁多，性能各异，功能和售价也有较大的差别，因此在设计时要视工程实际情况加以选择。一般来说，设计时主要考虑如下几个方面：

　　（1）根据工程规模与功能要求，确定使用节目源的数量和种类，以便选择相应输入路数的调音台，并留 2～3 路备用即可。然后根据系统要求，看看需要多少个输出端口，是否需用辅助输出和编组输出方式。

　　（2）根据用途和演出的要求，是否选用带功放的调音台。一般带功放的调音台价格便宜，接线简单，使用方便，既可作固定使用，又便于流动演出。但带功放的调音台（往往还内设混响器和图示均衡器）的性能指标要比专用调音台低些。

　　（3）根据投资规模和性能价格比，确定选用什么厂家、什么型号的产品。这一条难度较大，它要求设计人员对国内外各种调音台的技术性能、质量好坏和价格情况有充分的了解。

　　对于以扩声为主的专业音响而言，英国声艺（SOUNDCRAFT）公司的调音台是性价比高，特别适合现场演出用的名牌调音台之一，而且该公司调音台产品种类很多，例如有录音用、现场演出用、歌舞厅用、卡拉 OK 厅用、大型演出用、音乐厅和剧场用等各类调音台可供选用。

　　此外生产扩声用的调音台的知名厂家还有：SOUNDTRACK（声迹）、SOUNDTECH（声技）、YAMAHA（雅马哈）、MACKIE（美奇）、MONTARBO（蒙特宝）、BELL（贝尔）、MASTER（玛斯特）、EV（电声）、SONY（索尼）等。

对于输入路数的考虑，以音响工程中最常见的歌舞厅为例，一般中、小型规模歌舞厅（100～300m²）可采用8～16路，而大、中型歌舞厅（300m²以上）采用16～24路。输入路数与所用节目源设备的数量密切有关，一般录音座、CD唱机、调谐器、影碟机、录像机都是立体声形式输出，即每台设备均占用了调音台的两路输入。若上述这些设备都用，就要占去10路输入。大、中型歌舞厅的传声器输入（包括无线传声器）至少要占去6路，故输入路数总共在16路以上。对于中、小型歌舞厅，一般只需输入2～4路传声器信号，加上2路影碟机信号和2路CD唱机信号，故选择8～16路即可。至于32路以上的大型调音台，多用于专业文艺录音制作或电视台等专业场合。之所以需要多个输入，是因为在歌舞厅中除了播放唱片或磁带的伴舞音乐外，还要求能适合小型乐队演奏和歌手演唱，所以必须备有多个传声器输入。

迪斯科舞厅基本的信号源是由两台CD唱机轮流不断地播放伴舞音乐，再加上两台录音卡座作为补充。此外，还配备1～2个传声器供DJ（节目主持人：disc jockey）和来宾使用。因此，中小型迪斯科舞厅通常选用4～6路的小型迪斯科调音台（又称DJ调音台）。这类调音台还专门配有"交叉电位器"功能，主持人只用一只手即能使两台唱机输入到调音台的信号一台由强渐弱，而另一台由弱渐强，从而使伴舞音乐自然地不间断地连续播放。

如果歌舞厅兼作卡拉OK厅，则原有的调音台也可以身兼两职，只需把激光影碟机和录像机的音频输出（Audio out）信号接至调音台的线路输入（Line in）端即可。至于单一功能的卡拉OK厅，往往不设调音台，只设AV放大器或卡拉OK放大器即可，因为卡拉OK演唱通常只需1～2路传声器输入，再加一个播放伴奏音乐立体声线路输入。

2. 传声器（话筒）

传声器的选择，通常以使用场合、使用目的以及传声器的性能指标和音质音色等为选择原则。一般地说，在需要高质量的播音和录音时，可选用电容式传声器；在作一般语言扩声时，可用动圈式传声器。在环境噪声较大时，可选用方向性强的传声器。为了减少声反馈，卡拉OK、歌舞厅大多采用心形、超心形的指向性传声器。

目前，传声器市场基本上还是被欧美及日本的产品所垄断，著名的生产厂家有美国的SHURE（思雅）、EV（电声），德国的NEUMANN（钮曼）、SENNHEISER（森海塞尔），奥地利的AKG，日本的SONY等，国产传声器只是在中低档层次的用户中占有一部分市场。SHURE（思雅）传声器虽不是最好的传声器，但可以说是性能价格比最高的一类，因此在国内是见得最多的一种，其中SM58是世界上使用最多的动圈传声器之一，在国内也得到好评，该传声器是人声用近讲传声器，主要是为现场演唱使用，它的提高型号为BEAT58。SM48为演唱用的普通型产品，质量可靠。Beta Green（缩写为BG）系列为中档产品，但性能价格比高，其中BG1.0-BG3.0是近讲式动圈传声器，可作人声及木管乐器扩声用。另有BG4.0是电容传声器，专为钢琴、弦乐器、打击乐器及电声乐器扩声用；BG5.0是专为人声用近讲电容传声器。

卡拉OK演唱是在伴奏音乐已定的情况下进行的，传声器只拾取歌声信号，所以传声器的质量好坏，在客观上对演唱活动的效果产生直接的影响。从技术性能上说，要求传声器的频率响应较宽，频响曲线平坦，灵敏度适中，指向性较强，瞬态响应好，失真小。从主观听感上说，要求传声器音色纯正逼真，音质优美动听。

由于卡拉 OK 演唱一般在室内，所以为避免声反馈引起啸叫，减少嘈杂声，提高歌声的信噪比，一般选用心形或超心形等指向性较强、灵敏度适中的传声器。灵敏度过高容易引起啸叫，也不利于抑制嘈杂声；灵敏度过低，拾音增益难以达到应有的要求。为了适应男女老少不同层次、不同风格的人们演唱，宜选择频率响应较宽、频响曲线平坦的传声器。

卡拉 OK 演唱节目有戏剧和歌曲等，歌曲在唱法上又有美声、民族、通俗之分。为了适应歌声信号的瞬态特性，要求传声器的瞬态响应要快。对于戏剧，由于要求演唱时字正腔圆，故宜选用电容传声器。对于歌曲，由于美声唱法具有较高的技巧，故宜选用电容传声器或优质动圈传声器，并用站立的支架将传声器支起。对通俗唱法，则宜选用动圈传声器，尤以近讲传声器为主。民族唱法中，大部分民族歌曲适合选用电容传声器，也有部分新创作的民族歌曲适合用动圈传声器。

在卡拉 OK 歌舞厅，通常应选择 1~2 只无线传声器，以供戏剧表演或边歌边舞者使用，其中戏剧表演宜选择佩戴式，边歌边舞者宜选择手持式。

3. 功率放大器

生产专业功放比较有名的厂家有 BGW（必劲敌）、CROWN（皇冠）、CREST（高峰）、QSC 等美国品牌，此外还有百威、JBL、EV（电声）、YAMAHA（雅马哈）、MASTER（玛斯特）、MONTARBO（蒙特宝）等品牌，质量也不错。国内功放也有不错的产品，可用来与国外的中、高档音箱相配合，获得比较好的效果，而价格比进口同类功放低得多。由于专业音响设备与家用音响设备在设计思想上有较大的不同，因此家用功放（包括 Hi-Fi 功放）是不能用于专业音响系统的。

歌舞厅音响系统的一个重要特点是要求强劲的输出功率，特别是在播放迪斯科音乐时需要有相当大的音量，其浑厚的低音足以振动跳舞者的身体内脏。所以面积为几十至一二百平方米的迪斯科舞厅，通常都采用几百瓦甚至上千瓦的大功率专业功率放大器。因此，对于歌舞厅等厅堂，都应有充分的功率储备，用以确保乐音的高峰信号不致被削波。一般地说，要求功放的功率余量（即功率储备量），在语言扩声时为 5 倍以上；音乐扩声时为 10 倍以上，亦即需给出 10dB 左右的安全余量。某些高档歌舞厅或夜总会的音响系统最大输出功率甚至十几倍或数十倍地高于正常扩声所需的功率。

至于功能单一的卡拉 OK 歌厅，则对功率放大器的要求有所不同。由于卡拉 OK 歌厅通常面积不很大（约 40~60m²），而且作为歌曲欣赏并不适宜过大的音量，所以功率放大器的功率仅用 100W 至数百瓦左右就足够了，主要是对保真度、频响和信噪比等指标的要求要高。

4. 音箱（扬声器系统）

音箱（扬声器系统）是音响系统中最关键的设备之一，它的质量好坏，直接影响音质的好坏。许多歌舞厅经营者在宣传自己音响设备的档次时，也往往以所用音箱的品牌为主。目前，专业音箱以美国的产品最为有名。其中著名品牌有 JBL、EV、BOSE（博士）、ALTEC（阿尔塔克）、MEYERSOUND（美亚）、Community（C 牌）、APOGEE（爱宝奇）、EAW 及法国的 NEXO（力素）等。

歌舞厅为了获得较大功率和强劲低音，多数采用 380mm（15in）或 450mm（18in）的大口径低音纸盆扬声器，其高音单元则多选用号筒式高音扬声器或大功率高音纸盆扬声器。家用音箱用的球顶高音扬声器虽然音质甚佳，但功率太小，很容易烧毁，不适用于歌舞厅。

至于单一功能的卡拉 OK 歌厅，由于面积较小和需要的音量比歌舞厅小，故一般不选用高声级、高灵敏度的大口径娱乐级音箱，而适宜选用声音较柔和而逼真的专业级监听音箱。

5. 音频节目源设备和信号处理设备

除了传声器以外，音频节目源设备有录音座、CD 唱机和调谐器等，现在也有采用 MP3 播放器及电脑中下载的音乐与歌曲。实际上，高质量的家用音响设备的信号源一般也可以用于专业系统。当然，对于要求指标（主要是频响、动态范围、谐波失真和信噪比）特别高的专业系统，则须精心选择优质的专业用信号源设备，但在选配时应注意各设备的性能指标在同一档次，并且功能相互配合。

信号处理设备，即图示均衡器、压限器、激励器、反馈抑制器、混响器、延迟器、数字信号处理（DSP）效果器等。这些处理设备以美国和日本的产品著名，如美国的 LEXICON（莱思康）、RANE（莱恩）、dBX、DOD、APHEX（爱普士）、SYMETRIX（思美），日本的 YAMAHA（雅马哈）、VESTA（威斯特），还有德国的 EMT 公司等。信号处理设备的选择，视系统规模和功能要求而定。

9.2.4 音箱的布置及其对音质的影响

1. 音箱布置的一般原则

现代音响系统有单声道、双声道立体声和环绕声等。纯语言扩声系统可以采用单声道，但现代节目源如 CD 机、DVD 机、录音座等普遍采用立体声，因此在卡拉 OK、歌舞厅中的音箱布局往往是以双声道立体声为基础发展而来，这样可以放送立体声，即使放送单声道，其效果也很好。应该指出，音箱的布局应与厅室结构和室内条件统一考虑，由于房间情况各不相同，音箱布置方式也不尽相同，主要以实际放音效果为准，不必强求一律。

（1）要求音箱左右两侧在声学上对称。这里是指两侧声学性能的对称，而不是视觉上的对称。例如，一面是砖墙，另一面是关闭的玻璃窗，尽管看上去两侧不对称，但就声反射的声学性能而言两者还是相近的；但若一面为砖墙，另一面为透声材料如薄木板或打开的窗，那就不对称了。此时应在木板一面尽可能减少声音走失，或在砖墙一面铺设吸声材料，使两面的吸声性能尽量平衡。

（2）音箱的布置不能太靠近两边侧墙。一对音箱是放在房间长边还是短边，并无定论，主要视房间布置方便而定，两个音箱之间的距离视房间的大小而定。但为了减少侧墙反射对节目音质的影响，音箱不能太靠近两边侧墙，一般要求距离侧墙在 0.5m 以上。如果音箱距离侧墙足够远，则侧墙的影响可以忽略不计，即可以不管两侧声学性能是否对称。

（3）正方形房间的音箱布置是以角为中心的对称布置为好。正方形或接近正方形的房间在声学上是不理想形状的房间，容易引起声染色效应，这时比较好的音箱布置是以角为中心的对称布置，并且最好在墙壁上铺以吸声材料。

（4）音箱的布置要考虑它的最佳听音区域。一般来说，最佳听音位置是在与一对音箱分别处于等边三角形的一个顶点，即与两音箱的距离相等、张角成60°的位置，如图9.6所示，图中A点与两音箱张角为60°。一般听音点与音箱的张角在50°以上为好。但听音者若离音箱太近，则声像群难以正确地展开，不过也不能离得太远，否则两组音箱等于合并成一组，变成了单声道听音。

（5）音箱的布置要与室内吸声条件相适应。为了利用早期反射声，通常听者房间在声源（音箱）一端的墙面（即听者面对的前墙面）不设置强吸声材料而形成反射壁，以保持足够的反射声能，而后墙则做成高度吸声。这种布置有利于立体声声像展宽和响度感，但对声像定位和避免声染色有不利的影响。故也有人提出采用前墙和前侧墙都吸声而后墙铺以幕布的方式。利用幕布进行吸声处理是卡拉OK、歌舞厅常用的简便方法。幕布应尽可能厚实些，其面积可以调节。一般幕布皱折越多，吸声效果越强。幕布不要贴墙挂，应与墙壁间距10~20cm。

2. 音箱摆法及其对音质的影响

（1）音箱的指向性。音箱的指向性是描述扬声器把声波散布到空间各个方向去的能力，通常用声压级随声波辐射方向变化的指向性图表示，图9.7表示了音箱的垂直指向性，而图9.8表示了音箱的水平指向性。

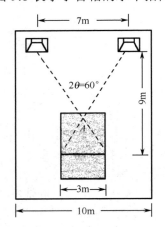
图9.6 音箱布置与最佳听音位置

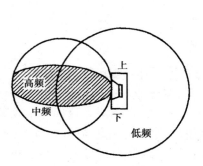
图9.7 音箱的垂直指向性

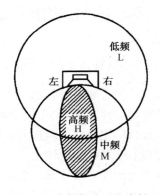
图9.8 音箱的水平指向性

音箱的指向性与频率密切相关，频率越高，声压分布越窄，指向性越强；频率越低，声压分布越宽，指向性越弱。一般频率在300Hz以下无明显的指向性，在1.5kHz以上指向性比较明显起来。频率越高，声波束越窄，在扬声器偏旁听到的就越少。低频的指向性几乎是以音箱为中心的一个圆，表示各方向的声音一样响；中频的指向性比较明显，呈宽波束。当人们围绕音箱走动，正面轴向的声音最大，到达背面时声音的响度就逐渐降低；高频的声波辐射仅是正面轴向一窄束。音箱的水平指向性和垂直指向性大致都是这样。

（2）音箱与地面和墙面的距离对低音的影响。音箱摆位的不同会使音箱与地面及墙面的距离不等。由于音箱发出的低音无明显的指向性，因而当音箱距地面和墙面较近时，地面和墙面对低音的能量反射就较大。所以，音箱与地面、墙面的距离大小主要影响低音，音箱与墙、地面越靠近，低音增强越大。

下面以常见的放在地上的情况进行说明，地板和墙壁通常为混凝土结构。如图 9.9（a）所示，如果将音箱直接放在地上，则由于低频声能量受地面、墙壁的大量反射而使低频声过强，从而不自然地加重了低音而引起轰鸣声。图 9.9（b）是离地面和墙壁都比较远的放法，这时由于低频声的能量反射弱而感到低音不足。因此上述两种放法不妥，且还会使高频声不能有效地到达人耳。图 9.9（c）是比较适中的高度和位置，此时高频、中频、低频的能量相接近，而且考虑到背后墙壁和侧墙的反射，使中频和低频的能量比较适当。适当的高度大致是音箱的高频单元与聆听者的耳朵齐平，或者说音箱的台脚高度大致是低频单元的口径的 1～2 倍。音箱与背后墙壁的间距对一般厅堂来说约为 10～20cm。

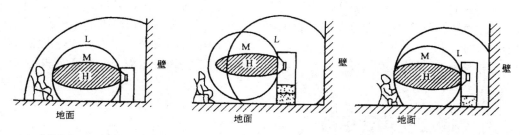

（a）直接放在地上（低频过分）　（b）离地和墙壁较远（低频不足）　（c）较好的放置（高、中、低频相称）

图 9.9　音箱与地面和墙面的距离对低音的影响

（3）音箱的各种摆法对低音的影响。音箱的摆法有多种，可以放在地上、台架上、桌上或挂在墙上。由于不同的摆法会使音箱与地面及墙面的距离不同，因此音箱的摆法不同则对低音的影响也不相同。

表 9.6 表示音箱的各种摆法对低音的影响。表 9.6 中（1）为音箱孤立悬空在房间中央，离地板、墙壁、天花板都有较大的距离；（2）为音箱挂在墙上或埋在墙中，且离侧墙有一定距离，此时低音比（1）增强了一倍，即 6dB；（3）中的 a 与（2）的情况相似，低音增强了一倍，而 b 是音箱放在贴近后墙的地面上，低音将比（1）增强为 4 倍，即 12dB；（4）是音箱放在贴墙的架或立柜中的情况，它与（3）情况类似；（5）是音箱放在地面的墙角处，低音将比（1）增强为 8 倍，即 18dB。低音之所以会增强的原因是因为原来（1）向 360° 空间发射的声能，在（2）～（5）中分别被集中在 180°、90°、45° 的窄小空间内，因此低音的声能被增强了；低音增强起始频率与低音单元的口径大小有关，一般从 100Hz 或几百赫兹开始。

表 9.6　音箱的摆法对低音的影响

摆位名称	（1）位于中央	（2）挂在或嵌入墙角	（3）放在边上	（4）放入柜箱	（5）置于墙角
摆位					
低频特性变化					

因此，要想在听音房间中获得最佳的低音效果，必须进行多次尝试，变更音箱的摆法，这对容易引起低音"轰鸣"的房间尤为重要。有时音箱适当升高或稍离侧墙、后墙就会获得明显的改善，例如，若听音感觉明亮度差，声音含糊不清，这主要是由于低音过多，缺乏中高频等造成的，如果不是扬声器本身特性造成，则房间的驻波效应引起的轰鸣声是一个重要原因，特别是听音者背后墙壁的强反射所致。为此，可以把音箱面稍微向上，而且在背后墙壁放置吸声较好的书架和厚帘布。此外，还要注意靠近音箱的天花板上的荧光灯或室内物体是否有共振产生，并防止音箱本身的振动传至地板。

为了使音箱有适当的高度，通常在音箱下面设置台脚。台脚的材料有水泥、木材和铁材等，不论何种材料，应以重而结实的为宜。不要使用中空的箱体作台脚，否则容易引起箱共鸣而造成中低音的轰鸣声。也可以用混凝土块作台脚，简单实用。台脚下的地板必须坚实，否则地板（如木板）就成了振动板，会把音箱传来的低频振动增强，使音质变得混浊或含糊不清。如果地板是不坚实的木板，则应在台脚下放一块坚实的水泥板，并在音箱四角与台脚之间加橡胶垫等减振措施。

9.3 音响工程设计举例

本节以一个机关礼堂的音响工程为例说明其音响工程的设计。该机关礼堂平时作为会议厅用，有时也用来文艺演出，实际上可以看作多功能厅。观众厅的长 25m，宽 25m，平均高 7.5m，无眺台。还有一个镜框式舞台，会议时作为主席台用，演出时作为舞台用，没有乐池。观众厅设 936 个座位，容积 V 为 4670m^3，室内总表面积 S 为 1950m^2。

9.3.1 室内声场设计

1. 混响时间的估算

根据室内各部分装修所用的吸声材料与吸声结构、布置，结合吊顶、舞台口，墙面、走道地面、门、玻璃窗、座椅等具体情况，由简单混响时间计算公式 $T_{60} = 0.161 \cdot V / A$ 和总吸声量计算公式 $A = \alpha_1 \cdot S_1 + \alpha_2 \cdot S_2 + \cdots + \alpha_n \cdot S_n$，可估算出空场和满场时各频率的混响时间 T_{60} 如表 9.7 所示。

表 9.7　混响时间计算值

频率/Hz	125Hz	250Hz	500Hz	1kHz	2kHz	4kHz
空场混响时间 T_{60}	2.4	2.8	1.8	2.1	2.6	2.3
满场混响时间 T_{60}	2.2	1.7	1.6	1.8	1.6	1.5

需要说明的是各种吸声材料的吸声系数并不是非常精确的，因为生产厂家的不同，材料性质可能有差异，另外还有吸声结构的安装上也会有差异，所以最后计算出的参数供设计参考。还有用来计算混响时间的计算公式本身并没有保证计算的结果是非常精确的，因为公式本身是利用统计方法建立的，如果各种参数都是比较准确的，那么计算结果误差也许在 10%

以内。事实上建声设计的结果，在最后完成装修后，各频率的混响时间还要靠测试来验证，必要时还要适当调整才能达到预定要求。所以计算过程中不必选取太多有效位数值，那种为了数据精确，计算过程中保留小数点后很多位的作法只增加计算的工作量，对工程设计毫无贡献。

对照多功能厅堂混响时间的要求，由表 9.7 所列计算结果中可以看出，空场混响时间比较长，但是满场混响时间不算太长，属于多功能厅混响时间的上限。由于这是一个机关的礼堂，装修上没有花很多费用，所以满场混响时间能做得这样也算可行了。当然这些数据都属于理论计算数据，最后还要根据实际测量结果来判断，如果实际测量结果比理论计算值大很多的话，则需要在装修上作适当调整，以期达到使用要求，如果与理论计算结果相近，则不必再花时间和费用去调整了。

关于混响半径 R_C 的估算，可以根据厅堂的总表面积 S，平均吸声系数 $\overline{\alpha}$，以及音箱的指向性因数 Q，由 $R_C=0.14\sqrt{QR}$ 和 $R = S \cdot \overline{\alpha}/(1-\overline{\alpha})$ 来估算该厅堂的混响半径 R_C，在混响半径（也称临界距离）处的直达声压级与混响声压级相等。现在，该厅堂的总表面积 $S=1950\mathrm{m}^2$，当满场 500Hz 的 $\overline{\alpha}$ 取 0.2 时，如果音箱的指向性因数 Q 取 7.5，则可求得该厅堂的混响半径 R_C 约为 8.5m；若 $\overline{\alpha}$ 取 0.2，Q 取 8.5，则可求得 R_C 约为 9m；如果 $\overline{\alpha}$ 取 0.15，Q 取 8.5，则 R_C 约为 7.6m。

从上述估算出的混响半径来看，由于没有跳台，只有一层观众席，所以在主音箱选择合理、放置位置和角度合理的情况下，即便不加后场补声音箱也完全能满足语言清晰度要求。到此，可以进行下一步的设计工作了，即选取合适的音箱型号，根据所选的音箱尺寸选择合适的放置位置和方法，以及合适的角度。

2. 声压级的计算

声压级的计算是声场设计的主要项目。声压级的计算内容主要是确定电声功率，选定扬声器系统及功率放大器。

（1）声压级标准的确定。

首先根据本设计的厅堂属于机关内部礼堂，主要功能是平时开会用，有时也作为演出场所使用，所以根据多功能厅堂扩声系统声学特性指标中语言与音乐兼用厅堂的一级标准，选择最大声压级取≥98dB。当然具体取什么样的标准，还得与用户商量才能确定，如果用户要求较高，就要选用音乐一级标准，这时的最大声压级应≥103dB。

（2）音箱的选择。

因为厅堂中的实际声压级的大小是由音箱的灵敏度及加在音箱上的电功率而获得的，因此在声压级的计算中首先要对音箱进行选择。

音箱的选择首先是根据厅堂功能的频响要求考虑采用全频带音箱还是采用分频方式的音箱。二分频音箱为低音音箱＋中高频音箱；三分频方式的音箱为低音音箱＋中音音箱＋高音音箱。如果厅堂的声学特性要求不是很高，则采用全频带音箱的音响系统组成较简单，所需的功率放大器少，造价相对较低。但若厅堂的频响要求较高，如要播放迪斯科音乐等低音，就得选用超低音音箱才能对低音有出色的表现，这时就需采用超低音音箱＋中高频音箱的组合方式。

① 选用全频带音箱。全频带音箱的选用主要依据其灵敏度、频率响应、额定功率、标

称阻抗与指向性等参数进行选择。全频带的音箱品种很多，本设计中以某品牌的二分频全频带音箱（型号：MS112）为例来说明其声压级的设计，通过该音箱各项技术参数，可以帮助我们对一般音箱的性能指标与特性的概念有一个大概的认识。MS112 音箱的各项技术指标如下：

频率范围（-10dB）：55Hz～18kHz；

频率响应（-3dB）：78Hz～14kHz；

水平覆盖角（-6dB）：85º，500Hz～16kHz，平均；

垂直覆盖角（-6dB）：85º，500Hz～16kHz，平均；

指向性因数 Q：9.9，500Hz～16kHz，平均；

指向性指数 DI：10.0dB，500Hz～16kHz，平均；

系统灵敏度：98dB，1W，在 1m 处；

额定最大声压级：129dB，在 1m 处；

系统标称阻抗：8Ω；

系统输入功率额定：300W，IEC；1200W 峰值；

推荐功率放大器：400W；

分频点：1.6kHz；

换能器（扬声器单元）：低频单元与高频单元

低频单元：M222-8，300mm（12in）纸盆；

高频单元：2418H，25mm（1in）喉部，钛膜；

输入连接器：2×NL4 Neutrik Speakon 连接器；

尺寸：586mm×387mm×403mm（23.05in×l5.25in×l5.87in）；

净重：22.7kg。

② 选用分频方式的音箱。如果考虑到要播放迪斯科等音乐的低音或超低音效果，则应配置超低音音箱。为简单起见，可以选择电子二分频方式，每一路音频信号用一只超低频音箱再配一只中高频音箱来播放。另外根据厅堂的声学特性指标，播放音乐时的最大声压级的要求也要高得多，达到音乐一级指标时的最大声压级应≥103dB。

此时，中高频音箱可采用 JBL 的 SR4722，其功率为 600W，阻抗 8Ω，在 1m 处最大声压级达 126dB；超低音音箱可采用 JBL 的 SR4718，下限频率为 30Hz，同样为 600W，阻抗为 4Ω，1m 处最大声压为 126dB。两只音箱配合起来其最大声压级（1m 处）为 127dB（这是因中高频音箱 SR4722 不是工作在满负荷状态，低频部分已被切除）。SR4722 具有 100°×100° 水平及垂直指向性，能使整个厅堂得到很好的覆盖。该系统的分频点定为 200Hz，使用 JBL 的 M552 双声道电子二分频器。

（3）声压级的核算与电声功率的确定。

首先对声压级进行核算：当该厅堂采用一对 MS112 全频带音箱作双声道立体声放音时，根据该音箱的灵敏度与额定功率，核算该音箱能否达到语言与音乐兼用扩声系统一级指标的最大声压级（≥98dB）的要求。

从上面 MS112 全频带音箱的技术指标中可以看出，其灵敏度为 98dB，额定功率为 300W，一般实际使用时，节目信号的有效值功率应该控制在额定功率的 1/8 以内，也就是降低 9dB 使用，推荐降低 10dB 使用，以保证节目信号的峰值因数（节目信号中的瞬时峰值与有效值的比值）大于等于 4，达到高保真扩声要求。所以实际播放节目时的功率初步确定为 30W 电功率，现在计算在此电功率时，距离音箱 1m 处的直达声压级为

$$L = L_0 + 10\lg P_L = (98 + 10\lg 30)dB = (98 + 14.77)dB = 112.77dB$$

现取该厅堂的直达声压级与混响声压级相等的临界距离（混响半径）为 8.5m 是，看该处的声压级能否达到 ≥98dB 的要求。

在距音箱 8.5m 的混响半径处，该处的直达声压级为 $L_x = L - 20\lg X = $（112.77-20×0.93）dB=（112.7-18.6）Db=94.17dB，取整数为 94dB。考虑到扩声时主音箱不是一只，而是一对，即左声道和右声道各有一只音箱，使声压级约增加一倍（3dB），则实际的直达声压级约为 97dB。此外，该处除直达声场外还有混响声场，该处的直达声压级与混响声压级近似相等，可使总声压级再增加 3dB，所以在距音箱 8.5m 处已经满足声压级 ≥98dB 的要求。

在厅堂的前排，直达声场声压级大于混响声场声压级，以直达声场为主；在厅堂的后排，混响声场声压级大于直达声场声压级，以混响声场为主。所以室内的声场分布已基本符合确定的最大声压级 98dB 的要求，况且声学特性指标标准中的最大声压级指的是测量用噪声信号的峰值因数在 1.8~2.2 之间，在测量后的 RMS（有效值）声压级基础上要加上峰值因数的 dB 数，以峰值因数等于 2 计算，则要加上 6dB。所以在音箱的额定功率降低 10dB 使用时，即当音箱的额定功率为 300W，而实际播放节目时的功率确定为 30W 时，只要最大声压级达到 98-6=92dB 即满足要求。因此，选用一对 MS112 音箱、使用电声功率为 30W 时，可以满足该厅堂的最大声压级取 ≥98dB 的指标要求。

如果该厅堂的低音频率特性指标要求较高而要选用分频方式的音箱时，可根据所选的中高频音箱 JBL SR4722 和超低音音箱 JBL SR4718 的技术参数，仿照上述过程进行核算。每个声道由 JBL SR4722+JBL SR4718 两只音箱配合起来的最大声压级（1m 处）为 127dB。左右声道共用 4 只音箱。已满足最大声压级及频率特性的要求。当然，如果声压级不够，还可在每个声道中增加音箱的数量。

3. 功率放大器的选定

功率放大器的选型应该根据所用音箱的额定功率及标称阻抗来选择，也就是阻抗匹配与功率匹配。一般来说，对于专业扩声系统，除了两者的阻抗匹配外，推荐定阻功率放大器的额定功率比定阻音箱的额定功率大 3dB，也就是功率大一倍，即为功放与音箱之间较好的功率匹配。如果音箱的生产厂家在音箱的技术指标中推荐了功率放大器的功率时，可采用音箱技术指标中所推荐的功率。

以上面所选 MS112 全频带主音箱的额定功率为 300W 为例，则照理所选功率放大器的额定功率以 600W 为好，但在所选的 MS112 二分频全频带音箱的技术指标中，生产厂家已说明了推荐功率放大器的额定功率为 400W，所以在选择功率放大器额定功率时，可以考虑在 400~600W 之间选择功率放大器的额定输出功率。

当所选择的音箱为前述的超低频音箱＋中高频音箱的分频音箱方式时，中高频音箱为 JBL 的 SR4722，功率 600W，阻抗 8Ω；超低音音箱为 JBL 的 SR4718，功率 600W，阻抗为 4Ω。根据 SR4722 与 SR4718 的技术参数，选定 JBL 的 MPA600 功放推动中高频音箱 SR4722，该功放每个声道在 8Ω 负载下可输出 400W 额定功率，足够中、高频的重放之用；超低音音箱 SR4718 使用 JBL 的 MPA750 功放推动，它每个声道在 4Ω 负载下有 750W 额定功率输出。

因为低频信号幅度很大，功放的储备功率应大一些，不容易产生削波失真。

4. 音箱的摆放位置

音箱的摆放位置的不同会直接影响厅堂的声场分布。根据该使用场所的实际情况、功能要求的高低、所选音箱的情况，音箱的摆放位置有下列几种方案。在图 9.10 中画出了几种音箱摆放情况，其中图 9.10（a）是礼堂的顶视图。

（1）第一种方案。

在整个厅堂中只设置音箱 A、B、C、D 四只，其中音箱 A、B 为主音箱，音箱 C、D 为给前排主音箱覆盖不到的前几排观众补直达声，并且起到拉声像的作用。主音箱 A、B 放置在台唇上方，或者说台口前上方，这种方案的前提是此位置允许放置音箱，也就是建筑结构承重有保障，有马道便于安装与维修，这种方案属于最佳方案。

主音箱的角度设置见图 9.10（b），音箱主声轴对准倒数第 4 排至第 6 排距地 1.2～1.3m 处，也就是那一排观众的耳朵高度，具体在哪一排要看观众厅的长度。这样设置角度的优点是直达声场比较均匀，因为音箱辐射的直达声场以主声轴上为最强。以上面选择的二分频全频带音箱为例，指标中垂直覆盖角为 85°，以主声轴为中心，上下的有效覆盖角均为偏离主声轴 42.5°，但是在同样半径的情况下，偏离主声轴 42.5° 的位置比主声轴位置的直达声声压级要低 6dB，当如图 9.10（b）所示放置主音箱 A、B 时，前排、中排、后排听众离开主音箱的距离有差别，后排听众离开主音箱的距离远，按照直达声场的平方反比定律，直达声场声压级降低得比较多，但是处于直达声场最强的音箱主声轴附近，而前中排听众离开主音箱的距离近，直达声场声压级降低得比较少，但是处在直达声场比较小的偏离音箱主声轴的位置，并且前排比中排距离音箱近，但是前排比中排偏离主轴角度大，所以总体上前后排听众处的直达声场声压级相对比较均匀。音箱 C、D 可放置在台口两侧，显然，音箱 C、D 比主音箱 A、B 离前排观众近，所以音箱 C、D 的声音要比主音箱 A、B 的声音先到达前排观众处。根据人耳听觉特性的哈斯效应现象，听众的主观感觉会认为声音就是从拉声像的音箱 C、D 处传出来的，达到拉声像的目的。

（2）第二种方案。

当台口上方不允许放置主音箱时，可以考虑将主音箱放置在台口两侧，根据第一种方案的同样原理，音箱高度应该放置在高一些的高度，以利于声场均匀，此时最好能将音箱埋置在墙面内，表面装饰钢网加音箱布，颜色最好与墙面相同，放置的俯角也要合适才行。

（3）第三种方案。

如果对厅堂扩声系统的声学性能要求比较高，则无论第一种方案或第二种方案中的主音箱可以不用全频带音箱，而改用由低频音箱加中高频音箱组成，甚至由低频音箱、中频音箱加恒指向高音号筒组成，并且可以每边用两只恒指向高音号筒，一只恒指向高音号筒投向近处观众席，称为近投，另一只恒指向高音号筒投向远处观众席，称为远投，以便指向性强的高频的直达声场更均匀。但是此时组成一路扬声器系统的低频音箱、中频音箱、恒指向高音号筒必须是经过严格选择的，不是任意拿三种音箱就能组成性能良好的系统的，最好选择厂家产品目录中推荐组合的配套产品，并且根据厂家推荐的分频点来分频。这种方案应该在主音箱通路中加上电子分频器。

（4）第四种方案。

假设厅堂的后面设有眺台，如图9.10（c）所示，则应该考虑是否需要为一层的后排，也就是眺台下的观众席增加补声音箱的问题，如果主音箱辐射到后排的中高频直达声会被眺台阻挡，在后排观众席处形成缺少中高频直达声的声影区，则应该在侧墙的靠后适当位置加挂补声音箱，例如图9.10（a）所示中的音箱E、F，还可以考虑为眺台上观众席增加补声音箱，例如图9.10（c）所示中的音箱G、H。所有补声音箱由于离开相应服务的观众席的距离比较近，所以音箱辐射的声压级不必太高，可以选择额定功率相对比较小的音箱，相应地音箱的体积也会比较小，当然所有补声音箱的通路中都应该增加延时器，以便补偿主音箱（A、B）与补声音箱（E、F或G、H）到观众席的声程差。

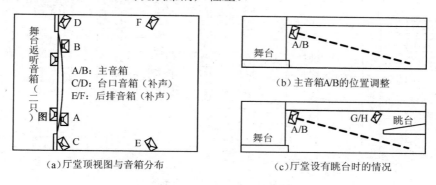

图 9.10　几种音箱摆放示意图

所有音箱的安装必须牢固，高度不能太低，以免伤及观众，并且应该考虑相对比较美观。最后不要忘了给舞台上的演员配置返送音箱。

9.3.2　扩声系统设计

根据声场设计而确定的电声功率、音箱的型号与功率放大器的选配、音箱的摆放位置与数量，就可以设计扩声系统的组成框图，并配置系统设备。

1. 扩声系统组成框图

扩声系统的组成框图见图9.11所示，在这张扩声系统框图中，主音箱采用由低频音箱和中高频音箱组成的扬声器系统，所以在主音箱通路中加入了相应的电子分频器，并且使用两台功率放大器，一台用来推动左、右路的低频音箱，一台用来推动左、右路的中高频音箱。

2. 主音箱通路

主音箱（A、B）通路的信号取自调音台的主输出，也就是立体声L、R输出。由于主音箱采用了由低频音箱加中高频音箱组成，所以通路中加入双路二分频器。如果准备用低频音箱加中频音箱和恒指向高音号筒组成主扬声器系统（主音箱A和B均由低频、中频、高频3只音箱组成），则应选择三分频的电子分频器，分频点的频率由所选音箱的频点确定。因为大多数电子分频器是可以接成两路两分频，或一路三分频的，有的电子分频器可以接成两路三分频的。如果选用一路三分频的电子分频器，则主音箱通路要使用两台电子分频器，左、右声道各一台电子分频器；如果选用两路三分频的电子分频器，则使用一台就可以了。不论使用那种电子分频器，其功率放大器都应该改变成使用三台，一台功率放大器用来推动 2 只低频音箱，一台用来推动 2 只中频音箱，一台用来推动 2 只恒指向高音号筒。

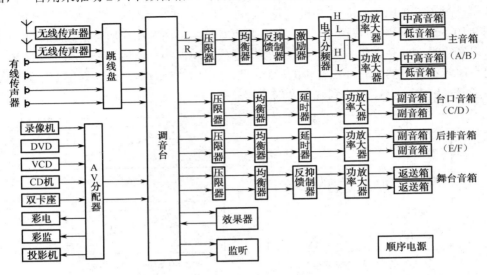

图 9.11　扩声系统组成框图

系统还配置了均衡器、压限器、反馈抑制器、声音激励器。这里要说明的是反馈抑制器可以串在主音箱通道中，也可以利用调音台的编组功能，将所有传声器编在一对编组中，然后将反馈抑制器插入编组的插入口。声音激励器不是必需的，当为了提高开会时的语言清晰度、可懂度而增加声音激励器时，可以插在主音箱通路中，也可以插在会议传声器的调音台输入通道中。

3．补声音箱通路

扩声系统框图中设计了两路补声音箱通路：一路为台口补声音箱（C、D），作为前排观众席补声兼拉声像用；另外一路为后排补声音箱（E、F），作为后排补直达声用。在实际中，可以根据厅堂有无眺台的具体情况确定是否需要厅堂后排补直达声音箱（E、F）和是否需要设置眺台上面观众席的补直达声音箱（G、H）。在这两路音箱通路中都设置成使用全频带音箱，所以没有电子分频器，也没有设置声音激励器和反馈抑制器，因为补声音箱距离观众比较近，有足够的直达声，语言清晰度有保证，可以不用声音激励器。而且，补声音箱也不容易因声波反馈到传声器而引起啸叫，所以可以不插入反馈抑制器。当主音箱通路中的反馈抑制器移到调音台的输入通道或编组中去时，更不必在补声音箱通道中插入反馈抑制器了。但是在补声音箱通路中增加了延时器，为的是补偿补声音箱和主音箱到观众席的声程差。给前排观众的补声音箱（C、D）中的延时器是否需要视具体情况而定，也可以不接。

4．舞台音箱通路

舞台音箱是为舞台上的人员或表演者听到自己的或是乐队的声音。舞台音箱可选用专门的卧式舞台返听音箱，舞台音箱的数量视舞台的大小而定，一般的可选二只，舞台较大时可用四只。舞台的返送音箱通路中加入了反馈抑制器，因为返送音箱是面向舞台的，声波容易反馈到传声器而引起啸叫。至于舞台返听音箱通路中是否需要入延时器，可由舞台的大小而定，较大的舞台可在舞台返听音箱通路中引入 8～15ms 的延迟。

上述各音箱通路中的均衡器是用来调整房间声场、补偿房间的声缺陷和传声器、音箱系统的不足，以及声干涉造成的频响起伏，通过调整使之达到厅堂的传输频率特性指标要求。所以这些均衡器属于房间均衡器，调整过程中须以测试仪器对声场的测试标准为基准，一旦调整完成，则应用透明罩或透明胶带将均衡器的调节推子封起来，防止随意改变调整好的位置。

5. 传声器输入

声源部分设计了 2 路无线传声器，4 路有线传声器，至于具体需要多少传声器，应该根据实际情况来确定。一般礼堂作为开会的会堂用时，往往坐在主席台上的人数比较多，并且往往需要给主席台上的每位都设有传声器，这样一般可能需要 8 只传声器或者更多。

此外，由于这是一个多功能厅，舞台上除了平时开会时作主席台需要传声器外，有时还用来文艺演出，所以应该在靠近舞台口部分均匀地多设置一些暗埋式传声器插座盒，以便开会、演出时演员和乐队使用传声器时能插传声器。显然那么多的传声器不会同时使用，所以设置了一个跳线盘，如果选用一台 16 路输入通道、4 编组或 6 编组调音台，那么可以同时使用的传声器数量就完全能满足需要了。

6. 其他音源输入

其他声源在系统框图中设置得品种比较多，应该根据实际情况来确定，但通常的 CD 机、DVD 机总是需要的。另外，还要考虑是否需要电视机和投影仪，从一般情况看，这些视频终端设备往往也是需要配置的，可以根据用户所要求的具体功能进行设置。

7. 调音台系统的接法

在图 9.11 中，台口音箱、后排音箱、返送音箱通路的信号分别从调音台的编组 1、2，编组 3、4，编组 5、6 输出口取得（6 路），这样使用的编组就显得有些多。当然也可以从一对辅助输出中取信号，但是这对辅助输出必须是从推子后取信号才方便操作。

如果将系统框图改成图 9.12 的连接方法，将台口的补声音箱通路信号输入端改从主音箱通路的压限器后面取信号，则可以省去一对编组。

将台口的补声音箱通路信号输入端改从主音箱通路的压限器后面取信号，这样的连接方法并没有太大的缺陷，因为压限器的输出阻抗非常低，而均衡器的输入阻抗非常高，所以一台压限器的输出供给两台均衡器的输入基本不会产生觉察得到的影响，并且各自音箱均得到各自均衡器的频率均衡。这样如果还有后排补声音箱（如厅堂有眺台时，除了使用的后排补声音箱 E、F，还要使用音箱 G、H）的话，调音台只要有 4 路编组输出就可以了，当不需要后排补声音箱时，只要 2 路编组输出供返送音箱通路就可以了。

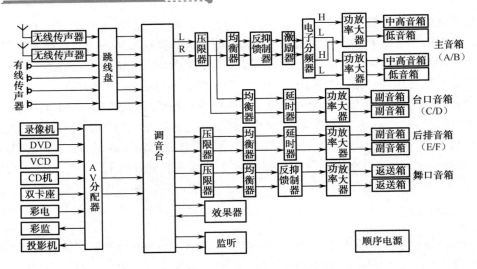

图 9.12　扩声系统组成框图（改进后）

8. 音频信号处理器的选择

声频处理设备的品种很多，作为一种选择方案，该系统可以配置 APHEX Ⅲ 声音激励器，RANE 2×30（用于主音箱通路中）和 RANE 2×15（用于舞台音箱通路中）房间均衡器，YAMAHA 990 专业效果器，JBL SM552 电子分频器（与选用的 JBL 分频音箱对应），JBL M712 压限器，DIG 412 延时器等声频处理设备。这些设备均为美国、日本大公司生产的著名器材，属于专业化的优质音频处理设备。当然选择适应的其他产品也能达到同样效果。

在系统框图确定后，先确定各种设备的具体品牌、型号，然后就可以列出设备采购清单，但是在清单中不要忘了相应的配件和附件，例如音箱的安装件、传声器的立式架等，以及线材、接插件等。

最后说明一下，系统中引入了顺序电源，各功率放大器的电源插头插在顺序电源上，顺序电源可以在开机和关机时，按顺序逐一接通或切断各路设备的电源，这样可将每台设备的开机时间错开，使开机冲击电流在时间上被分散。

9.4　音响系统的音质主观评价

1. 音质评价的意义

一个乐曲的音质，除了要符合一定的技术指标外，还应当通过人耳的听觉得出主观评价。这不仅是由于客观测量所得的各声学特性指标还不足以反映出乐曲的真实质量，而且还由于乐曲最终是为了让人们聆听的。

对于一个乐曲的音质评价，涉及到技术与艺术等许多领域，而且主观评价因人而异，一致性较差，所以比较复杂。

另外，对电声设备的质量也要进行主观评价。例如对扬声器进行主观评价时，要求节目源是高质量的，并且要便于鉴别扬声器的各项指标，其他设备例如播放乐曲的放音机与功放等则要求是第一流的。评价时，可以采用与一个作为标准的扬声器进行对比听声的方法来评定，它与节目的音质评价有所不同。

2. 音质评价的术语

在人们的日常听觉中，音质主观评价用语有几十种，如声音的清晰与浑浊、宽（音域宽）与窄、亮与暗、实与虚、厚与薄、圆（圆润）与扁（单瘪）、软与硬、暖与冷、透（透明度）与糊（含糊不清）、湿（有水分）与干（干涩）、实与空、粗与细、荡与木（呆板）、柔与尖（刺耳）、弹（有弹性）与缩（声音缩在里面出不来）等，还有声音的沙、炸、破、闷、哄、散、飘、抖、颤、跳、脆、窜、怪等等。但在对乐曲进行音质评价时，为了使评价人员对评价结构有共同语言，因而要规定出评价的规范用语，下面的一些音质评价术语是音质评价用语的初步方案，准确使用这些术语，对于正确评价音响系统的性能是很重要的。

（1）清晰：指语言的可懂度高，乐队层次分明。反义词为"模糊"、"浑浊"。

（2）平衡：指乐曲各声部的比例协调，立体声左右声道的一致性好。反义词为"不平衡"。

（3）丰满：指听感温暖、舒适、有弹性。反义词为"单薄"、"干瘪"。

（4）力度：指声音坚实有力。"力度好"的反义词为"力度差"。

（5）圆润：指声音优美动听，有光泽而不尖燥。反义词为"粗糙"。

（6）明亮：指声音明朗、活跃。反义词为"灰暗"。

（7）柔和：指高音不尖刺，悦耳、舒服。反义词为"尖"、"硬"。

（8）融合：指声音交织融汇、整体感好。反义词为"散"。

（9）真实：指能保持原有声音的特点。反义词为"不真实"。

另外，还有对立体声效果和总体音质效果的评价术语：

（10）立体效果：指声像群构图合理、分布连续、方位明确及宽度感、纵深感适度、厅堂（房间）感真实、活跃、得体。

（11）总体音质效果：指节目处置恰如其分、总体变化流畅自如，气势、格调、动态范围等与作用相符，形成统一的整体。

3. 音质评价用语与客观技术指标的关系

音质主观评价术语虽然较抽象，但与客观技术指标的声压级、频率特性、声场不均匀度、失真度、信噪比、混响时间等指标有密切关系。

（1）清晰：系统中的高音出得来，整个频带的谐波失真和互调失真小，混响适度，瞬态响应好。此时，语言可懂度高，乐队层次分明，有清澈见底之感。

（2）平衡：系统的频率特性好，谐波失真和互调失真小，混响时间适当。此时节目各声部比例协调，左右声道一致性好。

（3）丰满：声音频带宽，低音、中低音充分，低音感强，高音适度，混响声适当，听感温暖舒适，有弹性。

（4）力度：声压级大、响度足，低音、特别是中低音（100～500Hz）出得来，失真小，混响声充分。

（5）圆润：谐波失真和互调失真很小，高音与中高音适度，整个频带瞬态响应好，混响适度。

（6）明亮：中高音及高音充足，尤其在 2～5kHz 频段内有所提升，混响声比例适度。

（7）柔和：谐波失真和互调失真很小，低、中低音出得来，瞬态响应好，混响时间稍长。

（8）临场感：频率特性好，中高音、高音充分，谐波失真和互调失真小，瞬态响应好，混响声充分，声像方位与现场一致，以形成逼真的印象。

表 9.8 列出主观听音评价与音响设备的客观技术指标的关系。

表 9.8 主观听音评价与客观技术指标的关系

音质评价术语	技术含义分析	有关的技术指标						
		频度特性	谐波失真	互调失真	指向性	瞬态特性	混响时间	瞬态互调失真
声音发破（劈）	严重谐波及互调失真，有"噗"声，已切削平顶，失真≥10%		√	√				
声音发硬	有谐波及互调失真，测试仪器可明显示出失真 3%～5%		√	√				
声音发炸	高频或中频过多，存在谐波及互调失真	√	√	√				
声音发沙	中高频失真，有瞬态互调失真		√	√				√
声音毛躁	有失真，中高频略多，有瞬态互调失真		√	√				√
声音发闷	高频或中高频过少，或指向性太尖而偏离轴线	√			√			
声音发浑	瞬态不好，扬声器谐振峰突出，低频或中低频过多	√				√		
声音宽厚	频带宽，中低频和低频好，混响适度	√					√	
声音纤细	高频及中高频适度并失真小，瞬态好，无瞬态互调失真	√	√			√		√
声音有层次	瞬态好，频率特性平坦，混响适度	√				√	√	
声音扎实	中低频好，混响适度，响度足够	√					√	
声音发散	中频欠缺，中频瞬态不好，混响过多	√				√	√	
声音狭窄	频率特性狭窄（例如只有 150～400Hz）	√						
金属声（铅皮声）	中高频个别点突出，失真严重	√	√	√				
声音圆润	频率特性及失真指标均好，混响适度，瞬态好	√	√			√	√	
声音含水分	中高频及高频好，混响足够	√					√	
声音明亮	中高频及高频足够，响应曲线平坦，混响适度	√					√	
声音尖刺	高频及中高频过多	√						
高音虚飘	缺乏中频，中高频及高频的指向性太尖锐	√			√			
声音发暗	缺乏高频及中高频	√						
声音发干	缺乏混响，缺乏中高频	√						
声音发木	有失真，中低频有突出点，混响少，瞬态差	√	√			√	√	
平衡或谐和	频率特性好，失真小	√	√					
有轰鸣声	扬声器谐振峰严重突出，失真及瞬态均不好	√				√		
清晰度好	中高频及高频好，失真小，瞬态好，混响适度	√	√			√	√	
有透明感	高频适度，失真小，瞬态好	√	√			√		
单声道有立体感	频响平坦，混响适度，失真小，瞬态好	√	√			√	√	
现场感或临场感	频响好，特别中高频好，失真小，瞬态好	√	√			√		
有丰满度	频带宽，中低频好，混响适度	√					√	
柔和（松）	低频及中低频适量，失真小	√	√					
有气势、力度好	响度足，混响好，低频及中低频好	√				√	√	

本章小结

音响工程主要是组建厅堂的扩声系统，厅堂扩声系统的建声设计应该根据不同的使用要求以及不同的厅堂类型进行有针对性的声场设计，使音响设备在相应的环境下表现出最佳效果，达到混响合理，声音扩散性好，没有声聚焦，没有可闻的振动噪声，没有声阴影等缺陷。

厅堂的类型主要包括音乐厅、影剧院、会场、礼堂、体育馆、多功能厅和大型歌舞厅等。厅堂的扩声系统主要用来进行演讲与会议、演奏交响乐与轻音乐、供歌舞与戏曲演出及放映电影等用途。扬声器的布置是厅堂扩声的重要内容之一，其布置方式有集中式、分散式、混合并用式 3 种，应根据扩声场所的使用要求和实际条件合理选定，使之达到声压分布均匀、视听一致性好、控制声反馈和避免产生回声干扰等要求。

音响工程的设计应根据不同厅堂与使用要求来选取相关的标准和规范作为工程的参考。厅堂扩声系统的主要声学特性指标有最大声压级、传输频率特性、传声增益、声场不均匀度、总噪声级，此外还有失真度与混响时间等。这些特性指标反映了厅堂扩声系统的等级高低。

音响工程的设计首先就是声场的设计。严格来说，声场设计包括建筑声学设计和扩声声场设计：建筑声学设计包括房间结构设计、尺寸的设计、形状设计、装修设计等，这些主要应该由建筑设计师来完成；扩声声场设计主要是扬声器系统放置位置、角度的选择，扬声器系统型号、数量的选择等，目的是使厅堂中的声场尽量均匀、直达声达到一定比例，以保证清晰度、可懂度达到要求，并且重放音质好，而这些应该由音响工程设计者负责。

声场的设计是音响工程设计的重点。一个基本的声场设计包括室内声场的处理与计算两大部分。声场的处理包括隔声的处理，现场噪音的降低，建筑结构的要求，声场均匀度的实现，声颤动、聚焦、反馈等问题的避免等；室内声场计算包括混响时间的估算、混响半径的估算、声压级的估算、扬声器电功率的计算等。

混响时间的大小是以室内建筑声学设计为主，主要由厅堂的结构尺寸及室内装饰材料的平均吸声系数来决定。简要的混响时间估算式为：$T_{60} = 0.161 \cdot V /(\bar{\alpha} \cdot S)$，其中 T_{60} 为声音衰减 60dB 的混响时间（s），V 为厅堂的容积（m^3），S 为厅堂的室内总表面积（m^2），$\bar{\alpha}$ 为厅堂的平均吸声系数。

厅堂中的直达声场的声压级大小由扬声器的灵敏度及加在扬声器上的电功率决定，并与距离的平方成反比定律。当扬声器的灵敏度为 L_0（dB），加在扬声器上的电功率为 P_L（W）时，则在其前方 X（m）处产生的直达声场的声压级 L_X 为：$L_X = L_0 + 10\lg P_L - 20\lg X$。

扬声器的电功率大小是由最大声压级的要求、扬声器的灵敏度和厅堂中的扩声距离来决定的，由此可以确定出扬声器系统的型号和数量。功率放大器则是根据所确定的扬声器系统来选择，功率放大器的额定输出功率应达到扬声器系统实际电功率的 8～10 倍。

在音响工程的设计过程中，应该对国内外主要专业音响产品和有名的音响公司有一定的了解，如调音台、传声器、功率放大器、音箱以及音频节目源设备和音频信号处理设备等，只有对这些设备有所了解，才能对音响系统组成的设备清单中作出正确的选择。同时，对厅堂中的吸声材料与吸声结构的吸声系数也要弄清楚，这样才能计算出较为准确的混响时间与混响半径等。

在声场设计中，音箱的放置可以放在地上、台架上、桌上或挂在墙上。但音箱的放置位置与摆法的不同会对音质有较大影响。音箱与地面、墙面的距离大小主要影响低音，音箱与墙、地面越靠近，低音增强越大。要想在听音房间中获得最佳的低音效果，必须进行多次尝试，变更音箱的摆法。

一个音响工程结束后，其系统的质量评价可以通过人耳听觉的主观感觉来反映。

思考题和习题 9

9.1 厅堂扩声系统分为哪几类？

9.2 厅堂扬声器系统的布置有哪些要求？

9.3 厅堂扬声器系统的布置有哪些方式？各有什么特点？

9.4 厅堂扩声系统的声学特性指标分为哪几级？

9.5 厅堂扩声系统的声学特性指标有哪些？各指标是如何定义的？

9.6 音响系统中的声场处理有哪些内容？室内声场计算又有哪些内容？

9.7 如何计算厅堂的混响时间？

9.8 如何计算厅堂内直达声场的声压级？

9.9 如何确定扬声器系统的电功率？

9.10 如何选择功率放大器？

9.11 音箱布置的一般原则是什么？音箱的摆法对音质有何影响？

9.12 简述常用的音质评价术语及各自含义。

第10章

实 训 指 导

实训一 音响系统的连接与操作

一、实训目的

音响设备的种类繁多，但在各类音响设备中，功率放大器是最为普及的典型音响设备。因此，本实训以功率放大器为核心，由音源设备、功率放大器、音箱系统组成一套双声道立体声音响系统。通过本次实训，使学生在学习音响设备基础知识的基础上以下目的。

（1）加深了解音响系统的组成，掌握音响设备之间的连接方法。

（2）学会音源设备及功率放大器的操作使用。

二、实训器材

CD 机（或 DVD 机）1 台，功率放大器 1 台，立体声音箱 2 只，传声器（话筒）2 支，音响试听碟（CD 光盘）、音频连接线、音箱连接线等。

三、实训内容

（1）熟悉 CD 机与功率放大器各按键、旋钮与开关的功能。

熟悉 CD 机上的电源开关，各种播放功能按键，功率放大器上的电源开关，扬声器 A/B 通道的切换开关，等响开关，各种音源输入的切换开关，音量与音调控制旋钮，立体声平衡控制钮等。

（2）熟悉 CD 机与功率放大器的各信号输入/输出接口功能。

熟悉 CD 机的音频信号（L/R）输出端，功率放大器的音频信号（L/R）输入端，功率放大器的信号（L/R）输出端等。

（3）音响系统的连接。

① 用音频信号线连接 CD 机的音频信号（L/R）输出端与功率放大器的信号输入端，注

意左右声道各自对应；

② 用音箱连接线连接功率放大器的信号输出端与音箱的接线端，注意音箱与功放之间的阻抗匹配与功率匹配问题，此外还要特别注意音箱接线端的"＋""－"极性不可接反（功放的地线应与音箱的地线相连，不能与音箱的"＋"端相接），否则会使两音箱输出的声波相位相反而使声音削弱。

③ 将话筒的插头插入功率放大器的传声器输入插孔，将话筒音量调节钮旋至最小。

（4）音响系统的调试。

播放试音碟，调试功率放大器的音量、音调、平衡等旋钮，在最佳听音位置分别试听音响在各状态下的实际听音效果，使之达到最佳状态。

用话筒拾取歌声，注意话筒不可对着音箱，以防啸叫，调节话筒音量、延时与混响效果等，使之达到最佳效果。

（5）音响系统的效果评价。

音系统的试听效果评价通常称为"音质主观评价"，主要是对声音的柔和度、丰满度、透明度、混浊度、清晰度、平衡度和声音的染色等方面的听音效果进行评价。一套好的音响系统应该是声道的分离度要高，声场的定位要准确，立体声平衡度要好，声音的解析力要清晰，重放的声音要有力度感、丰满感、层次感。声音不能发刺、不可混浊、不能发破等。

四、实训报告

仔细观察实训所用机型的前面板和后面板上有哪些按键、开关、旋钮和输入/输出接口，将观察的结果记录在下表中，并说明各按键、开关和旋钮相应的功能或用途。

功率放大器型号：					
① 按键类		② 开关类		③ 旋钮类	
符 号	用途/功能	符 号	用途/功能	符 号	用途/功能

实训二 调频无线话筒的制作

一、实训目的

学会一种简单的调频无线话筒的制作，可在调频广播波段实现无线发射。本机可用于信号监听、转发和电化教学。由于该电路结构简单、装调容易，所以很适合初学者制作与调试。

二、实训器材

（1）调频无线话筒配件一套（本机包括电池在内，共有 9 只元器件：10pF 瓷片电容 1 个、10μF 电解电容 1 个、1kΩ 1/8W 碳膜电阻 1 个、空心线圈 1 只、拨动开关 1 个、9018 高频三极管 1 个、小型驻极体话筒 1 个、1.5V 电池 1 个、印制板 1 个、导线若干）。

（2）焊接工具一套，调频收音机 1 只（用于接收调频无线话筒的输出信号）。

三、实训内容

1．识读调频无线话筒的电路

调频无线话筒的电路如图 10.1 所示。由晶体管 VT、电感线圈 L、电容器 C_1 及 VT 的各结电容组成电容三点式高频振荡器。驻极体话筒 BM 可以将声音转变为音频电信号，施加在晶体管的结电容 C_{be} 上，使 C_{be} 随着音频信号的变化而变化，从而形成调频信号由天线发射到空间。在 10m 范围内，由具有调频广播波段（FM 波段）的收音机接收，经扬声器还原成原来的声音，实现声音的无线传播。

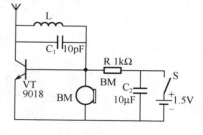

图 10.1　调频无线话筒电路

2．检测与制作相关元件

驻极体话筒的检测：用万用表的 R×100Ω 挡测量 BM 的两只引脚，然后对着驻极体话筒吹气，可使话筒内的场效应管的漏极与源极之间的阻值变化，从而使万用表指针摆动，指针摆动越大，说明驻极体话筒的灵敏度越高，无线话筒的效果越好。

空心电感线圈 L 的制作：用 0.5mm 的漆包线在圆珠笔芯上密绕 10 圈。用小刀将线圈两端刮去漆皮后镀锡，可点上一些石蜡油固定线圈然后抽出圆珠笔芯，形成空心线圈。

3．无线话筒电路装配与调试。

（1）电路的焊接。

① 将各元器件引脚镀锡后插入如图 10.2 所示印制电路板上的对应位置。各元器件引脚应尽量留短一些。

② 逐个焊接各元器件引脚，焊点应小而圆滑不应有虚焊和假焊。焊接线圈时，注意不能使线圈变形。

③ 用一根长 40～60cm 的多股塑皮软线作天线。一端焊在印制电路板上，另一端自然伸开。

（2）电路的调试。

① 先检查印制电路板和焊接情况，应无短路和虚、假焊现象，然后可接通电源。

② 用万用表直流电压挡测量晶体管 VT 基极发射极间电压，应为 0.7V 左右。若将线圈

L 两端短路，电压应有一定变化，说明电路已经振荡。

③ 打开收音机，拉出收音机天线，波段开关置于 FM 波段（频率范围为 88～108MHz），将无线话筒天线搭在收音机上。

④ 慢慢转动收音机调谐旋钮，同时对话筒讲话。调到收音机收到信号为止。若收音机在调谐范围内收不到信号，可拉伸或压缩线圈 L，改变其电感量，使调频话筒发射的频率改变，再仔细调谐收音机直至收到清晰的信号。然后逐渐拉开无线话筒和收音机间的距离，直到距离在 8～10m 时，仍能收到清晰信号为止。注意在调试中无线话筒发射频率应避开调频波段内的广播电台的频率。

⑤ 将无线话筒印制板装入机壳。机壳可以自制，也可采用圆筒形的塑料包装瓶。开关拨把应露在壳外，便于使用，如图 10.3 所示。

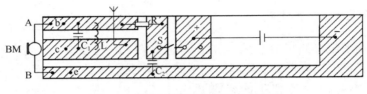

图 10.2　调频无线话筒的印制电路板

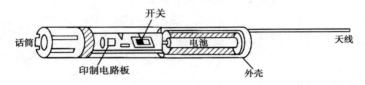

图 10.3　调频无线话筒结构示意图

四、实训报告

根据所制作的调频无线话筒电路，将数据记录在下表中。

项　目	数　据
测试驻极体话筒的阻值变化情况（R×100 挡）	
调频无线话筒的发射频率（收音机接收频率 MHz）	
调频无线话筒的发射距离（m）	

实训三　功率放大器电路读图

一、实训目的

通过电路的读图实训，更好地掌握音响设备的电路结构组成、直流供电通路、交流信号流程，提高整机电路原理图与印制电路板图的读图技巧。具体要求如下：

（1）熟悉音响设备的整机结构及电路组成，认识其主要部件、元器件的结构特征。

（2）掌握功率放大器单元电路的直流供电通路、交流信号流程及信号处理过程。

（3）学会整机电原理图与印制电路板图的阅读方法。

二、实训器材

（1）功率放大器（含电路原理图）1部。

（3）常用拆装工具1套。

三、实训内容

（1）熟悉整机的电路组成。

阅读整机电路原理图，按由简到繁、先粗后细的原则阅读。

首先将实训机的整机电路划分为各部分功能电路，如音频信号的处理与控制调节电路、功率放大电路、电源供电电路等几个部分。了解各部分电路的基本组成情况（主要元器件，如集成电路的型号、编号、作用等），明确功率放大器的电路形式（OTL、OCL、BTL等）。

然后分别对各部分功能电路进行信号流程分析，熟悉各功能状态下的信号处理过程中经过的元件、开关位置、集成电路的信号输入与输出端子。若电路中有不熟悉的集成电路，应先查阅其内电路功能框图/引脚功能后，再进行电路分析。

最后从直流电源出发，理清直流供电电路的走向。

（2）功率放大器的拆卸与安装。

① 拆卸盖板。观察功率放大器盖板的紧固螺钉，注意区分哪些是机内部件的紧固螺钉，哪些是盖板的固定螺钉。然后用起子将盖板的固定螺钉拆卸下来（用一小盒子将拆下的螺钉装起来以免丢失），以便打开盖板。

② 拆卸底板。观察功放内部的整机结构及印制板布局，以及转换开关、接插件连线情况，以便将底板从机壳中拆卸下来。

③ 安装。安装在实训结束前进行，安装过程与拆卸过程相反，但要特别注意各接插件的连线不能插错，各螺钉的大小与长短不要装错。

（3）观察功放电路的结构特点。

对照电路原理图、印制电路图及实训机的印制电路板，观察功率放大器的内部结构、电路组成，认识主要元器件（集成电路、变压器、功率管、转换开关、插座等）的外形特征，观察其引出脚焊点排列规律，以便查找电路中各种信号的流程。

（4）印制电路读图。

在印制电路板上，搜索下列信号流程中信号所经过的主要电路元件、开关、焊点、连线等，并简要记录在实训报告中。

① 电源供电通路读图。对照电路原理图，查找直流电源供电输出端、各部分功能电路的供电输入端、集成电路与晶体管的工作电源供电端之间的通路。

② 交流信号流程读图。对照电路原理图，查找各功能电路中的音频信号的输入与输出通路，特别是集成电路的信号输入与输出通路，了解音频信号的处理、控制与放大过程。

四、实训报告

（1）功率放大器整机印制电路读图。

在印制板上，将直流供电通路与交流信号流程所经过的主要元器件简要记录在下表中。

直流供电通路	
交流信号流程	

（2）功率放大器的拆卸与安装。

将功率放大器拆卸和安装的过程及出现的问题记录在下表中。

拆卸过程与问题	
安装过程与问题	

实训四　AM/FM 收音机的装配与调试

一、实训目的

（1）熟悉 AM/FM 收音电路的组成及电路工作原理。

（2）掌握收音电路的装配与调试技术。

二、实训器材

（1）HX203 型 AM/FM 收音机套件 1 套。

（2）安装、焊接工具（螺丝刀、电铬铁、斜口钳、镊子等）1 套。

（3）测量与调试仪器（万用表、AM/FM 高频信号发生器、毫伏表或示波器，稳压源等）。

三、实训内容

1．HX203 型 AM/FM 收音机技术说明

该机是以一块日本索尼公司生产的 CXA1191M／P 单片集成电路为主体，加上少量外围元件构成的微型低压收音机。CXA1191M 包含了 AM／FM 收音机从天线输入至音频功率输出的全部功能。该电路的推荐工作电源电压范围为 2～7.5V，当 V_{CC}=3V，R_L=8Ω 时的音频输出功率为 150mW。电路内部除设有调谐指示 LED 驱动器、电子音量控制器之外，还设有 FM 静噪功能，即在调谐波段未收到电台信号时，通过检出无信号时的控制电平，使音频放大器处于微放大状态，从而达到静噪。

2. HX203 型 AM/FM 收音机电路结构与工作原理

该机主要由大规模集成电路 CXA1191 组成（同一型号有 3 种不同封闭：后缀 M 型为贴片封装，S 型为小型封装，P 型为 DIP 封闭），其内部功能如图 10.4 所示，HX203 型调频调幅收音机电原理图如图 10.5 所示。

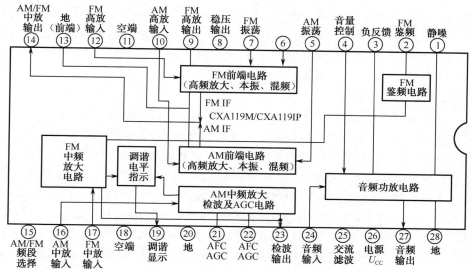

图 10.4　CXA1191 内部功能框图

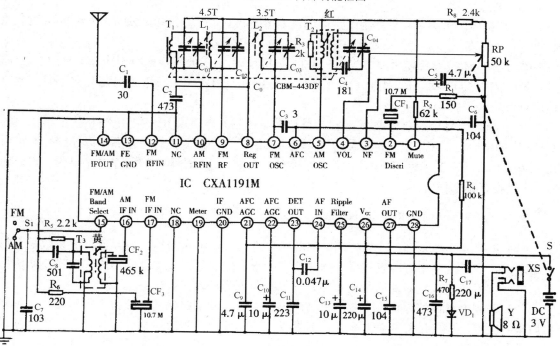

图 10.5　HX203 型调频调幅收音机电原理图

（1）调幅（AM）部分。

中波调幅广播信号由绕在磁棒上的天线线圈 T_1 和可变电容 C_0、微调电容 C_{01} 组成的调谐回路选择，送入 IC 第 10 脚。本振信号由振荡线圈 T_2 和可变电容 C_0、微调电容 C_{04} 及与 IC 第 5 脚的内部电路组成的本机振荡器产生，并与由 IC 第 10 脚送入的中波调幅广播信号在 IC 内部进行混频，混频后产生多种频率信号从 14 脚输出，经过中频变压器 T_3 组成的中频选频网络及 465kHz 陶瓷滤波器 CF_2 双重选频，得到的 465kHz 中频调幅信号耦合到 IC 第 16 脚进行中频放大，放大后的中频信号在 IC 内部的检波器中进行检波，检出的音频信号由 IC 的第 23 脚输出，进入 IC 第 24 脚进行功率放大，放大后的音频信号由 IC 第 27 脚输出，推动扬声器发声。

（2）调频（FM）部分。

由拉杆天线接收到的调频广播信号，经 C_1 耦合，使调频波段以内的信号顺利通过并送到 IC 的第 12 脚进行高频放大，放大后的高频信号被送到 IC 的第 9 脚，接 IC 第 9 脚的 L_1 和可变电容 C_0、微调电容 C_{03} 组成 FM 调谐选台回路，对高频电台信号进行选择并在 IC 内部送至混频器。FM 本振信号由振荡线圈 L_2 和可变电容 C_0、微调电容 C_{02} 与 IC 第 7 脚相连的内部电路组成的本机振荡器产生，在 IC 内部与高频电台信号混频后得到多种频率的合成信号由 IC 的第 14 脚输出，经 R_6 耦合至 10.7MHz 的陶瓷滤波器 CF_3 选出 10.7MHz 中频调频信号送入 IC 第 17 脚 FM 中频放大器，经放大后的中频调频信号在 IC 内部进入 FM 鉴频器，IC 的第 2 脚外接 10.7MHz 鉴频滤波器 CF_1。鉴频后得到的音频信号由 IC 第 23 脚输出，进入 IC 第 24 脚进行放大，放大后的音频信号由 IC 第 27 脚输出，推动扬声器发声。

（3）控制电路。

① 音量控制电路。音量控制电路由电位器 RP 50kΩ 调节 IC 第 4 脚的直流电位高低来控制收音机的音量大小。

② AM/FM 波段转换电路。当 IC 第 15 脚接地时，IC 处于 AM 工作状态；当 IC 第 15 脚与地之间串接 C_7 时，IC 处于 FM 工作状态。因此，只需用一只单刀双掷开关，便可方便地进行波段转换控制。

③ AGC 和 AFC 控制电路。AGC（自动增益控制）电路由 IC 内部电路和接于第 21 脚、第 22 脚的电容 C_9、C_{10} 组成，控制范围可达 45dB 以上；AFC（自动频率微调控制）电路由 IC 的第 21 脚、第 22 脚所连内部电路和外接 C_3、C_9、R_4 及 IC 第 6 脚所连电路组成，它能使 FM 波段收音频率稳定。

3. HX203 型 AM/FM 收音机的安装

（1）电路元器件判别与质量检测。对照元器件清单，清点与检测各元器件的参数是否符合要求，各电阻值可用万用表测量。通过清点检查一方面熟悉元器件的规格、型号及结构特点，另一方面应确认元器件质量是否完好，以避免人为故障的发生。

（2）印制电路板的焊接。在收音机装配过程中，印制电路板的焊接技术很重要，这是整机质量的关键。焊接过程的总要求是：元器件安装正确，不能有错插、漏插，焊点要光滑，无虚焊、假焊和连焊。装配与焊接元器件的顺序是：先小后大，先轻后重，先低后高，先里后外。这样有利于装配顺利进行。建议安装的顺序为：集成电路，电阻，瓷片电容，中周，电解电容，陶瓷滤波器，电位器，四联可变电容器，天线线圈，电池极片，扬声器和耳机插孔的连接线。

装配与焊接过程中要特别注意：集成快的引脚排列顺序不能搞错，电解电容的极性要正确，立式安装的元器件的引脚长度要合适（一般为 2mm，引脚过长会降低元器件的稳定性，过短会在焊接时易烫坏元器件），确保焊接质量。

4．HX203 型 AM/FM 收音机的测量与调试

安装完毕后，首先要反复核查无误后方可通电试机和试听节目。收音机能否正常工作还应通过电压测量来检查其工作状态，并通过调试使收音机达到正常收听的要求。

（1）工作电压测量。集成电路 CXA1191M 各引脚直流工作电压参考值如下表 10.1 所示。

表 10.1　CXA1191M 各引脚直流工作电压参考值

引脚号	1	2	3	4	5	6	7	8	9	10	11	12	13	14
AM 电压（V）	0.5	2.6	1.4	0～1.2	1.25	0.6	1.25	1.25	1.25	1.25	0	0	0	0.2
FM 电压（V）	0.2	2.2	1.5	0～1.2	1.25	0.6	1.25	1.25	1.25	1.25	0	0.3	0	0.5
引脚号	15	16	17	18	19	20	21	22	23	24	25	26	27	28
AM 电压（V）	0	0	0	0	0	0	1.35	1.2	1.1	0	2.7	3.0	1.5	0
FM 电压（V）	0.6	0	0.6	0	0	0	1.25	0.8	0.5	0	2.7	3.0	1.5	0

（2）中频调试。

① AM 中频调试。接收高频信号发生器输出的 465kHz 的 AM 已调波高频信号，示波器或毫伏表接扬声器两端，调节中频变压器 T_3（黄）使输出最大。

② FM 中频为 10.7MHz，本机使用了两只 10.7MHz 陶瓷滤波器，使 FM 中频无须调试。

（3）统调。

① AM 统调。将四联可变电容器 C_0 调到频率最低端，接收 FM/AM 高频信号发生器发送的 520kHz 信号，调 AM 振荡变压器 T_2（红），收到信号后，再将四联可变电容器调到频率最高端，接收 1620kHz 信号，调节 AM 本机振荡回路里的 C_{04} 四联微调电容，使音量最大。

② AM 刻度。调节收音机调谐旋转钮，接收 600kHz 电台信号，调节中波磁棒线圈位置，使音量最大。然后接收 l400kHz 信号，调节 AM 输入回路里的 C_{01} 四联微调电容，使音量最大。反复调节 600kHz 和 1400kHz 直至两点输出均为最大为止。

③ FM 统调。接收 108MHz 调频信号，四联可变电容器置高端，调节 FM 本振回路里的四联微调电容 C_{03}，收到电台信号后再调 C_{02} 使输出为最大。然后将四联可变电容器置低端，接收 64MHz 调频信号（调频广播的低端设置为 64MHz 以覆盖校园广播），调节 FM 本振回路中的 L_2 的磁芯电感，收到信号后调 FM 高放调谐回路中的 L_1 磁芯电感使输出最大。反复调节高端 108MHz 和低端 87MHz，直至使输出最大为止。

调试过程中应注意，输入的高频信号幅度不易过大，否则不易调到峰点。另外磁棒线圈和中周的磁芯在统调正确后应用蜡加以固封，以免松动。

5．HX203 型 AM/FM 收音机的元器件及材料清单

表 10.2　HX203 型 AM/FM 收音机的元器件及材料清单

位号	名称	规格型号	用量	备注	位号	名称	规格型号	用量	备注
IC	集成电路	CXA1191M/CD1191CB	1		L_1	FM 天线	4.5T	1	
R_1	碳膜电阻	RT14-0.25W-150-±5%	1		L_2	FM 本振	3.5T	1	
R_2	碳膜电阻	RT14-0.25W-62k-±5%	1		CF_1	10.7M 鉴频器	10.7MHz		
R_3	碳膜电阻	RT14-0.25W-2k-±5%	1		CF_2	滤波器	465kHz	1	
R_4	碳膜电阻	RT14-0.25W-100k±5%	1		CF_3	滤波器	10.7MHz	1	
R_5	碳膜电阻	RT14-0.25W-2.2k-±5%	1		D1	发光二极管	$\varPhi 3$	1	
R_6	碳膜电阻	RT14-0.25W-220-±5%	1		S1	波段开关		1	
R_7	碳膜电阻	RT14-0.25W-470-±5%	1		XS	耳机插孔	$\varPhi 3.5$	1	
R_8	碳膜电阻	RT14-0.25W-2.4k-±5%	1		Y	扬声器	$\varPhi 57$-8Ω	1	
R_9	碳膜电阻	RT14-0.25W-15k-±5%	1			拉杆天线		1	
R_{10}	碳膜电阻	RT14-0.25W-750-±5%	1			磁棒	B5*13*35	1	
RP	开关电位器	50k	1			前框		1	
C_0	四联可变电容	CBM-443DF	1			后盖		1	
C_1	瓷片电容	CC1-50V-30P-K	1			金属网罩		1	
C_2	瓷片电容	CT1-50V-473P-K	1	0.047μ		周率板		1	
C_3	瓷片电容	CC1-50V-3P-K	1			调谐盘		1	
C_4	瓷片电容	CC1-50V-181P-K	1	180p		电位器盘		1	
C_5	电解电容	CD11-10V-4.7μF-K	1			磁棒支架		1	
C_6	瓷片电容	CT1-50V-104P-K	1	0.1μ		印制板		1	
C_7	瓷片电容	CT1-50V-103P-K	1	0.01μ		电源正极片		2	
C_8	瓷片电容	CT1-50V-501P-K	1	500p		电源负极簧		2	
C_9	电解电容	CD11-10V-4.7μF-K	1			天线焊片		1	
C_{10}	电解电容	CD11-10V-10μF-K	1			拎带		1	
C_{11}	瓷片电容	CT1-50V-223P-K	1	0.022μ		沉头螺钉	M2.5*5	2	固定四联 C_0
C_{12}	瓷片电容	CT1-50V-473P-K	1	0.047μ		沉头螺钉	M2.5*4	1	固定调谐盘
C_{13}	电解电容	CD11-10V-10μF-K	1			沉头螺钉	M2.5*5	1	固定拉杆天线
C_{14}	电解电容	CD11-10V-220μF-K	1			自攻螺钉	M2.5*4	1	固定机芯
C_{15}	独石电容	CS-50-104P-K	1	0.01μ		小螺钉	M1.7*4	1	固定电位器
C_{16}	瓷片电容	CT1-50V-473P-K	1	0.047μ		电源正极导线	11cm 红色	1	
C_{17}	电解电容	CD11-10V-220μF-K	1			电源负-插孔线	5cm	2	
T1	天线线圈		1			插孔-扬声器线	9cm 黑色	1	
T2	AM 振荡变压器	红色	1			插孔-印制板线	9cm	1	
T3	AM 中频变压器	黄色	1			负极-拉杆天线	7cm	2	

四、实训报告

（1）收音机安装。

检查元器件的数量和质量，将数据记录在下表中，并记录收音机的安装步骤和试机情况。

元器件类型	集成电路	晶体二极管	中频变压器	电容器	电阻器
数量/质量					
安装步骤及情况					
试机情况及存在问题					

（2）集成电路直流工作电压测量值。

测量集成电路在调幅和调频波段时的直流工作电压，并将数据记录在下表中。

集成电路型号：CXA1191M														
引 出 脚		1	2	3	4	5	6	7	8	9	10	11	12	13	14
实测电压（V）	AM														
	FM														
引 出 脚		15	16	17	18	19	20	21	22	23	24	25	26	27	28
实测电压（V）	AM														
	FM														

（3）将所安装的收音机在调试后的收台情况记录在下表中。

波段 收台情况	中波（MM）	调频（FM）
调试前试机时的收台情况		
调试后的收台情况		

实训五 调音台的操作使用

一、实训目的

（1）了解调音台上的各控制按键、旋钮的名称与功能。
（2）掌握调音台与周边设备的连接方法。
（3）学会调音台的操作要点与调控方法。
（4）懂得调音台开机和关机的顺序。

二、实训器材

调音台 1 部 （附操作说明及原理框图 1 份），功率放大器 1 台，CD 机 1 台 （或 DVD 机 1 台），音箱 2 只 （与功放匹配），均衡器 1 台 （压限器可选），混响器 1 台 （激励器可选），传声器 2 只，试音碟 1 张，电源与各种信号连接线若干。

三、实训内容

1. 熟悉调音台面板的控制功能

音响系统中设备较多，各设备的控制按键和旋钮也比较多，且许多控制按键和旋钮的功能采用专用符号或英文标志，因此首先要熟悉各设备的名称和控制按键、旋钮的符号与功能。

2. 调音台与周边设备之间的连接

参考图 10.6 所示连接调音台及其周边设备，组成一套基本的扩声系统。

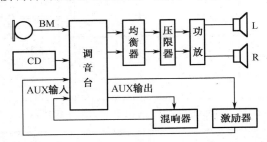

图 10.6　调音台连接示意图

（1）传声器接入话筒输入端 （2 只话筒分别接在两个输入通道）。

（2）CD 机的左/右声道放音输出端接到调音台的立体声输入端。

（3）混响器接到调音台的辅助输出与辅助返回端口之间。

（4）均衡器与功率放大器连接到调音台主控立体声左/右声道输出端。

（5）音箱分别接到功率放大器的左/右声道输出端。

3. 调音台的操作使用

（1）开机前先将调音台的各主推子、分推子置于最小位置，台上均衡器（EQ）和声像电位器（PAN）置于中央位置，输入通道增益（GAIN）和辅助电位器（如效果 ECHO、返听 FB 电位器）置最小位置。

（2）接通电源。开机顺序为：先开总电源，后开周边设备与调音台，最后为功率放大器。

（3）调音台的操作要点：

① 开机后先将音源设备（如 CD）的音量电位器开到最大不失真位置。

② 调节调音台输入通道的分推子于 70% 处，调大输入增益旋钮，使其旁边的 PEAK 指

示灯处于刚亮而未亮状态。

③ 调节调音台输出主推子，使主输出 VU 表指针大致在 0V 附近摆动，此时主推子位置应在 50～70％ 的位置内。如不在此范围，可相应调整输入增益或音源输出电平。

（4）调音台上的音色和效果的调控。

① 播放音乐，将相应通道的分路衰减器逐渐推至 1／2 处，分别调节输入通道的三段均衡器（高/中/低），感觉声音频率的变化，直到适当为止。

② 调节辅助／监听通道的各路和总控制旋钮、推子，并且改变调音台和混响效果器的参数，对比没有增加效果和增加效果后的情况。

（3）关闭电源。关机的顺序：先将主推子和分推子均推回最小位置，然后先关功放电源，后关调音台及其他设备电源，最后关闭总电源。

四、实训报告

（1）根据实训内容和具体使用器材绘制由调音台组成的扩声系统连接图

（2）简述实训所用调音台的面板上输入通道与主控输出通道的主要功能和使用方法。

通道	操作端口与旋钮名称	操作端口号与旋钮符号	操作功能与使用方法
输入部分	传声器输入端口	MIC IN	
	线路输入端口	LINE IN	
	增益控制旋钮	GAIN	
	音调控制旋钮	EQ（HIGH、MID、LOW）	
	衰减控制推子	FADER	
	声像定位旋钮	PAN	
输出部分	输出电平调节推子	MASTER FADER	
	输出电平指示选择	MASTER METER	

实训六 家庭影院设备的连接与操作

一、实训目的

（1）了解组成家庭影院的几个主要部分：节目源与节目播放设备，解码器与 AV 功放，家庭影院音箱系统，视频显示器。

（2）将各设备连接起来组成家庭影院。

（3）掌握家庭影院设备的基本操作技能，提高对家庭影院播放效果的欣赏能力。

二、实训器材

DVD 机 1 台，带 AC-3 解码的 AV 功放 1 台，大屏幕电视机 1 台，家庭影院音箱 1 套（包括左右主音箱、前置音箱、后置左右环绕音箱和有源超低音音箱），AC-3 效果试音光盘 1 张，连接线若干。

三、实训内容

（1）对照说明书熟悉 AC-3 解码器与 AV 功放各按键和插口的功能。

（2）对照说明书熟悉 DVD 机、电视机各按键和插口的功能。

（3）将 DVD 机与电视机相应信号端连接起来，练习 DVD 机与电视机的操作。

（4）分别将 DVD 与带 AC-3 解码器的 AV 功放、AV 功放与家庭影院音箱连接起来，组成家庭影院系统。连接方法可根据 AV 功放的说明书进行或参考本书 7.2 节中的杜比 AC-3 家庭影院配置图。

（5）接通电源，将 AV 功放置 AC-3 模式，播放 DVD 机的 AC-3 效果试音光盘。如系统不能正常工作，应对连线、操作方式及各设备的工作状态进行检查，直到系统正常工作为止。

（6）欣赏节目。在最佳听音位置，认真观测电视屏幕图像的清晰度，仔细聆听各声道音箱所发出的声音，充分体验声像分布的空间感与方位感，感受身临其境的影院效果与意境。一套品质优良的家庭影院系统，会让我们欣赏到格外清晰的图像和环绕效果的声场。随着声源位置的快速变化，你可以感觉到声音从不同的地方传过来，随着烘托气氛声音的出现，你可以感受到声音从四面八方将你包围。换一张 DVD 故事片，欣赏其中的片段。

四、实训报告

（1）画出由具体的实训设备组成的 AC-3 家庭影院系统配置图。

（2）分别说明 DVD 机与电视机、带 AC-3 解码的 AV 功放之间的连线方法，AV 功放与音箱系统之间的连线方法。

（3）说明带 AC-3 解码的 AV 功放的正确操作方法。

实训七　激光唱机机芯的拆卸和装配

一、实训目的

（1）进一步理解 CD 机芯的结构组成、各机构的作用和机芯的工作原理。

（2）掌握机芯拆卸的方法，提高机芯拆装的动手能力。

（3）掌握机芯拆卸过程中的注意事项和各零、部件之间的位置关系。

二、实训器材

（1）CD 机（或 VCD/DVD 机）1 台。

（2）常用工具 1 套（大小螺丝刀、镊子等）。

（3）铁夹子两只。

三、实训内容

现以 CD/VCD 兼容机（新科 VCD-320 机）为例说明机芯拆装步骤，其他 CD 机的拆装方法，可参照相应的维修资料。（新科 VCD-320 机采用日本健伍公司的大齿轮高稳定三盘机芯）

（1）拆卸视盘机上盖四周的螺钉，打开上盖。

（2）接通电源，按 OPEN/CLOSE 键，使托盘移出机外，然后切断电源，拔下电源插头。

（3）拆卸前面板。

① 拔下前面板与主板和电源板之间的连线插件，注意不要抓住导线硬拉，可用镊子挑开插件上的卡口。

② 拆卸前面板与底板的固定螺钉，轻轻移出前面板。

（4）拆卸主板。

① 拔下主板与电源板之间的连线插件（25 芯)，并用铁夹子夹住插头的金属裸露部分，以防静电对主板上的 CMOS 集成电路的影响。

② 拔下主板与激光头组件之间的连线插件（16 芯)，也用铁夹子夹住插头的金属裸露部分，以防静电击坏或击伤激光发射管和光电检测管。

③ 拔下主板与机芯之间的各连线插件，并注意各自的对应位置，必要时做好记号。

④ 卸下主板上的固定螺丝，移出主板，放在不易产生静电的物件上面，同时尽量不要移动，以免摩擦产生静电。

（5）移出整个机芯。卸下机芯底座上的固定螺钉，即可移出整个机芯。

（6）拆卸托盘。

① 在托盘已移出机外的情况下，只要卸下托盘两边的螺钉，就可轻轻拉出托盘。

② 在托盘位于机内位置，光盘已经处于装载的情况下，无法拉出托盘。这时可以用小螺丝刀从机芯底座的小孔中拨动加载传动机构的齿轮，使之转动（模拟加载电动机转动)，这样就可以在加载传动机构带动下，使托盘移出机外。只要托盘移出机外，就可用手将托盘拉出来。

（7）拆卸选盘机构。卸下转盘中心的螺钉，就可以取下转盘。然后可以进行选盘电动机的拆卸，盘号编码检测开关和选盘到位监测开关的拆卸等。

（8）拆卸加载传动机构。卸下加载传动机构上相应的固定螺钉，即可取下传动机构和加载电动机，以及托盘出检测开关和托盘入检测开关。

（9）卸下光盘装卸机构。

① 卸下心座升降架两边的螺钉，取出升降架。取出时，必须注意加载驱动轮上的升降

柱与心座升降架上的扭簧的相对位置，这一相对位置的关系为升降柱夹在扭簧的前面。这一位置关系如果不注意，在组装机芯后，可能会导致机芯不能工作，甚至损坏机芯的齿轮。

② 卸下加载驱动轮上的固定螺钉，即可取下加载驱动轮以及拆卸心座的上升和下降到位检测开关。

（10）移出升降心座。在取出升降架后，只要移出机芯上固定连线的胶带，就可以将升降心座取出来。升降心座上安装有激光头组件、进给机构和光盘旋转机构。

（11）激光头组件的拆卸。用镊子和小螺丝刀拨开激光头滑杆的卡口，拉出滑杆，就能取下激光头组件。

（12）其他机构的拆卸。卸下相应的固定螺丝，可以卸下进给电动机、限位控制开关以及主轴电动机等。

（13）拆卸过程中的注意事项。

① 各机械零、部件上的螺丝应分开放置，有关垫片、弹簧的装配位置要记牢，以免装配时出现错装、漏装等现象。

② 各零、部件之间的相对位置应特别注意，必要时做上记号，否则，若装配时错位，将使机芯不能工作，甚至会损坏机器。

（14）按拆卸的相反过程，组装机芯过程要仔细、认真，不要装错位置和用错螺钉，有关部件上的连接导线要认真固定，导线固定位置过长、过短或位置不正确都有可能会影响到机芯的正常工作。特别是激光头引线的固定和托盘上选盘机构引线的固定。

四、实训报告

根据 CD 机的机芯组成与特点、拆卸与安装的过程、拆装过程中的注意事项等内容，将其整理记录在实训报告中。

（1）机芯电动机的作用。

仔细观察机芯中各电动机的作用，并将观察结果记录在下表中。

电动机名称	电动机作用
加载电动机	
主轴电动机	
进给电动机	
转盘电动机*	

*注：三盘机芯有转盘电动机，若实训机芯为单盘机芯则无该电动机。

（2）机芯主要机构的作用。

仔细观察机芯的结构组成和在拆装过程中的各个零、部件，根据机芯在启动与工作过程的传动关系分析主要机构的作用，并将结果记录在下表中。

主要机构名称	主要机构作用
托盘进出机构	
光盘装卸机构	

续表

主要机构名称	主要机构作用
光盘旋转机构	
夹持机构	
激光头进出机构	
聚焦与循迹机构	

实训八 音响设备的在机测量检查

一、实训目的

通过在机测量，学会用万用表测量音响设备中的工作电压、静态电流、在路电阻的方法；通过在机测量检查法，增强音响设备故障的检测与维修技能。

二、实训器材

（1）音响设备（可选功率放大器或调谐器等）1台。
（2）万用表等修理工具1套。

三、实训内容

所谓在机测量检查法，是指通过用万用表测量电路的电流、电压、电阻值，并将测量值与正常参考值加以比较，以分析和判断故障原因的一种检修方法。本实训可配合"实训三 功率放大器电路读图"进行，以使学生在熟悉实训机整机电路结构和印制电路板结构特点的基础上，对实训机的印制电路板进行在机测量。

（1）测量静态工作电流。

将万用表置适当量程的直流电流挡，并与相应的测量部位串联。接通实训机电源，测量其整机静态工作电流，各集成电路的静态工作电流。将测量数据整理、记录在实训报告中。

（2）测量静态工作电压。

将万用表置适当量程的直流电压挡，接通实训机电源，测量其整机直流工作电压（直流电源输出电压），各集成电路的供电工作电压等。将测量数据整理、记录在实训报告中。

（3）测量在路电阻。

测量在路电阻是在不通电的情况下进行的。切断实训机的电源，将万用表置适当量程的电阻挡（例如 R×1kΩ），先将万用表红表笔接机内地线，用黑表笔测各集成电路引出端的对地电阻，得到在路电阻 R+；然后交换表笔，将黑表笔接机内地线，用红表笔测各集成电路引出端的对地电阻，得到在路电阻 R-。将测量数据整理、记录在实训报告中。

（4）故障检修实训。

若音响设备的电路发生了故障，其工作电流、相关引出脚的工作电压与对地电阻值将随之发生变化。因此用测量工作电流、工作电压、在路电阻的方法可查出这些变化，并根据电路结构关系分析、判断故障部位或原因。

在上述测量工作结束后，将实训机交给实训指导教师设置人为故障后再取回继续实训，进行故障机的在路测量检查，将测量值与前面测得的正常值进行对比，以发现故障部位。人为故障的设置举例：直流供电电路中设置开路故障；某单元电路中，电源滤波电容漏电、短路故障；集成电路的外部电路中，影响直流工作电压的电阻开路，旁路电容漏电、击穿故障。

四、实训报告

（1）整机电路的工作电压、电流测量。

实训机型号			实训机编号		
测量项目	电压测量		测量项目	电流测量	
	万用表挡位	实测值		万用表挡位	实测值
整机工作电压(V)			整机工作电流(A)		
集成电路（1）工作电压			集成电路（1）工作电流		
集成电路（2）工作电压			集成电路（2）工作电流		

（2）集成电路在机测量。

集成电路（1）在机测量

集成电路型号		静态工作电流（mA）											$I_{DD}=$				
引脚号		1	2	3	4	5	6	7	8	9	10	11	12	13	14	15	16
直流工作电压（V）																	
在路电阻（kΩ）	R+																
	R-																
万用表测量挡位		电流挡					电压挡					电阻挡					

集成电路（2）在机测量

集成电路型号		静态工作电流（mA）											$I_{DD}=$				
引脚号		1	2	3	4	5	6	7	8	9	10	11	12	13	14	15	16
直流工作电压（V）																	
在路电阻（kΩ）	R+																
	R-																
万用表测量挡位		电流挡					电压挡					电阻挡					

（3）故障检修记录。

将实训机的故障检修过程记录在下表中。

故障现象	
检查过程	
检查结果	

成　绩		指导老师		检修时间	